●統計ライブラリー

共分散構造分析［応用編］

―構造方程式モデリング―

豊田秀樹
［著］

朝倉書店

まえがき

本書では共分散構造分析 (CSA, Covariance Structure Analysis)，あるいは構造方程式モデリング (SEM, Structural Equation Modeling) と呼ばれる数理統計モデルの応用可能性を論じる．

共分散構造分析では，他の多くの多変量解析モデルと異なり，固定化した数理モデルをデータに当てはめるのではなく，データの性質・実質科学的知見・先行研究・事前情報等を利用して分析者固有の数理モデルを構成することができる．この性質を利用すると，旧来から利用されている多くの数理モデルをも構造方程式モデルの下位モデルに帰着させることができる．これは，多くの数理モデルを統一的に説明するという理論的な興味深さばかりでなく，プログラムを1から組むことなしに旧来からのモデルを，そして独自のモデルを構成し，分析することが可能であるという応用的にも優れた性質である．

応用編では，共分散構造モデルによって様々な数理モデルがどのように表現されるかを具体的に詳述する．モデルの含意とデータの特徴をパスダイアグラム・方程式・共分散構造によって表現し，統一的な視点から数理モデル群の展望を行う．応用編に登場するモデルをそのまま実行するだけでも相当に高度な分析が可能になるし，掲載されたモデルを学んだ後には，読者自身のデータに合わせて独自のモデルを構成できるようになっているに違いない．その意味において本書で論じるモデルはあくまでも例示にすぎない．

モデルの表現方法はSEMの理論体系の中で最も実用的な領域である．本書は [入門編] の続編として執筆されているので，[入門編] あるいは同程度の統計学的予備知識を必要とする．しかし [入門編] と比較すると，新出する数学的内容は，幸いなことにとても少ない．[入門編] で険しい山に登ったとの印象をもった読者も，応用編の数理的負担は少ないと感じるはずである．第10章等わずかに [入門編] の線形代数の内容を越える部分があるけれども，それらに関しては中級の入門を付録につけたので，適宜参照していただきたい．

本書の原稿を執筆する途中で，草稿を熟読して有益な助言を下さった狩野 裕先生 (大阪大学)，市川雅教先生 (東京外国語大学)，佐藤 学先生 (広島大学) に，著者が早稲田大学と立教大学で行った演習に参加した学生・大学院生諸君に，この場を借りて心より感謝申し上げる．

2000年1月1日

豊田秀樹

目 次

1　方程式モデルの表現

共分散構造モデル (covariance structure model) は，因子分析・テスト理論・行動遺伝学モデル・多相データ解析・実験計画・質的データ解析・多変量解析・パス解析・時系列解析などを統一的に表現した数理統計モデルであり，定量的な実証研究にしばしば利用される計量的分析手法である．相関行列や共分散行列を母数の関数として表現するというアイデアの起源を単一の研究に求めることは困難であるが，現在の相関・共分散構造の原形といってよいモデルは，まず Bock & Bargmann(1966) [1] によって提案された．ただし提案されたモデルは，理論的にも応用的にも必ずしも扱いやすいものではなかったので，その後 Jöreskog(1970)[2] によって理論の整理がなされ，続いて Jöreskog & Sörbom(1976)[3] の計算機プログラム LISREL (リズレル，LInear Structural RELations) によって応用的な重要性が広く認識されるようになった．

共分散構造分析には様々な呼び名があるが，Sörbom(1974) [4] が，共分散構造ばかりでなく，平均値をも構造化して示したことを契機に種々の拡張がなされ，共分散構造モデルという名称が必ずしもふさわしい呼び名とはいえなくなった．近年では，構造方程式モデル (Structural Equation Model with latent variables, 潜在変数を伴う構造方程式モデル，SEM と略されることもある) という呼び名のほうが一般的になりつつある．分析の本来の目的が方程式中の母数の推定であり，共分散構造の分析はその手段であることを考えると，構造方程式モデルという呼び名の方が，より直接的であるかもしれない．

社会科学・人文科学・行動科学の研究領域では「知能」や「社会的地位」や「性格」や「購買力」などの構成概念を扱う必要がある．構成概念とは，とりあえずその存在を仮定することによって複雑に込み入った現象を比較的単純に理解することを目的として構成した概念である．潜在変数は因子，潜在特性などと呼ばれることもあり，厳密な測定が難しい構成概念を扱うために統計モデル

[1]Bock, R.D., & Bargmann, R.E. (1966). Analysis of covariance structures. *Psychometrika*, **31**, 507-534.

[2]Jöreskog, K.G. (1970). A general method for analysis of covariance structures. *Biometrika*, **57**, 239-251.

[3]Jöreskog, K.G., & Sörbom, D. (1976). *LISREL III: Estimation of Linear Structural Equation Systems by Maximum Likelihood Methods.* Chicago: National Educational Resources, Inc.

[4]Sörbom, D. (1974). A general method for studying differences in factor means and factor structure between groups. *British Journal of Mathematical and Statistical Psychology*, **27**, 229-239.

に導入される仮想的な変数である.

SEM の研究領域は多岐にわたるが, モデルを応用する際に最も重要なのは, 方程式モデルの表現方法である. Bock & Bargmann(1966) を改良した LISREL は, 構成概念間の回帰モデル (同時方程式モデル) という非常に分かり易い具体的表現を採用したので, 様々な研究領域での実際的な応用を促した. しかしモデル表現が構成概念間の回帰モデルという観点からのみ強調されすぎ, SEM には構成概念間の回帰モデル以外にも様々な可能性があることが, 応用現場に広まらないという副作用も生じさせてしまった.

1970 年代後半以降, そのような状況を打開するために, LISREL よりも柔軟な 2 つのモデル表現が提案された. Bentler & Weeks(1980)[5] による EQS モデル (イーキューエス, EQuationS model) と McArdle(1980) と McArdle & McDonald(1984)[6] による RAM (ラム, Reticular Action Model) である. 本章では, 複数のモデル表現の方法を比較し, 平均・共分散構造の性質を調べていく.

1.1 RAM (Reticular Action Model)

RAM は, 構造方程式モデルを, 最も簡潔に効率よく記述することが可能な表現方法である. このため [入門編] では, 混乱を避ける意味もあり, 効率のよい RAM だけを用いてモデルを記述してきた. 本節では, まず [入門編] で導入した構造方程式モデル RAM を復習する.

1.1.1 方程式の表現

RAM の構造方程式は

$$\boldsymbol{t} = \boldsymbol{\alpha}_0 + \boldsymbol{A}\boldsymbol{t} + \boldsymbol{u} \tag{1.1}$$

である. ここで $\boldsymbol{t}$ は構造変数ベクトルである. 構造変数には, 構成概念 $\boldsymbol{f}$ と, 観測変数 $\boldsymbol{x}$ とがあり, それを縦に並べて

$$\boldsymbol{t} = (\boldsymbol{f}' \ \boldsymbol{x}')' \tag{1.2}$$

[5] Bentler, P.M., & Weeks, D.G. (1980). Linear structural equations with latent variables. *Psychometrika*, **45**, 289-308.

[6] McArdle, J.J. (1980). Causal modeling applied to psychonomic systems simulation. *Behavior Research Methods and Instrumentation*, **12**, 193-209.

McArdle, J.J., & McDonald, R.P. (1984). Some algebraic properties of the reticular action model for moment structures. *British Journal of Mathematical and Statistical Psychology*, **37**, 234-251.

と表現する[7]．$\boldsymbol{\alpha}_0$ は構造変数が他の変数から影響を受ける前の平均値ベクトルである．$\boldsymbol{u}$ は外生変数ベクトルである．外生変数には，$\boldsymbol{f}$ に関する残差変数 $\boldsymbol{d}$ と，$\boldsymbol{x}$ に関する残差変数 $\boldsymbol{e}$ があり，それを縦に並べて

$$\boldsymbol{u} = (\boldsymbol{d}' \ \boldsymbol{e}')' \tag{1.3}$$

と表現する．(1.3) 式は外生変数 (残差変数) なのだから，$\boldsymbol{f}$ の i 番目の要素 f_i が外生変数であれば $\boldsymbol{d}$ の i 番目の要素は f_i 自身となり，f_i が内生変数であれば $\boldsymbol{d}$ の i 番目の要素は誤差変数 d_i となる．同様に，$\boldsymbol{x}$ の i 番目の要素 x_i が外生変数であれば $\boldsymbol{e}$ の i 番目の要素は x_i 自身となり，x_i が内生変数であれば $\boldsymbol{e}$ の i 番目の要素は誤差変数 e_i となる．

係数行列 $\boldsymbol{A}$ は，4 つの行列

$$\boldsymbol{A} = \begin{bmatrix} \boldsymbol{A}_a & \boldsymbol{A}_d \\ \boldsymbol{A}_b & \boldsymbol{A}_c \end{bmatrix} \tag{1.4}$$

から構成される．ここで

- $\boldsymbol{A}_a$ ： $\boldsymbol{f}$ から $\boldsymbol{f}$ への規定力を表現する係数行列
- $\boldsymbol{A}_b$ ： $\boldsymbol{f}$ から $\boldsymbol{x}$ への規定力を表現する係数行列
- $\boldsymbol{A}_c$ ： $\boldsymbol{x}$ から $\boldsymbol{x}$ への規定力を表現する係数行列
- $\boldsymbol{A}_d$ ： $\boldsymbol{x}$ から $\boldsymbol{f}$ への規定力を表現する係数行列

である．以上の表記を考慮すると (1.1) 式は

$$\begin{bmatrix} \boldsymbol{f} \\ \boldsymbol{x} \end{bmatrix} = \boldsymbol{\alpha}_0 + \begin{bmatrix} \boldsymbol{A}_a & \boldsymbol{A}_d \\ \boldsymbol{A}_b & \boldsymbol{A}_c \end{bmatrix} \begin{bmatrix} \boldsymbol{f} \\ \boldsymbol{x} \end{bmatrix} + \begin{bmatrix} \boldsymbol{d} \\ \boldsymbol{e} \end{bmatrix} \tag{1.5}$$

と書き下すことができる．

1.1.2 平均・共分散構造

観測変数の共分散行列をモデルの母数によって構造化する．まず構造変数ベクトルから観測変数のみを

$$\boldsymbol{x} = \boldsymbol{G}\boldsymbol{t} \tag{1.6}$$

[7] 縦ベクトル $\begin{bmatrix} \boldsymbol{a} \\ \boldsymbol{b} \end{bmatrix}$ は常に $(\boldsymbol{a}' \ \boldsymbol{b}')'$ と表現できる．紙面の節約のために後者の表現が用いられることも多い．

を使って取り出す．(1.6) 式を選択方程式という．式中の $\boldsymbol{G}$ は

$$\boldsymbol{G} = [\boldsymbol{O}\ \boldsymbol{I}] \tag{1.7}$$

のようにゼロ行列と単位行列を横にならべた矩形の定数行列である．共分散構造を導くためには，まず $\boldsymbol{T} = (\boldsymbol{I} - \boldsymbol{A})^{-1}$ の存在を仮定し，構造方程式を

$$\boldsymbol{t} = \boldsymbol{T}(\boldsymbol{\alpha}_0 + \boldsymbol{u}) \tag{1.8}$$

と表現する．これを構造方程式の誘導形といった．$\boldsymbol{t}$ を (1.6) 式に代入して

$$\boldsymbol{x} = \boldsymbol{G}\boldsymbol{T}(\boldsymbol{\alpha}_0 + \boldsymbol{u}) \tag{1.9}$$

を得る．$E[\boldsymbol{u}] = \boldsymbol{o}$ は自然に仮定できるので，観測変数の期待値の構造は

$$\boldsymbol{\mu}(\boldsymbol{\theta}) = E[\boldsymbol{x}] = \boldsymbol{G}\boldsymbol{T}\boldsymbol{\alpha}_0 \tag{1.10}$$

と導かれる．共分散構造は

$$\begin{aligned}\boldsymbol{\Sigma}(\boldsymbol{\theta}) =& E[(\boldsymbol{x} - E[\boldsymbol{x}])(\boldsymbol{x} - E[\boldsymbol{x}])'] \\ & [\boldsymbol{x} - E[\boldsymbol{x}] = \boldsymbol{G}\boldsymbol{T}(\boldsymbol{\alpha}_0 + \boldsymbol{u}) - \boldsymbol{G}\boldsymbol{T}\boldsymbol{\alpha}_0 = \boldsymbol{G}\boldsymbol{T}\boldsymbol{u} \text{ なので}\quad] \\ =& E[\boldsymbol{G}\boldsymbol{T}\boldsymbol{u}\boldsymbol{u}'\boldsymbol{T}'\boldsymbol{G}'] = \boldsymbol{G}\boldsymbol{T}\boldsymbol{\Sigma}_u\boldsymbol{T}'\boldsymbol{G}'\end{aligned} \tag{1.11}$$

と導かれる．ここで $\boldsymbol{\Sigma}_u$ は

$$\boldsymbol{\Sigma}_u = E[\boldsymbol{u}\boldsymbol{u}'] = \begin{bmatrix} \boldsymbol{\Sigma}_d & \boldsymbol{\Sigma}_{de} \\ \boldsymbol{\Sigma}_{ed} & \boldsymbol{\Sigma}_e \end{bmatrix} \tag{1.12}$$

と表現された残差ベクトルの共分散行列である．

1.2 EQS(EQuationS model)

RAM はパス図に登場する変数を外生変数ベクトルと構造変数ベクトルに分けて配置することによってモデルを表現した ((1.1) 式参照)．一方，パス図に登場する変数を，主として外生変数ベクトルと内生変数ベクトルに分けて配置することによってモデルを表現する方法があり，これは EQS モデルと呼ばれている．本節では，EQS モデルの特徴を紹介する．

1.2.1 方程式の表現

EQS の構造方程式は

$$\boldsymbol{t}_0 = \boldsymbol{\alpha}_0 + \boldsymbol{A}_0\boldsymbol{t}_0 + \boldsymbol{\Gamma}_0\boldsymbol{u} \tag{1.13}$$

である．ここで $\boldsymbol{u}$ が外生変数ベクトルであることは (1.1) 式と変わりない．$\boldsymbol{t}_0$ は，内生変数と観測変数を並べたベクトルである (ただし後述する (1.14) 式の選択方程式で観測変数を取り出す関係上，外生的観測変数も $\boldsymbol{t}_0$ に含まれている必要がある)．$\boldsymbol{A}_0$ は内生変数から内生変数への規定力を表現する係数行列であり，$\boldsymbol{\Gamma}_0$ は外生変数から内生変数への規定力を表現する係数行列である．

1.2.2 平均・共分散構造

(1.6) 式にならって，選択方程式

$$\boldsymbol{x} = \boldsymbol{G}\boldsymbol{t}_0 \tag{1.14}$$

を構成し，$\boldsymbol{T}_0 = (\boldsymbol{I} - \boldsymbol{A}_0)^{-1}$ の存在を仮定すると，構造方程式の誘導形は

$$\boldsymbol{t}_0 = \boldsymbol{T}_0(\boldsymbol{\alpha}_0 + \boldsymbol{\Gamma}_0\boldsymbol{u}) \tag{1.15}$$

となる．$\boldsymbol{t}_0$ を (1.14) 式に代入して

$$\boldsymbol{x} = \boldsymbol{G}\boldsymbol{T}_0(\boldsymbol{\alpha}_0 + \boldsymbol{\Gamma}_0\boldsymbol{u}) \tag{1.16}$$

を得る．因子などの平均を含む部分に $E[\boldsymbol{u}] = \boldsymbol{\alpha}_u$ を仮定すると，観測変数の平均構造は

$$\boldsymbol{\mu}(\boldsymbol{\theta}) = E[\boldsymbol{x}] = \boldsymbol{G}\boldsymbol{T}_0(\boldsymbol{\alpha}_0 + \boldsymbol{\Gamma}_0\boldsymbol{\alpha}_u) \tag{1.17}$$

である．共分散構造は

$$\boldsymbol{\Sigma}(\boldsymbol{\theta}) = E[(\boldsymbol{x} - E[\boldsymbol{x}])(\boldsymbol{x} - E[\boldsymbol{x}])'] = \boldsymbol{G}\boldsymbol{T}_0\boldsymbol{\Gamma}_0\boldsymbol{\Sigma}_u\boldsymbol{\Gamma}_0'\boldsymbol{T}_0'\boldsymbol{G}' \tag{1.18}$$

と導かれる．

1.3 LISREL(LInear Structural RELations model)

1.3.1 方程式の表現

本節では，[入門編] で慣れ親しんだ RAM との関係から LISREL を導入する．LISREL では (1.2) 式中の構成概念ベクトル $\boldsymbol{f}$ を

$$\boldsymbol{f} = (\boldsymbol{\xi}' \ \boldsymbol{\eta}')' \tag{1.19}$$

のように 2 つに分ける．$\boldsymbol{\xi}$ は外生的な構成概念を表し，$\boldsymbol{\eta}$ は内生的な構成概念を表す．$\boldsymbol{f}$ の表記に合わせて，(1.3) 式の残差ベクトル $\boldsymbol{d}$ は

$$\boldsymbol{d} = (\boldsymbol{\xi}' \ \boldsymbol{d}'_{\$})' \tag{1.20}$$

と表現する．構成概念間の関係を記述する構造方程式には

$$\boldsymbol{\eta} = \boldsymbol{\alpha}_{\eta} + \boldsymbol{B}_{+}\boldsymbol{\eta} + \boldsymbol{\Gamma}\boldsymbol{\xi} + \boldsymbol{d}_{\$} \tag{1.21}$$

を用いる．$\boldsymbol{\xi}$ は外生変数なので左辺に置かないこと，観測変数がないので選択方程式を必要としないことが，RAM との相違点である．

選択方程式がない代わりに，構成概念と観測変数の関係を表現するための方程式を用いる．残差ベクトル $\boldsymbol{d}$ や構成概念ベクトル $\boldsymbol{f}$ の表記に合わせて，観測変数を

$$\boldsymbol{x} = (\boldsymbol{x}'_{\$} \ \boldsymbol{y}'_{\$})' \tag{1.22}$$

のように分ける．$\boldsymbol{x}_{\$}$ は $\boldsymbol{\xi}$ から影響を受ける観測変数とし，$\boldsymbol{y}_{\$}$ は $\boldsymbol{\eta}$ から影響を受ける観測変数とする．(1.22) 式の表記に合わせて，(測定) 誤差変数ベクトルも

$$\boldsymbol{e} = (\boldsymbol{e}'_x \ \boldsymbol{e}'_y)' \tag{1.23}$$

のように分け，$\boldsymbol{x}_{\$}$ に関する測定状況を

$$\boldsymbol{x}_{\$} = \boldsymbol{\alpha}_{x\$} + \boldsymbol{\Lambda}_x\boldsymbol{\xi} + \boldsymbol{e}_x \tag{1.24}$$

で，$\boldsymbol{y}_{\$}$ に関する測定状況を

$$\boldsymbol{y}_{\$} = \boldsymbol{\alpha}_{y\$} + \boldsymbol{\Lambda}_y\boldsymbol{\eta} + \boldsymbol{e}_y \tag{1.25}$$

で表現する．(1.24) 式，(1.25) 式を測定方程式という．LISREL の外生変数ベクトルは

$$\boldsymbol{u} = (\boldsymbol{d}'\ \boldsymbol{e}')' = (\boldsymbol{\xi}'\ \boldsymbol{d}'_{\$}\ \boldsymbol{e}'_x\ \boldsymbol{e}'_y)' \tag{1.26}$$

と分割され，その共分散行列は，

$$\boldsymbol{\Sigma}_u = \begin{bmatrix} \boldsymbol{\Sigma}_\xi & & & sym \\ \boldsymbol{O} & \boldsymbol{\Sigma}_{d\$} & & \\ \boldsymbol{O} & \boldsymbol{O} & \boldsymbol{\Sigma}_{ex} & \\ \boldsymbol{O} & \boldsymbol{O} & \boldsymbol{O} & \boldsymbol{\Sigma}_{ey} \end{bmatrix} \tag{1.27}$$

のように制約する．

1.3.2 平均・共分散構造

逆行列 $\boldsymbol{B}_{\$} = (\boldsymbol{I} - \boldsymbol{B}_{+})^{-1}$ の存在を仮定すると構造方程式の誘導形は

$$\boldsymbol{\eta} = \boldsymbol{B}_{\$}(\boldsymbol{\alpha}_\eta + \boldsymbol{\Gamma}\boldsymbol{\xi} + \boldsymbol{d}_{\$}) \tag{1.28}$$

だから，$\boldsymbol{y}_{\$}$ は，外生変数の重み付き和で

$$\boldsymbol{y}_{\$} = \boldsymbol{\alpha}_{y\$} + \boldsymbol{\Lambda}_y(\boldsymbol{B}_{\$}(\boldsymbol{\alpha}_\eta + \boldsymbol{\Gamma}\boldsymbol{\xi} + \boldsymbol{d}_{\$})) + \boldsymbol{e}_y \tag{1.29}$$

と表現される．誤差変数には $E[\boldsymbol{d}_{\$}] = \boldsymbol{o}$, $E[\boldsymbol{e}_y] = \boldsymbol{o}$, $E[\boldsymbol{e}_x] = \boldsymbol{o}$ が自然に仮定できる．一方，構成概念である $\boldsymbol{\xi}$ の期待値は，平均構造を考察する際に重要であり，0 に固定することは得策ではないので $E[\boldsymbol{\xi}] = \boldsymbol{\alpha}_\xi$ と表記する．以上の仮定より

$$E[\boldsymbol{y}_{\$}] = \boldsymbol{\alpha}_{y\$} + \boldsymbol{\Lambda}_y(\boldsymbol{B}_{\$}(\boldsymbol{\alpha}_\eta + \boldsymbol{\Gamma}\boldsymbol{\alpha}_\xi)) \tag{1.30}$$

$$E[\boldsymbol{x}_{\$}] = \boldsymbol{\alpha}_{x\$} + \boldsymbol{\Lambda}_x\boldsymbol{\alpha}_\xi \tag{1.31}$$

が導かれ，観測変数の平均構造は

$$\begin{aligned} \boldsymbol{\mu}(\boldsymbol{\theta}) &= E[\boldsymbol{x}] = E[(\boldsymbol{y}'_{\$}\boldsymbol{x}'_{\$})'] = (E[\boldsymbol{y}_{\$}]'\ \ E[\boldsymbol{x}_{\$}]')' \\ &= ((\boldsymbol{\alpha}_{y\$} + \boldsymbol{\Lambda}_y(\boldsymbol{B}_{\$}(\boldsymbol{\alpha}_\eta + \boldsymbol{\Gamma}\boldsymbol{\alpha}_\xi)))'\ \ (\boldsymbol{\alpha}_{x\$} + \boldsymbol{\Lambda}_x\boldsymbol{\alpha}_\xi)')' \end{aligned} \tag{1.32}$$

と表現される．(1.27) 式の制約を考慮すると，$\boldsymbol{y}_\$$ の共分散構造は

$$\begin{aligned}\boldsymbol{\Sigma}_{y\$} &= E[(\boldsymbol{y}_\$ - E[\boldsymbol{y}_\$])(\boldsymbol{y}_\$ - E[\boldsymbol{y}_\$])'] \\ &= \boldsymbol{\Lambda}_y \boldsymbol{B}_\$ (\boldsymbol{\Gamma}\boldsymbol{\Sigma}_\xi \boldsymbol{\Gamma}' + \boldsymbol{\Sigma}_{d\$}) \boldsymbol{B}_\$' \boldsymbol{\Lambda}_y' + \boldsymbol{\Sigma}_{e_y} \end{aligned} \tag{1.33}$$

と表現され，$\boldsymbol{x}_\$$ の共分散構造は

$$\boldsymbol{\Sigma}_{x\$} = E[(\boldsymbol{x}_\$ - E[\boldsymbol{x}_\$])(\boldsymbol{x}_\$ - E[\boldsymbol{x}_\$])'] = \boldsymbol{\Lambda}_x \boldsymbol{\Sigma}_\xi \boldsymbol{\Lambda}_x' + \boldsymbol{\Sigma}_{e_x} \tag{1.34}$$

と表現される．$\boldsymbol{x}_\$$ と $\boldsymbol{y}_\$$ の共分散構造は

$$\boldsymbol{\Sigma}_{xy\$} = E[(\boldsymbol{x}_\$ - E[\boldsymbol{x}_\$])(\boldsymbol{y}_\$ - E[\boldsymbol{y}_\$])'] = \boldsymbol{\Lambda}_x \boldsymbol{\Sigma}_\xi \boldsymbol{\Gamma}' \boldsymbol{B}_\$' \boldsymbol{\Lambda}_y' \tag{1.35}$$

となる．したがって観測変数の共分散構造は分割行列の形式で

$$\boldsymbol{\Sigma}(\boldsymbol{\theta}) = \begin{bmatrix} \boldsymbol{\Lambda}_y \boldsymbol{B}_\$ (\boldsymbol{\Gamma}\boldsymbol{\Sigma}_\xi \boldsymbol{\Gamma}' + \boldsymbol{\Sigma}_{d\$}) \boldsymbol{B}_\$' \boldsymbol{\Lambda}_y' + \boldsymbol{\Sigma}_{e_y} & \boldsymbol{\Lambda}_y \boldsymbol{B}_\$ \boldsymbol{\Gamma}\boldsymbol{\Sigma}_\xi \boldsymbol{\Lambda}_x' \\ \boldsymbol{\Lambda}_x \boldsymbol{\Sigma}_\xi \boldsymbol{\Gamma}' \boldsymbol{B}_\$' \boldsymbol{\Lambda}_y' & \boldsymbol{\Lambda}_x \boldsymbol{\Sigma}_\xi \boldsymbol{\Lambda}_x' + \boldsymbol{\Sigma}_{e_x} \end{bmatrix} \tag{1.36}$$

と導かれる．RAM や EQS と比較すると複雑である．

1.4 モデル表現の相違

RAM, EQS, LISREL の平均・共分散構造が導かれたので，ここで図 1.1 のモデルを 3 つの表現方法で記述してみよう．ただし，このモデルでは複雑な平均構造は考えないものとする．まず，[入門編] でなじみ深い (1.1) 式の RAM の構造方程式は以下の表現となる．

$$\begin{bmatrix} f_1 \\ f_2 \\ f_3 \\ v_1 \\ v_2 \\ v_3 \\ v_4 \\ v_5 \\ v_6 \end{bmatrix} = \boldsymbol{\alpha}_0 + \left[\begin{matrix} 0 & 0 & 0 \\ \alpha_{a21} & 0 & 0 \\ \alpha_{a31} & \alpha_{a32} & 0 \\ \alpha_{b11} & 0 & 0 \\ \alpha_{b21} & 0 & 0 \\ 0 & \alpha_{b32} & 0 \\ 0 & \alpha_{b42} & 0 \\ 0 & 0 & \alpha_{b53} \\ 0 & 0 & \alpha_{b63} \end{matrix} \quad \boldsymbol{O}_{9\times 6} \right] \begin{bmatrix} f_1 \\ f_2 \\ f_3 \\ v_1 \\ v_2 \\ v_3 \\ v_4 \\ v_5 \\ v_6 \end{bmatrix} + \begin{bmatrix} f_1 \\ d_2 \\ d_3 \\ e_1 \\ e_2 \\ e_3 \\ e_4 \\ e_5 \\ e_6 \end{bmatrix} \tag{1.37}$$

一方 (1.13) 式の EQS の構造方程式は以下の表現となる．

$$\begin{bmatrix} f_2 \\ f_3 \\ v_1 \\ v_2 \\ v_3 \\ v_4 \\ v_5 \\ v_6 \end{bmatrix} = \boldsymbol{\alpha}_0 + \left[\begin{matrix} 0 & 0 \\ \alpha_{a32} & 0 \\ 0 & 0 \\ 0 & 0 \\ \alpha_{b32} & 0 \\ \alpha_{b42} & 0 \\ 0 & \alpha_{b53} \\ 0 & \alpha_{b63} \end{matrix} \quad \boldsymbol{O}_{8\times 6} \right] \begin{bmatrix} f_2 \\ f_3 \\ v_1 \\ v_2 \\ v_3 \\ v_4 \\ v_5 \\ v_6 \end{bmatrix} + \left[\begin{matrix} \alpha_{a21} \\ \alpha_{a31} \\ \alpha_{b11} \\ \alpha_{b21} \\ 0 \\ 0 \\ 0 \\ 0 \end{matrix} \quad \boldsymbol{I}_{8\times 8} \right] \begin{bmatrix} f_1 \\ d_2 \\ d_3 \\ e_1 \\ e_2 \\ e_3 \\ e_4 \\ e_5 \\ e_6 \end{bmatrix} \tag{1.38}$$

RAM の表現では $\boldsymbol{t}$ に入っていた外生的構成概念 f_1 は，EQS の表現では $\boldsymbol{t}_0$ に入っていない．また f_1 からの係数が $\boldsymbol{\Gamma}_0$ に入っていることが RAM との相違である．(1.12) 式のモデルの残差ベクトルの共分散行列は，RAM と EQS では共通しており，以下の表現となる．

$$\boldsymbol{\Sigma}_u = \begin{bmatrix} \sigma_{f1}^2 & & & & & & & & \\ 0 & \sigma_{d2}^2 & & & & & & & \\ 0 & 0 & \sigma_{d3}^2 & & & & & & \\ 0 & 0 & 0 & \sigma_{e1}^2 & & & & & \\ 0 & 0 & 0 & 0 & \sigma_{e2}^2 & & & & \\ 0 & 0 & 0 & 0 & 0 & \sigma_{e3}^2 & & & \\ 0 & 0 & 0 & 0 & 0 & 0 & \sigma_{e4}^2 & & \\ 0 & 0 & 0 & 0 & 0 & 0 & 0 & \sigma_{e5}^2 & \\ 0 & 0 & 0 & 0 & 0 & 0 & 0 & 0 & \sigma_{e6}^2 \end{bmatrix} \tag{1.39}$$

RAM と EQS の表現を比較すると，EQS のほうが行列が 1 つ多く，表現の簡潔さという観点からは冗長である．SEM の数理的な性質を調べる場合に RAM は便利である．ただし内生変数から内生変数への係数のないモデルを扱う場合に EQS を用いると，逆行列がなくなる (単位行列になる) という長所がある．

同じモデルを LISREL で表現すると，(1.21) 式の構造方程式は，

$$\begin{bmatrix} \eta_1 \\ \eta_2 \end{bmatrix} = \boldsymbol{\alpha}_\eta + \begin{bmatrix} 0 & 0 \\ \beta_{21} & 0 \end{bmatrix} \begin{bmatrix} \eta_1 \\ \eta_2 \end{bmatrix} + \begin{bmatrix} \gamma_{11} \\ \gamma_{21} \end{bmatrix} [\ \xi_1\ ] + \begin{bmatrix} d_{\$1} \\ d_{\$2} \end{bmatrix} \tag{1.40}$$

となる．RAM や EQS の表現と比較すると，小さな母数行列がたくさん登場する．(1.24) 式と (1.25) 式の測定方程式は，それぞれ

$$\begin{bmatrix} x_{\$1} \\ x_{\$2} \end{bmatrix} = \boldsymbol{\alpha}_{x\$} + \begin{bmatrix} \lambda_{x11} \\ \lambda_{x21} \end{bmatrix} [\ \xi_1\ ] + \begin{bmatrix} e_{x1} \\ e_{x2} \end{bmatrix} \tag{1.41}$$

$$\begin{bmatrix} y_{\$1} \\ y_{\$2} \\ y_{\$3} \\ y_{\$4} \end{bmatrix} = \boldsymbol{\alpha}_{y\$} + \begin{bmatrix} \lambda_{y11} & 0 \\ \lambda_{y21} & 0 \\ 0 & \lambda_{y32} \\ 0 & \lambda_{y42} \end{bmatrix} \begin{bmatrix} \eta_1 \\ \eta_2 \end{bmatrix} + \begin{bmatrix} e_{y1} \\ e_{y2} \\ e_{y3} \\ e_{y4} \end{bmatrix} \tag{1.42}$$

となる．外生変数の共分散行列は

$$\boldsymbol{\Sigma}_\xi = \sigma_{\xi 1}^2, \quad \boldsymbol{\Sigma}_{d\$} = \begin{bmatrix} \sigma_{d\$1}^2 & 0 \\ 0 & \sigma_{d\$2}^2 \end{bmatrix}, \quad \boldsymbol{\Sigma}_{ex} = \begin{bmatrix} \sigma_{ex1}^2 & 0 \\ 0 & \sigma_{ex2}^2 \end{bmatrix},$$

$$\boldsymbol{\Sigma}_{ey} = \begin{bmatrix} \sigma_{ey1}^2 & 0 & 0 & 0 \\ 0 & \sigma_{ey2}^2 & 0 & 0 \\ 0 & 0 & \sigma_{ey3}^2 & 0 \\ 0 & 0 & 0 & \sigma_{ey4}^2 \end{bmatrix}$$

と表現される．RAM と EQS では同じ母数名を与えたが，LISREL で同様のことを行うと，モデルの表現が分かりにくくなるので，図 1.1 と同じモデルを表現した 図 1.2 に LISREL の母数名を書き込んだので比較していただきたい．

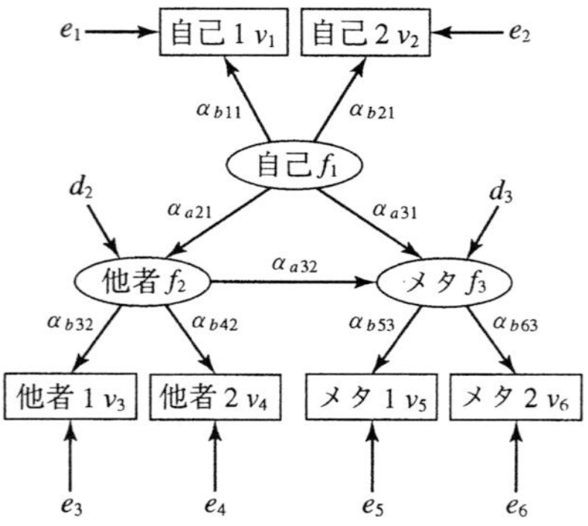

図 1.1: **RAM による表現**

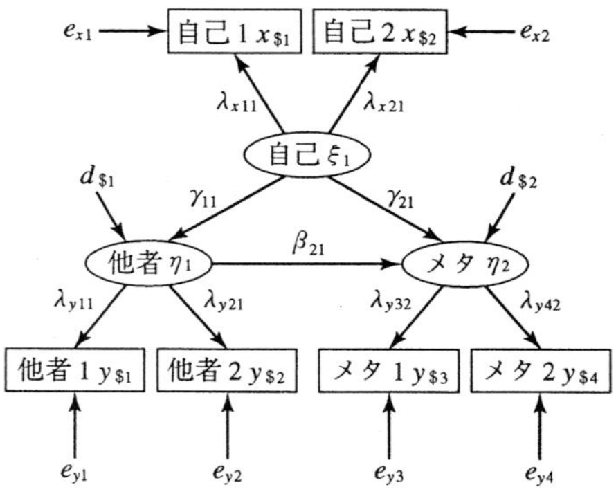

図 1.2: **LISREL による表現**

1.5 モデル間の関係

LISREL と RAM の関係を調べて見よう．まず RAM における構造ベクトルは，LISREL の表記では

$$\boldsymbol{t} = (\boldsymbol{f}' \ \boldsymbol{v}')' = (\boldsymbol{\xi}' \ \boldsymbol{\eta}' \ \boldsymbol{x}_{\$}' \ \boldsymbol{y}_{\$}')' \tag{1.43}$$

となる．同様に (1.26) 式の残差 (外生) 変数ベクトルを利用すると LISREL は RAM の表現を用いて

$$\begin{bmatrix} \boldsymbol{\xi} \\ \boldsymbol{\eta} \\ \boldsymbol{x}_{\$} \\ \boldsymbol{y}_{\$} \end{bmatrix} = \boldsymbol{\alpha}_0 + \begin{bmatrix} \boldsymbol{O} & \boldsymbol{O} & \boldsymbol{O} & \boldsymbol{O} \\ \boldsymbol{\Gamma} & \boldsymbol{B}_{+} & \boldsymbol{O} & \boldsymbol{O} \\ \boldsymbol{\Lambda}_x & \boldsymbol{O} & \boldsymbol{O} & \boldsymbol{O} \\ \boldsymbol{O} & \boldsymbol{\Lambda}_y & \boldsymbol{O} & \boldsymbol{O} \end{bmatrix} \begin{bmatrix} \boldsymbol{\xi} \\ \boldsymbol{\eta} \\ \boldsymbol{x}_{\$} \\ \boldsymbol{y}_{\$} \end{bmatrix} + \begin{bmatrix} \boldsymbol{\xi} \\ \boldsymbol{d}_{\$} \\ \boldsymbol{e}_x \\ \boldsymbol{e}_y \end{bmatrix} \tag{1.44}$$

と表現することが可能である．(1.1) 式 (あるいは (1.5) 式) と (1.44) 式とを見比べると RAM の一部に制約を入れたものが LISREL であることが分かる．これ

は LISREL が RAM の下位モデルであることを意味する．言い換えるならば，LISREL で表現できるモデルは 必ず RAM で表現できるが，RAM で表現できるモデルは LISREL で表現できるとは限らないということを (1.44) 式は示している．

具体的には，以下のモデルは LISREL の本来の使用法では表現できない[8]．

限界 1： $\boldsymbol{A}_c = \boldsymbol{O}$ なので，構成概念の登場しない観測変数のパス解析を表現できない．また $\boldsymbol{A}_d = \boldsymbol{O}$ なので，観測変数が構成概念を形成するモデルを表現できない．

限界 2： (1.44) 式では $\boldsymbol{A}_b$ に相当する部分がブロック対角の形式

$$\boldsymbol{A}_b = \begin{bmatrix} \boldsymbol{\Lambda}_x & \boldsymbol{O} \\ \boldsymbol{O} & \boldsymbol{\Lambda}_y \end{bmatrix} \tag{1.45}$$

に制約されているので，$\boldsymbol{\xi}$ と $\boldsymbol{\eta}$ の両方から直接影響を受ける観測変数を表現できない．

限界 3： (1.27) 式の $\boldsymbol{\Sigma}_u$ がブロック対角の形式で表現されているので 4 つの異なる種類の確率変数相互間の共分散を表現することができない．

(1.44) 式と同様に LISREL は EQS の表現 (1.13) 式を用いて

$$\begin{bmatrix} \boldsymbol{\eta} \\ \boldsymbol{x}_{\$} \\ \boldsymbol{y}_{\$} \end{bmatrix} = \boldsymbol{\alpha}_0 + \begin{bmatrix} \boldsymbol{B}_+ & \boldsymbol{O} & \boldsymbol{O} \\ \boldsymbol{O} & \boldsymbol{O} & \boldsymbol{O} \\ \boldsymbol{\Lambda}_y & \boldsymbol{O} & \boldsymbol{O} \end{bmatrix} \begin{bmatrix} \boldsymbol{\eta} \\ \boldsymbol{x}_{\$} \\ \boldsymbol{y}_{\$} \end{bmatrix} + \begin{bmatrix} \boldsymbol{\Gamma} & \boldsymbol{I} & \boldsymbol{O} & \boldsymbol{O} \\ \boldsymbol{\Lambda}_x & \boldsymbol{O} & \boldsymbol{I} & \boldsymbol{O} \\ \boldsymbol{O} & \boldsymbol{O} & \boldsymbol{O} & \boldsymbol{I} \end{bmatrix} \begin{bmatrix} \boldsymbol{\xi} \\ \boldsymbol{d}_{\$} \\ \boldsymbol{e}_x \\ \boldsymbol{e}_y \end{bmatrix} \tag{1.46}$$

と表現することが可能である．表現 A によって記述できるモデルの集合を $M(\mathrm{A})$ と表記すると，(1.44) 式と (1.46) 式は

$$M(\mathrm{LISREL}) \subset M(\mathrm{RAM}) \tag{1.47}$$

$$M(\mathrm{LISREL}) \subset M(\mathrm{EQS}) \tag{1.48}$$

---

[8] $\boldsymbol{A}_a$ に相当する部分が

$$\boldsymbol{A}_a = \begin{bmatrix} \boldsymbol{O} & \boldsymbol{O} \\ \boldsymbol{\Gamma} & \boldsymbol{B}_+ \end{bmatrix}$$

に制約されているが，$\boldsymbol{\xi}$ は外生変数なので，それに対する係数がゼロに制約されていることはモデルの表現を制約することにはならない．

のように，LISREL で記述できるモデルは必ず RAM や EQS で表現できることを意味している．しかし，LISREL の共分散構造 (1.36) 式は，標本共分散行列の近似に利用されるのであるから，仮に LISREL を

$$\boldsymbol{x}_{\$} = \boldsymbol{o}, \quad \boldsymbol{\Gamma} = \boldsymbol{I}, \quad \boldsymbol{\Sigma}_{d\$} = \boldsymbol{O}, \quad \boldsymbol{\Sigma}_{e_y} = \boldsymbol{O}, \quad \boldsymbol{\Sigma}_{e_x} = \boldsymbol{O} \tag{1.49}$$

と制約し，

$$\boldsymbol{\Lambda}_y = \boldsymbol{G}, \quad \boldsymbol{B}_{\$} = \boldsymbol{T}, \quad \boldsymbol{\Sigma}_{\xi} = \boldsymbol{\Sigma}_u \tag{1.50}$$

と見なせば，LISREL を制約したものが RAM であると見なすことができる．また LISREL を

$$\boldsymbol{x}_{\$} = \boldsymbol{o}, \quad \boldsymbol{\Sigma}_{d\$} = \boldsymbol{O}, \quad \boldsymbol{\Sigma}_{e_y} = \boldsymbol{O}, \quad \boldsymbol{\Sigma}_{e_x} = \boldsymbol{O} \tag{1.51}$$

と制約し，

$$\boldsymbol{\Lambda}_y = \boldsymbol{G}, \quad \boldsymbol{B}_{\$} = \boldsymbol{T}_0, \quad \boldsymbol{\Gamma} = \boldsymbol{\Gamma}_0, \quad \boldsymbol{\Sigma}_{\xi} = \boldsymbol{\Sigma}_u \tag{1.52}$$

と見なせば，LISREL を制約したものが EQS であると見なすことができる．つまり本来のモデルの使用法を離れれば，(1.50) 式と (1.52) 式は

$$M(\mathrm{RAM}) \subset M(\mathrm{LISREL}) \tag{1.53}$$

$$M(\mathrm{EQS}) \subset M(\mathrm{LISREL}) \tag{1.54}$$

であることを示している．言い換えるならば，RAM や EQS で記述できるモデルは必ず LISREL で表現できることが示されたことになる．

$M(\mathrm{A}) \subset M(\mathrm{B})$ かつ $M(\mathrm{B}) \subset M(\mathrm{A})$ が同時に成り立つということは，2 つの集合が等しいということを意味している．したがって RAM, EQS, LISREL は，下位モデルの表現力という観点からは，見かけは違ってもみな同一のモデル[9]である．ならば，通常は，どれか 1 つの表現を用いればよい[10]ことになる．そこで [入門編] では

[9] 豊田秀樹 (1990). 共分散構造の表現. 教育心理学研究, **38**(4), 438-444.

[10] モデルの表現方法には LISREL, EQS, RAM 以外にも
McDonald, R.P. (1978). A simple comprehensive model for the analysis of covariance structures. *British Journal of Mathematical and Statistical Psychology*, **31**, 59-72.
の COSAN (コーサン) モデル (A simple comprehensive model for the analysis of covariance structures model) がある．表現できるモデルの集合に関しては， COSAN も他の 3 つと同等であることが知られている．応用場面で利用されることが比較的少ないので詳細は割愛した．

1. 本来的な使用法から外れることなく，全てのモデルを表現でき
2. 平均・共分散構造の数理的な形が最も単純な

RAM に限定してモデルを学習した．ただし，見かけは違ってもみな同一のモデルだから，2 つ以上知る必要はないという考え方は正しくない．数理的には等しくとも，特定の表現は特定の意図を強調するから見た目は重要である．たとえば LISREL は構成概念間のパス解析モデル (同時方程式モデル) という側面を強調した表現である．我々はモデルを数理として扱うばかりでなく，具体的な分析対象や実質科学的な理論との対応関係を重視するから，SEM がどのように表現されているかが，応用的には大切である．

本書 [応用編] の目的は SEM によって表現できる有用なモデルを，できるだけたくさん紹介することであるから， RAM, EQS, LISREL の関係を把握し，モデルの応用的な目的に合わせて適切な表現を用意する必要がある．場合によっては RAM, EQS, LISREL と本質的に同じでも，異なった表現を新たに構成する必要が生じる場合もある．

1.6 非確率ベクトル

SEM の最も単純なモデルに，一方の変数からもう一方の変数を予測する単回帰モデル

$$x_2 = \alpha_{20} + \alpha_{21} x_1 + e_2 \tag{1.55}$$

があった．この場合，x_2 と x_1 は，それぞれ基準変数と予測変数と呼ばれている．単回帰モデルの応用場面は，

- 原料の重さから製品の重さを予測する場合，加熱時間から試料の硬さを予測する場合，音源までの距離から音圧を予測する場合，
- 無作為標本に対して模擬試験の成績から本試験の成績を予測する場合，最高血圧から最低血圧を予測する場合，身長から体重を予測する場合

など 2 種類に大別される．前者は予測変数が非確率変数のモデルである．重さを 10 グラムから始めて，10 グラムおきに 100 グラムまでとか，0 秒から 10 秒間隔で 3 分までのように，予め定められた予測変数から基準変数を予測する場合である．これは「線形モデル」と呼ばれている．実験計画における分散分析

モデルは，予測変数が非確率変数 (たとえば 0 か 1 の値だけをとる計画行列の変数) である線形モデルの特別な場合である.

後者は予測変数が確率変数のモデルである．まず標本を抽出し，抽出した標本の予測変数と基準変数を測定するから，基準変数ばかりでなく予測変数も確率的に変動する．こちらは，前者と区別するために「線形回帰モデル」と呼ばれることがある.

前者は実験データの分析に使われることが多く，後者は調査データの分析に使われることが多い.

これまでは，構造方程式モデルを論じる際に，外生的観測変数 (予測変数) も内生的観測変数 (基準変数) も確率ベクトルとして扱ってきた．しかし線形モデルと同様に，外生的観測変数を非確率ベクトル (モデル中の所与の定数) として扱いたい場合は少なくない．たとえば

- 外生的観測変数が，0 m から 10 m 間隔で 100 m までのように予め値が固定されている場合
- 無作為標本であっても，外生的観測変数の分布が相当歪んでおり，分布を仮定せずに定数として扱いたい場合
- 実験データを SEM で分析するために，0 か 1 の値だけをとる実験計画を表現したい場合

などである．非確率変数である外生的観測変数を扱うことができれば，SEM の応用範囲は更に広がる.

1.6.1 方程式の表現

1.5 節では，多くの SEM の表現が，本質的に同じであることを導いたけれども，例外もある．下位モデルの表現力の拡大，あるいは応用可能性の観点から特筆できる例外は LISCOMP (リスコンプ analysis of LInear Structural equations with a COMPrehensive measurement model, Muthen,1984,1987) [11] である[12].

[11]Muthen, B.O. (1984). A general structural equation model with dichotomous, ordered categorical, and continuous latent variable indicators. *Psychometrika*, **49**, 115-132.

Muthen, B.O. (1987). *LISCOMP: Analysis of linear Structural Equation with a Comprehensive Measurement Model.* Mooresville, IN: Scientific Software, Inc.

[12]LISCOMP は SEM システムの中でカテゴリカルな順序変数，上限下限のある変数を (一部で切断データをも) 扱うことを最初に可能にしたソフトウェアである．順序変数，上限下限のある変

LISCOMP では従来の LISREL と同様に，測定方程式と構造方程式によってモデルを表現する．ただし測定方程式は 1 本である．それらは，それぞれ

$$\boldsymbol{y}_{\$} = \boldsymbol{\alpha}_{y\$} + \boldsymbol{\Lambda}\boldsymbol{\eta} + \boldsymbol{e}_y \tag{1.56}$$

$$\boldsymbol{\eta} = \boldsymbol{\alpha}_{\eta} + \boldsymbol{B}_{+}\boldsymbol{\eta} + \boldsymbol{\Gamma}\boldsymbol{x}_{\$} + \boldsymbol{d}_{\$} \tag{1.57}$$

である[13]．モデルに登場する変数や母数は LISREL のそれとほとんど同じである．ただし外生的観測変数を表現する $\boldsymbol{x}_{\$}$ は，見かけは同じでも，これまで登場した構造方程式モデルとは異なり，非確率変数である．簡単にいうと LISCOMP では $\boldsymbol{x}_{\$}$ を単なる数字 (定数) として扱う．

1.6.2 平均・共分散構造

これまでのモデルと同様に LISCOMP にも 3 種類の仮定を入れて平均・共分散構造を導く．まず $\boldsymbol{B}_{\$} = (\boldsymbol{I} - \boldsymbol{B}_{+})^{-1}$ の存在を仮定する．次に，誤差変数の期待値はゼロである ($E[\boldsymbol{e}_y] = \boldsymbol{o}$, $E[\boldsymbol{d}_{\$}] = \boldsymbol{o}$) ことを仮定する．そして外生変数の確率ベクトル $\boldsymbol{u} = (\boldsymbol{e}_y'\boldsymbol{d}_{\$}')'$ の共分散行列は

$$\boldsymbol{\Sigma}_u = \begin{bmatrix} \boldsymbol{\Sigma}_{ey} & \boldsymbol{O} \\ \boldsymbol{O} & \boldsymbol{\Sigma}_{d\$} \end{bmatrix} \tag{1.58}$$

であると仮定する．外生的観測変数 $\boldsymbol{x}_{\$}$ は確率変数ではないので (1.58) 式には登場しない．

母数の推定の基本となるのは，$\boldsymbol{x}_{\$}$ を定数として扱った場合の $\boldsymbol{y}_{\$}$ の期待値と分散である．すなわち $\boldsymbol{x}_{\$}$ によって条件づけられた $\boldsymbol{y}_{\$}$ の期待値と分散であり，それぞれ「条件付き期待値」「条件付き (共) 分散」という．

まず (1.57) 式から $\boldsymbol{\eta}$ に関する誘導形を求め，(1.56) 式に代入すると

$$\boldsymbol{y}_{\$} = \boldsymbol{\alpha}_{y\$} + \boldsymbol{\Lambda}\boldsymbol{B}_{\$}(\boldsymbol{\alpha}_{\eta} + \boldsymbol{\Gamma}\boldsymbol{x}_{\$} + \boldsymbol{d}_{\$}) + \boldsymbol{e}_y \tag{1.59}$$

数は質問紙調査のデータには必ずといってよいほど含まれている．下位モデルの表現力という観点から，LISCOMP の提案は重要な発展である．

[13]ソフトウェアとしての LISCOMP には $\boldsymbol{\Delta}$ という $\boldsymbol{y}_{\$}$ の尺度を調節する母数があるが，本章の内容とは直接は関係しないので省略する．

を得る．この期待値

$$\begin{aligned}\boldsymbol{\mu}_{y\$}(\boldsymbol{\theta}) =& E[\boldsymbol{y}_{\$i}] = E[\boldsymbol{\alpha}_{y\$} + \boldsymbol{\Lambda}\boldsymbol{B}_{\$}(\boldsymbol{\alpha}_{\eta} + \boldsymbol{\Gamma}\boldsymbol{x}_{\$} + \boldsymbol{d}_{\$}) + \boldsymbol{e}_y] \\ =& E[\boldsymbol{\alpha}_{y\$}] + \boldsymbol{\Lambda}\boldsymbol{B}_{\$}(E[\boldsymbol{\alpha}_{\eta}] + \boldsymbol{\Gamma}E[\boldsymbol{x}_{\$}] + E[\boldsymbol{d}_{\$}]) + E[\boldsymbol{e}_y] \\ & \quad [\boldsymbol{\alpha}_{y\$}, \boldsymbol{\alpha}_{\eta}, \boldsymbol{x}_{\$} \text{ は定数であり，} E[\boldsymbol{d}_{\$}] = \boldsymbol{o}, E[\boldsymbol{e}_y] = \boldsymbol{o} \text{ だから}] \\ =& \boldsymbol{\alpha}_{y\$} + \boldsymbol{\Lambda}\boldsymbol{B}_{\$}(\boldsymbol{\alpha}_{\eta} + \boldsymbol{\Gamma}\boldsymbol{x}_{\$}) \end{aligned} \tag{1.60}$$

が観測変数の期待値構造である．共分散構造は

$$\boldsymbol{\Sigma}(\boldsymbol{\theta}) = V[\boldsymbol{y}_{\$}] = E[(\boldsymbol{y}_{\$} - E[\boldsymbol{y}_{\$}])(\boldsymbol{y}_{\$} - E[\boldsymbol{y}_{\$}])'] \tag{1.61}$$

を計算すればよい．(1.61) 式の期待値の中の平均からの偏差は

$$\begin{aligned}\boldsymbol{y}_{\$} - E[\boldsymbol{y}_{\$}] =& (\boldsymbol{\alpha}_{y\$} + \boldsymbol{\Lambda}\boldsymbol{B}_{\$}(\boldsymbol{\alpha}_{\eta} + \boldsymbol{\Gamma}\boldsymbol{x}_{\$} + \boldsymbol{d}_{\$}) + \boldsymbol{e}_y) - (\boldsymbol{\alpha}_{y\$} + \boldsymbol{\Lambda}\boldsymbol{B}_{\$}(\boldsymbol{\alpha}_{\eta} + \boldsymbol{\Gamma}\boldsymbol{x}_{\$})) \\ =& \boldsymbol{\Lambda}\boldsymbol{B}_{\$}\boldsymbol{d}_{\$} + \boldsymbol{e}_y \end{aligned} \tag{1.62}$$

であるから，共分散構造 (1.61) 式は

$$\begin{aligned}\boldsymbol{\Sigma}(\boldsymbol{\theta}) =& E[(\boldsymbol{\Lambda}\boldsymbol{B}_{\$}\boldsymbol{d}_{\$} + \boldsymbol{e}_y)(\boldsymbol{\Lambda}\boldsymbol{B}_{\$}\boldsymbol{d}_{\$} + \boldsymbol{e}_y)'] \\ & \quad [(1.58) \text{ 式の仮定から } \boldsymbol{\Sigma}_{d\$ey} = \boldsymbol{O} \text{ だから}] \\ =& \boldsymbol{\Lambda}\boldsymbol{B}_{\$}E[\boldsymbol{d}_{\$}\boldsymbol{d}_{\$}']\boldsymbol{B}_{\$}'\boldsymbol{\Lambda}' + E[\boldsymbol{e}_y\boldsymbol{e}_y'] \\ =& \boldsymbol{\Lambda}\boldsymbol{B}_{\$}\boldsymbol{\Sigma}_{d\$}\boldsymbol{B}_{\$}'\boldsymbol{\Lambda}' + \boldsymbol{\Sigma}_{ey} \end{aligned} \tag{1.63}$$

のように導かれる．LISCOMP の $\boldsymbol{\theta}$ には $\boldsymbol{x}_{\$}$ に関する母数は含まれない．

$\boldsymbol{x}_{\$}$ を定数と見なし，$\boldsymbol{y}_{\$}$ の期待値と分散によって母数を推定するという考え方は，従来の SEM にはなかった．定数として扱うことによって $\boldsymbol{x}_{\$}$ は単なる計画行列と見なせる．このため $\boldsymbol{x}_{\$}$ の分布型は何であってもかまわず，明らかに歪みが観察される変数もモデルに組み込むことができる．また，このアイデアによって SEM は，線形モデルを明示的に下位モデルに組み入れたことになる．

1.7 モデルの頑健性

外生的な観測変数を定数として扱えるか否かは，統計モデルの中で大きなシェアを占めている線形モデル (分散分析流の実験データの解析) を扱えるか否かということと関係しており，応用上極めて重大な問題である．前節で述べた通り，

SEM では外生的な観測変数を定数として扱うモデルが提案されており，理論的には既に解決している．応用面でも LISCOMP や Mplus というソフトウェア (SW) が提供されている．ただし現時点 (2000 年 1 月) では，外生的な観測変数を定数として扱えるオプションが，メジャーな SW に必ずしも用意されていない．そこで本節では，外生的な観測変数に正規分布を仮定した (現時点で主流の)SW で (不本意ながら) 外生的な観測変数が定数であるモデルを分析した場合に，何が起きるかを考察する．

外生的観測変数 $\boldsymbol{x}_\$$ が所与の場合の内生的観測変数 $\boldsymbol{y}_\$$ の条件付き分布 ($\boldsymbol{x}_\$$ がデータとして既に与えられている状態での $\boldsymbol{y}_\$$ の分布) が平均 $\boldsymbol{\mu}(\boldsymbol{\theta})$，共分散行列 $\boldsymbol{\Sigma}(\boldsymbol{\theta})$ の多変量正規分布に従っているもの

$$f(\boldsymbol{y}_\$|\boldsymbol{x}_\$) = N(\boldsymbol{y}_\$|\boldsymbol{\mu}(\boldsymbol{\theta}), \boldsymbol{\Sigma}(\boldsymbol{\theta})) \tag{1.64}$$

とする．$N(\cdot)$ は，Normal の頭文字であり，多変量正規分布を意味する．また $\boldsymbol{\theta}$ は $\boldsymbol{x}_\$$ とは関係しない母数とする．具体的に書き下すならば

$$N(\boldsymbol{y}_\$|\boldsymbol{\mu}(\boldsymbol{\theta}), \boldsymbol{\Sigma}(\boldsymbol{\theta})) = (2\pi)^{\frac{-n}{2}} |\boldsymbol{\Sigma}(\boldsymbol{\theta})|^{\frac{-1}{2}} \exp\left[\frac{-1}{2}(\boldsymbol{y}_\$ - \boldsymbol{\mu}(\boldsymbol{\theta}))'\boldsymbol{\Sigma}(\boldsymbol{\theta})^{-1}(\boldsymbol{y}_\$ - \boldsymbol{\mu}(\boldsymbol{\theta}))\right]$$

ということである．$\boldsymbol{\mu}(\boldsymbol{\theta})$ と $\boldsymbol{\Sigma}(\boldsymbol{\theta})$ は，それぞれ (1.60) 式と (1.63) 式で表現されているので，既に $\boldsymbol{x}_\$$ も式の中に含まれている．

ところで数理統計学における条件付き分布と同時分布の初等的公式より，一般的に $\boldsymbol{y}_\$$ と $\boldsymbol{x}_\$$ の同時分布は

$$f(\boldsymbol{y}_\$, \boldsymbol{x}_\$) = f(\boldsymbol{y}_\$|\boldsymbol{x}_\$)f(\boldsymbol{x}_\$) \tag{1.65}$$

のように，$\boldsymbol{x}_\$$ の分布と $\boldsymbol{y}_\$$ の条件付き分布の積で表現される．したがってデータ $\boldsymbol{Y}_\$$ と $\boldsymbol{X}_\$$ が観測された後の尤度関数の一般形は

$$f(\boldsymbol{Y}_\$, \boldsymbol{X}_\$) = \prod_{j=1}^{N} f(\boldsymbol{y}_{\$j}, \boldsymbol{x}_{\$j}) \tag{1.66}$$

$$= \prod_{j=1}^{N} f(\boldsymbol{y}_{\$j}|\boldsymbol{x}_{\$j}) \times \prod_{j=1}^{N} f(\boldsymbol{x}_{\$j}) \tag{1.67}$$

である．ここでは $\boldsymbol{y}_\$$ の条件付き分布は多変量正規分布なのであるから

$$f(\boldsymbol{Y}_\$, \boldsymbol{X}_\$) = \prod_{j=1}^{N} N(\boldsymbol{y}_{\$j}|\boldsymbol{\mu}(\boldsymbol{\theta}), \boldsymbol{\Sigma}(\boldsymbol{\theta})) \times \prod_{j=1}^{N} f(\boldsymbol{x}_{\$j}) \tag{1.68}$$

と書き直せる．ここで $\boldsymbol{x}_{\$j}$ が定数ならば，$f(\boldsymbol{x}_{\$j})=1$ だから，線形モデルの本来の尤度関数は

$$f(\boldsymbol{Y}_{\$},\boldsymbol{X}_{\$})=\prod_{j=1}^{N}N(\boldsymbol{y}_{\$j}|\boldsymbol{\mu}(\boldsymbol{\theta}),\boldsymbol{\Sigma}(\boldsymbol{\theta})) \tag{1.69}$$

である．これに対して，$\boldsymbol{x}_{\$}$ が多変量正規分布に従うと仮定する現在主流の SW が採用している尤度関数は

$$f(\boldsymbol{Y}_{\$},\boldsymbol{X}_{\$})=\prod_{j=1}^{N}N(\boldsymbol{y}_{\$j}|\boldsymbol{\mu}(\boldsymbol{\theta}),\boldsymbol{\Sigma}(\boldsymbol{\theta}))\times\prod_{j=1}^{N}N(\boldsymbol{x}_{\$j}|\boldsymbol{\mu}_{x\$},\boldsymbol{\Sigma}_{x\$}) \tag{1.70}$$

である ((1.68) 式の $f(\boldsymbol{x}_{\$j})$ に $N(\boldsymbol{x}_{\$j}|\boldsymbol{\mu}_{x\$},\boldsymbol{\Sigma}_{x\$})$ を代入した)．

ところで $N(\boldsymbol{x}_{\$j}|\boldsymbol{\mu}_{x\$},\boldsymbol{\Sigma}_{x\$})$ には $\boldsymbol{\theta}$ が含まれていないから，(1.70) 式を最大にする $\hat{\boldsymbol{\theta}}$ は，常に (1.69) 式を最大にする．以上の考察から「$\boldsymbol{x}_{\$j}$ が定数であるようなモデルの母数を，$\boldsymbol{x}_{\$j}$ が多変量正規分布に従っているという前提に基づいた SW で推定しても推定値は同じである」という結論が導かれる．

さらに $f(\boldsymbol{x}_{\$j})$ の具体的な形状が未知の場合も，(1.70) 式を最大にする $\hat{\boldsymbol{\theta}}$ は，常に (1.68) 式を最大にする．したがって「$\boldsymbol{x}_{\$j}$ の分布が未知の場合でさえ，$\boldsymbol{x}_{\$j}$ が多変量正規分布に従っているという前提に基づいた SW で (不本意ながら) 母数を推定したときも推定値は一致する」．ただしこの場合は $\boldsymbol{x}_{\$j}$ の母数と $\boldsymbol{\theta}$ の間に制約条件や相関がないことが必要である (制約条件や相関があると (1.70) 式と (1.68) 式の第 1 項の最大化は必ずしも連動しない)．統計学では，一般的に，モデルの数理的前提が崩れた場合でも分析結果が大きなダメージを被らない度合を「頑健性 (robustness)」という．本節の考察より，推定量に関しては強い頑健性があることが示された．

カイ 2 乗値に関しても，$\boldsymbol{x}_{\$j}$ の母数に構造がない場合には，そのまま利用できることが知られている．ただし標準誤差に関しては必ずしも一致するとは限らないので参考程度にとどめたほうがよい[14]．

1.8　モデルの指定例

[入門編] では，全てのモデルを RAM によって表現してきた．本節ではそこで登場した 6 つのモデルを選び，EQS と LISREL で表現し，方程式モデルの

[14] 狩野 裕 (1999,7)．共分散構造分析．日本統計学会チュートリアルセミナー資料，pp.54-56．於：岡山理科大学．

相違を読者に実感してもらう．LISREL には，通常の変数の取り扱いをしている限りにおいては，3 つの限界があった (1.5 節参照)．その中で，限界 1 は観測変数と構成概念を 1 対 1 対応させることによって，簡単に克服できる．(1.53) 式と (1.54) 式で明らかなように，限界 2 と限界 3 は，理論的には克服可能であることが分かっているが，煩雑なので (工夫している間に RAM や EQS を使ったほうが早いので) 省略する．また平均構造は，ここでは考えないものとする．

1.8.1 逐次モデル

図 1.3 の逐次モデルは，EQS を用いて以下のように表現される．

$$\begin{bmatrix} v_1 \\ v_2 \\ v_3 \\ v_4 \end{bmatrix} = \begin{bmatrix} \boldsymbol{O}_{2\times 2} & \boldsymbol{O}_{2\times 2} & \\ & 0 & 0 \\ \boldsymbol{O}_{2\times 2} & \alpha_{43} & 0 \end{bmatrix} \begin{bmatrix} v_1 \\ v_2 \\ v_3 \\ v_4 \end{bmatrix} + \begin{bmatrix} \boldsymbol{I}_{2\times 2} & & \boldsymbol{O}_{2\times 2} \\ \alpha_{31} & \alpha_{32} & \\ 0 & \alpha_{42} & \boldsymbol{I}_{2\times 2} \end{bmatrix} \begin{bmatrix} v_1 \\ v_2 \\ e_3 \\ e_4 \end{bmatrix}$$

$$\boldsymbol{\Sigma}_u = \begin{bmatrix} \sigma_1^2 & & & \\ \sigma_{21} & \sigma_2^2 & & \\ 0 & 0 & \sigma_{e3}^2 & \\ 0 & 0 & 0 & \sigma_{e4}^2 \end{bmatrix}$$

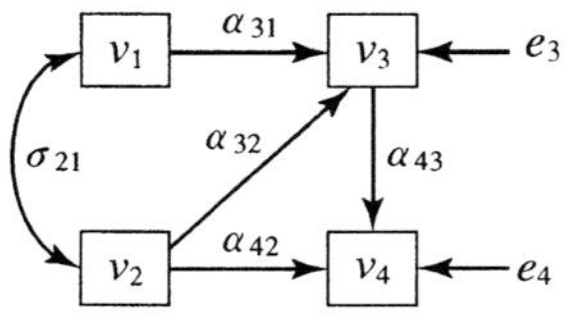

図 1.3: **逐次モデル**

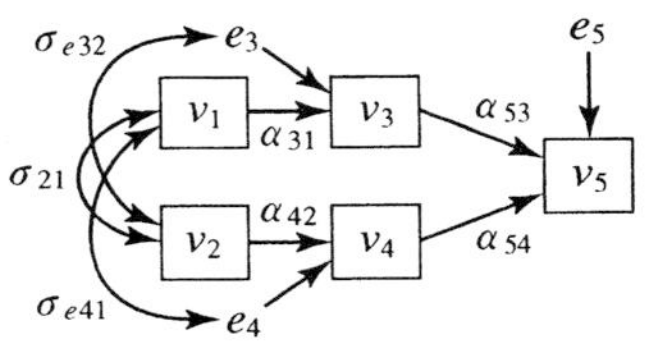

図 1.4: **誤差相関モデル**

限界 1 にもかかわらず，LISREL を用いると，逐次モデルは以下のように表現できる．

$$\begin{bmatrix} \eta_1 \\ \eta_2 \end{bmatrix} = \begin{bmatrix} 0 & 0 \\ \beta_{21} & 0 \end{bmatrix} \begin{bmatrix} \eta_1 \\ \eta_2 \end{bmatrix} + \begin{bmatrix} \gamma_{11} & \gamma_{12} \\ 0 & \gamma_{22} \end{bmatrix} \begin{bmatrix} \xi_1 \\ \xi_2 \end{bmatrix} + \begin{bmatrix} d_{\$1} \\ d_{\$2} \end{bmatrix}$$

$$\begin{bmatrix} x_{\$1} \\ x_{\$2} \end{bmatrix} = \boldsymbol{I}_{2\times 2} \begin{bmatrix} \xi_1 \\ \xi_2 \end{bmatrix} + \begin{bmatrix} e_{x1} \\ e_{x2} \end{bmatrix}, \qquad \begin{bmatrix} y_{\$1} \\ y_{\$2} \end{bmatrix} = \boldsymbol{I}_{2\times 2} \begin{bmatrix} \eta_1 \\ \eta_2 \end{bmatrix} + \begin{bmatrix} e_{y1} \\ e_{y2} \end{bmatrix}$$

$$\boldsymbol{\Sigma}_\xi = \begin{bmatrix} \sigma_{\xi 1}^2 & \\ \sigma_{\xi 21} & \sigma_{\xi 2}^2 \end{bmatrix}, \qquad \boldsymbol{\Sigma}_{d\$} = \begin{bmatrix} \sigma_{d\$1}^2 & \\ 0 & \sigma_{d\$2}^2 \end{bmatrix}, \qquad \boldsymbol{\Sigma}_{ex} = \boldsymbol{O}, \qquad \boldsymbol{\Sigma}_{ey} = \boldsymbol{O}$$

1.8.2 誤差相関モデル

図 1.4 の誤差相関モデルは，EQS を用いて以下のように表現される．限界 3 のために LISREL の表現は省略する．

$$\begin{bmatrix} v_1 \\ v_2 \\ v_3 \\ v_4 \\ v_5 \end{bmatrix} = \begin{bmatrix} \boldsymbol{O}_{2\times2} & & \boldsymbol{O}_{2\times3} & \\ & 0 & 0 & 0 \\ \boldsymbol{O}_{3\times2} & 0 & 0 & 0 \\ & \alpha_{53} & \alpha_{54} & 0 \end{bmatrix} \begin{bmatrix} v_1 \\ v_2 \\ v_3 \\ v_4 \\ v_5 \end{bmatrix} + \begin{bmatrix} \boldsymbol{I}_{2\times2} & & \boldsymbol{O}_{2\times3} \\ \alpha_{31} & 0 & \\ 0 & \alpha_{42} & \boldsymbol{I}_{3\times3} \\ 0 & 0 & \end{bmatrix} \begin{bmatrix} v_1 \\ v_2 \\ e_3 \\ e_4 \\ e_5 \end{bmatrix}$$

$$\boldsymbol{\Sigma}_u = \begin{bmatrix} \sigma_1^2 & \sigma_{12} & 0 & \sigma_{1e4} & 0 \\ \sigma_{21} & \sigma_2^2 & \sigma_{2e3} & 0 & 0 \\ 0 & \sigma_{e32} & \sigma_{e3}^2 & 0 & 0 \\ \sigma_{e41} & 0 & 0 & \sigma_{e4}^2 & 0 \\ 0 & 0 & 0 & 0 & \sigma_{e5}^2 \end{bmatrix} \tag{1.71}$$

1.8.3 2 次因子分析

図 1.5 の 2 次因子分析モデルは，EQS を用いて以下のように表現される．実施には，モデルを識別させるために，たとえば f_1 の分散を 1.00 に固定し，f_2, f_3, f_4 からの係数の 1 つを 1.00 に固定するのが一般的であるが，ここでは特定の例だけを示す．

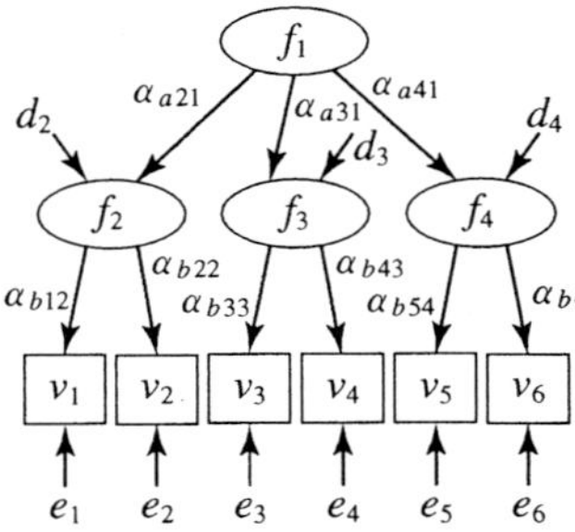

図 1.5: **2 次因子分析**

$$\begin{bmatrix} f_2 \\ f_3 \\ f_4 \\ v_1 \\ v_2 \\ v_3 \\ v_4 \\ v_5 \\ v_6 \end{bmatrix} = \begin{bmatrix} 0 & 0 & 0 & \\ 0 & 0 & 0 & \\ 0 & 0 & 0 & \\ \alpha_{b12} & 0 & 0 & \\ \alpha_{b22} & 0 & 0 & \\ 0 & \alpha_{b33} & 0 & \boldsymbol{O}_{9\times6} \\ 0 & \alpha_{b43} & 0 & \\ 0 & 0 & \alpha_{b54} & \\ 0 & 0 & \alpha_{b64} & \end{bmatrix} \begin{bmatrix} f_2 \\ f_3 \\ f_4 \\ v_1 \\ v_2 \\ v_3 \\ v_4 \\ v_5 \\ v_6 \end{bmatrix} + \begin{bmatrix} \alpha_{a21} & \\ \alpha_{a31} & \\ \alpha_{a41} & \\ 0 & \boldsymbol{I}_{9\times9} \\ 0 & \\ 0 & \\ 0 & \\ 0 & \\ 0 & \end{bmatrix} \begin{bmatrix} f_1 \\ d_2 \\ d_3 \\ d_4 \\ e_1 \\ e_2 \\ e_3 \\ e_4 \\ e_5 \\ e_6 \end{bmatrix}$$

$$\boldsymbol{\Sigma}_u = \begin{bmatrix} \sigma^2_{f1} & & & & & & & & & \\ 0 & \sigma^2_{d2} & & & & & & & & \\ 0 & 0 & \sigma^2_{d3} & & & & & & & \\ 0 & 0 & 0 & \sigma^2_{d4} & & & & & & \\ 0 & 0 & 0 & 0 & \sigma^2_{e1} & & & & & \\ 0 & 0 & 0 & 0 & 0 & \sigma^2_{e2} & & & & \\ 0 & 0 & 0 & 0 & 0 & 0 & \sigma^2_{e3} & & & \\ 0 & 0 & 0 & 0 & 0 & 0 & 0 & \sigma^2_{e4} & & \\ 0 & 0 & 0 & 0 & 0 & 0 & 0 & 0 & \sigma^2_{e5} & \\ 0 & 0 & 0 & 0 & 0 & 0 & 0 & 0 & 0 & \sigma^2_{e6} \end{bmatrix}$$

LISREL を用いると，以下のように表現される．

$$\begin{bmatrix} \eta_1 \\ \eta_2 \\ \eta_3 \end{bmatrix} = \boldsymbol{O} \begin{bmatrix} \eta_1 \\ \eta_2 \\ \eta_3 \end{bmatrix} + \begin{bmatrix} \gamma_{11} \\ \gamma_{21} \\ \gamma_{31} \end{bmatrix} \begin{bmatrix} \xi_1 \end{bmatrix} + \begin{bmatrix} d_{\$1} \\ d_{\$2} \\ d_{\$3} \end{bmatrix}$$

$$\begin{bmatrix} y_{\$1} \\ y_{\$2} \\ y_{\$3} \\ y_{\$4} \\ y_{\$5} \\ y_{\$6} \end{bmatrix} = \begin{bmatrix} \lambda_{y11} & 0 & 0 \\ \lambda_{y21} & 0 & 0 \\ 0 & \lambda_{y32} & 0 \\ 0 & \lambda_{y42} & 0 \\ 0 & 0 & \lambda_{y53} \\ 0 & 0 & \lambda_{y63} \end{bmatrix} \begin{bmatrix} \eta_1 \\ \eta_2 \\ \eta_3 \end{bmatrix} + \begin{bmatrix} e_{y1} \\ e_{y2} \\ e_{y3} \\ e_{y4} \\ e_{y5} \\ e_{y6} \end{bmatrix}$$

$$\boldsymbol{\Sigma}_{d\$} = \begin{bmatrix} \sigma^2_{d\$1} & 0 & 0 \\ 0 & \sigma^2_{d\$2} & 0 \\ 0 & 0 & \sigma^2_{d\$3} \end{bmatrix}, \quad \boldsymbol{\Sigma}_{ey} = \begin{bmatrix} \sigma^2_{ey1} & & \boldsymbol{O} \\ & \cdots & \\ \boldsymbol{O} & & \sigma^2_{ey6} \end{bmatrix}, \quad \boldsymbol{\Sigma}_{\xi} = \sigma^2_{\xi 1}$$

1.9 問題

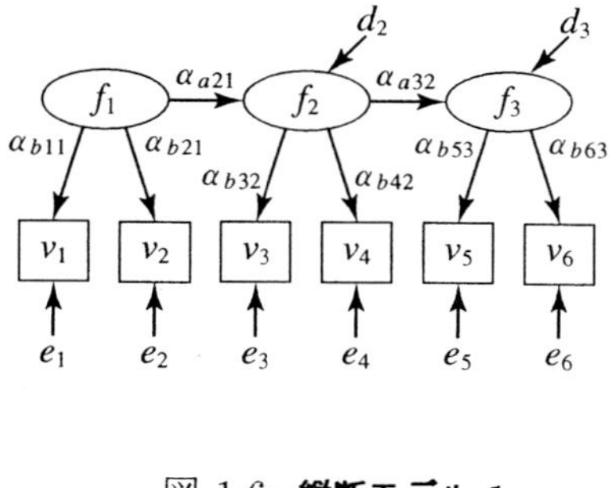

図 1.6: **縦断モデル 1**

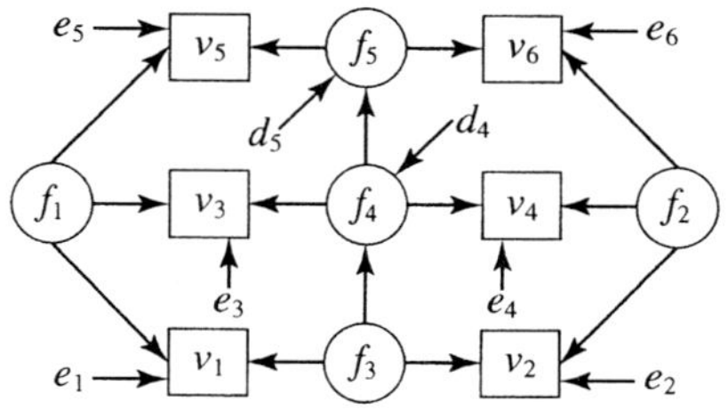

図 1.7: **縦断モデル 2**

上の 2 つのモデルを EQS で表現せよ．また縦断モデル 1 を LISREL で表現せよ．縦断モデル 2 は限界 2 の理由から表現しにくいことを確認せよ．

2　因子分析法

Spearman(1904)[1]を嚆矢とする因子分析法 (factor analysis) は，すでに 1 世紀程の歴史を有する数理モデルである．本章では，構造方程式モデルの観点から因子分析モデルを再考し，近年発達したバリエーションの中で，応用的に利用価値の高い方法を紹介する．

2.1　探索的因子分析

因子分析モデルでは，[入門編] 第 4 章で導入したように観測変数 $\boldsymbol{x}$ を

$$\boldsymbol{x} = \boldsymbol{\mu}_x + \boldsymbol{A}\boldsymbol{f} + \boldsymbol{e} \tag{2.1}$$

と表現する．$\boldsymbol{\mu}_x$ は期待値ベクトル，$\boldsymbol{A}$ は因子負荷行列，$\boldsymbol{f}$ は因子ベクトル，$\boldsymbol{e}$ は誤差変数ベクトルである．

$$E[\boldsymbol{f}] = \boldsymbol{o}, \quad E[\boldsymbol{e}] = \boldsymbol{o}, \quad E[\boldsymbol{f}\boldsymbol{e}'] = \boldsymbol{O} \tag{2.2}$$

を仮定すると，観測変数の共分散構造は

$$\boldsymbol{\Sigma}(\boldsymbol{\theta}) = \boldsymbol{A}\boldsymbol{\Sigma}_f\boldsymbol{A}' + \boldsymbol{\Sigma}_e \tag{2.3}$$

となる．因子の分散は，データに対する適合を損なうことなしに 1 に定めることが可能であったから，$\boldsymbol{\Sigma}_f$ の対角成分は 1 に固定することが可能である．このとき $\boldsymbol{\Sigma}_f$ は因子間相関行列と呼ばれる．

因子間の相関が全て無相関である ($\boldsymbol{\Sigma}_f = \boldsymbol{I}$) と仮定したモデル

$$\boldsymbol{\Sigma}(\boldsymbol{\theta}) = \boldsymbol{A}\boldsymbol{A}' + \boldsymbol{\Sigma}_e \tag{2.4}$$

が用いられることも多く，これを「直交モデル」という．直交モデルに対して (2.3) 式を「斜交モデル」という．また (2.3) 式と (2.4) 式のモデルを合わせて，探索的因子分析モデルという．

[1]Spearman, C. (1904). General intelligence, objectively determined and measured. *American Journal of Psychology*, **15**, 201-293.

探索的因子分析の直交モデルは $\mathbf{\Sigma}_e$(対角行列) と因子負荷行列が全て自由母数であるようなモデルである．ただし任意の正規直交行列 $\boldsymbol{T}(\boldsymbol{T}'\boldsymbol{T} = \boldsymbol{I})$ を用いて

$$\begin{aligned}\mathbf{\Sigma}(\boldsymbol{\theta}) =& \boldsymbol{A}\boldsymbol{A}' + \mathbf{\Sigma}_e = \boldsymbol{A}\boldsymbol{T}'\boldsymbol{T}\boldsymbol{A}' + \mathbf{\Sigma}_e \\ & [\boldsymbol{B} = \boldsymbol{A}\boldsymbol{T}' \text{ とおく，これを因子の回転という} \qquad] \\ =& \boldsymbol{B}\boldsymbol{B}' + \mathbf{\Sigma}_e \end{aligned} \tag{2.5}$$

と変形されてしまうから[2]，そのままでは識別されない．斜交解は，$\mathbf{\Sigma}_f$ に自由母数が含まれているから，方程式の不定の程度がさらに大きくなり，識別されない．そこで従来は，探索的因子分析を実行する場合に，

$$\boldsymbol{A}'\boldsymbol{A} = \boldsymbol{D} \qquad \text{(対角行列)} \tag{2.6}$$

という制約を (SW が自動的に) 入れて解[3]を求めることが多かった．したがって $\boldsymbol{A}$ が自由母数の集まりであるといっても，個々別々に全く値が自由に定まるものではなく，全体的に制約が入っている．この制約は研究仮説を表現するための積極的な制約ではなく，モデルを識別させるための制約である．

2.1.1 SEM の枠組みでの実行

当初 SEM の SW で (2.6) 式タイプの制約を容易に入れられるものがなかったために，探索的因子分析は SEM の枠組みで行わないことが多かった．しかし一般的な観点から理論が整備されている SEM の知識を利用しないのはもったいない．そこでここでは探索的因子分析を SEM の枠組みで行う方法と，その意味を考察する．まず (2.6) 式が，方程式何本分の制約に相当するかを考えよう．(2.6) 式は，因子負荷行列を構成する任意の 2 本の列の積和が 0 であることを意味している．したがって制約は変数の組み合わせ $(n_f \times (n_f - 1))/2$ 本分であ

[2]サイズ 1 × 1 の正規直交行列はスカラーの 1 であり，$\boldsymbol{A} = \boldsymbol{B}$ となるから 1 因子モデルは識別される．

[3]探索的因子分析を行う場合には，従来は「相関行列の対角要素に共通性の推定値を入れて相関行列の固有値問題を解く」方法が用いられることが多かった．しかし，共通性を推定して固有値問題を解く方法は，計算機が発達していなかった時代の便法であり，かつてのセントロイド法と同様に，すでに時代的使命を終えている．現在では選択する理由が全くない．共通性の推定を行う方法は統計モデルの推定法として非常に特殊で人為的であり，この方法を習得しても他の統計モデルへの応用が利かない．また初心者への教育という点からは，この方法を理解するためには固有値問題という高度な知識が必要である (最小 2 乗法の習得のためには固有値の知識が必要ないので因子分析の習得の障壁が非常に低くなる)．そして何よりも統計モデルの推定量の構成法として不正確である．現在では最小 2 乗法・一般化最小 2 乗法・最尤推定法の中から推定法を選ぶのが定石である．

る．因子間相関行列は対角成分がすでに 1 に固定されているし，対称行列であるから，因子負荷行列と同様に $(n_f \times (n_f - 1))/2$ 本分だけ余分に母数が必要である．以上の考察から

直交解 は $(n_f \times (n_f - 1))/2$ 個の制約が不足し，

斜交解 は，因子の分散を (多くの場合 1 に) 固定しても，更に $n_f \times (n_f - 1)$ 個の制約が不足し

ていることが分かる．探索的因子分析において最初から斜交解を求めることは少ないので，ここでは直交解の求め方を紹介する． SEM の枠組みで探索的因子分析の直交解を求めるためには，因子負荷を

$$a_{ij} = 0 \qquad \text{ただし}\ i < j \tag{2.7}$$

と固定する方法が，分かり易く，しばしば用いられる．具体的には以下のように $n_f \times (n_f - 1)/2$ 個の母数を固定する．こうすれば (2.6) 式と同じ数だけの制約が入り，出力された適合度指標や推測統計的指標を主因子解のものとして解釈することができる，

1 因子解：制約なし

2 因子解：$a_{12} = 0$

3 因子解：$a_{12} = a_{13} = a_{23} = 0$

4 因子解：$a_{12} = a_{13} = a_{23} = a_{14} = a_{24} = a_{34} = 0$

5 因子解：$a_{12} = a_{13} = a_{23} = a_{14} = a_{24} = a_{34} = a_{15} = a_{25} = a_{35} = a_{45} = 0$

6 因子解：$a_{12} = a_{13} = a_{23} = a_{14} = a_{24} = a_{34} = a_{15} = a_{25} = a_{35} = a_{45} = 0,$
$a_{16} = a_{26} = a_{36} = a_{46} = a_{56} = 0$

2.1.2 集団行動データの分析

SEM の枠組みで行った探索的因子分析の具体例を紹介する．表 2.1 は，表 2.2 で示された 5 件法の項目[4]から計算された共分散行列である．「他者評価重視傾

[4] 調査対象：立教大学社会学部産業関係学科学生，調査時期： 1997 年 7 月，調査方法：集合回収調査，有効回収数：345 人．

向」「付和雷同傾向」「集団形成傾向」と名づけられた構成概念を測るために 3 つずつ用意された変数である.

表 2.1: **集団行動データの共分散行列**

	V1	V2	V3	V4	V5	V6	V7	V8	V9
V1	1.245								
V2	0.651	1.134						*sym*	
V3	0.666	0.698	1.117						
V4	0.176	0.074	0.178	1.565					
V5	0.226	0.119	0.113	0.469	1.291				
V6	0.253	0.122	0.182	0.360	0.268	1.574			
V7	0.348	0.201	0.242	0.192	0.196	0.144	0.727		
V8	0.175	0.151	0.129	0.115	0.095	0.013	0.283	0.658	
V9	-.242	-.195	-.151	-.188	-.138	0.068	-.319	-.319	1.106

表 2.1 のデータを用いて通常の 3 因子の因子分析を (最尤推定法で) 行い，主因子解を求めると，因子寄与は，それぞれ 5.119, 1.574, 0.897 であり，累積寄与は 7.591 となる．因子寄与率は，観測変数の分散の合計で割り，それぞれ 56.87%, 17.49%, 9.97% であり，累積寄与率は 84.33% である．この場合は 3 つの因子によって観測変数の分散の 84.33% が説明されたと解釈する．

表 2.2: **集団行動データの項目内容**

変数	内容
	他者評価重視傾向
V1	人と違う行動を起こしたとき周りの目が気になりますか
V2	自分の噂話が広まることが気になりますか
V3	他人からどう思われているかが気になりますか
	付和雷同傾向
V4	仲間につられて授業をサボってしまうことがありますか
V5	授業中に仲間につられて話してしまうことがありますか
V6	友達につられてトイレに付いていくことがありますか
	集団形成傾向
V7	自分の意見よりも周囲の意見に合わせて行動するほうですか
V8	自分の意見よりも集団の意見を尊重するほうですか
V9	集団の意見と自分の意見が違っているときに，自分の意見を主張しますか (逆転項目)

因子寄与による説明率の考察は実用的に有効である．しかし「因子が観測変数の分散を説明している程度」という説明率の基準だけを用いると，因子数を適当に選択すれば，どのような相関・共分散行列の因子分析の結果を掲載してもかまわないという間違った認識を誘発する恐れがある．手元の相関行列は，もしかしたら因子分析モデルが当てはまらない相関行列なのではないだろうかという大切な視点を見逃してしまう．

寄与率が低くとも，適合度のよい因子分析の解も存在する．設定した因子が観測変数の分散をあまり説明していないという状態がデータによく当てはまっている場合である．逆にある程度寄与率が高くともモデル全体がデータに当てはまっていない場合もある．現実には因子分析モデルに当てはまらない相関・共分散行列はたくさんあるので，因子分析の結果を論文に掲載する場合には，GFI 等の適合度を計算し，因子分析を行ったことの妥当性を確認することが望ましい．共分散・相関行列には，因子数が 1 〜 3 の，あるいはそれ以上の因子数の因子分析モデルが当てはまらない可能性もあるということを認識しなくてはいけない．どのような共分散・相関行列にも無条件に因子分析をする (してよい) という，しばしば無批判に受け入れられてしまう研究の定石は，改める必要がある．

表 2.3: **集団行動データの探索的因子分析の SEM による適合度**

n_f	χ^2値	df	AIC	CAIC	CFI	GFI	AGFI	RMR	RMSEA
1	192.07	27	138.07	7.29	0.725	0.875	0.791	0.143	0.133
2	72.49	19	34.49	-57.54	0.911	0.951	0.885	0.085	0.091
3	16.87	12	-7.13	-65.25	0.992	0.989	0.959	0.028	0.034
4	4.75	6	-7.25	-36.31	1.000	0.997	0.977	0.014	0.000
3'	42.84	24	-5.16	-121.41	0.969	0.972	0.948	0.061	0.048

因子寄与率は共通因子がデータの分散を説明している割合であり，適合度指標は因子分析モデルが手元の相関・共分散行列を説明している程度の指標である．このため適合度は，因子寄与率よりも優先して確認すべき指標である．たとえば 20 変数程度のデータに因子分析を実施し，ある因子数で累積寄与率が 0.5 であっても，GFI が 0.55 位では，その因子分析の結果はデータを説明するための候補から外さなくてはならない．

SEM の SW を用い，1 因子から 4 因子までのモデルで，表 2.1 の「集団行動データ」を探索的因子分析した結果を表 2.3 に示した (5 行目の $n_f = 3'$ の

表 2.4: **1 因子解**

	f_1
V1	0.755
V2	0.727
V3	0.751
V4	0.198
V5	0.215
V6	0.199
V7	0.445
V8	0.301
V9	-0.292

表 2.5: **直交 2 因子解**

	f_1	f_2
V1	0.734	0.000
V2	0.743	-0.185
V3	0.780	-0.192
V4	0.190	0.221
V5	0.203	0.219
V6	0.188	0.039
V7	0.464	0.521
V8	0.312	0.490
V9	-0.298	-0.448

モデルに関しては後述する)．探索的因子分析の 1 因子から 3 因子までの具体的な解は，それぞれ表 2.4 から表 2.6 に示した ((2.7) 式の規則に従ってモデルが指定されていることを確認されたい)．探索的因子分析の 4 因子解は，独自性の分散の推定値の 1 つが負になり，不適解になってしまったので示していない．

3 因子モデル以上であれば，χ^2値 の観点からは適合が悪くない．AIC は，不適解である 4 因子モデルを勧めているが，保守的な性質のある CAIC は 3 因子モデルを勧めている．また CFI, GFI, AGFI, RMR, RMSEA の値は，3 因子モデルであれば問題ないことを示している．4 因子モデルは不適解なので，ここでは 3 因子モデルを採用する[5]．データを取る前に想定していた因子数と一致したことになる．

表 2.6 の 3 因子を初期解としてバリマックス回転した結果を表 2.7 に示した．表 2.6 は通常の因子分析の SW が出力する初期解である主因子解とは見かけは異なっている．しかし，同じ因子空間を有しているので．表 2.6 を回転した結果は (バリマックス解に限らず，全ての回転解で) 主因子解を回転した結果と一致する．もちろん表 2.3 の指標は，回転の影響は受けない．通常の因子分析の SW が出力する主因子解 (最尤解) を評価していると解釈してよい．表 2.7 を観察すると，当初のもくろみ通りに，変数が 3 つずつに分類されている様子が示されている．

[5]標本数がもっと多く，数千もあるような場合には，χ^2値 は大きくなりすぎてあてにできない．また探索的因子分析に関しては経験的に AIC がうまく働かないことが多いことを赤池氏自身が

Akaike, H. (1987). Factor analysis and AIC. *Psychometrika*, **52**, 317-332.

で述べている．著者の経験でも CAIC のほうが適切な判断をしている場合が多い．

表 2.6: **直交 3 因子解**

	f_1	f_2	f_3
V1	0.734	0.000	0.000
V2	0.747	0.219	0.000
V3	0.777	0.161	0.078
V4	0.221	-0.495	0.193
V5	0.231	-0.452	0.166
V6	0.214	-0.261	0.274
V7	0.448	-0.359	-0.332
V8	0.298	-0.278	-0.497
V9	-0.285	0.257	0.443

表 2.7: **直交バリマックス解**

	f_1	f_2	f_3
V1	0.667	0.199	0.232
V2	0.766	0.028	0.137
V3	0.780	0.124	0.107
V4	0.030	0.559	0.132
V5	0.052	0.513	0.138
V6	0.126	0.414	-0.043
V7	0.222	0.231	0.581
V8	0.096	0.037	0.635
V9	-0.099	-0.045	-0.576

表 2.8: **斜交プロマックス解**

	f_1	f_2	f_3
V1	0.654	0.094	0.097
V2	0.799	-0.087	0.005
V3	0.809	0.018	-0.048
V4	-0.056	0.574	0.043
V5	-0.028	0.522	0.053
V6	0.098	0.434	-0.142
V7	0.102	0.131	0.556
V8	-0.022	-0.069	0.672
V9	0.008	0.052	-0.605

表 2.9: **確認的因子分析**

	f_1	f_2	f_3
V1	0.731	0.000	0.000
V2	0.764	0.000	0.000
V3	0.789	0.000	0.000
V4	0.000	0.599	0.000
V5	0.000	0.552	0.000
V6	0.000	0.363	0.000
V7	0.000	0.000	0.714
V8	0.000	0.000	0.586
V9	0.000	0.000	-0.534

表 2.10: **因子間相関 (プロマックス解)**

	f_1	f_2	f_3
f_1	1.000	0.300	0.386
f_2	0.300	1.000	0.353
f_3	0.386	0.353	1.000

表 2.11: **因子間相関 (確認的分析)**

	f_1	f_2	f_3
f_1	1.000	0.284	0.459
f_2	0.284	1.000	0.393
f_3	0.459	0.393	1.000

2.1.3 斜交解のすすめ

回転解には，直交解と斜交解がある．従来は，直交解 (バリマックス解) が，頻繁に用いられてきた．斜交解は計算時間がかかり，また，しばしば解釈不可能な解を与えることが多かったからである．しかし近年の計算機の進歩によって，計算の手間は問題でなくなった．更にプロマックス解という優れた斜交回転解が提案され，それが広まったことにより，状況は一変しつつある．

表 2.8 には，表 2.7 のプロマックス斜交回転解を示した．斜交解は直交解と比較して因子パタンのコントラストが強く，因子負荷行列の解釈がし易い．表 2.8 と表 2.7 とを比較すると，表 2.8 のほうが，0 に近い要素とそうでない要素のコントラストが明らかに大きい．

また斜交解を用いると因子間相関の情報を利用して因子的妥当性の観点から因子数を決定したり，採用した解の考察を進めることができる．社会・人文・行動科学の研究に登場する因子は，互いに相関をもつのが自然である．表 2.10 を見ると,「他者評価重視傾向」「付和雷同傾向」「集団形成傾向」という 3 つの因子の相関はいずれも中程度の正の関係にあることが分かる．

斜交解は因子間相関が 0 に近い場合は直交解とほとんど同じ解になるが，その場合でも，因子間相関を 0 に固定しなくとも 0 に近く推定されているという証拠を積極的に示すために斜交解を用いた方がよい．研究ツールとしてのバリマックス解が与える主要な情報は，プロマックス解が全て与えてくれるが，逆は成り立たない．プロマックス解の普及と計算機の進歩により，斜交回転解が探索的因子分析の標準的な出力になったといえよう．

2.2 確認的因子分析

確認的因子分析法 (検証的因子分析法ともいう) では，(2.3) 式の共分散構造に，実質科学的な知見から制約を入れてモデルを特定する．斜交解は直交解よりも因子パタンのコントラストが強いと上述したが，確認的因子分析では，それを 1 歩進めて，実質科学的な観点から自由母数・制約母数・固定母数を指定する．表 2.2 の分類に基づいて各因子から 3 本ずつの影響指標を出し，残りは 0 に固定した解を表 2.9 に示す．プロマックス解のコントラストを，ある意味で完全にした解が得られている．また表 2.11 は，確認的因子分析による因子間相関行列である．表 2.10 と表 2.11 の因子間相関は，互いに同様な傾向を示しているが，モデルが異なっているので若干数値は異なっている．

表 2.3 の最下の 3' の行に，確認的因子分析の適合度指標を示した．CFI, GFI, AGFI, RMR, RMSEA はどれも十分に満足できる値である．3 因子の探索的因子分析の解と比較すると，AIC では探索的解が，保守的な CAIC では確認的解がよいとしている．観測変数の数が増えるにしたがって，探索的因子分析モデルよりも，確認的因子分析のほうが自由度が大きく (母数が少なく) なる傾向が顕著になり，モデル構成の観点からも有利になる．科学的研究の 1 つの大切なアプローチは，理論モデルによる予測であるから，データ収集に先立って実質科学的理論がある場合には，是非，確認的因子分析を使用したい．

2.3 2 次 (高次) 因子分析

2 次因子分析は，通常の因子分析における複数の因子が，更に少数の因子による因子分析で説明されるモデルである．このとき通常の因子分析における因子を 1 次因子といい，その背後に設定される因子を 2 次因子という．本節では 1 次因子を $\boldsymbol{f}_1$ と表記し，2 次因子を $\boldsymbol{f}_2$ と表記する．1 次因子が 2 次因子によって因子分析モデルで生成されるとすると，1 次因子の共分散 (相関) 行列は

$$\boldsymbol{\Sigma}_{f1} = \boldsymbol{A}_2 \boldsymbol{\Sigma}_{f2} \boldsymbol{A}_2' + \boldsymbol{\Sigma}_{e2} \tag{2.8}$$

と表現される．この式を (2.3) 式に代入すると，観測変数の共分散構造は

$$\boldsymbol{\Sigma}(\boldsymbol{\theta}) = \boldsymbol{A}_1(\boldsymbol{A}_2 \boldsymbol{\Sigma}_{f2} \boldsymbol{A}_2' + \boldsymbol{\Sigma}_{e2})\boldsymbol{A}_1' + \boldsymbol{\Sigma}_{e1} \tag{2.9}$$

と表現される．ここで $\boldsymbol{A}_i$ は i 次因子の因子負荷行列であり，$\boldsymbol{\Sigma}_{ei}$ は i 次の誤差変数の共分散行列である．同様に 2 次因子が，更に小数の 3 次因子で説明されるモデル

$$\boldsymbol{\Sigma}(\boldsymbol{\theta}) = \boldsymbol{A}_1(\boldsymbol{A}_2(\boldsymbol{A}_3 \boldsymbol{\Sigma}_{f3} \boldsymbol{A}_3' + \boldsymbol{\Sigma}_{e3})\boldsymbol{A}_2' + \boldsymbol{\Sigma}_{e2})\boldsymbol{A}_1' + \boldsymbol{\Sigma}_{e1} \tag{2.10}$$

あるいは，それ以上のモデルも考えることができ，それらをまとめて高次因子分析モデルという．(2.9) 式や (2.10) 式は因子分析モデルが入れ子になっている状態を明示的に示しており[6]，分かり易い．一方，高次因子分析が SEM の 1 つ

[6] (2.9) 式の形状から，まず通常の因子分析で斜交解を求めておき，次に因子間相関行列をデータと見なして，再び因子分析を行い，2 次因子分析が行われることもあった．この方法は探索的因子分析の SW だけで 2 次因子分析が実行できるし，計算時間も少ないことが多かったので計算機の進歩していなかった時代には便利であった．しかし，因子分析を 2 回繰り返すことは，誤差関数を 2 回評価することであり，誤差が累積して正確な推定量にはならないので，計算機が発達した今日では，アドホックな方法である．

の下位モデルであるという観点からは，[入門編] で特定したように，統一された RAM の表現のほうが便利である．

2.3.1 1 因子モデルか多因子モデルか

1 次元尺度を構成すべく項目群を作成したとき，データを集めて因子分析をした場合には 1 因子モデルが当てはまることが期待される．そして実際に当てはまりがよかったとする．しかし同じデータに多因子モデルを当てはめると，それもまた当てはまり，解釈可能である場合も多い．

たとえば単一の心理特性 (たとえば「集団形成傾向」) を測定するために収集した項目を因子分析すると，1 因子モデルの因子負荷は全体的に中程度の数値が得られることが多い．しかし，ためしに 3 因子までとって解を回転すると (たとえば「他者評価重視傾向」「付和雷同傾向」「集団形成傾向」のように) 解釈可能な 3 因子構造が確認される，というような場合である．

あるいは企業ランキングのための多変量の評価データを因子分析すると (ランキングを計算するために集めたデータであるから)1 因子モデルが当てはまるけれども，4 因子解を回転したら「社会性」「成長力」「環境重視」「若さ」と名づけられる明快な 4 因子構造が確認されるなどのケースである．

上記の例の場合は，一般に 1 因子モデルと多因子モデルの解が，当然のように併記される．しかし 1 因子モデルは，2 因子目以降が独自因子であることを仮定した解であるから，厳密にいうならば，互いに矛盾した提案をしていることになる．このような状況を記述し，1 つのモデルで統一的な説明をするためには，2 次因子分析モデルが適している．

2.3.2 2 次因子分析の例 (仲間評価データの分析)

表 2.12 は Marsh & Hocevar(1985)[7] で示された相関行列と標準偏差であり，クラスの中での評価の高さを測定するために集めた 11 の変数から計算されている．ただし評価の高さは，3 つの下位領域を持っており，「身体能力」「身体外見」「仲間関係」であるとしている．このような場合に，従来は，まず 1 因子解を計算して，各変数の因子負荷が大きいことを確認し，全体として 1 つの特性

[7]Marsh, H.W., & Hocevar, D. (1985). Application of confirmatory factor analysis to the study of self-concept: First- and higher-order factor models and their invariance across groups. *Psychological Bulletin*, **97**, 562-582.

を測っている変数であることを示し，続いて 3 因子解を求めて変数を分類した．しかし，図 2.1 のような 2 次因子分析モデルで分析することにより，全体として 1 つの特性を測定し，かつその特性が複数の下位概念から構成されていることを同時に示すことができる．図 2.1 には標準化解を示した．

表 2.12: **仲間評価データの相関行列と標準偏差**

	V1	V2	V3	V4	V5	V6	V7	V8	V9	V10	V11
V1	1.00										
V2	0.42	1.00									*sym*
V3	0.47	0.56	1.00								
V4	0.48	0.56	0.53	1.00							
V5	0.33	0.23	0.24	0.18	1.00						
V6	0.13	0.12	0.14	0.08	0.64	1.00					
V7	0.30	0.30	0.40	0.29	0.46	0.45	1.00				
V8	0.20	0.26	0.33	0.25	0.57	0.55	0.66	1.00			
V9	0.25	0.21	0.18	0.36	0.27	0.24	0.38	0.33	1.00		
V10	0.23	0.23	0.24	0.29	0.34	0.29	0.36	0.42	0.48	1.00	
V11	0.31	0.35	0.46	0.34	0.33	0.28	0.52	0.51	0.44	0.53	1.00
SD	1.9	2.8	1.9	2.0	2.1	2.5	2.3	2.6	1.9	2.4	2.5

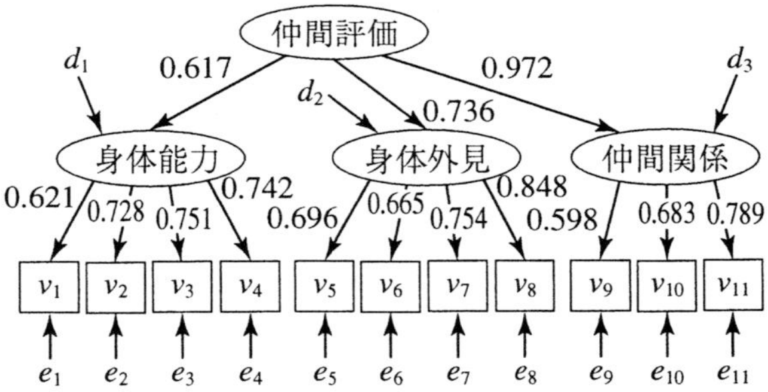

図 2.1: **2 次因子分析**

2.4 特殊因子と誤差因子の分離

スピアマンの知能の 2 因子説では，学力テストの相関行列が一般知能因子と特殊知能因子の 2 つで説明されることを示した．その後，サーストンは n_f 個の共通因子 $\boldsymbol{f}$ と n 個の独自因子[8] $\boldsymbol{e}$ とで，観測変数の相関行列を説明するモデル (2.1) 式を提案し，探索的因子分析の原形を完成させた．ただし独自因子は，実質科学的な観点からは少なくとも 2 つの成分の和と考えたほうが有効である．2 つの成分とは，本来の特殊因子と測定誤差である．たとえば表 2.2 の V1, V2, V3 は「他者評価重視傾向」を測定するために用意されているが，その項目特殊の安定した測定内容をも同時に有しているはずであり，これが本来の特殊因子である．同時に測定の限界としてのバラつきである測定誤差があり，本来の意味での特殊因子と測定誤差は分離されないまま (2.1) 式の独自性の項に含まれてしまっている．

この状況は，繰り返しのない 2 因子分散分析モデルの誤差項に，本来の誤差項と交互作用項が分離されないまま含まれているのと同じである．分散分析モデルではセル内で繰り返し測定を行い，誤差項と交互作用項を分離し，両者の分散を分解するのが一般的である．しかし従来，因子分析では特殊因子と測定誤差を分離することは，あまりなされてこなかった．本節では，繰り返し測定を行うことによって独自因子から特殊因子と測定誤差を分離する方法を紹介する．

2.4.1 繰り返し測定による分離

同一の観測変数を同一の観測対象から複数回測定すると，その j 番目の測定状況は因子分析モデルを用いて

$$\boldsymbol{x}_j = \boldsymbol{\mu} + \boldsymbol{A}\boldsymbol{f} + \boldsymbol{e}_j \tag{2.11}$$

のように記述される．$\boldsymbol{\mu}$ と $\boldsymbol{A}$ は，変数固有の性質を表現する母数だから添字 j には影響されない．$\boldsymbol{f}$ は観測対象の性質であるから，同様に添字 j には影響されない．$\boldsymbol{e}_j$ は誤差項であるから測定機会 j に依存する．ここで $\boldsymbol{e}_j$ を

$$\boldsymbol{e}_j = \boldsymbol{d}^* + e_j^* \tag{2.12}$$

[8]構造方程式モデル一般では誤差変数と呼ぶが，探索的因子分析モデルの観点からは独自因子と呼ぶことが多い．

のように分解する．$\boldsymbol{d}^*$ は観測変数固有の本来の特殊成分である．変数の性質であるから，$\boldsymbol{d}^*$ は j には依存させない．$\boldsymbol{e}_j^*$ は本来の測定誤差である．(2.12) 式を (2.11) 式に代入し

$$\boldsymbol{x}_j = \boldsymbol{\mu} + \boldsymbol{A}\boldsymbol{f} + \boldsymbol{d}^* + \boldsymbol{e}_j^* \tag{2.13}$$

を得る．右辺第 2 項と第 3 項を

$$\boldsymbol{v}^* = \boldsymbol{A}\boldsymbol{f} + \boldsymbol{d}^* \tag{2.14}$$

と置いて，(2.13) 式を

$$\boldsymbol{x}_j = \boldsymbol{\mu} + \boldsymbol{I}\boldsymbol{v}^* + \boldsymbol{e}_j^* \tag{2.15}$$

と書き換える．すると (2.14) 式と (2.15) 式は，1 次因子の因子負荷が 1 に固定された 2 次因子分析モデルに一致する．$\boldsymbol{\mu}$ と $\boldsymbol{e}_j^*$ の分散が j には影響されずに等しいという制約の下では，たった 2 回の繰り返し測定 ($j=1,2$) で，このモデルは識別される．

$\boldsymbol{f}$ と $\boldsymbol{d}^*$ と $\boldsymbol{e}_j^*$ が互いに無相関と仮定すると第 i 番目の観測変数の分散は

$$\sigma^2_{x_i} = \text{共通因子の分散} + \sigma^2_{d_i^*} + \sigma^2_{e_j^*} \tag{2.16}$$

と分解される．両辺を $\sigma^2_{x_i}$ で割ると，各観測変数が 3 つの分散成分によって説明される割合を考察することができる．SEM の SW は，方程式ごとの決定係数を出力するものが多いから，観測変数 x_i の決定係数

$$R^2_{x_i} = \frac{\text{共通因子の分散} + \sigma^2_{d_i^*}}{\sigma^2_{x_i}} \tag{2.17}$$

と 1 次因子 v_i^* の決定係数

$$R^2_{v_i^*} = \frac{\text{共通因子の分散}}{\text{共通因子の分散} + \sigma^2_{d_i^*}} \tag{2.18}$$

を利用して，各成分の説明割合を

$$\text{誤差分散の説明割合} = 1 - R^2_{x_i} \tag{2.19}$$

$$\text{特殊分散の説明割合} = (1 - R^2_{v_i^*}) \times R^2_{x_i} \tag{2.20}$$

$$\text{共通性の説明割合} = R^2_{v_i^*} \times R^2_{x_i} \tag{2.21}$$

のように求めることができる．

2.4.2 数值例

表 2.13: **特殊因子と誤差因子の分離データの共分散行列**

	X1	X2	X3	X4	X5	X6	X7	X8	X9	X10
X1	0.910									
X2	0.739	0.945							*sym*	
X3	0.356	0.318	0.983							
X4	0.316	0.299	0.778	0.999						
X5	0.561	0.556	0.404	0.394	1.262					
X6	0.557	0.549	0.403	0.391	1.061	1.211				
X7	0.195	0.183	0.185	0.172	0.221	0.202	0.977			
X8	0.120	0.129	0.168	0.166	0.208	0.191	0.346	1.007		
X9	0.177	0.217	0.148	0.141	0.398	0.380	0.145	0.110	1.070	
X10	0.202	0.262	0.117	0.126	0.454	0.419	0.140	0.093	0.470	1.075
平均	2.096	2.116	3.103	3.138	2.581	2.569	4.054	4.162	3.538	3.587

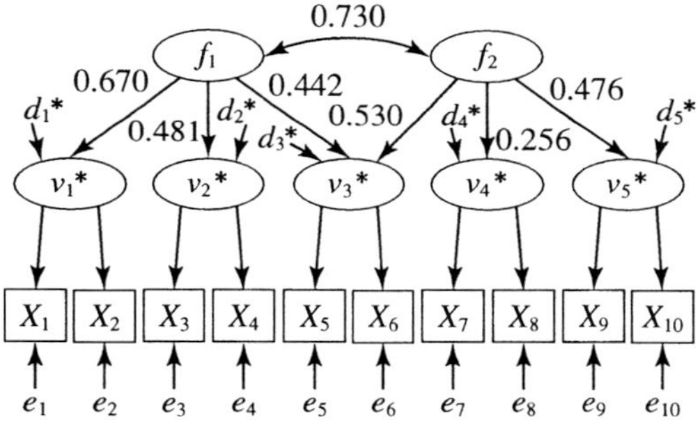

図 2.2: **特殊因子と誤差因子の分離**

表 2.13 は，5 つの変数を，それぞれ 2 回ずつ測定 (奇数番号の変数が 1 回目の測定であり，それに 1 を足した偶数番号が，その変数の 2 回目の測定) したデータから計算した標本共分散行列と標本平均である．繰り返し測定による分離モデルで分析した結果が図 2.2 である．

制約のついた 5 種類の観測変数の平均の推定値は，最初の変数から順に，2.106, 3.120, 2.575, 4.108, 3.563 であり，決定係数は順に，0.797, 0.785, 0.858, 0.345,

0.437 であった．また 1 次因子の決定係数は順に，0.607, 0.298, 0.772, 0.191, 0.483 であった．以上の推定値から，観測変数の変動を分解すると表 2.14 のようになる．

2 番目の変数と 5 番目の変数は，共通性が 20%ほどであることは共通している．通常の因子分析では，ここまでしか考察できない．しかし繰り返し測定による分離モデルで分析すると，前者は特殊性の高い変数であり，後者は特殊性の低い変数であることが分かる．

1 番目の変数と 2 番目の変数の共通性を比較すると 1 番目の変数の共通性が大きい．通常の因子分析では，ここまでしか考察できない．しかし分離モデルで分析すると，2 番目の変数は 1 番目の変数より特殊性が大きく，再検査による測定の安定という観点からは，両者は同程度であることが分かる．

表 2.14: **3 つの要因による説明割合**

	共通性	特殊性	誤差
V1	48.4	31.3	20.3
V2	23.4	55.1	21.5
V3	66.2	19.6	14.2
V4	6.6	27.9	65.5
V5	21.1	22.6	56.3

2.5 イプサティブモデル

データ解析で一般的に用いられる変数は，集団に対して尺度を考え，測定対象 (個人) を尺度上に位置づけることを目的とすることが多い．それに対して，測定対象 (個人) ごとに尺度を考え，変数を尺度上に位置づける場合があり，そのようなデータをイプサティブデータ (ipsative data) という．イプサティブデータが重要となるのは，たとえば

1. 真理・実利・美・博愛・権力・宗教というシュプランガーの 6 つの価値変数のどれを，どれくらい重要視しているか．
2. 戸外・機械・計算・科学・説得・美術・文芸・音楽・奉仕・書記の 10 の職業興味変数に，どれくらい興味をもっているか．
3. 予習・復習の個人目標を月別に自己評定した個人内評価．

などの場面である.「真理」という価値に対する重視度は，測定対象 (個人) 間で比較するよりは，むしろ他の 5 つの価値との相対的な重視度を個人内で評価したほうが解釈し易い. 同様に「戸外」に関連した職業に対する興味の強さは，別の生徒と比較するより，他の 9 つの興味との相対的な興味の強弱を比較したほうが，進路決定に役に立つことのほうが多いであろう.

たとえば，A君が 10 の職業興味変数全てに 5 点の興味をもち，B君は，同様に全ての変数に 3 点の興味をもっていたとしよう. この場合，就業できる職業は通常は 1 人 1 つだからA君のほうがB君より全体的に興味が強いという解釈はあまり重要ではない. A君もB君も 10 の領域にまんべんなく興味をもっているという解釈が，進路指導には役に立つ. イプサティブデータは個人の特徴を記述するのに有効であるが，それにも関わらず多変量の分析は，これまで，あまり行われなかった. それは

1. 個人間で比較可能でないスコアであるにも関わらず，相関係数を計算するためには標準化しなくてはならない
2. 標本共分散・相関行列の行列式が 0 になって尤度が計算できなくなる
3. 分析を強行しても解釈可能な結果が出ないことが多い

などの理由による. この中で，理由の 1 は共分散行列を分析することによって解決される. 本節では，更に，Chan & Bentler (1993)[9] のアイデアを利用したイプサティブデータの分析方法を論じる.

2.5.1 イプサティブ変数の共分散行列

観測対象内の相対的な関係を記述しているイプサティブな変数 ($\boldsymbol{x}_{ps}$ と表記する) は，変数の和が一定 c であるという状況が一般的である. たとえば 6 つの価値変数の合計は，どの人も 6 点ということにしておけば，$c=6$ である. ただし合計点が決まっている変数は全ての変数から c/n を引けば (先の例では各価値変数から 1 を引けば) 合計点は常に 0 点となる. ここでは，合計点が 0 点に調整されているイプサティブな変数 $\boldsymbol{x}_{ps}$ を議論の対象[10] とする. このとき $\boldsymbol{x}_{ps}$ の背後に $\boldsymbol{x}$ という直接観測することができない通常の (これまで扱ってきた) 観

[9] Chan, W., & Bentler, P.M. (1993). The covariance structure analysis of ipsative data. *Sociological Methods and Research*, **22**(2), 214-247.

[10] したがって全体を比例配分することによってイプサティブな変数となった比率データは議論の対象から外れる.

測変数を仮定し，$\boldsymbol{x}_{ps}$ が

$$\boldsymbol{x}_{ps} = \boldsymbol{x} - \mathbf{1}\bar{x} \tag{2.22}$$

のように生成されたものとする．まず通常の変数を測定し，次にその n 個の変数の平均を引いて，イプサティブ変数を生成するという状況である．(2.22) 式に従って生成された変数は

$$\mathbf{1}'\boldsymbol{x}_{ps} = \mathbf{1}'(\boldsymbol{x} - \mathbf{1}\bar{x}) = \mathbf{1}'\boldsymbol{x} - \mathbf{1}'\mathbf{1}\bar{x} = \mathbf{1}'\boldsymbol{x} - n\bar{x} = 0 \tag{2.23}$$

のように和が 0 であることが容易に確認できる．このようなイプサティブ変数の共分散行列 ($\boldsymbol{\Sigma}_{ps}$ と表記する) の性質を調べてみよう．$\boldsymbol{\Sigma}_{ps}$ の任意の行，たとえば i 行の共分散 σ_{psij} の和を計算すると

$$\begin{aligned}\sum_{j=1}^{n}\sigma_{psij} &= E[(x_{psi} - \mu_{psi})(x_{ps1} - \mu_{ps1})] + E[(x_{psi} - \mu_{psi})(x_{ps2} - \mu_{ps2})] \\ &\quad + \cdots + E[(x_{psi} - \mu_{psi})(x_{psn} - \mu_{psn})] \\ &= E\left[(x_{psi} - \mu_{psi})\sum_{j=1}^{n}(x_{psj} - \mu_{psj})\right] = E\left[(x_{psi} - \mu_{psi})\left(0 - \sum_{j=1}^{n}E[x_{psj}]\right)\right] \\ &= E\left[(x_{psi} - \mu_{psi})\left(0 - E\left[\sum_{j=1}^{n}x_{psj}\right]\right)\right] = E[(x_{psi} - \mu_{psi})0] = 0 \end{aligned} \tag{2.24}$$

である．この関係は全ての行で成立し，対称行列では行で成立する性質は列でも成立するから

$$\boldsymbol{\Sigma}_{ps}\mathbf{1} = \boldsymbol{o}, \qquad \mathbf{1}'\boldsymbol{\Sigma}_{ps} = \boldsymbol{o}' \tag{2.25}$$

である．この性質が標本共分散行列 $\boldsymbol{S}_{ps}$ にも成り立つ

$$\boldsymbol{S}_{ps}\mathbf{1} = \boldsymbol{o}, \qquad \mathbf{1}'\boldsymbol{S}_{ps} = \boldsymbol{o}' \tag{2.26}$$

ことは同様に容易に証明できる．(2.26) 式の性質から，$\boldsymbol{S}_{ps}$ の行列式は 0 になってしまい，尤度が定義できなくなる．個人間で比較可能でないスコアであるにも関わらず，相関係数を計算するためには標準化しなくてはならないという難点は，共分散行列を分析することによって回避できるが，標本共分散行列の行列式が 0 になって，尤度が計算できなくなるという問題が残る．

2.5.2 イプサティブ変数の平均・共分散構造

イプサティブ変数と通常の (ただし観測されない) 変数 $\boldsymbol{x}$ との関係を調べると

$$\begin{aligned}
\boldsymbol{x}_{ps} =& \boldsymbol{x} - \mathbf{1}\bar{x} && [\ \bar{x} = n^{-1}\mathbf{1}'\boldsymbol{x} \quad \text{だから}\ ]\\
=& \boldsymbol{x} - \mathbf{1}n^{-1}\mathbf{1}'\boldsymbol{x} = \boldsymbol{x} - n^{-1}\mathbf{1}\mathbf{1}'\boldsymbol{x}\\
=& (\boldsymbol{I} - n^{-1}\mathbf{1}\mathbf{1}')\boldsymbol{x} && [\ (\boldsymbol{I} - n^{-1}\mathbf{1}\mathbf{1}') = \boldsymbol{G}_{ps} \quad \text{とおいて}\ ]\\
=& \boldsymbol{G}_{ps}\boldsymbol{x}
\end{aligned} \tag{2.27}$$

であることが分かる．たとえば $n = 2, 3, 4$ である場合に $\boldsymbol{G}_{ps}$ は，それぞれ

$$\begin{bmatrix} 0.5 & -.5 \\ -.5 & 0.5 \end{bmatrix}, \begin{bmatrix} 2/3 & -1/3 & -1/3 \\ -1/3 & 2/3 & -1/3 \\ -1/3 & -1/3 & 2/3 \end{bmatrix}, \begin{bmatrix} 0.75 & -.25 & -.25 & -.25 \\ -.25 & 0.75 & -.25 & -.25 \\ -.25 & -.25 & 0.75 & -.25 \\ -.25 & -.25 & -.25 & 0.75 \end{bmatrix}$$

である．$\boldsymbol{G}_{ps}$ は定数行列であるから．$\boldsymbol{x}_{ps}$ は $\boldsymbol{x}$ の重み付き和であることが示されたことになる．ここまでは構造方程式モデルとは無関係なイプサティブ変数の一般的性質である．

ここでイプサティブ変数を構造方程式で表現するためには，(1.9) 式を (2.27) 式に代入し，

$$\boldsymbol{x}_{ps} = \boldsymbol{G}_{ps}\boldsymbol{G}\boldsymbol{T}(\boldsymbol{\alpha}_0 + \boldsymbol{u}) \tag{2.28}$$

を得る．したがってイプサティブ変数の平均構造は

$$\boldsymbol{\mu}_{ps}(\boldsymbol{\theta}) = E[\boldsymbol{x}_{ps}] = \boldsymbol{G}_{ps}\boldsymbol{G}\boldsymbol{T}\boldsymbol{\alpha}_0 = \boldsymbol{G}_{ps}\boldsymbol{\mu}(\boldsymbol{\theta}) \tag{2.29}$$

である．共分散構造は

$$\begin{aligned}
\boldsymbol{\Sigma}_{ps}(\boldsymbol{\theta}) =& E[(\boldsymbol{x}_{ps} - E[\boldsymbol{x}_{ps}])(\boldsymbol{x}_{ps} - E[\boldsymbol{x}_{ps}])']\\
=& E[\boldsymbol{G}_{ps}\boldsymbol{G}\boldsymbol{T}\boldsymbol{u}\boldsymbol{u}'\boldsymbol{T}'\boldsymbol{G}'\boldsymbol{G}_{ps}] = \boldsymbol{G}_{ps}\boldsymbol{G}\boldsymbol{T}\boldsymbol{\Sigma}_u\boldsymbol{T}'\boldsymbol{G}'\boldsymbol{G}_{ps}\\
=& \boldsymbol{G}_{ps}\boldsymbol{\Sigma}(\boldsymbol{\theta})\boldsymbol{G}_{ps}
\end{aligned} \tag{2.30}$$

と導かれる．

以上の考察から，イプサティブ変数の平均構造は，通常の観測変数の平均構造に左から $\boldsymbol{G}_{ps}$ を掛けた形式で表現され，イプサティブ変数の共分散構造は通

常の観測変数の共分散構造の両側から $\boldsymbol{G}_{ps}$ を掛けた形式で表現されることが示された．この性質はとても重要である．何故ならば，変換行列 $\boldsymbol{G}_{ps}$ を使用する限りにおいて，イプサティブ変数の平均・共分散構造モデルは，原則的に通常の変数と同じ扱いができることが示されたからである．ただし，問題が 2 つある．

第 1 に，標本共分散行列 $\boldsymbol{S}_{ps}$ の行列式の値が 0 になり，計算ができなくなる問題があった．この問題に対処するためには，イプサティブ変数の中から変数を 1 つ取り除いた (本書では最後の n 番目の変数を取り除くことにする) 変数を，$\boldsymbol{x}^*_{ps}$ と定義し，通常の変数との関係を

$$\boldsymbol{x}^*_{ps} = \boldsymbol{G}^*_{ps}\boldsymbol{x} \tag{2.31}$$

と表現する．ここで $\boldsymbol{G}^*_{ps}$ は，$\boldsymbol{x}_{ps}$ から削除した変数に対応する行を $\boldsymbol{G}_{ps}$ から削除したサイズ $(n-1)\times n$ の行列である．右辺に $\boldsymbol{x}$ がそのまま残っていることが重要である．平均・共分散構造は，$\boldsymbol{G}_{ps}$ を $\boldsymbol{G}^*_{ps}$ に代えただけであるから，それぞれ

$$\boldsymbol{\mu}^*_{ps}(\boldsymbol{\theta}) = \boldsymbol{G}^*_{ps}\boldsymbol{\mu}(\boldsymbol{\theta}) \tag{2.32}$$

$$\boldsymbol{\Sigma}^*_{ps}(\boldsymbol{\theta}) = \boldsymbol{G}^*_{ps}\boldsymbol{\Sigma}(\boldsymbol{\theta})\boldsymbol{G}^{*\prime}_{ps} \tag{2.33}$$

と表現される．(2.32) 式，(2.33) 式中の母数は，$n-1$ 個のイプサティブ変数から計算された標本平均・標本共分散行列から推定することができ，この場合は標本共分散行列の行列式の値は一般的に 0 にはならないので，最尤推定法を実行することができる．興味深いことは，$\boldsymbol{\theta}$ の中には，取り除いたイプサティブ変数に関する母数 (たとえば因子負荷など) も含まれているということである．取り除いた変数に関する母数が推定できるというのは妙なものである．しかしイプサティブ変数は，そもそも $n-1$ の変数が手元にあれば残りの 1 つの変数は，言い当てることができるという性質があるのだから，1 つまでなら削除しても情報の損失はない (というよりも $n-1$ 個分の情報しか，もともとないといったほうが正確である)．

第 2 に識別問題がある．(2.33) 式左辺の $n-1$ 個のイプサティブ変数の共分散行列には，$n(n-1)/2$ 個の分散・共分散があり，それが連立方程式の数になる．したがって通常の変数よりも識別条件が厳しくなり，n 個のイプサティブ変数間の関係を記述するためには，$n(n-1)/2$ 個以上の自由母数を使用しないことが必要条件となる．残念ながら広範囲なモデルの識別を簡単に判別する十分条件はなく，識別されるモデルは経験とカンに頼って探さなければならない．

しかし，通常の変数であれば当然識別されるであろうモデルが，イプサティブ変数の場合は識別されないことも少なくなく，通常のモデルに対する経験とカンが通じないこともある．

2.5.3 2 因子データの分析例

本節を含めて以下の 3 つの節でイプサティブモデルの分析例を示す．ただしここでは因子分析を主体とし，平均構造は考えないものとする．共分散構造は，通常 $\boldsymbol{\Sigma}(\boldsymbol{\theta}) = \boldsymbol{A}\boldsymbol{\Sigma}_f\boldsymbol{A}' + \boldsymbol{\Sigma}_e$ であるが，ここでは

$$\boldsymbol{\Sigma}(\boldsymbol{\theta}) = \boldsymbol{F}\boldsymbol{\Phi}\boldsymbol{F}' = [\boldsymbol{A}\boldsymbol{I}]\begin{bmatrix} \boldsymbol{\Sigma}_f & \boldsymbol{O} \\ \boldsymbol{O} & \boldsymbol{\Sigma}_e \end{bmatrix}\begin{bmatrix} \boldsymbol{A}' \\ \boldsymbol{I} \end{bmatrix} \tag{2.34}$$

と表現する．したがって (2.33) 式を考慮するとイプサティブ変数の因子分析モデルは

$$\boldsymbol{\Sigma}^*_{ps}(\boldsymbol{\theta}) = \boldsymbol{G}^*_{ps}\boldsymbol{\Sigma}(\boldsymbol{\theta})\boldsymbol{G}^*_{ps}{}' = \boldsymbol{G}^*_{ps}\boldsymbol{F}\boldsymbol{\Phi}\boldsymbol{F}'\boldsymbol{G}^*_{ps}{}' \tag{2.35}$$

と表現[11] される．

表 2.15 は，2 種類の特性を 4 種類の方法で測り，イプサティブ変数に変換した状態をシミュレートしたデータから計算した標本共分散行列である．2 種類の特性は V1, V2, V3, V4 と V5, V6, V7, V8 とでそれぞれ測られており，V1, V5 と V2, V6 と V3, V7 と V4, V8 は，それぞれ同一の測定方法を用いた．

表 2.15: **イプサティブデータの共分散行列**

	V1	V2	V3	V4	V5	V6	V7	V8
V1	0.514							
V2	0.119	0.615					*sym*	
V3	0.069	0.051	0.651					
V4	0.065	-0.007	-0.040	0.651				
V5	-0.207	-0.210	-0.186	-0.179	0.536			
V6	-0.156	-0.190	-0.190	-0.157	0.120	0.553		
V7	-0.222	-0.186	-0.176	-0.164	0.109	-0.013	0.679	
V8	-0.182	-0.192	-0.179	-0.169	0.017	0.033	-0.027	0.697

[11] このように $\boldsymbol{F}_1\boldsymbol{F}_2\cdots\boldsymbol{F}_p\boldsymbol{\Phi}\boldsymbol{F}'_p\boldsymbol{F}'_{p-1}\cdots\boldsymbol{F}'_1$ の形式で共分散構造を表現するのが，McDonald (1978) の COSAN モデルである．

以上の事前情報に照らして表 2.15 を従来の常識で観察すると，測定に成功してるとは，とてもいえない．何故ならば $V1, V2, V3, V4$ の変数内の標本共分散が標本分散に比べて非常に小さい (相関が低い) し，$V5, V6, V7, V8$ の変数内の標本共分散も標本分散に比べて非常に小さい (相関が低い) からである．しかし

$$G^*_{ps} = \begin{bmatrix} 0.875 & -.125 & -.125 & -.125 & -.125 & -.125 & -.125 & -.125 \\ -.125 & 0.875 & -.125 & -.125 & -.125 & -.125 & -.125 & -.125 \\ -.125 & -.125 & 0.875 & -.125 & -.125 & -.125 & -.125 & -.125 \\ -.125 & -.125 & -.125 & 0.875 & -.125 & -.125 & -.125 & -.125 \\ -.125 & -.125 & -.125 & -.125 & 0.875 & -.125 & -.125 & -.125 \\ -.125 & -.125 & -.125 & -.125 & -.125 & 0.875 & -.125 & -.125 \\ -.125 & -.125 & -.125 & -.125 & -.125 & -.125 & 0.875 & -.125 \end{bmatrix}$$

を用い，同じ測定法の変数の因子負荷と独自分散は等しいという制約の下で確認的因子分析の解を求めると

$$\hat{A}' = \begin{bmatrix} 0.624 & 0.468 & 0.421 & 0.338 & 0.0 & 0.0 & 0.0 & 0.0 \\ 0.0 & 0.0 & 0.0 & 0.0 & 0.624 & 0.468 & 0.421 & 0.338 \end{bmatrix}$$

となる．因子間相関の推定値は -0.070 であり，ほぼ無相関であった．因子負荷は通常の心理検査で観察される程度の値であり，測定に失敗しているわけではない．また適合度は GFI=0.991, AGFI=0.987, CFI=1.000, RMSEA=0.000 と極めてよく，モデルはデータの振る舞いを説明している．イプサティブ変数の標本共分散行列の観察は，従来の常識が通用しないことの，1 つの具体例である．

2.5.4 1 因子データの分析例

イプサティブ変数の解析の難しさは，標本共分散行列の観察からの知見が役に立たないということばかりではない．通常では容易に識別されるモデルが識別されなくなることがあり，モデル構成のカンが通用しない場合も少なくない．

たとえば表 2.16 は，1 因子モデルに基づいて発生させた人工データからイプサティブスコアを計算し，それから計算した標本共分散行列である．計画行列

表 2.16: **1 因子性の高いイプサティブデータの共分散行列**

	V1	V2	V3	V4	V5	V6
V1	0.302					*sym*
V2	-0.083	0.423				
V3	-0.069	-0.097	0.483			
V4	-0.075	-0.110	-0.146	0.554		
V5	-0.028	-0.053	-0.077	-0.097	0.327	
V6	-0.047	-0.079	-0.093	-0.124	-0.072	0.415

として

$$\boldsymbol{G}_{ps}^{*} = \begin{bmatrix} 0.8333 & -.1667 & -.1667 & -.1667 & -.1667 & -.1667 \\ -.1667 & 0.8333 & -.1667 & -.1667 & -.1667 & -.1667 \\ -.1667 & -.1667 & 0.8333 & -.1667 & -.1667 & -.1667 \\ -.1667 & -.1667 & -.1667 & 0.8333 & -.1667 & -.1667 \\ -.1667 & -.1667 & -.1667 & -.1667 & 0.8333 & -.1667 \end{bmatrix}$$

を用いて，共分散構造モデルを構成することができるはずである．しかしここで 1 因子モデルを用いて解析しても，まともな解は得られない．識別されず，初期値に依存して解釈不能な解がいくらでも得られたし，初期値によっては発散して非常識な解に到達する場合もあった．制約母数を幾つか導入しても，あまり効果が見られなかった．5×5 の標本共分散行列を 1 因子モデルで分析して (不適解はデータによって生じることはあっても) 発散が観察されるというのは，常識的にも考えにくいことであり，イプサティブ変数の扱いの難しさを物語っている．

ただし，この現象は以下のように説明できる．元々の変数が 1 因子構造であるとすると，各被験者の 6 つの変数の平均値[12]はその被験者の共通因子スコアのよい推定値である．このため 1 因子構造が明確なデータの場合は，各変数から 6 つの変数の平均値を引いてイプサティブ変数を作成した段階で，最も重要な共通因子の影響がデータ行列から取り除かれてしまう．表 2.16 の標本共分散行列には，そもそも誤差変数の情報しか残っていない．このため $\boldsymbol{G}_{ps}^{*}$ で補正しても 1 因子モデルの分析に失敗したのである．共通因子が 2 以上ある場合には，イプサティブ変数を作成した段階でそれらの主要な変動が除去されてしまうこ

[12]通常の平均値ではなく，各被験者に関して 6 つの変数の値をたして 6 で割った値．

とはない.

2.5.5 通常の変数と混ざったモデルの提案

イプサティブ変数と通常の変数の関係を考察し，簡略な共分散構造を導いた Chan & Bentler (1993) のアイデアは卓抜している．しかし構造方程式モデルを構築できるほどの変量数のイプサティブ変数は，実際にはあまり見かけないので，使用できる場面は少ない．そもそも標本共分散行列の目視による考察ができなかったり，識別モデルに関する従来の常識が通用しにくくては，実用的とはいえない.

応用場面では，通常の変数の中に少しだけ数の少ないイプサティブ変数が含まれることが多いであろう．さらに変量数の少ない数種のイプサティブ変数が同時に登場するモデル (たとえば年齢と価値態度変数から職業興味を説明するモデル) を扱えれば実用的であろう．本節では，通常の変数と数種のイプサティブ変数を同時に扱う母数配置を導く.

まず観測変数 $\boldsymbol{x}$ が $m+1$ 個の部分ベクトル $\boldsymbol{x}_l$

$$\boldsymbol{x} = (\boldsymbol{x}_0' \; \boldsymbol{x}_1' \; \cdots \; \boldsymbol{x}_l' \; \cdots \; \boldsymbol{x}_m')' \tag{2.36}$$

に分割されているものとする．そして $\boldsymbol{x}_0$ 以外の m 個の観測変数ベクトルは，それぞれのベクトル内でイプサティブ変数に変換され，その結果

$$\boldsymbol{x}_{ps} = (\boldsymbol{x}_0' \; \boldsymbol{x}_{ps1}' \; \cdots \; \boldsymbol{x}_{psl}' \; \cdots \; \boldsymbol{x}_{psm}')' \tag{2.37}$$

だけが観察されているものとする．このとき $\boldsymbol{x}_0$ 以外の m 個のイプサティブ変数それぞれから，任意の 1 つの変数を取り除いたイプサティブ変数を $\boldsymbol{x}_{psl}^*$ と表記し

$$\boldsymbol{x}_{ps}^* = (\boldsymbol{x}_0' \; \boldsymbol{x}_{ps1}^{*}{}' \; \cdots \; \boldsymbol{x}_{psl}^{*}{}' \; \cdots \; \boldsymbol{x}_{psm}^{*}{}')' \tag{2.38}$$

を分析対象とする．サイズ n のベクトル $\boldsymbol{x}$ とサイズ $n-m$ のベクトル $\boldsymbol{x}_{ps}^*$ との関係は，(2.31) 式を考慮して

$$\boldsymbol{x}_{ps}^* = \boldsymbol{G}_{ps}^{**}\boldsymbol{x} \tag{2.39}$$

である．ただし $\boldsymbol{G}_{ps}^{**}$ は

$$\boldsymbol{G}_{ps}^{**} = \begin{bmatrix} \boldsymbol{I} & & & & & \\ & \boldsymbol{G}_{ps1}^{*} & & & \boldsymbol{O} & \\ & & \cdots & & & \\ & & & \boldsymbol{G}_{psl}^{*} & & \\ & \boldsymbol{O} & & & \cdots & \\ & & & & & \boldsymbol{G}_{psm}^{*} \end{bmatrix} \tag{2.40}$$

である．$\boldsymbol{G}_{psl}^{*}$ は (2.31) 式に準じて $\boldsymbol{x}_{psl}^{*}$ と $\boldsymbol{x}_{l}$ の関係を示した定数行列である．

平均構造と共分散構造は (2.32) 式，(2.33) 式に準じて

$$\boldsymbol{\mu}_{ps}^{*}(\boldsymbol{\theta}) = \boldsymbol{G}_{ps}^{**}\boldsymbol{\mu}(\boldsymbol{\theta}) \tag{2.41}$$

$$\boldsymbol{\Sigma}_{ps}^{*}(\boldsymbol{\theta}) = \boldsymbol{G}_{ps}^{**}\boldsymbol{\Sigma}(\boldsymbol{\theta})\boldsymbol{G}_{ps}^{**\prime} \tag{2.42}$$

と表現される．通常の変数とイプサティブ変数を同時に分析することによって，モデル構成時の識別問題に対して，経験とカンを活かせることが期待できる．

表 2.17: **一部がイプサティブな共分散行列**

	V1	V2	V3	V4	V5	V6	V7	V8
V1	0.980							
V2	0.343	1.024					*sym*	
V3	0.575	0.414	1.035					
V4	0.270	0.146	0.326	1.062				
V5	0.148	0.095	0.181	0.434	0.956			
V6	-.024	-.043	-.022	0.173	0.126	0.378		
V7	-.152	-.076	-.133	0.015	0.054	-.140	0.476	
V8	0.176	0.119	0.155	-.189	-.180	-.238	-.336	0.574

表 2.17 は，通常の変数 V1, V2, V3, V4, V5 とイプサティブ変数 V6, V7, V8 とが混ざったデータ行列 (イプサティブ変数は一組だから $m=1$) から計算した共分散行列である．V1, V2, V3, V8 の変数で 1 つの特性を，V4, V5, V6, V7 の変数で別の 1 つの特性を測定している．通常の変数内では，変数が V1, V2, V3 と V4, V5 とに分類される状態が観察されるが，それ以外の部分は目視での考察は無理である．またイプサティブ変数 V6, V7, V8 内の標本共分散行列は，列和と行和がすべて 0 である[13] ことが確認される．そこで，上記の仮説を表現

[13] $0.378-0.140-0.238=0, \quad -0.238-0.336+0.574=0, \quad -0.140+0.476-0.336=0$

した 2 因子の確認的因子分析モデルで分析を行う．変数 V8 を削除し，計画行列としては，

$$
\boldsymbol{G}_{ps}^{**} = \begin{bmatrix} \boldsymbol{I}_{5\times5} & & \boldsymbol{O}_{5\times3} & \\ & 0.6667 & -.3333 & -.3333 \\ \boldsymbol{O}_{2\times5} & -.3333 & 0.6667 & -.3333 \end{bmatrix} \tag{2.43}
$$

を用いる．特に付加的な制約を設けることもなく，因子負荷行列の推定値は

$$
\hat{\boldsymbol{A}}' = \begin{bmatrix} 0.715 & 0.494 & 0.809 & 0.000 & 0.000 & 0.000 & 0.000 & 0.638 \\ 0.000 & 0.000 & 0.000 & 0.781 & 0.552 & 0.787 & 0.591 & 0.000 \end{bmatrix}
$$

のように求まる．因子間相関の推定値は 0.470 であった．因子負荷は通常の心理検査で観察される程度の値であり，測定に失敗しているわけではない．またイプサティブ変数の標本共分散は解釈できなくとも，適合度は GFI=0.992, AGFI=0.986, CFI=1.000, RMSEA=0.000 と極めてよく，モデルはデータの振る舞いを説明している．和が一定という制約の入っている変数が，分析したい変数の中に入っていることは珍しくない．その場合，分析を避けるのではなく，また，そのまま組み込むのでもなく，本節で紹介した処理を行うと有効な分析ができる場合が少なくない．

SEM の SW は，LISREL, COSAN, Mx など，従来は共分散構造を指定する形式のものが多かったので，使いこなすためにはユーザーの側に線形代数の初歩的な知識が必要であった．一方，近年ではユーザーが扱い易いように，EQS, AMOS など，スカラーの方程式を用いてモデルを指定できる SW が主流になってきた．実際，ほとんどの実用場面でスカラーの方程式によるモデルの指定は便利である．しかし本節で紹介したイプサティブモデルのような例外もある．イプサティブモデルは (2.42) 式の形式から明らかなように，共分散構造を行列で指定するのが容易である．一方，同じイプサティブモデルをスカラーの方程式を用いてモデルを指定するのは非常に難しい．以降の章でも，行動遺伝学モデル・多相モデルその他の場面で，共分散構造を行列で指定するのは容易でも，スカラーの方程式を用いてモデルを指定するのは難しいモデルが，しばしば登場する．モデルを特定する方法に関しては，スカラーやパス図によるものばかりでなく，共分散構造による方法も是非マスターしておきたい．

3　実験データの解析

構造方程式モデルは，しばしば非実験データの解析手法という観点のみから論じられるが，それは誤りである．誤解される 1 つの理由は，要因を統制しないデータを分析することが実際に多いからである．しかし要因を統制してデータを収集するか否かは，実験計画あるいは調査計画で扱われる問題であり，数理モデルの性質とは直接関係していない．要因を統制したデータの解析を SEM の枠組みで実行することは可能であるし，重要である．

SEM が非実験データ専用の解析手法と誤解されてしまうもう 1 つの理由は，分散分析と呼ばれる一群の解析手法を実行する際に SEM の SW を用いることが少なかったことにある．多くの分散分析モデルは，構造方程式モデルの下位モデルとして実行できることは知られているものの，分散分析の実行に特化された扱い易い SW がたくさん提供されており，わざわざ SEM の SW を用いる必要がなかった．

しかし SEM の枠組みで実験データの解析手法を論じることは，2 つの理由から重要である．1 つは，SEM の柔軟な表現力を利用して，分析者自らが，既存の実験計画モデルで解析できない新しい分析モデルを構成できることである．共分散分析における木目の細かいモデル化や，構成概念の分散分析など，従来の分析モデルを大きく発展させている．

2 つ目の理由は，既存のモデル (1・2 元配置，繰り返し測定，分割実験，混合モデル等) を構造方程式で表現することによって，分散分析モデルに対する理解が深まるという利点である．分散分析に限らず，統計モデルには母数の配置とその推定という 2 つのプロセスがある．オーソドックスな分散分析の教程では，それらが必ずしも明確に分離して解説されていないことが多い．一方 SEM では，モデルの本質部分である母数の配置を的確に表現してやれば，推定部分は共通の原理で実行されるから，モデルの成り立ちを理解し易い．仮に SEM の SW で分散分析を日常的に実践せずとも，SEM の下位モデルとしての表現を一度確認しておくだけで，統一的な視点からの分散分析の理解が促される．

3.1　1 要因実験

分散分析モデルは，観測可能な連続変数 (これを特性値という) の平均値が，名義変数から受ける影響を記述したモデルである．特性値に影響を及ぼすと考えられる多くの原因のうち，その実験で取り上げて調べられるものを「要因」という．要因は「因子」と呼ばれることもある．要因の数が 1 つのモデルを 1 要因実験モデル，あるいは 1 元配置モデル・完全無作為実験モデルという．また要因のとる様々な状態，あるいは条件を「水準」という．水準の数を「水準数」という．水準は「処理」と呼ばれることもある． 1 要因実験モデルは

$$y_{ij} = \mu + a_j + e_{ij} \tag{3.1}$$

と表現される．実験計画の分野では，このようなモデル式を「構造模型」と呼ぶ．y_{ij} は要因 A の j 番目の水準の i 番目の繰り返しにおける特性値である．また，e_{ij} は y_{ij} に対応する測定誤差である．

要因を表すときは，通常，アルファベットの大文字 A，B，C，D，E，$\cdots$ が使われる．1 要因実験では要因を A と表し，添字 j は要因 A の水準を表すこととする．また繰り返しを添字 i で表現する[1]．μ は「一般平均」といわれ，全ての水準を込みにしたときの特性値の平均である．a_j は水準 j の効果と呼ばれる．水準の効果は対応する水準の小文字を用いて表す．水準 j の効果は，μ_j を j 番目の水準の平均としたときに

$$a_j = \mu_j - \mu \tag{3.2}$$

と定義される．

ここで分析例を示そう．表 3.1 は亜硫酸ガス[2] の空気中濃度を特性値とし，東京・池袋で，季節ごとに 6 日選び，測定した結果である．このデータでは「季節」が実験の要因であり，春，夏，秋，冬が「季節」の水準である．このデータを「亜硫酸ガスデータ」と呼ぶ．たとえば $j = 1$ のとき，春の亜硫酸ガスの濃度の平均 μ_1 が 1 年を通じた亜硫酸ガスの濃度の平均 μ よりも小さい場合は，春の効果 $a_1 (= \mu_1 - \mu)$ はマイナスの値となる．このとき，春には亜硫酸ガスの濃度が低くなる傾向があると解釈する．

---

[1] [入門編] を通じ，ここまでは，添字 i は変数を，添字 j は実現値 (分散分析の用語では「繰り返し」) を表現してきた．ところが実験データの解析モデルを表現する場合には，変数を表現する添字が次節から複数必要になる．そこで添字 i で実現値を表現し，添字 j で変数を表現し，必要に応じて $j, k, l, \cdots$ を変数に割り当てていく．

[2] 亜硫酸ガスは，白いスモッグの主役といわれる公害物質である．燃料に含まれる硫黄分が，燃焼によって酸化した際に生じる硫黄酸化物の総称であり，2 酸化硫黄がその主成分である．無色であるが，刺激臭をもち，慢性気管支炎を初めとする呼吸器系疾患の有力な原因となる．このデータ (単位 : 1×10^{-3} ppm) は，豊田秀樹 (1994)．違いを見ぬく統計学．講談社ブルーバックス，より引用．

表 3.1: **亜硫酸ガスデータ**

季節	春	夏	秋	冬
1	10	8	8	14
2	10	10	8	12
3	9	8	11	11
4	11	10	11	16
5	12	12	14	13
6	11	9	15	12
平均	10.5	9.5	11.2	13.0

1 要因実験の構造模型は行列とベクトルを使って

$$\boldsymbol{y} = \boldsymbol{\mu} + \boldsymbol{a}\boldsymbol{X} + \boldsymbol{e} \tag{3.3}$$

と表現する．ただし $\boldsymbol{y}$ は確率変数ではなく，特性値を表現する確率変数 y の実現値を横に並べた観測変数のベクトルである．同様に $\boldsymbol{e}$ は確率変数ではなく，単一の誤差変数 e の実現値を横に並べたベクトルである．ここでは $\boldsymbol{y}$ も $\boldsymbol{e}$ もサイズ 24 の横ベクトルである．$\boldsymbol{a}$ は水準の効果を並べた母数行列 (ベクトル) である．$\boldsymbol{\mu}$ は，μ を横に 24 個並べた横ベクトルである．$\boldsymbol{X}$ は 0 と 1 によって構成された計画行列である．

たとえば「亜硫酸ガスデータ」の構造模型は，

$$\boldsymbol{y} = \begin{bmatrix} y_{11}\cdots y_{61} & y_{12}\cdots y_{62} & y_{13}\cdots y_{63} & y_{14}\cdots y_{64} \end{bmatrix} \tag{3.4}$$

$$\boldsymbol{a} = \begin{bmatrix} a_1 & a_2 & a_3 & a_4 \end{bmatrix} \tag{3.5}$$

$$\boldsymbol{X} = \begin{bmatrix} \boldsymbol{x}_1 \\ \boldsymbol{x}_2 \\ \boldsymbol{x}_3 \\ \boldsymbol{x}_4 \end{bmatrix} = \begin{bmatrix} 111111 & 000000 & 000000 & 000000 \\ 000000 & 111111 & 000000 & 000000 \\ 000000 & 000000 & 111111 & 000000 \\ 000000 & 000000 & 000000 & 111111 \end{bmatrix} \tag{3.6}$$

$$\boldsymbol{e} = \begin{bmatrix} e_{11}\cdots e_{61} & e_{12}\cdots e_{62} & e_{13}\cdots e_{63} & e_{14}\cdots e_{64} \end{bmatrix} \tag{3.7}$$

と表現される．計画行列 $\boldsymbol{X}$ は，4 本の横ベクトル $\boldsymbol{x}_1$, $\boldsymbol{x}_2$, $\boldsymbol{x}_3$, $\boldsymbol{x}_4$ から構成されている．(3.3) 式から (3.7) 式の表現は (3.1) 式と同等であることを確認していただきたい．ただし，定義の式からも明らかなように，水準の効果は

$$0 = \sum_{j=1}^{a} a_j \tag{3.8}$$

のように，総和が 0 になるという制約の下で母数を推定する．ここで a は，要因 A の水準数である

SEM の枠組みでの実行

一般に (3.3) 式の方程式モデルを扱うためには，以下の 3 つの方法がある．

1. $\boldsymbol{X}$ と $\boldsymbol{e}$ に分布を仮定せず，[入門編] で導入した最小 2 乗の観点から解を求める方法．仮定が最も少ない方法．
2. $\boldsymbol{X}$ に分布を仮定せず，$\boldsymbol{e}$ に分布を仮定し，第 1 章 (1.56) 式，(1.57) 式の観点から解を求める方法．正規分布が仮定されることが多い．
3. $\boldsymbol{X}$ と $\boldsymbol{e}$ に分布を仮定し，[入門編] で導入した最尤推定の観点から解を求める方法．多変量正規分布が仮定されることが多い．

一般線形モデルの観点からは，分散分析モデルは 2 番目の立場で記述される．2 番目の立場での構造方程式モデルの SW も存在しているが，広く流布するにいたってはおらず，1 番目と特に 3 番目が現時点での主流である．ただし $\boldsymbol{X}$ と $\boldsymbol{e}$ に相関がなければ，2 と 3 の方法は，母数の推定値が一致することが第 1 章で導かれていた． $\boldsymbol{X}$ と $\boldsymbol{e}$ に相関のある分散分析モデルはないので，第 1 章でも論じたように，推定値は 2 の方法と 3 の方法とで一致する．2 の方法の解を与える SEM の SW も存在するが，ここでは SEM の SW の現在の主流である 3 番目の方法で解を求める[3]．

観測変数にはむだな観測変数と呼ばれるものがある．たとえば分散分析の計画行列 $\boldsymbol{X}$ には見かけ上 4 つの観測変数がある．ところがこの中の任意の 1 つは，他の変数が全て 0 なら 1 であるし，他の変数のうち 1 つでも 1 なら 0 になる．どれか 1 つはなくてもかまわないむだな観測変数である．$N > n$ であるような一般的な場合に，むだな観測変数の数を「退化次数 (nullity)」といい，「$n -$ 退化次数」で計算されるむだでない観測変数の数を $\boldsymbol{X}$ の「階数 (rank)」という．これまで主に論じてきた「身長」や「体重」や「向性」のような連続変数は，他

[3] 2 番目の方法が，容易に実行できる Mplus のような SW が数多く発表されることが望まれる．

の変数から完全に説明されてしまうことが事実上ないので，退化次数と階数の問題は扱ってこなかった(「算数」と「国語」とその「合計点」という3つの観測変数がある場合に階数は2であり，退化次数は1になるが，このような例は希なのでここまで登場しなかった)．ところが分散分析を論じる場合にはむだな観測変数が必然的に登場するので，それを的確に処理する必要が生じる．

むだとはいえないまでも，他の予測変数との相関が非常に高く，あってもなくてもかまわないような観測変数があると，これまでも多重共線という好ましくない状態が生じた．むだな観測変数は，多重共線の最悪な状態を引き起こし，それを含めると尤度が計算できなくなることが知られている．そこで計画行列 $\boldsymbol{X}$ の一部の変数だけを使用し，残りの行は構造方程式内部で生成する．たとえば (3.6) 式の「亜硫酸ガスデータ」の計画行列の階数は 3 である．そこで $\boldsymbol{X}$ は 2 行目から 4 行目まで[4]をデータとして使用し (それぞれ $\boldsymbol{x}_2, \boldsymbol{x}_3, \boldsymbol{x}_4$ と呼ぶ)，1 行目は

$$\boldsymbol{f}_1 = \boldsymbol{1}_{1\times N} - \boldsymbol{x}_2 - \boldsymbol{x}_3 - \boldsymbol{x}_4 \tag{3.9}$$

という (サイズが 24 で，値がすべて分かっている横ベクトルの) 潜在変数を利用する．便宜的な構成概念を用い，(3.3) 式を書き換えて，

$$\begin{bmatrix} \boldsymbol{f}_1 \\ \boldsymbol{x}_2 \\ \boldsymbol{x}_3 \\ \boldsymbol{x}_4 \\ \boldsymbol{y} \end{bmatrix} = \begin{bmatrix} \boldsymbol{1} \\ \bar{\boldsymbol{x}}_2 \\ \bar{\boldsymbol{x}}_3 \\ \bar{\boldsymbol{x}}_4 \\ \boldsymbol{\mu} \end{bmatrix} + \begin{bmatrix} 0 & -1 & -1 & -1 & 0 \\ 0 & 0 & 0 & 0 & 0 \\ 0 & 0 & 0 & 0 & 0 \\ 0 & 0 & 0 & 0 & 0 \\ a_1 & a_2 & a_3 & a_4 & 0 \end{bmatrix} \begin{bmatrix} \boldsymbol{f}_1 \\ \boldsymbol{x}_2 \\ \boldsymbol{x}_3 \\ \boldsymbol{x}_4 \\ \boldsymbol{y} \end{bmatrix} + \begin{bmatrix} \boldsymbol{0} \\ \boldsymbol{x}_2 - \bar{\boldsymbol{x}}_2 \\ \boldsymbol{x}_3 - \bar{\boldsymbol{x}}_3 \\ \boldsymbol{x}_4 - \bar{\boldsymbol{x}}_4 \\ \boldsymbol{e} \end{bmatrix} \tag{3.10}$$

という式を用いる．この式は，構造方程式モデルの一般式 (1.1) 式を，実現値で表現したものである．ここで $\bar{\boldsymbol{x}}_j$ は，$\boldsymbol{x}_j$ の平均が 1/4 であるので，1/4 を横に 24 個並べた横ベクトルとなる．

推定値・母数の検定統計量は表 3.2 に示した通りである．$\hat{\mu} = 11.042$ は 1 年を通じての亜硫酸ガスの平均である．$\hat{a}_1 = -0.542$ とは，春の亜硫酸ガスの平均が，年間の平均より 0.542 だけ少ないことを意味する．検定統計量は，その絶対値が 1.96 以上であれば 5%水準で有意であると判断できるから，夏の亜硫酸ガスが少ない傾向，冬の亜硫酸ガスが多い傾向が有意であると解釈する．通常

[4] 1 行目から 3 行目まででも，何でも，どれでも 3 行ならよい．

の 1 要因分散分析モデルでは,「a_j のうち少なくとも 1 つが 0 でない」が検定仮説であるから,「季節」の主効果は有意であることが分かる.多くの検定統計量が登場し,検定を繰り返すことによる危険率の増加が気になる場合には,ボンフェローニ (Bonferroni) の調整をして多重比較を行ってもよい[5].

表 3.2: **亜硫酸ガスデータ分析結果**

	a_1	a_2	a_3	a_4	μ	σ_e^2
推定値	−0.542	−1.542	0.125	1.958	11.042	3.160
検定統計量	−0.862	−2.453	0.199	3.116	30.431	3.464

3.2 2 要因実験

1 つの特性値に対して,影響を与える要因は 1 つとは限らない.同時に 2 つの要因が影響を及ぼすようなデータの解析に利用されるのが「2 要因実験」モデルである.2 要因実験は「2 因子実験」とか「2 元配置実験」と呼ばれることもある.本節では 2 要因実験のモデルを SEM で表現する.

2 要因実験モデルには,2 つの要因とも固定要因である母数モデルと,固定要因と変量要因が 1 つずつの混合モデルと,2 つの要因とも変量要因である変量モデルの 3 種類のモデルがある.ここでは母数モデルと混合モデルを構造方程式モデルで記述する.

3.2.1 母数モデル

2 要因実験のモデル式は

$$y_{ijk} = \mu + a_j + b_k + (ab)_{jk} + e_{ijk} \tag{3.11}$$

[5]ボンフェローニの調整は,検定の種類によらず使用できる多重比較の 1 つの方法である.個々の有意水準が α で行われる検定を m 個,同時に行う場合に,少なくとも 1 回,第 1 種の誤りを犯す確率は,検定方法によらず $m\alpha$ 以下であることが知られている.この性質を利用して,たとえば 8 個の検定の危険率を全体にわたって高々5%水準に抑えたい場合には,個々の検定の危険率を 0.00625(= 0.05/8) にして 8 個の検定を行う.こうすることにより,8 個の検定を通じて,少なくとも 1 個の検定で第 1 種の誤りを犯す確率は 0.05 以下に抑えられる.検定統計量か,あるいは限界水準さえ出力されていれば,計算機で再分析せずに多重比較できる便利な方法である.

と表現される．添字 i は実現値 (実験計画の言葉では「繰り返し」という) を，添字 j は要因 A の水準を，添字 k は要因 B の水準を表す．この構造模型に従った実験を「繰り返しのある 2 要因実験」という．a_j は要因 A の水準 j の効果，b_k は要因 B の水準 k の効果，$(ab)_{jk}$ は要因 A と要因 B の交互作用効果である．交互作用の効果には，

$$\sum_{j=1}^{a}(ab)_{jk}=0,\quad \sum_{k=1}^{b}(ab)_{jk}=0 \tag{3.12}$$

という制約がある．ここで b は要因 B の水準数である．

表 3.3 のデータを用いて分析例を示す．この表は，日本人観光客に人気の高いサンフランシスコとロサンゼルスにあるホテルをいくつか選んで料金を調べたものである．ダウンタウンにあるホテルと，ダウンタウンから 10 キロくらい離れた郊外にあるホテルを 9 軒ずつ無作為に選んで，ツインルーム 1 泊の料金を示した．

平均値を見ると，サンフランシスコではダウンタウンのほうが郊外よりも料金が高い．しかしロサンゼルスでは，逆に，郊外のホテルのほうがダウンタウンよりも料金が高い[6]．

表 3.3: **サンフランシスコとロサンゼルスのホテルの料金**

単位：ドル	サンフランシスコ	平均
ダウンタウン	079 107 103 092 180 165 240 265 300	170
郊外	075 060 060 094 119 100 102 125 165	100
	ロサンゼルス	平均
ダウンタウン	095 099 070 116 170 145 205 200 210	145
郊外	153 078 075 092 115 155 250 340 380	182

交互作用 $(ab)_{jk}$ は j 番目の都市の k 番目の場所のホテルの料金の全体の平均からのずれであり，$j \times k$ 個の値を代表して表したものである．添字 i は亜硫酸

[6]サンフランシスコはチャイナタウン，フィッシャーマンズワーフ，ユニオンスクエア，日本人街，どの見どころに行くにしても，ダウンタウンから 2 キロ以内にある．ゴールデンゲートブリッジは少し離れているけれども 5 キロくらいである．夜景のきれいな場所もダウンタウンに集まっている．サンフランシスコに行った観光客は，必ずしも郊外に出かける必要がない．逆に，郊外のホテルに泊った人はダウンタウンに行かねば面白くない．郊外のホテルが安いのはそのためである．

一方ロサンゼルスの観光の見どころは，ハリウッド，サンタモニカ，ビバリーヒルズ，ディズニーランドなど，どれをとってもみな郊外に位置している．この街のダウンタウンは，観光客にとって，街に入るときと出るときの通過場所という役割が強い．郊外のホテルのほうが料金が高いのはそのためである．

ガスの実験のときと同じように繰り返しを表している．つまり $n=9$ である．(3.3) 式を用いてこのデータの母数を推定するためには

$$\boldsymbol{y}=\begin{bmatrix} y_{111}\cdots y_{911} & y_{112}\cdots y_{912} & y_{121}\cdots y_{921} & y_{122}\cdots y_{922}\end{bmatrix} \tag{3.13}$$

$$\boldsymbol{a}=\begin{bmatrix} a_1 & a_2 & b_1 & b_2 & (ab)_{11} & (ab)_{12} & (ab)_{21} & (ab)_{22}\end{bmatrix} \tag{3.14}$$

$$\boldsymbol{X}=\begin{bmatrix} 111111111 & 111111111 & 000000000 & 000000000 \\ 000000000 & 000000000 & 111111111 & 111111111 \\ 111111111 & 000000000 & 111111111 & 000000000 \\ 000000000 & 111111111 & 000000000 & 111111111 \\ 111111111 & 000000000 & 000000000 & 000000000 \\ 000000000 & 111111111 & 000000000 & 000000000 \\ 000000000 & 000000000 & 111111111 & 000000000 \\ 000000000 & 000000000 & 000000000 & 111111111 \end{bmatrix} \tag{3.15}$$

$$\boldsymbol{e}=\begin{bmatrix} e_{111}\cdots e_{911} & e_{112}\cdots e_{912} & e_{121}\cdots e_{921} & e_{122}\cdots e_{922}\end{bmatrix} \tag{3.16}$$

と指定する．(3.12) 式の制約に

$$\sum_{j=1}^{a} a_j = 0, \qquad \sum_{k=1}^{b} b_k = 0 \tag{3.17}$$

の制約を加えて母数を推定する．$\boldsymbol{X}$ と $\boldsymbol{e}$ に分布を仮定し，最尤推定法で解を求める．

$\boldsymbol{x}_1$ と $\boldsymbol{x}_2$ では，どちらか 1 つあればよい．$\boldsymbol{x}_3$ と $\boldsymbol{x}_4$ も，どちらか 1 つあればよい．$\boldsymbol{x}_5$, $\boldsymbol{x}_6$, $\boldsymbol{x}_7$, $\boldsymbol{x}_8$ も，どれか 1 つ残っていればよい．したがって $\boldsymbol{X}$ の階数は 3 である．4 行以上使用すると尤度が計算できなくなる．そこで $\boldsymbol{X}$ には互いに線形独立な 1,3,6 行だけ使い (それぞれ $\boldsymbol{x}_1, \boldsymbol{x}_3, \boldsymbol{x}_6$ と呼ぶ)，その他の行は

$$\boldsymbol{f}_2 = \mathbf{1}_{1\times N} - \boldsymbol{x}_1 \tag{3.18}$$

$$\boldsymbol{f}_4 = \mathbf{1}_{1\times N} - \boldsymbol{x}_3 \tag{3.19}$$

$$\boldsymbol{f}_5 = \boldsymbol{x}_1 - \boldsymbol{x}_6 \tag{3.20}$$

$$\boldsymbol{f}_7 = \boldsymbol{x}_3 - \boldsymbol{f}_5 \tag{3.21}$$

$$\boldsymbol{f}_8 = \mathbf{1}_{1\times N} - \boldsymbol{f}_5 - \boldsymbol{x}_6 - \boldsymbol{f}_7 \tag{3.22}$$

という (値がすべて分かっている) 潜在変数を利用する．構造方程式による表現は以下の通りである[7]．

$$
\begin{bmatrix} \boldsymbol{x}_1 \\ \boldsymbol{f}_2 \\ \boldsymbol{x}_3 \\ \boldsymbol{f}_4 \\ \boldsymbol{f}_5 \\ \boldsymbol{x}_6 \\ \boldsymbol{f}_7 \\ \boldsymbol{f}_8 \\ \boldsymbol{y} \end{bmatrix}
=
\begin{bmatrix} \bar{\boldsymbol{x}}_1 \\ \mathbf{1} \\ \bar{\boldsymbol{x}}_3 \\ \mathbf{1} \\ \boldsymbol{o} \\ \bar{\boldsymbol{x}}_6 \\ \boldsymbol{o} \\ \mathbf{1} \\ \boldsymbol{\mu} \end{bmatrix}
+
\begin{bmatrix}
0 & 0 & 0 & 0 & 0 & 0 & 0 & 0 & 0 \\
-1 & 0 & 0 & 0 & 0 & 0 & 0 & 0 & 0 \\
0 & 0 & 0 & 0 & 0 & 0 & 0 & 0 & 0 \\
0 & 0 & -1 & 0 & 0 & 0 & 0 & 0 & 0 \\
1 & 0 & 0 & 0 & 0 & -1 & 0 & 0 & 0 \\
0 & 0 & 0 & 0 & 0 & 0 & 0 & 0 & 0 \\
0 & 0 & 1 & 0 & -1 & 0 & 0 & 0 & 0 \\
0 & 0 & 0 & 0 & -1 & -1 & -1 & 0 & 0 \\
 & & & & \boldsymbol{a} & & & & 0
\end{bmatrix}
\begin{bmatrix} \boldsymbol{x}_1 \\ \boldsymbol{f}_2 \\ \boldsymbol{x}_3 \\ \boldsymbol{f}_4 \\ \boldsymbol{f}_5 \\ \boldsymbol{x}_6 \\ \boldsymbol{f}_7 \\ \boldsymbol{f}_8 \\ \boldsymbol{y} \end{bmatrix}
+
\begin{bmatrix} \boldsymbol{x}_1 - \bar{\boldsymbol{x}}_1 \\ \boldsymbol{o} \\ \boldsymbol{x}_3 - \bar{\boldsymbol{x}}_3 \\ \boldsymbol{o} \\ \boldsymbol{o} \\ \boldsymbol{x}_6 - \bar{\boldsymbol{x}}_6 \\ \boldsymbol{o} \\ \boldsymbol{o} \\ \boldsymbol{e} \end{bmatrix}
$$

表 3.4: **2 要因分散分析母数の推定値**

	a_1	a_2	b_1	b_2	μ	σ_e^2
推定値	−14.36	14.36	8.42	−8.42	149.42	5334.54
検定統計量	−1.18	1.18	0.69	−0.69	12.27	4.24
	$(ab)_{11}$	$(ab)_{12}$	$(ab)_{21}$	$(ab)_{22}$		
推定値	26.64	−26.64	−26.64	26.64		
検定統計量	2.19	−2.19	−2.19	2.19		

推定値・母数の検定統計量は表 3.4 に示した通りである．$\hat{\mu} = 149.42$ は 36 のホテルの料金の平均である．$\hat{a}_1 = -14.36$ とは，サンフランシスコの平均料金が 14 ドルほど安いことを意味する．$\hat{b}_1 = 8.42$ とは，ダウンタウンの平均料金が 8 ドルほど高いことを意味する．検定統計量は，その絶対値が 1.96 以上であれば 5%水準で有意であると判断できるから，交互作用だけが有意であることが確認される．

3.2.2 混合モデル

要因 A を変量要因，要因 B を母数要因とした場合の混合モデルの構造模型は

$$y_{ijk} = \mu + \ddot{a}_j + b_k + (\ddot{a}b)_{jk} + e_{ijk} \tag{3.23}$$

である．変量要因の効果はダブルドットのついた文字 $\ddot{a}_j$ で表現する．変量要因と母数要因の交互作用は一般的に変量効果となるから，$(\ddot{a}b)_{jk}$ は変量効果 (確率

[7]式中の $\boldsymbol{a}$ は (3.14) 式のサイズ 8 の横ベクトルである

変数) である．また繰り返しがない場合の混合モデルの構造模型は

$$y_{jk} = \mu + \ddot{a}_j + b_k + e_{jk} \tag{3.24}$$

と表現できる．本節では (3.24) 式の繰り返しのないモデルを SEM の枠組みで表現する．混合モデルの要因 A の添字 j は母集団からの j 番目の標本 (実現値) を表現している．(3.24) 式では，μ, b_k が母数であり，$\ddot{a}_j$, e_{jk} が確率変数である．SEM 流の表記では，実現値の添字は書かないので，とりあえず

$$y_k = \mu + \ddot{a} + b_k + e_k, \qquad V[e_k] = \sigma_e^2 \tag{3.25}$$

と書き換えておく．

(3.25) 式を SEM で表現するためには，まず因子負荷が 1 に固定された 1 因子の因子分析モデル

$$y_k = \mu_k + f_a + e_k \tag{3.26}$$

を導入し，そして因子を，更に

$$f_a = \mu_a + d_a \tag{3.27}$$

と表現する．d_a は $\ddot{a}$ そのものである．その上で

SEM による表記		2 要因混合モデルの表記
変数の期待値 μ_k	—	母数要因の水準 k の効果 b_k
因子 f_a の平均 μ_a	—	全平均 μ
因子 f_a の分散 σ_a^2	—	変量要因の分散成分の推定値 $V[\ddot{a}]$

と読み替え，「誤差変数 e_k の添字 k によらず誤差分散 σ_e^2 は等しい」という制約を加えると，(3.25) 式の繰り返しがない場合の 2 要因実験混合モデルは，(3.26) 式と (3.27) 式に一致することが分かる．しかも 0-1 要素から構成される計画行列をデータとして扱う必要がないので，検定統計量と解だけでなく，SEM の通常の最尤モデルと完全に一致する．これが母数モデルとの大きな相違である．

表 3.5 は，1988 年にカナダのカルガリーで開催された冬季オリンピックのフィギュアスケート，女子シングルの技術点の採点結果である．縦に 11 人の選手，横に 9 人の審査委員が並んでおり，採点は 6 点満点の減点法で，小数第 1 位ま

表 3.5: **オリンピック女子フィギュアスケートの技術点**

	J1	J2	J3	J4	J5	J6	J7	J8	J9	平均
S1	4.8	4.7	4.8	5.1	5.0	4.6	4.9	4.3	4.8	4.78
S2	5.6	5.4	5.2	5.5	5.5	5.6	5.4	5.4	5.5	5.46
S3	5.4	5.5	5.5	5.7	5.6	5.7	5.7	5.1	5.3	5.50
S4	5.0	4.9	4.6	5.0	5.0	4.9	4.8	4.7	4.9	4.87
S5	5.0	5.1	5.0	5.4	5.4	5.3	5.3	5.4	5.2	5.23
S6	5.6	5.5	5.6	5.7	5.6	5.7	5.6	5.6	5.7	5.62
S7	5.7	5.7	5.8	5.6	5.7	5.8	5.6	5.6	5.7	5.69
S8	5.9	5.8	5.9	5.8	5.9	5.9	5.9	5.9	5.9	5.88
S9	5.8	5.8	5.9	5.8	5.7	5.8	5.8	5.9	5.8	5.81
S10	5.5	5.0	5.0	5.6	5.4	5.4	5.4	5.0	5.1	5.27
S11	5.5	5.8	5.6	5.7	5.6	5.7	5.7	5.7	5.7	5.67
平均	5.44	5.38	5.35	5.54	5.49	5.49	5.46	5.33	5.42	5.43

で出している．このデータをスケーターを変量要因 A，審査委員を母数要因 B とし，繰り返しのない混合モデルを構造方程式モデルで表現すると

$$\begin{bmatrix} f_a \\ y_1 \\ y_2 \\ \vdots \\ y_9 \end{bmatrix} = \begin{bmatrix} \mu \\ \mu_1 \\ \mu_2 \\ \vdots \\ \mu_9 \end{bmatrix} + \begin{bmatrix} 0 & \\ 1 & \\ 1 & \boldsymbol{O}_{10\times 9} \\ \vdots & \\ 1 & \end{bmatrix} \begin{bmatrix} f_a \\ y_1 \\ y_2 \\ \vdots \\ y_9 \end{bmatrix} + \begin{bmatrix} d_a \\ e_1 \\ e_2 \\ \vdots \\ e_9 \end{bmatrix} \tag{3.28}$$

となる．外生変数の共分散行列は

$$\boldsymbol{\Sigma}_u = \begin{bmatrix} \sigma_a^2 & & & & \boldsymbol{O} \\ & \sigma_e^2 & & & \\ & & \sigma_e^2 & & \\ & & & \ddots & \\ \boldsymbol{O} & & & & \sigma_e^2 \end{bmatrix} \tag{3.29}$$

であり，$\mu_1 + \mu_2 + \cdots + \mu_9 = 0$ という制約が入る．

母数要因 B の推定・検定結果を表 3.6 に示す．5%の危険率で，4 番目の審査員は点数が甘く，3 番目と 8 番目の審査委員は厳しいと判断できる．その他の母数の推定・検定結果を表 3.7 に示した．変量要因 A の分散は有意であり，5%の危険率でスケーターの間には実力差があると判断できる．

表 3.6: **2 要因分散分析母数の推定値 1**

	μ_1	μ_2	μ_3	μ_4	μ_5
推定値	0.0030	-0.0515	-0.0788	0.1030	0.0576
検定統計量	0.0778	-1.3221	-2.0221	2.6442	1.4777
	μ_6	μ_7	μ_8	μ_9	
推定値	0.0576	0.0303	-0.1061	-0.0152	
検定統計量	1.4777	0.7777	-2.7220	-0.3889	

表 3.7: **2 要因分散分析母数の推定値 2**

	μ	σ_a^2	σ_e^2
推定値	5.4333	0.1298	0.018788
検定統計量	49.6132	2.201	6.325

3.3 3 要因実験

3 要因実験モデルは，3 つの要因が特性値に与える影響を調べる際に用いられる．2 要因実験の場合，混合モデルは 1 種類しかないけれども 3 要因実験には混合モデルが 2 種類ある．母数要因が 2 つで変量要因が 1 つの場合と，逆に，母数要因が 1 つで変量要因が 2 つの場合である．たとえば要因 A が変量要因で要因 B と C が母数要因である場合の構造模型は

$$y_{ijkl} = \mu + \ddot{a}_j + b_k + c_l + (\ddot{a}b)_{jk} + (bc)_{kl} + (\ddot{a}c)_{lj} + (\ddot{a}bc)_{jkl} + e_{ijkl} \tag{3.30}$$

のようになる．また繰り返しがない場合の混合モデルの構造模型は 2 次の交互作用と誤差項が区別付かなくなるから

$$y_{jkl} = \mu + \ddot{a}_j + b_k + c_l + (\ddot{a}b)_{jk} + (bc)_{kl} + (\ddot{a}c)_{lj} + e_{jkl} \tag{3.31}$$

である．変量要因と母数要因の交互作用は変量効果となるから，要因 A と要因 B の交互作用 $(\ddot{a}b)_{jk}$，要因 A と要因 C の交互作用 $(\ddot{a}c)_{lj}$ は変量効果 (確率変数) となり，要因 B と要因 C の交互作用 $(bc)_{kl}$ は固定効果 (母数) となる．

本節では，繰り返しのない混合モデル (3.31) 式を SEM の枠組みで表現する．混合モデルの要因 A の添字 j は母集団からの j 番目の標本 (実現値) を表現し

ている．SEM 流の表記では，実現値の添字は書かないことが多いので

$$y_{kl} = \mu + \ddot{a} + b_k + c_l + (\ddot{a}b)_k + (bc)_{kl} + (\ddot{a}c)_l + e_{kl} \tag{3.32}$$

と書き換える．ここで因子負荷が 1 に固定され，1 つの観測変数が 3 つの因子から影響を受ける因子分析モデル

$$y_{kl} = \mu_{kl} + f_a + f_{bk} + f_{cl} + e_{kl} \tag{3.33}$$

を考える，そして因子を

$$f_a = \mu_a + d_a \tag{3.34}$$

$$f_{bk} = \mu_{bk} + d_{bk} \tag{3.35}$$

$$f_{cl} = \mu_{cl} + d_{cl} \tag{3.36}$$

と表現する．

このとき

SEM による表記		混合モデルの表記
変数の期待値 μ_{kl}	−	交互作用 $(bc)_{kl}$
因子 f_a の平均 μ_a	−	全平均 μ
因子 f_a の分散 σ_a^2	−	変量要因 A の分散成分の推定値 $V[\ddot{a}]$
因子 f_{bk} の平均 μ_{bk}	−	要因 B の主効果 b_k
因子 f_{bk} の分散 σ_b^2	−	要因 A と B との交互作用の分散成分 $V[(\ddot{a}b)_k]$
因子 f_{cl} の平均 μ_{cl}	−	要因 C の主効果 c_l
因子 f_{cl} の分散 σ_c^2	−	要因 A と C との交互作用の分散成分 $V[(\ddot{a}c)_l]$

と読み替え,「誤差変数 e_{kl} の添字 kl によらず誤差分散 σ_e^2 は等しい」という制約を加えると，(3.33) 式から (3.36) 式までの方程式モデルは，(3.32) 式の繰り返しがない場合の 3 要因実験の混合モデルに完全に一致することが分かる．

前節では，フィギュアスケートの技術点の分析を行った．しかしフィギュアスケートの公式試合では技術的な観点からばかりでなく，芸術的な観点からも演技が採点され，その合計点で順位が決まる．表 3.8 のデータは，前出のカルガリーオリンピックのフィギュアスケートの芸術点である．ただし表 3.5 の審査委

表 3.8: **オリンピック女子フィギュアスケートの芸術点**

	J1	J2	J3	J4
S1	4.8	4.7	4.8	5.1
S2	5.6	5.6	5.4	5.4
S3	5.2	5.2	4.8	5.5
S4	4.8	4.5	4.5	5.1
S5	5.0	5.1	4.9	5.3
S6	5.9	5.8	5.9	5.9
S7	5.6	5.0	5.4	5.7
S8	5.8	5.6	5.6	5.7
S9	5.9	5.7	5.8	5.9
S10	5.2	4.5	4.7	5.4
S11	5.7	5.5	5.5	5.7
平均	5.41	5.20	5.21	5.52

員のうち最初の 4 人分の採点結果だけを示している．スケーターは表 3.5 に示した通り 11 人である．

表 3.5 と表 3.8 を合わせてみると，1 つのデータを特定するためには,「スケーター」と「審査委員」を指定するだけではなくて，その点が技術点なのか芸術点なのかを指定しなければならない．そこで要因 A とも要因 B ともクロスする 3 つ目の要因 C として「観点」という新たな要因を考える．この場合，要因 C の水準は「技術」と「芸術」の 2 つである．また技術点も最初の 4 人の審査委員の結果だけを用いることとし，要因 B の水準は 4 とする．

3 要因実験でも，3 つの要因の水準の組み合わせで指定される条件を「セル」という．そして各セルについて 2 つ以上の標本がある場合は「繰り返しのある実験」という．ここでは「スケーター」と「審査委員」と「観点」の組み合わせでは 1 つの得点しかないから「繰り返しのない 3 要因実験」である．このため 2 次の交互作用は存在しない．

どの要因を母数要因とし，あるいは変量要因とするかには，任意性がある．ここでは「審査委員」と「観点」は母数要因とし,「スケーター」を変量要因とする．つまり「審査委員」と「観点」は固定して解釈するということである．ルールブックで規定されている「観点」を変量要因にするのは無理だが，分析目的によっては「審査委員」は母数要因に指定しても不自然ではない．

この場合の構造方程式モデルは

$$\begin{bmatrix} f_a \\ f_{b1} \\ f_{b2} \\ f_{b3} \\ f_{b4} \\ f_{c1} \\ f_{c2} \\ y_{11} \\ y_{21} \\ y_{31} \\ y_{41} \\ y_{12} \\ y_{22} \\ y_{32} \\ y_{42} \end{bmatrix} = \begin{bmatrix} \mu_a \\ \mu_{b1} \\ \mu_{b2} \\ \mu_{b3} \\ \mu_{b4} \\ \mu_{c1} \\ \mu_{c2} \\ \mu_{11} \\ \mu_{21} \\ \mu_{31} \\ \mu_{41} \\ \mu_{12} \\ \mu_{22} \\ \mu_{32} \\ \mu_{42} \end{bmatrix} + \begin{bmatrix} \multicolumn{8}{c}{\boldsymbol{O}_{7\times 15}} \\ 1 & 1 & & & & 1 & & \\ 1 & & 1 & & & 1 & & \\ 1 & & & 1 & & 1 & & \\ 1 & & & & 1 & 1 & & \boldsymbol{O}_{8\times 8} \\ 1 & 1 & & & & & 1 & \\ 1 & & 1 & & & & 1 & \\ 1 & & & 1 & & & 1 & \\ 1 & & & & 1 & & 1 & \end{bmatrix} \begin{bmatrix} f_a \\ f_{b1} \\ f_{b2} \\ f_{b3} \\ f_{b4} \\ f_{c1} \\ f_{c2} \\ y_{11} \\ y_{21} \\ y_{31} \\ y_{41} \\ y_{12} \\ y_{22} \\ y_{32} \\ y_{42} \end{bmatrix} + \begin{bmatrix} d_a \\ d_{b1} \\ d_{b2} \\ d_{b3} \\ d_{b4} \\ d_{c1} \\ d_{c2} \\ e_{11} \\ e_{21} \\ e_{31} \\ e_{41} \\ e_{12} \\ e_{22} \\ e_{32} \\ e_{42} \end{bmatrix}$$

と表現される．外生変数の共分散行列は

$$\boldsymbol{\Sigma}_u = \begin{bmatrix} \sigma_a^2 & & & & & & & & & \\ & \sigma_b^2 & & & & & & & \boldsymbol{O} & \\ & & \sigma_b^2 & & & & & & & \\ & & & \sigma_b^2 & & & & & & \\ & & & & \sigma_b^2 & & & & & \\ & & & & & \sigma_c^2 & & & & \\ & & & & & & \sigma_c^2 & & & \\ & & & & & & & \sigma_e^2 & & \\ & \boldsymbol{O} & & & & & & & \ddots & \\ & & & & & & & & & \sigma_e^2 \end{bmatrix} \tag{3.37}$$

であり，要因 B と要因 C の主効果に関しては，それぞれ $\mu_{b1}+\mu_{b2}+\mu_{b3}+\mu_{b4}=0$, $\mu_{c1}+\mu_{c2}=0$ という制約が入る．また要因 B と要因 C の交互作用に関しては，$\sum_k \mu_{kl}=0$ に関する制約 2 つと $\sum_l \mu_{kl}=0$ に関する制約が 4 つ導入される．

表 3.9: **3 要 因分散分析母数の推定値** 1

	μ_{b1}	μ_{b2}	μ_{b3}	μ_{b4}	μ_{c1}	μ_{c2}
推定値	0.0420	-0.0898	-0.0989	0.1466	0.0466	-0.0466
検定統計量	1.1975	-2.5569	-2.8158	4.1752	1.6576	-1.6576

表 3.9 は母数要因の主効果に関する推定・検定結果である．μ_{b1} から μ_{b4} までは要因 B(審査委員) の主効果に関する母数であり，5% の危険率で審査委員 2, 3 が厳しく，審査委員 4 が甘いと判断できる．

要因 C の主効果 μ_{c1} と μ_{c2} は，技術点と芸術点の難易度の差を表している．帰無仮説は「技術点と芸術点の難易度は等しい」というものであり，もし棄却されれば「技術点 (あるいは芸術点) のほうが点を取りにくい」という解釈になるが，5% 水準では有意な差とはいえない．

表 3.10 は，全平均と母数要因間の交互作用に関する推定・検定結果である．まず全平均 μ_a が高度に有意である．採点の平均値が 0 でないというだけのことであり，特に解釈上の意味はない．

表 3.10: **3 要因分散分析母数の推定値 2**

	μ_a	μ_{11}	μ_{21}	μ_{31}	μ_{41}
推定値	5.3807	-0.0330	0.0443	0.0261	-0.0375
検定統計量	48.7430	-1.5741	2.1169	1.2485	-1.7913

このモデルの特徴は主効果ではなく，交互作用にある．繰り返しのない 2 要因実験 (3.24) 式には交互作用の項はなかったけれども，3 要因実験では繰り返しがなくとも交互作用が 3 つも登場する．解釈の方法は 2 要因の場合と同じであり，一方の要因の水準ごとに他方の要因の水準の平均のパターンが異なると解釈する．

たとえば要因 B と要因 C の交互作用 μ_{ij} は，観点ごとの審査委員の点数の傾向の相違を意味する．$\sum_{l=1}^{2} \mu_{kl} = 0$ という制約があるので，表 3.10 には，$l = 1$ の効果の推定・検定結果だけを示している．μ_{21} が 5% 水準で有意なので，この場合は，技術性を重視する審査委員と芸術性を重視する審査委員がいるという解釈をする．

表 3.11 は変量効果の推定・検定結果である．まず，変量要因 A の分散は有意であり，5%の危険率でスケーターの間には実力差があると判断できる．また競技会は選手の実力で勝負する場であるから，スケーターの実力の分散 σ_a^2 の推定値が 1 番大きいことは納得がいく．

表 3.11: **3 要因分散分析・分散成分の推定値**

	σ_a^2	σ_b^2	σ_c^2	σ_e^2
推定値	0.122	0.012	0.014	0.013
検定統計量	2.038	2.352	1.812	3.873

次に要因 A と要因 B の交互作用 σ_b が 5% 水準で有意である．この場合はスケーターごとの審査委員の採点の傾向が異なっている．審査委員のスケーター

に対する個人的好みによって，悪くいえば，えこひいきがあると解釈する．この交互作用の効果と，「審査委員の間に甘さに差がある」という要因 B の主効果とは区別しなくてはならない．そして要因 A と要因 C の交互作用 σ_c は，観点ごとのスケーターの点数の傾向が異なる程度を表現している．もし値が大きければ，スケーターには技術演技が得意な選手と芸術演技が得意な選手がいて，それぞれ得手不得手があると解釈する．ただしこのデータに関しては，σ_c は 5% 水準で有意でない．

3.4 分割実験

本節では，分割実験と呼ばれるモデルを構造方程式で表現する．分割実験は，標本内実験，被験者内配置実験，経時測定の実験と呼ばれることもある．これまでのモデルと比較して多少複雑なので，このモデルに関しては分析対象となるデータを先に示す．

表 3.12 はアメリカのシカゴとオーランドにあるホテルの料金である．それぞれの街から無作為に選んだ 4 つのホテルのツインの料金を，夏季と冬季に分けて示している．x_1 と x_2 は値が 1 であれば，それぞれ，そのホテルがシカゴあるいはオーランドにあることを意味する計画行列である．データの傾向としてシカゴは冬よりも夏のほうが料金が高く，オーランドは夏よりも冬のほうが料金が高い傾向が観察される[8]．

要因 A を「都市」，要因 B を「ホテル」，要因 C を「季節」とすると，要因 A「都市」は要因 B「ホテル」を入れ子として含んでいる (たとえばオムニオリエンタルは，シカゴにあり，オーランドのデータはない)．要因 A「都市」は要因 C「季節」とはクロスしている (どちらの都市にも夏料金と冬料金がある)．このため，要因 A と要因 C の間に交互作用が仮定される．要因 B と要因 C はクロスしているが，繰り返しがないから交互作用は考えないということである．ここでの例のように 1 つの標本から複数の測定をすることを「反復測定」という．反復は，セルの中で n 個の標本をとって測定する繰り返しとは意味が違うことに注意する必要がある．また要因 A「都市」を「標本間要因」といい，要

[8] シカゴはアメリカ大陸の中央よりもやや北東，5 大湖の 1 つであるミシガン湖の南西に位置している．冬の寒さは並大抵ではなく，摂氏マイナス 15 度になることも珍しくない．ビジネスマンはともかく，冬に訪れる観光客は，夏に比べてぐっと少ない．

オーランドはフロリダ半島の北部に位置し，ディズニーワールドやケネディー宇宙センターなどのアミューズメントパークで有名な街である．1 年中観光客が訪れてもよさそうだが，夏は暑い．摂氏 35 度を超える日もある．そのうえ湿度は高いし，蚊は多いしで魅力は半減する．

表 3.12: シカゴとオーランドの季節料金

料金 (US ドル) ホテル名	夏料金 y_1	冬料金 y_2	シカゴ x_1	オーランド x_2
ハイアット	135	089	1	0
オムニオリエンタル	089	079	1	0
ベスト ウエスタン	056	043	1	0
コンフォート イン	075	068	1	0
クオリティーホテル	069	089	0	1
ハンプトン イン	065	079	0	1
ホリデー イン	098	117	0	1
ハワードジョンソン	080	100	0	1

因 C「季節」を「標本内要因」という．また分割実験モデルでは，要因 A と要因 C を母数要因として，要因 B を変量要因として扱う．

構造方程式モデルでは

$$\begin{bmatrix} f_b \\ x_1 \\ f_2 \\ y_1 \\ y_2 \end{bmatrix} = \begin{bmatrix} \mu_b \\ 1/2 \\ 1 \\ c_1 \\ c_2 \end{bmatrix} + \begin{bmatrix} 0 & a_1 & a_2 & 0 & 0 \\ 0 & 0 & 0 & 0 & 0 \\ 0 & -1 & 0 & 0 & 0 \\ 1 & (ac)_{11} & (ac)_{12} & 0 & 0 \\ 1 & (ac)_{21} & (ac)_{22} & 0 & 0 \end{bmatrix} \begin{bmatrix} f_b \\ x_1 \\ f_2 \\ y_1 \\ y_2 \end{bmatrix} + \begin{bmatrix} d_b \\ x_1 - 1/2 \\ 0 \\ e_1 \\ e_2 \end{bmatrix}$$

と表現する．外生変数の共分散行列は

$$\mathbf{\Sigma}_u = \begin{bmatrix} \sigma_b^2 & & & & \\ & 1/4 & & & \\ & & 0 & & \\ & & & \sigma_e^2 & \\ & & & & \sigma_e^2 \end{bmatrix} \tag{3.38}$$

である．このとき

SEM による表記		分割実験のモデルの表記
因子 f_b の平均 μ_b	−	全平均
因子 f_b の分散 σ_b^2	−	変量要因 B の分散成分
観測変数 y_l の平均 c_l	−	母数要因 C の主効果

因子 f_b への係数 a_j ― 母数要因 A の主効果

観測変数 y_l への係数 ac_{l_j} ― 母数要因 A と C の交互作用

と読み替え,

・誤差変数 e_l の添字 l によらず誤差分散 σ_e^2 は等しい

・$a_1 + a_2 = 0$, $c_1 + c_2 = 0$, $ac_{11} + ac_{12} = 0$, $ac_{21} + ac_{22} = 0$, $ac_{11} + ac_{21} = 0$

という制約を加えると,分割実験のモデルが表現される.

表 3.13: 分割実験の母数の推定値

	c_1	σ_b^2	a_1	ac_{11}	σ_e^2
推定値	0.1875	313.09	-3.9375	9.3125	63.42
検定統計量	0.0942	1.81	-0.5998	4.6774	2.00

表 3.13 は,分割実験の母数の推定値と検定統計量である.母数要因の主効果と交互作用に関しては,上記の制約が入っているので,それぞれ 1 つずつ結果を示せばよい.主効果は有意でなく,交互作用のみ有意である.したがって都市によって,季節料金は逆転していると判断する.

3.5 共分散分析

共分散分析は,回帰分析と分散分析とを同時に行う手法である.予測変数による基準変数の条件付き分布に分散分析を行うと考えてもよいし,水準ごとに回帰分析を行うと考えてもよい.前者の場合にはこれまでと同様に水準を 0-1 のダミー変数で表現して実行できる. ここでは後者の表現で分析例を示す.

水準の相違を母集団の相違として表現する場合は,

$$y^{(g)} = b^{(g)} + a^{(g)}x^{(g)} + e^{(g)}, \quad (g = 1, \cdots, G) \tag{3.39}$$

となる.g は水準を指示する添字であり,通常,水準によらず誤差分散は等しい

$$V[e^{(g)}] = \sigma_e^2, \quad (g = 1, \cdots, G) \tag{3.40}$$

という仮定を設ける.線形モデルにおける共分散分析では,予測変数は非確率変数であるが,ここでは正規分布を仮定し,

制約 A : 切片 $b^{(g)}$ は水準 g によらず b で一定.

制約 B : 傾き $a^{(g)}$ は水準 g によらず a で一定.

表 3.14: **適性検査と生物の成績**

$y^{(1)}$	$x^{(1)}$	$y^{(2)}$	$x^{(2)}$
15	29	20	22
19	49	34	24
21	48	28	49
27	35	35	46
35	53	42	52
39	47	44	43
23	46	46	64
38	74	47	61
33	72	40	55
50	67	54	54

制約 C：予測変数 $x^{(g)}$ の母平均は水準 g によらず一定.

制約 D：予測変数 $x^{(g)}$ の母分散は水準 g によらず一定.

制約 E：誤差変数 $e^{(g)}$ の分散は水準 g によらず σ_e^2 で一定.

という 5 種類の制約を考える. 制約 A は予測変数で調整した実験の効果がないことを表現し, 制約 B・制約 E は通常の共分散分析で暗黙に置かれる仮定である. 制約 C・制約 D は, 実験群と対照群の無作為割り当てに成功していた場合に成り立つ制約である. 成り立つ場合と成り立たない場合とでは分析結果の解釈が異なる. 詳しくは前掲豊田 (1994, 第 8 章) を参照されたい.

A から E までの 5 つの制約があるかないかによって, その組み合わせで 31 個のモデルが構成される. たとえばモデル BCDE は制約 B, C, D, E の 4 つの制約の入ったモデルとする. 1 つも制約のないモデルは, 群別に回帰分析をしていることになる. これは丁度識別モデル (飽和モデル) となり, 他のモデルと比べられないので比較の対象から除く. 以下に $G = 2$ の場合で分析例を示す.

表 3.14 は Huitema (1980) [9] で示されたデータの一部である. 基準変数は「生物の試験」の成績であり, 予測変数は「適性検査」の成績である. 表 3.15 には, 31 個のモデルの解の適合度を示した. モデル BCDE が最適であることが読み取れ, 切片以外は実験群と対照群の母数は等しいと判断する. 推定値は

制約 B：傾き $a^{(g)}$ は水準 g によらず 0.502 で一定.

制約 C：予測変数 $x^{(g)}$ の母平均は水準 g によらず 49.50 で一定.

制約 D：予測変数 $x^{(g)}$ の母分散は水準 g によらず 196.85 で一定.

[9] Huitema, B. H. (1980). *The Analysis of Covariance and Alternatives.* New York: Wiley.

表 3.15: **共分散分析のモデルの適合度**

モデル	母数数	χ^2 値	df	p	CFI	RMSEA	AIC
A	9	0.777	1	0.378	1.000	0.000	18.777
B	9	0.001	1	0.971	1.000	0.000	18.001
C	9	0.581	1	0.446	1.000	0.000	18.581
D	9	0.029	1	0.865	1.000	0.000	18.029
E	9	0.154	1	0.695	1.000	0.000	18.154
AB	8	8.861	2	0.012	0.931	0.437	24.861
AC	8	1.358	2	0.507	1.000	0.000	17.358
AD	8	0.806	2	0.668	1.000	0.000	16.806
AE	8	0.935	2	0.626	1.000	0.000	16.935
BC	8	0.582	2	0.748	1.000	0.000	16.582
BD	8	0.030	2	0.985	1.000	0.000	16.030
BE	8	0.155	2	0.925	1.000	0.000	16.155
CD	8	0.610	2	0.737	1.000	0.000	16.610
CE	8	0.735	2	0.693	1.000	0.000	16.735
DE	8	0.183	2	0.913	1.000	0.000	16.183
CDE	7	0.764	3	0.858	1.000	0.000	14.764
BDE	7	0.184	3	0.980	1.000	0.000	14.184
BCE	7	0.736	3	0.865	1.000	0.000	14.736
BCD	7	0.611	3	0.894	1.000	0.000	14.611
ADE	7	0.964	3	0.810	1.000	0.000	14.964
ACE	7	1.516	3	0.679	1.000	0.000	15.516
ACD	7	1.387	3	0.709	1.000	0.000	15.387
ABE	7	9.083	3	0.028	0.939	0.336	23.083
ABD	7	8.890	3	0.031	0.941	0.330	22.890
ABC	7	9.441	3	0.024	0.935	0.345	23.441
*BCDE	6	0.765	4	0.943	1.000	0.000	12.765
ACDE	6	1.545	4	0.819	1.000	0.000	13.545
ABDE	6	9.111	4	0.058	0.949	0.266	21.111
ABCE	6	9.663	4	0.046	0.943	0.280	21.663
ABCD	6	9.470	4	0.050	0.945	0.276	21.470
ABCDE	5	9.692	5	0.084	0.953	0.228	19.692

制約 E：誤差変数 $e^{(g)}$ の分散は水準 g によらず 49.949 で一定.

であった. 切片だけは, 実験群は 15.401, 対照群は 3.891 で異なり, 適性検査の成績が同じであれば, 実験群のほうが 11.5 点ほど成績がよいことが予想される. このデータの場合は, 幸運にも無作為割り当てが成功し, 通常の共分散分析の制約も満たしていると仮定できるが, 常にモデル BCDE が最適であるとは限らない.

3.6 因子の分散分析

本章ではここまで，実験データの解析に利用される分散分析モデルを SEM の枠組みで表現してきた．本節と次節では，旧来の方法とは異なった分散分析モデルを考察する．たとえば [入門編] 13.5 節および 13.6 節の問題 3 では，自己・他者・メタの因子の平均と分散の異同の分析を行っている．このモデルは標本 (被験者) 内 1 要因 3 水準の分散分析を因子に対して行っていることになるから，因子分析モデルと分散分析モデルを統合した分析モデルである．本節では，標本 (被験者) 間 1 要因 2 水準の分散分析を因子に対して行うという意味での因子分析と分散分析の統合モデルを紹介する．

表 3.16: **外国人労働者に対する要望**

平均	4.990	4.419	4.403	4.017	平均
S D	1.871	2.147	2.250	2.294	S D
変数	x_1	x_2	x_3	x_4	変数
相関	1.000	0.440	0.377	0.385	x_1
		1.000	0.515	0.483	x_2
x_1	1.000		1.000	0.503	x_3
x_2	0.364	1.000		1.000	x_4
x_3	0.376	0.498	1.000		
x_4	0.336	0.458	0.488	1.000	
変数	x_1	x_2	x_3	x_4	変数
平均	4.841	4.000	4.229	3.488	平均
S D	1.931	2.128	2.309	2.297	S D

表 3.16 は Kuhnel(1988)[10] で示されたデータである．ドイツで行われた ALLBUS と呼ばれる調査データの一部であり，外国人労働者に対する要望が測定されている．項目内容は

x_1 : 外国人労働者のライフスタイル

x_2 : 外国人労働者の本国への帰国条件

x_3 : 外国人労働者の政治参加

x_4 : 外国人労働者の結婚

に関するものである．7 件尺度法であり，値が大きいほど外国人労働者に対して強い要望 (ネガティブな印象) をもっていることを意味する．表 3.16 の上半分は

[10] Kuhnel, S.M. (1988). Testing MANOVA designs in LISREL. *Sociological Methods and Research*, **16**, 504-523.

1980 年に，下半分は 1984 年に調査したデータの平均・SD・相関である．被験者は独立に抽出されている．4 年の「経時」を要因，1980 年と 1984 年を水準とし，4 つの変数の背後に「外国人労働者に対する要望」という因子を仮定し，分布の差を検討する．構造方程式モデルは

$$\begin{bmatrix} f^{(g)} \\ x_1^{(g)} \\ x_2^{(g)} \\ x_3^{(g)} \\ x_4^{(g)} \end{bmatrix} = \begin{bmatrix} \alpha_f^{(g)} \\ \alpha_{10}^{(g)} \\ \alpha_{20}^{(g)} \\ \alpha_{30}^{(g)} \\ \alpha_{40}^{(g)} \end{bmatrix} + \begin{bmatrix} 0 & \\ \alpha_{11}^{(g)} & \\ \alpha_{21}^{(g)} & \boldsymbol{O}_{5\times 4} \\ \alpha_{31}^{(g)} & \\ \alpha_{41}^{(g)} & \end{bmatrix} \begin{bmatrix} f^{(g)} \\ x_1^{(g)} \\ x_2^{(g)} \\ x_3^{(g)} \\ x_4^{(g)} \end{bmatrix} + \begin{bmatrix} f^{(g)} \\ e_1^{(g)} \\ e_2^{(g)} \\ e_3^{(g)} \\ e_4^{(g)} \end{bmatrix} \tag{3.41}$$

と表現する．外生変数の共分散行列は対角行列である．

このモデルに，[入門編] 第 13 章，第 14 章で導入した

制約 1：1 つの因子の平均と分散は固定

$$\alpha_f^{(1)} = 0.0, \quad \sigma_f^{2(1)} = 1.0$$

制約 2：観測変数の切片をそろえる

$$\alpha_{10}^{(1)} = \alpha_{10}^{(2)}, \quad \alpha_{20}^{(1)} = \alpha_{20}^{(2)}, \quad \alpha_{30}^{(1)} = \alpha_{30}^{(2)}, \quad \alpha_{40}^{(1)} = \alpha_{40}^{(2)}$$

制約 3：測定の不変性

$$\alpha_{11}^{(1)} = \alpha_{11}^{(2)}, \quad \alpha_{21}^{(1)} = \alpha_{21}^{(2)}, \quad \alpha_{31}^{(1)} = \alpha_{31}^{(2)}, \quad \alpha_{41}^{(1)} = \alpha_{41}^{(2)}$$

制約 4：測定誤差の等分散性

$$\sigma_{e1}^{2(1)} = \sigma_{e1}^{2(2)}, \quad \sigma_{e2}^{2(1)} = \sigma_{e2}^{2(2)}, \quad \sigma_{e3}^{2(1)} = \sigma_{e3}^{2(2)}, \quad \sigma_{e4}^{2(1)} = \sigma_{e4}^{2(2)}$$

という 4 種類の制約を入れる．

SEM の枠組みで実験データの解析を行う場合には，大別して 2 種類の解の解釈方法がある．1 つは，本章の 1 要因実験の節で紹介したように，ある係数の検定・区間推定の結果を利用する方法である．この方法には計算が 1 回で済むというメリットがある．もう 1 つは，共分散分析の節で紹介したように，複数の仮説に対応するモデルの中から最適なものを選ぶ方法である．この方法には，最適なモデル下での母数の推定値が得られるというメリットがある．

ここでは両者の折衷的な方法を紹介する．分析の主たる目的は「外国人労働者に対する要望」という因子の平均値に差があるか否かというものである．通常の分散分析では，誤差分散は水準間で等しいという制約が入るが，ここではそれも考察の対象としてみよう．まず 1 つのモデルで全体的な傾向を把握するために，

M_1 : $\alpha_f^{(2)}$ と $\sigma_f^{2(2)}$ を自由母数とする

というモデルの解を求める．平均の推定値は $\hat{\alpha}_f^{(2)} = -0.223$ であり，その標準誤差と検定統計量は，それぞれ $0.030, -7.461$ である．$\alpha_f^{(1)}$ はデータに対する適合を損なうことなく制約 1 で 0.0 に固定されているから，明らかに有意な平均値の差である．分散の推定値は $\hat{\sigma}_f^{2(2)} = 0.982$ であり，標準誤差は 0.047 だったので，$\sigma_f^{2(1)} = 1.0$ と比較して有意差はない．したがって

$$
\begin{aligned}
&M_2 : \alpha_f^{(2)}\text{のみ自由母数}, && \sigma_f^{2(2)} = 1.0 \\
&M_3 : \alpha_f^{(2)} = 0.0, && \sigma_f^{2(2)}\text{のみ自由母数} \\
&M_4 : \alpha_f^{(2)} = 0.0, && \sigma_f^{2(2)} = 1.0
\end{aligned}
$$

というモデルを比較すると M_2 が最適であることが予想される．実際計算してみると適合度は表 3.17 のようになり，予想通りであることが確認できる．

表 3.17: **因子の分散分析モデルの適合度**

	χ^2値	df	AIC	CAIC	CFI	GFI	AGFI	RMR	RMSEA
M_1	86.711	14	58.711	-48.828	0.987	0.998	0.995	0.045	0.030
M_2	86.862	15	56.862	-58.358	0.987	0.998	0.995	0.044	0.029
M_3	142.799	15	112.799	-2.422	0.976	0.998	0.995	0.045	0.038
M_4	142.945	16	110.945	-11.957	0.977	0.998	0.995	0.045	0.037

M_2 の平均の推定値は $\hat{\alpha}_f^{(2)} = -0.224$ であり，その標準誤差と検定統計量は，それぞれ $0.030, -7.491$ であり，M_1 とほとんど変わらない．因子負荷の推定値 (標準化解) は，

$$v_1 = 0.539f_1 + 0.842e_1 \tag{3.42}$$

$$v_2 = 0.711f_1 + 0.703e_2 \tag{3.43}$$

$$v_3 = 0.711f_1 + 0.704e_3 \tag{3.44}$$

$$v_4 = 0.679f_1 + 0.734e_4 \tag{3.45}$$

である．x_1 はその他の項目のように具体的な行動に関する質問ではない点で，少し独自成分が大きいようである．

3.7 因子の共分散分析

水準ごとの因子に分散分析が可能であるならば同じ考え方を共分散分析にも適用することが可能である．表 3.18 は，AMOS3.6 のマニュアルの分析例 16 に登場するデータである．x_1 と x_2 はプリテスト，x_3 と x_4 はポストテストの観測指標であり，上半分が対照群，下半分が実験群のデータである．

表 3.18: プリテストとポストテストの成績

平均	18.381	20.229	20.400	21.343	平均
変数	x_1	x_2	x_3	x_4	変数
共分散	37.626	24.933	26.639	23.649	x_1
		34.680	24.236	27.760	x_2
x_1	50.084		32.013	23.565	x_3
x_2	42.373	49.872		33.443	x_4
x_3	40.760	36.094	51.237		
x_4	37.343	40.396	39.890	53.641	
変数	x_1	x_2	x_3	x_4	変数
平均	20.556	21.241	25.667	25.870	平均

2 つの指標の背後に，それぞれ「プリテスト」「ポストテスト」という因子を設定し，構造方程式モデルを

$$\begin{bmatrix} f_1^{(g)} \\ f_2^{(g)} \\ x_1^{(g)} \\ x_2^{(g)} \\ x_3^{(g)} \\ x_4^{(g)} \end{bmatrix} = \begin{bmatrix} \alpha_{f1}^{(g)} \\ \alpha_{f2}^{(g)} \\ \alpha_{10}^{(g)} \\ \alpha_{20}^{(g)} \\ \alpha_{30}^{(g)} \\ \alpha_{40}^{(g)} \end{bmatrix} + \begin{bmatrix} 0 & 0 & \\ \alpha_{f21}^{(g)} & 0 & \\ \alpha_{11}^{(g)} & 0 & \\ \alpha_{21}^{(g)} & 0 & \boldsymbol{O}_{6\times 4} \\ 0 & \alpha_{32}^{(g)} & \\ 0 & \alpha_{42}^{(g)} & \end{bmatrix} \begin{bmatrix} f_1^{(g)} \\ f_2^{(g)} \\ x_1^{(g)} \\ x_2^{(g)} \\ x_3^{(g)} \\ x_4^{(g)} \end{bmatrix} + \begin{bmatrix} f_1^{(g)} \\ d_2^{(g)} \\ e_1^{(g)} \\ e_2^{(g)} \\ e_3^{(g)} \\ e_4^{(g)} \end{bmatrix}$$

と構成する．外生変数の共分散行列は対角行列である．

このモデルに，

制約 1 : 1 つの群の因子の平均と分散は固定 (分散の代わりに係数を 1 つ固定)

$$\alpha_{f1}^{(1)} = 0.0, \quad \alpha_{f2}^{(1)} = 0.0, \quad \alpha_{11}^{(1)} = 1.0, \quad \alpha_{32}^{(1)} = 1.0$$

制約 2 : 観測変数の切片をそろえる

$$\alpha_{10}^{(1)} = \alpha_{10}^{(2)}, \quad \alpha_{20}^{(1)} = \alpha_{20}^{(2)}, \quad \alpha_{30}^{(1)} = \alpha_{30}^{(2)}, \quad \alpha_{40}^{(1)} = \alpha_{40}^{(2)}$$

制約 3 : 測定の不変性 (そのうち 2 つは制約 1 との絡みで固定される)

$$\alpha_{11}^{(1)} = \alpha_{11}^{(2)} = 1.0, \quad \alpha_{21}^{(1)} = \alpha_{21}^{(2)}, \quad \alpha_{32}^{(1)} = \alpha_{32}^{(2)} = 1.0, \quad \alpha_{42}^{(1)} = \alpha_{42}^{(2)}$$

制約 4：測定誤差の等分散性

$$\sigma_{e1}^{2(1)} = \sigma_{e1}^{2(2)}, \quad \sigma_{e2}^{2(1)} = \sigma_{e2}^{2(2)}, \quad \sigma_{e3}^{2(1)} = \sigma_{e3}^{2(2)}, \quad \sigma_{e4}^{2(1)} = \sigma_{e4}^{2(2)}$$

という 4 種類の制約を入れる (ただし制約 4 は，モデルとデータの適合が悪ければ，設定しなくてもよい)．分析の主たる興味は因子「プリテスト」が所与である場合の「ポストテスト」の条件付き分布の平均の異同である．この比較のみに興味がある場合には，傾きが等しい ($\alpha_{f21}^{(1)} = \alpha_{f21}^{(2)}$) という制約を追加する．実験群の因子「ポストテスト」の平均の推定値は $\alpha_{f2}^{(2)} = 3.483$ であり，その標準誤差と検定統計量は，それぞれ 0.481, 7.240 であった．対照群の因子「ポストテスト」の平均は制約 1 において 0.0 に固定されていたから，有意差が見出されたと結論できる．

3.8 多変量分散分析

SEM の一般的なモデル化の道筋は，観測変数の平均や共分散を $\boldsymbol{\mu}(\boldsymbol{\theta}), \boldsymbol{\Sigma}(\boldsymbol{\theta})$ のように母数の関数で表現することから始まるが，本節では $\boldsymbol{\mu}, \boldsymbol{\Sigma}$ そのものに制約を入れる方法を紹介する．

(1.1) 式に関して，$\boldsymbol{t}^{(g)} = \boldsymbol{x}^{(g)}, \boldsymbol{\alpha}_0^{(g)} = \boldsymbol{\mu}^{(g)}, \boldsymbol{A}^{(g)} = \boldsymbol{O}, \boldsymbol{u}^{(g)} = \boldsymbol{v}^{(g)}$ とおくと，構造方程式モデルは

$$\boldsymbol{x}^{(g)} = \boldsymbol{\mu}^{(g)} + \boldsymbol{v}^{(g)} \tag{3.46}$$

となる．このとき $\boldsymbol{\alpha}_0^{(g)}$ に制約を入れることは，観測変数の平均に制約を入れることと同じになる．同様に外生変数の共分散行列 $\boldsymbol{\Sigma}_u^{(g)}$ に制約を入れることは，観測変数の共分散行列 $\boldsymbol{\Sigma}^{(g)}$ に直接制約を入れることと同じになる．

多変量分散分析モデルは，各水準の共分散行列が等しいという制約の下で，水準間の平均ベクトルの異同を分析するモデルである．たとえば前々節の ALLBUS の調査データの場合には，水準数は 2 であるから，$\boldsymbol{\Sigma}^{(1)} = \boldsymbol{\Sigma}^{(2)}$ という条件の下で

$$M_1 : \boldsymbol{\mu}^{(1)} = \boldsymbol{\mu}^{(2)}$$
$$M_2 : \boldsymbol{\mu}^{(1)} \neq \boldsymbol{\mu}^{(2)}$$

を比較すればよい．M_1 と M_2 の適合度 (表 3.19) を比較すると M_2 のほうが明らかによいことが分かる．

表 3.19: **多変量分散分析モデルの適合度**

	χ^2値	df	AIC	CAIC	CFI	GFI	AGFI	RMR	RMSEA
M_1	132.195	14	104.195	-3.344	0.978	0.999	0.997	0.043	0.038
M_2	29.234	10	9.234	-67.579	0.996	0.999	0.996	0.042	0.018

3.8.1 複合対称性の検討

平均や分散・共分散以外の母数を使用しないモデルは，多母集団のモデルばかりでなく1母集団のモデルを考えることもできる．ここでは代表的なものとして複合対称性と，次項で述べる時間的変化を挙げる．平均や分散・共分散に直接制約を入れるモデルはその他の場面にも応用でき，発展の可能性が高い．

表 3.20: **Winer の分散分析データ**

	x_1	x_2	x_3
x_1	3.10		
x_2	1.92	2.80	
x_3	1.82	2.00	3.80

繰り返し測定の分散分析では，各変数の分散が等しく，任意の組み合わせの共分散が等しいという仮定が導入される．通常，この仮定は検討されることなく成り立っているものとして分析が進められるが，SEM ではこの仮定を容易に確認できる．たとえば表 3.20($N = 9$, SEPATH[11] の EX.17 参照) のデータに関しては，$\mathbf{\Sigma}$ に

$$\mathbf{\Sigma} = \begin{bmatrix} \sigma^2 & & \\ \sigma_r & \sigma^2 & \\ \sigma_r & \sigma_r & \sigma^2 \end{bmatrix} \tag{3.47}$$

という制約 (帰無仮説) を入れて解を求める．検定結果は，χ^2 =0.694, df =4, p =0.95 であり，帰無仮説は棄却されない．ただし標本数が小さいので帰無仮説が棄却されていないということであり，標本数が大きくなったら適合度指標などを参照したほうがよい．

[11] *STATISTICA* という統計解析システムに組み込まれている共分散構造分析のための SW であり，James Steiger によって書かれた．詳細は [入門編] の付録を参照されたい．

3.8.2 時間的変化の検討

多変量の縦断的データを分析する際には，時間の変化に伴って共分散 (相関) 行列が変化するのか否かを検討する必要が生じる場合がある．

表 3.21: **反復測定の相関行列**

	x_1	x_2	x_3	x_4	x_5	x_6
x_1	1.00					
x_2	0.65	1.00				
x_3	0.54	0.68	1.00			
x_4	0.27	0.30	0.21	1.00		
x_5	0.32	0.21	0.27	0.59	1.00	
x_6	0.18	0.26	0.22	0.48	0.55	1.00
SD	2.10	3.00	2.40	1.60	3.30	2.20

たとえば表 3.21($N = 120$, SEPATH の EX.9 参照) のデータは，3 つの変数を間隔をおいて 2 回 (それぞれ x_1, x_2, x_3 と x_4, x_5, x_6) 測定したデータである．このとき 2 時点で共分散 (相関) 行列が変化していないという仮説は，$\mathbf{\Sigma}$ に

$$\mathbf{\Sigma} = \begin{bmatrix} \sigma_a^2 & & & & & \\ \sigma_{ab} & \sigma_b^2 & & & & \\ \sigma_{ac} & \sigma_{bc} & \sigma_c^2 & & & \\ \sigma_{41} & \sigma_{42} & \sigma_{43} & \sigma_a^2 & & \\ \sigma_{51} & \sigma_{52} & \sigma_{53} & \sigma_{ab} & \sigma_b^2 & \\ \sigma_{61} & \sigma_{62} & \sigma_{63} & \sigma_{ac} & \sigma_{bc} & \sigma_c^2 \end{bmatrix} \tag{3.48}$$

という制約を入れて表現することができる．このとき留意すべきことは，共分散行列に変化がないという制約は相関行列に変化がないという制約を意味するが，逆は必ずしも成り立たないということである．

標本数が大きいので適合度指標を参照すると CFI=0.954, GFI=0.955, AGFI =0.843, RMR=0.169, RMSEA=0.129 となる．観測変数の数が少ないので，CFI と GFI の値は高いけれども，それらの値を重視することは，この場合は適切な判断ではない．むしろ RMSEA の値がよくないので，2 時点で共分散 (相関) 行列は異なったものであると判断する．

4　時系列解析

時系列解析は，しばしばファイナンス分野で収益やリスクの管理に使用される統計モデルである．大きなお金の動く場面で使用されることが多く，応用的関心や現実的要求が強い手法である．従来は SEM と時系列解析は全く関係のないモデルであると考えられてきたが，Hershberger, Corneal & Molenaar(1994)[1] で動的因子分析モデルが SEM の枠組みで分析できることが示され，Toyoda(1997)[2] や Van Buuren(1997)[3] で SEM と時系列解析の関係が論じられ，時系列データを SEM で分析することの有効性が示されてきた．本章では基本的な事項を紹介する．

4.1　定常性とトープリッツ行列

4.1.1　時系列が 1 つの場合

時系列が 1 つの場合には，たとえば現在 (T 期) から，第 1 期までを

$$[X_T\ X_{T-1}\ X_{T-2} \cdots\ X_t \cdots\ X_1]' \tag{4.1}$$

と表現する．時系列解析の確率変数の扱いに関しては，これまでのデータ解析とは異なる発想を必要とする．(4.1) 式では個々の X_t が確率変数である．しかも通常は T 個の確率変数から，それぞれ 1 個ずつの実現値 x_t しか観測しない．データ (実現値) も T 個である． 1 つの確率変数に 1 つの実現値という状態では，モデルの識別はおろか，標本共分散行列すら計算できない．そこで標本共分散行列を計算できるように，相当に強い仮定を 3 つ

$$E[X_t] = \mu \tag{4.2}$$

$$V[X_t] = \sigma_0^2 \tag{4.3}$$

$$Co[X_t, X_{t-s}] = \sigma_s \tag{4.4}$$

---

[1] Hershberger, S.L., Corneal, S.E., & Molenaar, P.C.M. (1994). Dynamic factor analysis: An application to emotional response patterns underlying daughter/father and stepdaughter/stepfather relationships. *Structural Equation Modeling*, **2**, 31-52.

[2] Toyoda, H. (1997). Time series factor analysis model: factors generated by autoregression and moving average process. *Sociological Theory and Methods*, **12**, 1-14.

[3] Van Buuren, A. (1997). Fitting ARMA time series by structural equation models. *Psychometrika*, **62**, 215-236.

導入する．この仮定を「(弱) 定常性の仮定」という．それぞれ期待値・分散・共分散に関する仮定である．第 1, 第 2 の仮定は，添字 t によらず，確率変数の期待値と分散は，それぞれ一定値 μ, σ_0^2 であることを示している．第 3 の仮定は，共分散は添字 t ではなく，添字の差 $s(s = 0, \cdots, S)$ によって規定されることを示している．定常性の仮定をいれても X_T から X_1 までの共分散行列をそのまま論じるのは大変なので，

$$\boldsymbol{x}_S = [X_t\ X_{t-1}\ X_{t-2}\ \cdots\ X_{t-s}\ \cdots\ X_{t-S}]' \tag{4.5}$$

のように 時点 t から S 期前までの共分散行列 $\boldsymbol{T}_S$ を議論の対象とする．$\boldsymbol{T}_S$ は

$$\boldsymbol{T}_S = \begin{bmatrix} \sigma_0^2 & & & & sym \\ \sigma_1 & \sigma_0^2 & & & \\ \sigma_2 & \sigma_1 & \sigma_0^2 & & \\ \vdots & \ddots & \ddots & \ddots & \\ \sigma_S & \sigma_{S-1} & \cdots & \sigma_1 & \sigma_0^2 \end{bmatrix} \tag{4.6}$$

という特殊な構造をもつことになり，これをトープリッツ (Toeplitz) 行列という．トープリッツ行列 $\boldsymbol{T}_S$ (サイズは $(S+1) \times (S+1)$) の推定値である標本トープリッツ行列 $\hat{\boldsymbol{T}}_S$ は，(4.1) 式の実現値である時系列データ

$$[x_T\ x_{T-1}\ x_{T-2} \cdots\ x_t\ \cdots\ x_1]' \tag{4.7}$$

を用いて，以下のように計算する ($S < T$ である．T は数十から数万以上，S は 1 桁であることが多い).

まず時系列データを縦に $S+1$ 本並べる．

$$\begin{bmatrix} x_T & x_{T-1} & x_{T-2} & \cdots & x_t & \cdots & x_1 \\ x_T & x_{T-1} & x_{T-2} & \cdots & x_t & \cdots & x_1 \\ \vdots & \vdots & \vdots & \vdots & \vdots & \vdots & \vdots \\ x_T & x_{T-1} & x_{T-2} & \cdots & x_t & \cdots & x_1 \end{bmatrix} \tag{4.8}$$

次に，s 行目をそれぞれ左に s 列ずらす．

$$\begin{bmatrix} & & & x_T & x_{T-1} & \cdots & x_2 & x_1 \\ & & x_T & x_{T-1} & x_{T-2} & \cdots & x_1 & \\ & & \vdots & \vdots & \vdots & \vdots & & \\ x_T & x_{T-1} & \cdots & x_{T-s} & \cdots & x_1 & & \end{bmatrix} \tag{4.9}$$

そして，両端のはみ出した部分 (空白が 1 つ以上ある列) を削除し，

$$\boldsymbol{X}_S = \begin{bmatrix} x_T & x_{T-1} & x_{T-2} & \cdots & x_t & \cdots & x_{S+1} \\ x_{T-1} & x_{T-2} & x_{T-3} & \cdots & x_{t-1} & \cdots & x_S \\ \vdots & \vdots & \vdots & \vdots & \vdots & \vdots & \vdots \\ x_{T-S} & x_{T-S-1} & x_{T-S-2} & \cdots & x_{t-S} & \cdots & x_1 \end{bmatrix} \tag{4.10}$$

のようにサイズ $((S+1)\times(T-S))$ のデータ行列 $\boldsymbol{X}_S$ を作る． $\boldsymbol{X}_S$ の任意の列は (第 1 列に限らず) 時系列変数 $\boldsymbol{x}_S$ の実現値である． $\boldsymbol{X}_S$ は $\boldsymbol{x}_S$ の実現値を $T-S$ 個含んだデータ行列である．したがって $\boldsymbol{X}_S$ から計算した標本共分散行列 $\hat{\boldsymbol{T}}_S$ は，トープリッツ行列 $\boldsymbol{T}_S$ の推定値として利用できる． $\hat{\boldsymbol{T}}_S$ を標本トープリッツ行列といい，推定値の配列も (4.6) 式と同じである．各共分散を計算する際の標本数 ($T-S$ 個) は等しくなる．

ただしこの計算方法だと，1 行 1 列の値と 2 行 2 列の値，一般に i 行 i 列の値は，全て σ_0^2 の推定値なのに値が互いに一致しない．さらに本来 T 個の標本が使えるのに S 個をむだにしていることにもなる．同様に，$\boldsymbol{X}_S$ の共分散行列では，2 行 1 列の値と 3 行 2 列の値，一般に $i+1$ 行 i 列の値は，全て σ_1 の推定値なのに値が一致しない．本来 $T-1$ 個の標本が使えるのに $S-1$ 個をむだにしていることにもなる．一般的に，$\boldsymbol{X}_S$ の共分散行列では，$i+s$ 行 i 列の値は，全て σ_s の推定値なのに値が一致しない．本来 $T-s$ 個の標本が使えるのに $S-s$ 個をむだにしていることになる．

そこで σ_s の推定値は $T-s$ 個の標本を使って

$$\hat{\sigma}_s = \frac{1}{T-s}\sum_{k=1}^{T-s}(x_k - \bar{x})(x_{k+s} - \bar{x}) \tag{4.11}$$

で計算しておき，(4.6) 式に従って推定値を配置する ($T-s-1$ で割る場合もある)．本章では，こちらの計算方法で標本共分散行列 $\hat{\boldsymbol{T}}_S$ を計算する．

4.1.2 時系列が n 個の場合

時系列が n 個の場合には，たとえば現在 (T 期) から，第 1 期までを

$$[\boldsymbol{x}_T\ \boldsymbol{x}_{T-1}\ \boldsymbol{x}_{T-2} \cdots\ \boldsymbol{x}_t \cdots\ \boldsymbol{x}_1] \tag{4.12}$$

と表現する (多変量のイタリック表示では，大文字は行列を意味して使えないので，小文字で確率変数とその実現値を表現する)．サイズは $n\times T$ である．上式

の一般項 $\boldsymbol{x}_t$ は，t 期の n 個の確率変数

$$\boldsymbol{x}_t = [X_{t1}\ X_{t2}\ X_{t3} \cdots\ X_{ti} \cdots\ X_{tn}]' \tag{4.13}$$

から構成される．(4.12) 式 (4.13) 式は，個々の X_{ti} が確率変数であり，しかも通常は $T \times n$ 個の確率変数から，それぞれ 1 個ずつの実現値 x_{ti} しか観測しない．1 つの確率変数に 1 つの実現値という状態では，モデルの識別ばかりでなく，標本共分散行列すら計算できないのは，時系列が 1 つの場合と同じである．そこで，同様な仮定を 3 つ

$$E[\boldsymbol{x}_t] = \boldsymbol{\mu} \tag{4.14}$$

$$V[\boldsymbol{x}_t] = \boldsymbol{\Sigma}_0 \tag{4.15}$$

$$Co[\boldsymbol{x}_t, \boldsymbol{x}_{t-s}] = \boldsymbol{\Sigma}_s \tag{4.16}$$

導入する．この仮定を「多変量の (弱) 定常性の仮定」という．第 1, 第 2 の仮定は，確率変数の期待値ベクトルと共分散行列は，添字 t によらず，それぞれ一定値 $\boldsymbol{\mu}, \boldsymbol{\Sigma}_0$ であることを示している．第 3 の仮定は，異なる時期の確率変数間の共分散行列は添字 t ではなく，添字の差 s によって規定されることを示している．1 変量の場合と同じように t 期から S 期前までを考察の対象とし，時系列変数

$$\boldsymbol{x}_{Sn} = [\boldsymbol{x}'_t\ \boldsymbol{x}'_{t-1}\ \boldsymbol{x}'_{t-2}\ \cdots\ \boldsymbol{x}'_{t-s}\ \cdots\ \boldsymbol{x}'_{t-S}]' \tag{4.17}$$

を導入する．この確率変数の共分散行列 $\boldsymbol{T}_{Sn}$ は

$$\boldsymbol{T}_{Sn} = \begin{bmatrix} \boldsymbol{\Sigma}_0 & & & & sym \\ \boldsymbol{\Sigma}_1 & \boldsymbol{\Sigma}_0 & & & \\ \boldsymbol{\Sigma}_2 & \boldsymbol{\Sigma}_1 & \boldsymbol{\Sigma}_0 & & \\ \vdots & \ddots & \ddots & \ddots & \\ \boldsymbol{\Sigma}_S & \boldsymbol{\Sigma}_{S-1} & \cdots & \boldsymbol{\Sigma}_1 & \boldsymbol{\Sigma}_0 \end{bmatrix} \tag{4.18}$$

という構造をもつ共分散行列となる．これをブロック・トープリッツ行列という．

トープリッツ行列 $\boldsymbol{T}_{Sn}$ の推定値である標本トープリッツ行列 $\hat{\boldsymbol{T}}_{Sn}$ は，まず (4.12) 式の実現値である時系列データ行列を縦に $S+1$ 個並べる．次に，上から s 個目の行列を左に s 列ずらす．そして，両端のはみ出した部分 (空白が 1 つ

以上ある列) を削除し,

$$
\boldsymbol{X}_{Sn} = \begin{bmatrix} \boldsymbol{x}_{T\ n} & \boldsymbol{x}_{T-1\ n} & \boldsymbol{x}_{T-2\ n} & \cdots & \boldsymbol{x}_{t\ n} & \cdots & \boldsymbol{x}_{S+1\ n} \\ \boldsymbol{x}_{T-1\ n} & \boldsymbol{x}_{T-2\ n} & \boldsymbol{x}_{T-3\ n} & \cdots & \boldsymbol{x}_{t-1\ n} & \cdots & \boldsymbol{x}_{S\ n} \\ \vdots & \vdots & \vdots & \vdots & \vdots & \vdots & \vdots \\ \boldsymbol{x}_{T-S\ n} & \boldsymbol{x}_{T-S-1\ n} & \boldsymbol{x}_{T-S-2\ n} & \cdots & \boldsymbol{x}_{t-S\ n} & \cdots & \boldsymbol{x}_{1\ n} \end{bmatrix} \tag{4.19}
$$

サイズ $(((S+1)\times n)\times(T-S))$ のデータ行列 $\boldsymbol{X}_{Sn}$ を作る. $\boldsymbol{X}_{Sn}$ の任意の列は時系列変数 $\boldsymbol{x}_{Sn}$ の実現値である. したがって $\boldsymbol{X}_{Sn}$ から計算した標本共分散行列 $\hat{\boldsymbol{T}}_{Sn}$ は, ブロック・トープリッツ行列 $\boldsymbol{T}_{Sn}$ の推定量である. $\hat{\boldsymbol{T}}_{Sn}$ を標本ブロック・トープリッツ行列という. 多変量の場合も 1 変量の場合と同様に $\boldsymbol{X}_{Sn}$ から直接に標本共分散行列を計算すると, 1 つの母数行列に対して異なった推定値が求まってしまうし, むだになる標本が生じる. そこで本章では $\hat{\boldsymbol{\Sigma}}_0$ から $\hat{\boldsymbol{\Sigma}}_S$ を個別に計算しておき, (4.18) 式に従って並べるという方法を用いる.

4.1.3 母数の推定

時系列変数を構造方程式で表現し, (ブロック・) トープリッツ行列を $\boldsymbol{T}_{Sn}(\boldsymbol{\theta})$ のように母数で構造化し, 標本 (ブロック・) トープリッツ行列 $\hat{\boldsymbol{T}}_{Sn}$ を使って, 基礎編で論じた推定法で母数を推定する. 最小 2 乗法は, 推定方法として自然である. また自由度が 0 のモデル (飽和モデル) は適合度関数の値が 0 になり, 最尤推定法の解は最小 2 乗法に一致する.

一方, 非飽和モデル (自由度が 0 でないモデル) の解を最尤推定する場合には, 推定法が仮定している条件をデータが満たしていないことを認識する必要がある. 標本 (ブロック・) トープリッツ行列を計算する際のデータ行列の各列は, 互いに独立ではない. 言い換えると 1 列目の実現値と 2 列目の実現値は, データが 1 つしか入れ替わっていないから, 1 列目と 2 列目の同時出現確率は, 1 列目の出現確率と 2 列目の出現確率の積にはならない.

したがって χ^2 値はあてにならないし, それを元に計算される AIC, CFI, RMSEA は参照しないほうがよく, 代わりに GFI, AGFI, RMR 等をデータの説明の程度として利用するとよい.

ただし推定値は実用的なレベルで使用してかまわないことが, Van Buuren(1997)

のシミュレーションで報告されている．Gourieroux, Monfort, & Trognon(1984)[4] では，標本数が多くなると推定量の統計的な性質もよくなることを，疑似尤度の観点から理論的に示している．

4.2 自己回帰モデル

自己回帰 (autoregression) モデルは，観測対象が等間隔の経時測定の 1 変数の回帰モデルであり，過去と現在のデータから，将来を予測するときに最も頻繁に利用される統計モデルである．自己回帰モデルのモデル式は

$$x_t = \mu + \sum_{s=1}^{S} \alpha_{t-s} x_{t-s} + e_t \tag{4.20}$$

あるいは，母平均が 0 の観測変数を使って

$$v_t = \sum_{s=1}^{S} \alpha_{t-s} v_{t-s} + e_t \tag{4.21}$$

と表現され，$AR(S)$ と表記する．どちらも SEM の枠組みで表現できるが，本章では式展開が容易な後者を議論の対象とする．(4.21) 式には

$$E[e_t\, e_{t'}] = \begin{cases} \sigma_e^2 & (t = t') \\ 0 & (t \neq t') \end{cases} \tag{4.22}$$

$$E[v_t\, e_{t'}] = 0 \qquad (t < t') \tag{4.23}$$

という制約が入る．すなわち，誤差変数は時期によらず分散が一定であること，同時期以外の誤差変数とは無相関であること，以前の観測変数とは無相関であることが仮定されている．

4.2.1 $AR(1)$ モデル

1 期前の変数から現在の変数を予測するモデルが $AR(1)$ である．モデル式は

$$v_t = \alpha_{t-1} v_{t-1} + e_t \tag{4.24}$$

[4] Gourieroux, C., Monfort, A., & Trognon, A. (1984). Pseudo maximum likelihood methods: Theory. *Econometrica*, **17**, 287-304.

である．推定すべき母数は α_{t-1} と σ_e^2 であるから，標本トープリッツ行列 $\hat{\boldsymbol{T}}_1$ を標本共分散行列として扱い単回帰分析を行うことにより，SEM の SW で推定することができる．定常性の仮定を満足させる母数の範囲は

$$-1 < \alpha_{t-1} < 1 \tag{4.25}$$

であることが知られている (紙面の都合で証明は省略).

4.2.2 *AR*(2) モデル

1期前と2期前の変数から現在の変数を予測するモデルが $AR(2)$ である．モデル式は

$$v_t = \alpha_{t-1}v_{t-1} + \alpha_{t-2}v_{t-2} + e_t \tag{4.26}$$

である．推定すべき母数は α_{t-1} と α_{t-2} と σ_e^2 であるから，標本トープリッツ行列 $\hat{\boldsymbol{T}}_2$ を用いて，予測変数2つの重回帰分析によって母数を推定する．定常性の仮定を満足させるには，母数の範囲が

$$-1 < \alpha_{t-2} < 1 \tag{4.27}$$

$$\alpha_{t-1} + \alpha_{t-2} < 1 \tag{4.28}$$

$$-\alpha_{t-1} + \alpha_{t-2} < 1 \tag{4.29}$$

であることが知られている．SW で制約を入れてもよいし，制約を入れずに解を求め，条件外であれば「モデルがデータに適合していない」と判断してもよい．

図 4.1 は，1988 年 1 月より 1994 年 1 月までの景気動向指数 (一致指数) の DI (diffusion indexes)[5]を示したものである．表 4.1 は標本トープリッツ行列 $\hat{\boldsymbol{T}}_2$ であり，表 4.2 は表 4.1 から計算した標本自己相関行列である．

図 4.1 のデータでモデル $AR(1)$ は

$$v_t = 0.667v_{t-1} + e_t \tag{4.30}$$

---

[5]出典は，経済企画庁編，季刊日本経済指標である．DI(diffusion indexes) は，景気に敏感な指標 (系列) を選定し，その変化方向を合成した景気指標であり，景気局面の判断，予測と景気転換点 (景気の山，谷) の判定に用いる．指標には 3 種類あり，それは先行指標 (図 4.2)，一致指標，遅行指標 (図 4.3) である．3 カ月前と比較して好転している指標 (系列) の割合を景気動向の指数とする．データを巻末の付録のプログラム中に掲載したので参照されたい．

表 4.1: **標本トープリッツ行列 $\hat{T}_2$**

一致 t	865.3		
一致 $t-1$	577.2	865.3	
一致 $t-2$	425.6	577.2	865.3

表 4.2: **標本自己相関行列**

一致 t	1.0000		
一致 $t-1$	0.6671	1.0000	
一致 $t-2$	0.4919	0.6671	1.0000

のように推定された．標準誤差は 0.088 であり，検定統計量は 7.597 であった．1 期前 (3 カ月前) からの正の影響は確実にあると解釈される．モデル $AR(2)$ は

$$v_t = 0.611v_{t-1} + 0.085v_{t-2} + e_t \tag{4.31}$$

のように推定された．1 期前からの係数の標準誤差は 0.117 であり，検定統計量は 5.200 であり，2 期前からの係数の標準誤差も 0.117 であり，検定統計量は 0.720 であった．2 期前 (6 カ月前) からの影響はほとんどないと解釈される．

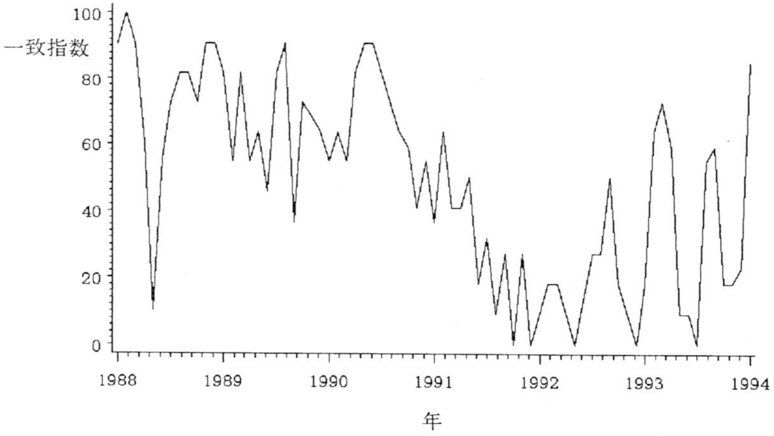

図 4.1: **景気動向指数 (一致指数)**

4.3 移動平均モデル

観測対象が等間隔の経時測定の 1 変数の回帰モデルであり，過去と現在のデータから，将来を予測するときに利用されるもう 1 つのモデルに移動平均 (moving average) モデルがある．移動平均モデルのモデル式は，母平均が 0 の観測変数を使って

$$v_t = f_t - \sum_{s=1}^{S} \beta_{t-s} f_{t-s} \tag{4.32}$$

と表現され，$MA(S)$ と表記する．(4.32) 式には

$$E[f_t\ f_{t'}] = \begin{cases} \sigma_f^2 & (t = t') \\ 0 & (t \neq t') \end{cases} \tag{4.33}$$

という制約が入る．ここでは誤差変数は，時期によらず分散が一定であること，同時期以外の誤差変数とは無相関であることが仮定されている．

4.3.1 $MA(1)$ モデル

1 期前の潜在変数の値が現在の変数の値に影響するモデルが $MA(1)$ である．モデル式は

$$v_t = f_t - \beta_{t-1} f_{t-1} \tag{4.34}$$

である．母数の範囲は (ここでは論じないが，反転可能性という性質を満たすために)

$$-1 < \beta_{t-1} < 1 \tag{4.35}$$

とする必要があることが知られている．推定すべき母数は β_{t-1} と σ_f^2 であるから，標本トープリッツ行列 $\hat{\boldsymbol{T}}_1$ を標本共分散行列として扱い，直交した因子で

$$v_t = 1.00 f_t + (-\beta_{t-1}) f_{t-1} + e_t \tag{4.36}$$

$$v_{t-1} = 1.00 f_{t-1} + (-\beta_{t-1}) f_{t-2} + e_{t-1} \tag{4.37}$$

という係数に等価の制約 ($\beta_{t-1} = \beta_{t-2}$) のある確認的因子分析の方程式を指定する．ここで

$$\sigma_{et}^2 = \sigma_{et-1}^2 = 0 \tag{4.38}$$

$$\sigma_f^2 = \sigma_{ft}^2 = \sigma_{ft-1}^2 = \sigma_{ft-2}^2 \tag{4.39}$$

の制約を加えることによって (4.33) 式を表現し，$MA(1)$ の母数を推定する．

4.3.2 $MA(2)$ モデル

1 期前と 2 期前の潜在変数の値が現在の変数の値に影響するモデルが $MA(2)$ である．モデル式は

$$v_t = f_t - \beta_{t-1} f_{t-1} - \beta_{t-2} f_{t-2} \tag{4.40}$$

である．反転可能性を満たすための母数の範囲は

$$-1 < \beta_{t-2} < 1 \tag{4.41}$$

$$\beta_{t-1} + \beta_{t-2} < 1 \tag{4.42}$$

$$-\beta_{t-1} + \beta_{t-2} < 1 \tag{4.43}$$

であることが知られている．推定すべき母数は β_{t-1} と β_{t-2} と σ_f^2 であるから，標本トープリッツ行列 $\hat{\boldsymbol{T}}_2$ を標本共分散行列として扱い，直交した因子で

$$v_t = 1.00 f_t + (-\beta_{t-1}) f_{t-1} + (-\beta_{t-2}) f_{t-2} + e_t \tag{4.44}$$

$$v_{t-1} = 1.00 f_{t-1} + (-\beta_{t-1}) f_{t-2} + (-\beta_{t-2}) f_{t-3} + e_{t-1} \tag{4.45}$$

$$v_{t-2} = 1.00 f_{t-2} + (-\beta_{t-1}) f_{t-3} + (-\beta_{t-2}) f_{t-4} + e_{t-2} \tag{4.46}$$

という係数に等価の制約のある確認的因子分析の方程式を指定する．ここで

$$\sigma_{et}^2 = \sigma_{et-1}^2 = \sigma_{et-2}^2 = 0 \tag{4.47}$$

$$\sigma_f^2 = \sigma_{ft}^2 = \sigma_{ft-1}^2 = \sigma_{ft-2}^2 = \sigma_{ft-3}^2 = \sigma_{ft-4}^2 \tag{4.48}$$

の制約を加えることによって (4.33) 式を表現し，$MA(2)$ の母数を推定する．

図 4.1 のデータでモデル $MA(1)$ は

$$v_t = 1.00 f_t + 1.00 f_{t-1} \tag{4.49}$$

のように推定された．モデルの (反転可能性のための) バウンズの制約を受けてしまい，モデルとデータが適合していないことが示されてしまった．モデル $MA(2)$ は

$$v_t = 1.00 f_t + 2.000 f_{t-1} + 0.432 f_{t-2} \tag{4.50}$$

のように推定された．$MA(1)$ の場合と同様にモデルのバウンズの制約を受けてしまい，こちらもモデルとデータが適合していない．

4.4 自己回帰移動平均モデル

AR モデルと MA モデルを合体させた予測モデルが自己回帰移動平均 ARMA (autoregression and moving average) モデルである．モデル式は

$$v_t = \sum_{r=1}^{R} \alpha_{t-r} v_{t-r} + f_t - \sum_{r'=1}^{R'} \beta_{t-r'} f_{t-r'} \tag{4.51}$$

であり，$ARMA(R, R')$ と表記する．モデルの仮定は (4.22) 式，(4.23) 式，(4.33) 式である．たとえば $ARMA(1,1)$ は

$$v_t = \alpha_{t-1} v_{t-1} + f_t - \beta_{t-1} f_{t-1} \tag{4.52}$$

である．母数の範囲は

$$-1 < \beta_{t-1} < 1 \tag{4.53}$$

$$-1 < \alpha_{t-1} < 1 \tag{4.54}$$

とする必要があることが知られている．推定すべき母数は α_{t-1} と β_{t-1} と σ_f^2 の 3 つであるから，標本トープリッツ行列 $\hat{\boldsymbol{T}}_2$ を標本共分散行列として扱い

$$v_t = \alpha_{t-1} v_{t-1} + 1.00 f_t + (-\beta_{t-1}) f_{t-1} + e_t \tag{4.55}$$

$$v_{t-1} = \alpha_{t-1} v_{t-2} + 1.00 f_{t-1} + (-\beta_{t-1}) f_{t-2} + e_{t-1} \tag{4.56}$$

という係数に等価の制約のある方程式を指定し，さらに

$$\sigma_{et}^2 = \sigma_{et-1}^2 = 0 \tag{4.57}$$

$$\sigma_f^2 = \sigma_{ft}^2 = \sigma_{ft-1}^2 = \sigma_{ft-2}^2 \tag{4.58}$$

の制約の下で $ARMA(1,1)$ の母数を推定する．

図 4.1 のデータでモデル $ARMA(1,1)$ は

$$v_t = 0.690 v_{t-1} + f_t - 0.081 f_{t-1} \tag{4.59}$$

のように推定された．自己回帰部分の標準誤差は 0.069 であり，検定統計量は 9.942 であった．移動平均部分の標準誤差は 0.139 であり，検定統計量は −0.586 であった．1 期前 (3 カ月前) からの正の影響は確実にあるが，移動平均はこのデータを説明するのに適切ではないと解釈される．

4.5 ベクトル自己回帰モデル

ベクトル自己回帰 (vector autoregression) モデルは，多変量の自己回帰モデルである．モデル式は，サイズ $n \times 1$ の母平均が 0 の観測変数ベクトルを使って

$$\boldsymbol{v}_t = \boldsymbol{A}_1 \boldsymbol{v}_{t-1} + \boldsymbol{A}_2 \boldsymbol{v}_{t-2} + \cdots + \boldsymbol{A}_s \boldsymbol{v}_{t-s} + \cdots + \boldsymbol{A}_S \boldsymbol{v}_{t-S} + \boldsymbol{e}_t \tag{4.60}$$

と表現され，$VAR(S, n)$ と表記する．$\boldsymbol{A}_s$ は s 期前からの影響を表現するサイズ $n \times n$ の係数行列であり，(4.60) 式には

$$E[\boldsymbol{e}_t] = \boldsymbol{o} \tag{4.61}$$

$$E[\boldsymbol{e}_t \boldsymbol{e}_t'] = \boldsymbol{\Sigma}_e \tag{4.62}$$

$$E[\boldsymbol{e}_t \boldsymbol{e}_s'] = \boldsymbol{O} \qquad (t \neq s) \tag{4.63}$$

という制約が入る．ここでは，誤差変数は平均が 0 であること，時期によらず共分散行列は一定であること，同時期以外の誤差変数同士は無相関であることが仮定されている．母数は標本ブロック・トープリッツ行列 $\hat{\boldsymbol{T}}_{Sn}$ を用いて推定する．

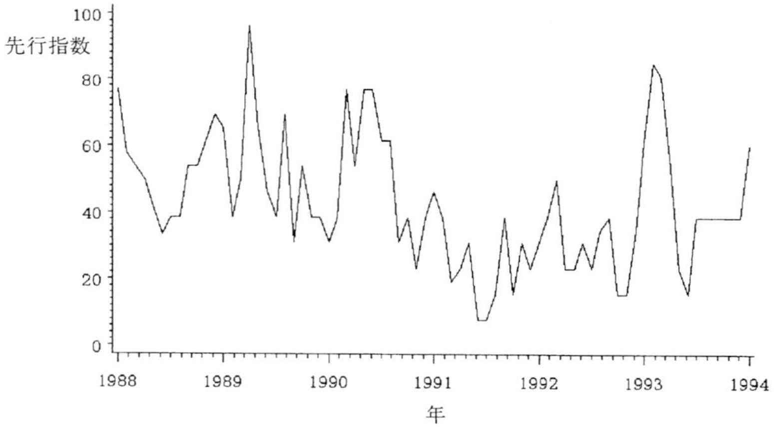

図 4.2: **景気動向指数 (先行指数)**

たとえば $S=2, n=2$ の場合のベクトル自己回帰モデル $VAR(2,2)$ は

$$v_{t1} = \alpha_{t-1\,11}v_{t-1\,1} + \alpha_{t-2\,11}v_{t-2\,1} + \alpha_{t-1\,12}v_{t-1\,2} + \alpha_{t-2\,12}v_{t-2\,2} + e_{t1} \quad (4.64)$$

$$v_{t2} = \alpha_{t-1\,21}v_{t-1\,1} + \alpha_{t-2\,21}v_{t-2\,1} + \alpha_{t-1\,22}v_{t-1\,2} + \alpha_{t-2\,22}v_{t-2\,2} + e_{t2} \quad (4.65)$$

である．係数についた 3 つの添字は「時期」「影響を受ける変数番号」「影響を与える変数番号」である．

図 4.2 は，1988 年 1 月より 1994 年 1 月までの先行指数の DI を示したものである．表 4.3 は，図 4.1 と図 4.2 による先行指数と一致指数の標本ブロック・トープリッツ行列 $\hat{\boldsymbol{T}}_{22}$ であり，表 4.4 は表 4.3 から計算した標本自己相関行列である．このデータを用いた $VAR(2,2)$ は

$$v_{t1} = 0.387v_{t-1\,1} - 0.110v_{t-2\,1} + 0.154v_{t-1\,2} + 0.112v_{t-2\,2} + e_{t1} \quad (4.66)$$

$$v_{t2} = 0.069v_{t-1\,1} - 0.260v_{t-2\,1} + 0.587v_{t-1\,2} + 0.188v_{t-2\,2} + e_{t2} \quad (4.67)$$

のように推定された．5%水準で有意なのは，$\alpha_{t-1\,11}$ と $\alpha_{t-1\,22}$ だけである．どちらも 1 期前の自己から影響を受けているが，お互いには影響は与えていない．

表 4.3: **標本ブロック・トープリッツ行列 $\hat{T}_{2\,2}$**

先行 t	370.0					
一致 t	373.7	865.3				
先行 $t-1$	212.7	248.6	370.0			
一致 $t-1$	315.1	577.2	373.7	865.3		
先行 $t-2$	121.8	134.4	212.7	248.6	370.0	
一致 $t-2$	266.6	425.6	315.1	577.2	373.7	865.3

表 4.4: **標本自己相関行列**

先行 t	1.0000					
一致 t	0.6605	1.0000				
先行 $t-1$	0.5748	0.4393	1.0000			
一致 $t-1$	0.5569	0.6671	0.6605	1.0000		
先行 $t-2$	0.3292	0.2375	0.5748	0.4393	1.0000	
一致 $t-2$	0.4711	0.4919	0.5569	0.6671	0.6605	1.0000

4.5.1 グレンジャーの因果関係

経済時系列解析では，因果関係の方向性が議論されることが多い．その際，しばしば登場するのがグレンジャーの因果関係である．本来，グレンジャーの因果関係は $VAR(S,n)$ モデル特有の概念ではないが，ベクトル自己回帰モデルの分析で問題にされることが多いので，ここではその文脈で解説する．

ベクトル自己回帰モデルにおいて，変数 v_1 から変数 v_2 へグレンジャー因果的影響があるとは「過去の v_1 から t 期の v_2 への係数が 0 でない」ということである (0 でないというだけではなく，実感として影響するだけの絶対値が，本来は必要である)．先に分析した $VAR(2,2)$ で例をあげるならば，

① $\alpha_{t-1\ 12} \neq 0$　あるいは　$\alpha_{t-2\ 12} \neq 0$

② $\alpha_{t-1\ 21} \neq 0$　あるいは　$\alpha_{t-2\ 21} \neq 0$

という命題を用いて，

(a) ①と②の両方が成り立つ：双方向の因果関係がある

(b) ①だけが成り立つ：v_2 が v_1 に因果的影響を与えている

(c) ②だけが成り立つ：v_1 が v_2 に因果的影響を与えている

(d) ①も②も成り立たない：互いに因果的な影響はない

のように因果関係を判定し，このときグレンジャーの意味での因果関係が確認された (されなかった) という．

「グレンジャーの意味での」というように限定的に表現するのには理由がある．それは [入門編] 第 9 章で論じたように第 3 の変数の影響がないことを，この分析だけでは示せないからである (そもそもデータ解析の結果のみから因果関係を導くことはできない)．

たとえば，v_1 が「最高気温」で v_2 が前日の天気予報の「最高気温の予測値」だとすると，グレンジャーの意味での因果関係が確認されても v_2 は v_1 の原因とはいえない．前日の大気や雲の状態という v_2 と v_1 に共通の，真の原因があることは明白である．

それではグレンジャーの意味での因果関係は無意味であるかといえば，そうではない．因果関係の方向性について，道具的変数なしに論じることができる．これは大変有用で強力な性質である．たとえば (b) であれば，v_2 が v_1 に因果的

影響を与えているのであってその逆ではないことを，かなりはっきりと導ける．これとて，原因と認定した変数は「稲妻から雷鳴が遅れて観測されただけで，両者に因果関係はない」と反論できる場合もあるが，依然として方向性の確認には有効である．

ただし第 3 の変数があるかもしれない．測定の遅延があるかもしれない，という可能性だけで思考・考察を止めてはいけない．実質科学的な知見を利用して，それらの可能性を吟味し，仮説を鍛えようとする限り，グレンジャーの意味での因果関係は有効であるし，手軽に利用できるモデルであるから計量経済学以外の分野でも，もっと使用されるべきツールである．

4.5.2 縦断・繰り返し測定との相違

多変量の時系列分析は，因果関係の吟味に比較的明確な知見を提供する．ただし [入門編] で登場したモデルの中で，シンプレックス構造解析や，ラグ付き変数による分析などの縦断データの解析は，広義の意味で時系列の解析モデルであり，基本的に時間の流れに沿ってだけパスが引けるから，因果の前後関係の吟味に関して明確な知見が得られる．その意味で本章で論じている時系列解析と同等の利点を有している．

狭義の時系列モデルと縦断データ解析モデルの相違は，データの測定状況の相違である．本章で扱った時系列モデルでは，T 期の各時点で 1 回 (多変量を含む) の測定しかしない．1 時点で 1 回の標本抽出である．逆に T はある程度大きいし，確率変数の性質は T に関する添字 t には依存させられない．時期の差である s にだけ確率変数の特徴が現れるという強い仮定 (定常性の仮定) を必要とする．その代わりに，多時点の時系列の性質を効率よく分析することができる．

それに対して縦断データ解析モデルに共通していることは，各時点で多数の測定を行うということである．1 時点で N 回の標本抽出を行う．逆に測定回数である T が小さくてよい (2 回以上であれば縦断データと呼ばれる) ということである．確率変数の性質は T に関する添字 t に依存させて記述できる．たとえば，小学校 1 年時の学力の平均と分散は 2 年次より小さい，などという t に依存した記述は，縦断データ解析モデルでは簡単に表現できても，時系列モデルでは相当に難しい．

4.6 動的因子分析

因子分析法には「時期」を観測対象とする多変量データに直接因子分析を適用するp-技法があるが，この方法はラグ付き共分散を考慮できないという理論的な欠点をもっている (Anderson(1963)[6])．この問題を解決するために Molenaar(1985)[7] は，ラグ付き共分散を考慮した動的因子分析モデル (dynamic factor analysis model) を提案した．動的因子分析法の概略は以下の通りである．

分析対象となっている多変量時系列データの背後に Q 個の因子

$$\boldsymbol{f}_t = [f_{t1} \cdots f_{tq} \cdots f_{tQ}]' \tag{4.68}$$

を仮定する．また，時期 t における n 個の誤差変数を

$$\boldsymbol{e}_t = [e_{t1} \cdots e_{tj} \cdots e_{tn}]' \tag{4.69}$$

と表記する $(Q < n)$．このとき動的因子分析モデルは

$$\boldsymbol{v}_t = \sum_{s=0}^{S} \boldsymbol{\Lambda}_s \boldsymbol{f}_{t-s} + \boldsymbol{e}_t \tag{4.70}$$

と表現される．$\boldsymbol{\Lambda}_s$ は $\boldsymbol{v}_t$ に対する $\boldsymbol{f}_{t-s}$ からの影響力を示した因子負荷行列である．因子 $\boldsymbol{f}_t$ には

$$E[\boldsymbol{f}_t] = \boldsymbol{o} \tag{4.71}$$

$$V[\boldsymbol{f}_t] = \boldsymbol{I} \tag{4.72}$$

$$Co[\boldsymbol{f}_t, \boldsymbol{f}_{t-s}] = \boldsymbol{O} \tag{4.73}$$

のような仮定が置かれている．また誤差変数 $\boldsymbol{e}_t$ に関しては

$$E[\boldsymbol{e}_t] = \boldsymbol{o} \tag{4.74}$$

$$V[\boldsymbol{e}_t] = \boldsymbol{D}_0 \tag{4.75}$$

$$Co[\boldsymbol{e}_t, \boldsymbol{e}_{t-s}] = \boldsymbol{D}_s \tag{4.76}$$

という仮定が置かれる ($\boldsymbol{D}_s$ $(s = 0, \cdots, S)$ は対角行列)．場合によっては $\boldsymbol{D}_s = \boldsymbol{O}$ $(s \neq 0)$ が仮定されることもある．

[6] Anderson,T.W. (1963). The use of factor analysis in the statistical analysis of multiple time series. *Psychometrika*, **28**, 1-25.

[7] Molenaar,P.C.M. (1985). A dynamic factor model for the analysis of multivariate time series. *Psychometrika*, **50**, 181-202.

Hershberger, Corneal & Molenaar (1994)[8] は，動的因子分析を共分散構造分析の SW で実行できることを示した．その方法は，まず見かけ上，通常の因子分析モデルを用意し

$$\boldsymbol{v} = \boldsymbol{\Lambda}\boldsymbol{f} + \boldsymbol{e} \tag{4.77}$$

確率変数の各要素は

$$\boldsymbol{v} = [\boldsymbol{v}'_t \boldsymbol{v}'_{t-1} \cdots \boldsymbol{v}'_{t-s} \cdots \boldsymbol{v}'_{t-S}]' \tag{4.78}$$

$$\boldsymbol{f} = [\boldsymbol{f}'_t \boldsymbol{f}'_{t-1} \cdots \boldsymbol{f}'_{t-S} \cdots \boldsymbol{f}'_{t-2S}]' \tag{4.79}$$

$$\boldsymbol{e} = [\boldsymbol{e}'_t \boldsymbol{e}'_{t-1} \cdots \boldsymbol{e}'_{t-s} \cdots \boldsymbol{e}'_{t-S}]' \tag{4.80}$$

であり，因子負荷行列は

$$\boldsymbol{\Lambda} = \begin{bmatrix} \boldsymbol{\Lambda}_0 & \boldsymbol{\Lambda}_1 & \cdots & \boldsymbol{\Lambda}_S & \boldsymbol{0} & \cdots & \cdots & \boldsymbol{0} \\ \boldsymbol{0} & \boldsymbol{\Lambda}_0 & \boldsymbol{\Lambda}_1 & \cdots & \boldsymbol{\Lambda}_S & \boldsymbol{0} & \cdots & \boldsymbol{0} \\ \vdots & \vdots & \vdots & \vdots & \vdots & \vdots & \vdots & \vdots \\ \boldsymbol{0} & \cdots & \boldsymbol{0} & \boldsymbol{\Lambda}_0 & \boldsymbol{\Lambda}_1 & \cdots & \cdots & \boldsymbol{\Lambda}_S \end{bmatrix} \tag{4.81}$$

と制約する．(4.71) 式から (4.76) 式の仮定の下でブロック・トープリッツ行列 $\boldsymbol{T}_{Sn}$ は

$$\boldsymbol{T}_{Sn} = \boldsymbol{\Lambda}\boldsymbol{\Lambda}' + \boldsymbol{\Delta} \tag{4.82}$$

と分解される．ただし

$$\boldsymbol{\Delta} = \begin{bmatrix} \boldsymbol{D}_0 & & & & sym \\ \boldsymbol{D}_1 & \boldsymbol{D}_0 & & & \\ \boldsymbol{D}_2 & \boldsymbol{D}_1 & \boldsymbol{D}_0 & & \\ \vdots & \ddots & \ddots & \ddots & \\ \boldsymbol{D}_S & \boldsymbol{D}_{S-1} & \cdots & \boldsymbol{D}_1 & \boldsymbol{D}_0 \end{bmatrix} \tag{4.83}$$

[8] Hershberger,S.L., Corneal,S.E., & Molenaar,P.C.M. (1994). Dynamic factor analysis: An application to Emotional Response patterns underlying daughter/father and stepdaughter/stepfather relationships. *Structural Equation Modeling*, **2**(1), 31-57. この論文では父娘関係の多変量時系列の分析が行われている．本章で紹介した方法は経済分析ばかりでなく，様々な領域での応用が期待される．

である．$\boldsymbol{D}_s$ は対角行列とする．

図 4.3 は，1988 年 1 月より 1994 年 1 月までの遅行指数の DI を示したものである．表 4.5 は，図 4.1 と図 4.2 と図 4.3 を合わせた先行指数と一致指数と遅行指標の標本ブロック・トープリッツ行列 $\hat{\boldsymbol{T}}_{23}$ であり，表 4.6 は表 4.3 から計算した標本自己相関行列である．3 つの時系列に同時に動的因子分析法を適用してみよう．

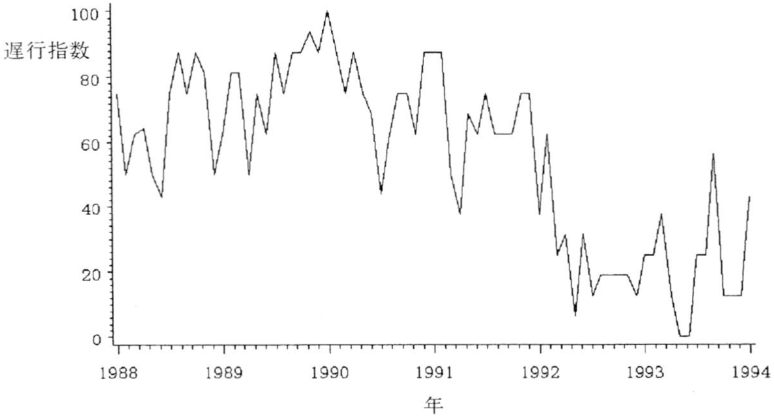

図 4.3: **景気動向指数 (遅行指数)**

表 4.5: **標本ブロック・トープリッツ行列** $\hat{T}_{23}$

先行 t	370.0								
一致 t	373.7	865.3							
遅行 t	91.5	433.7	748.5						
先行 $t-1$	212.7	248.6	103.6	370.0					
一致 $t-1$	315.1	577.2	359.9	373.7	865.3				
遅行 $t-1$	83.0	377.3	585.0	91.5	433.7	748.5			
先行 $t-2$	121.8	134.4	98.7	212.7	248.6	103.6	370.0		
一致 $t-2$	266.6	425.6	307.6	315.1	577.2	359.9	373.7	865.3	
遅行 $t-2$	48.9	332.4	537.0	83.0	377.3	585.0	91.5	433.7	748.5

3 つの時系列の背後には，指標の性質から「日本経済の景気」という 1 つの潜在変数を仮定するのが適当であろう ($Q = 1$)．$S = 2$ としてモデルを特定す

表 4.6: $\hat{\boldsymbol{T}}_{23}$ から計算した標本自己相関行列

先行 t	1.0000								
一致 t	0.6605	1.0000							
遅行 t	0.1739	0.5389	1.0000						
先行 $t-1$	0.5748	0.4393	0.1970	1.0000					
一致 $t-1$	0.5569	0.6671	0.4472	0.6605	1.0000				
遅行 $t-1$	0.1577	0.4688	0.7815	0.1739	0.5389	1.0000			
先行 $t-2$	0.3292	0.2375	0.1875	0.5748	0.4393	0.1970	1.0000		
一致 $t-2$	0.4711	0.4919	0.3822	0.5569	0.6671	0.4472	0.6605	1.0000	
遅行 $t-2$	0.0929	0.4130	0.7174	0.1577	0.4688	0.7815	0.1739	0.5389	1.0000

ると，確率変数の各要素は

$$\boldsymbol{v} = [\boldsymbol{v}_t' \boldsymbol{v}_{t-1}' \boldsymbol{v}_{t-2}']' \quad (9 \times 1) \tag{4.84}$$

$$\boldsymbol{f} = [f_t f_{t-1} f_{t-2} f_{t-3} f_{t-4}]' \quad (5 \times 1) \tag{4.85}$$

$$\boldsymbol{e} = [\boldsymbol{e}_t' \boldsymbol{e}_{t-1}' \boldsymbol{e}_{t-2}']' \quad (9 \times 1) \tag{4.86}$$

である．$\boldsymbol{v}_t$ は「先行」「一致」「遅行」の順に並んでいる．因子負荷行列は

$$\boldsymbol{\Lambda} = \begin{bmatrix} \boldsymbol{\Lambda}_0 & \boldsymbol{\Lambda}_1 & \boldsymbol{\Lambda}_2 & \boldsymbol{0} & \boldsymbol{0} \\ \boldsymbol{0} & \boldsymbol{\Lambda}_0 & \boldsymbol{\Lambda}_1 & \boldsymbol{\Lambda}_2 & \boldsymbol{0} \\ \boldsymbol{0} & \boldsymbol{0} & \boldsymbol{\Lambda}_0 & \boldsymbol{\Lambda}_1 & \boldsymbol{\Lambda}_2 \end{bmatrix} \quad (9 \times 5) \tag{4.87}$$

と制約する．$\boldsymbol{\Lambda}_0$ も $\boldsymbol{\Lambda}_1$ も $\boldsymbol{\Lambda}_2$ もサイズは 3×1 である[9]．独自性行列は

$$\boldsymbol{\Delta} = \begin{bmatrix} \boldsymbol{D}_0 & & \\ \boldsymbol{D}_1 & \boldsymbol{D}_0 & \\ \boldsymbol{D}_2 & \boldsymbol{D}_1 & \boldsymbol{D}_0 \end{bmatrix} \quad (9 \times 9) \tag{4.88}$$

である．

最初に (4.87) 式, (4.88) 式に従った分析をしたところ，不適解になってしまった．そこで「一致指標」は因子のみから影響を受ける (誤差なしで観測される) と仮定して母数を減らし，解を求めた．その結果，因子負荷の標準化解は

$$\hat{\boldsymbol{\Lambda}}_0 = \begin{bmatrix} 0.158 \\ 0.598 \\ 0.302 \end{bmatrix}, \quad \hat{\boldsymbol{\Lambda}}_1 = \begin{bmatrix} 0.396 \\ 0.487 \\ 0.230 \end{bmatrix}, \quad \hat{\boldsymbol{\Lambda}}_2 = \begin{bmatrix} 0.541 \\ 0.637 \\ 0.145 \end{bmatrix} \tag{4.89}$$

[9] 因子が複数ある探索的因子分析モデルでは，モデルを識別させるために因子負荷行列 $\boldsymbol{\Lambda}_s$ は広義の下三角行列とする．この場合は推定値を求めた後に，目的に応じて回転をする．また後述する時系列因子分析でも，この事情は共通している．本章では単因子の場合のみを数値例として挙げる．

となった.「一致指標」の誤差変数は 0 と仮定しているので, 因子の内容は「一致指標」の性質を強く受ける.「先行指標」の係数は古いもののほうが大きく $(0.158 < 0.396 < 0.541)$, 逆に「遅行指標」の係数は新しいもののほうが大きい $(0.302 > 0.230 > 0.145)$ のはこのためであろうと考えられる (「先行指標」は景気の変動の影響を早く受ける業種によって,「遅行指標」は遅く受ける業種によって計算されている). GFI=0.912, AGFI=0.867 であった.

誤差変数の 1 次と 2 次の自己相関 (標準化された自己共分散) は

$$\hat{\boldsymbol{D}}_1 = \begin{bmatrix} 0.444 & 0.000 & 0.000 \\ 0.000 & 0.000 & 0.000 \\ 0.000 & 0.000 & 0.741 \end{bmatrix}, \quad \hat{\boldsymbol{D}}_2 = \begin{bmatrix} 0.190 & 0.000 & 0.000 \\ 0.000 & 0.000 & 0.000 \\ 0.000 & 0.000 & 0.679 \end{bmatrix} \tag{4.90}$$

であった. 当然のことながら「先行指標」や「遅行指標」にも独自の自己相関要素があるということである.

4.7 時系列因子分析

動的因子分析法は, 時系列的な因子の重み付き和で観測変数のラグ付き共分散を説明するモデルである. これに対して, 本節では互いに関連のある多数の時系列の背後に, 観測できない少数の時系列が存在するという観点から提案された時系列因子分析モデル (前掲 Toyoda, 1997) を紹介する.

観測変数 $\boldsymbol{v}_t$ は通常の因子分析モデルで

$$\boldsymbol{v}_t = \boldsymbol{\Lambda}_0 \boldsymbol{f}_t + \boldsymbol{e}_t \tag{4.91}$$

のように表現されているものとする. 因子が複数ある探索的因子分析モデルでは, モデルを識別させるために因子負荷行列 $\boldsymbol{\Lambda}_0$ は広義の下三角行列とする. そして因子 $\boldsymbol{f}_t$ が ARMA 過程に従って

$$\boldsymbol{f}_t = \boldsymbol{B}_1 \boldsymbol{f}_{t-1} + \boldsymbol{B}_2 \boldsymbol{f}_{t-2} + \cdots + \boldsymbol{B}_R \boldsymbol{f}_{t-R} + \boldsymbol{u}_t + \boldsymbol{\Gamma}_1 \boldsymbol{u}_{t-1} + \cdots + \boldsymbol{\Gamma}_{R'} \boldsymbol{u}_{t-R'} \tag{4.92}$$

のように生成されるものとする. ここで R は AR の次数であり, R' は MA の次数である. (4.91) 式と (4.92) 式を RAM の表現を用いて同時に表現する方法に関しては, 多少複雑なので Toyoda(1997) を参照されたい.

図 4.4 は，図 4.1，図 4.2，図 4.3 を重ねて描いたグラフである． 3 つの指標はそれぞれ日本経済の景気動向を示している．大まかに見るとバブル経済がはじけた様子が明確に示されている．そこでこの 3 本の時系列の背後に潜在した「景気動向」という 1 つの因子を仮定する[10].

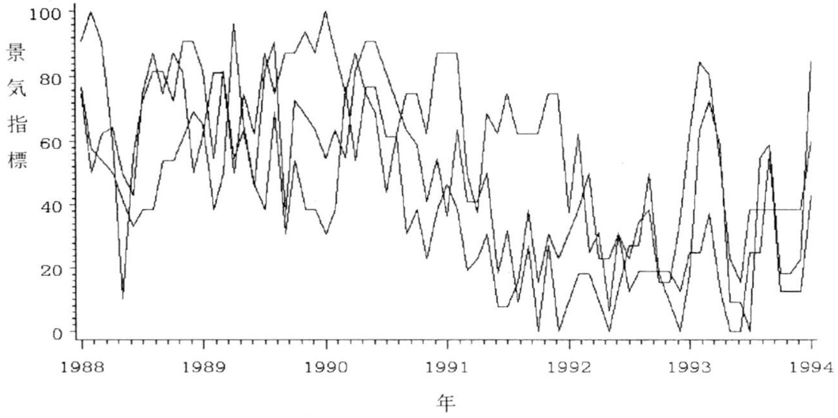

図 4.4: **先行・一致・遅行指標の同時グラフ**

モデル 1： 最初のモデルでは時系列因子が $ARMA(1,1)$ 過程 $(R=1, R'=1)$ に従っているものと仮定する．(4.77) 式に従った表現をするならば，確率変数の各要素は

$$\boldsymbol{v} = [\boldsymbol{v}_t' \boldsymbol{v}_{t-1}' \boldsymbol{v}_{t-2}']' \quad (9 \times 1) \tag{4.93}$$

$$\boldsymbol{f} = [f_t f_{t-1} f_{t-2}]' \quad (3 \times 1) \tag{4.94}$$

$$\boldsymbol{e} = [\boldsymbol{e}_t' \boldsymbol{e}_{t-1}' \boldsymbol{e}_{t-2}']' \quad (9 \times 1) \tag{4.95}$$

である． $\boldsymbol{v}_t$ は「先行」「一致」「遅行」の順に並んでいる．因子負荷行列は

$$\boldsymbol{\Lambda} = \begin{bmatrix} \boldsymbol{\Lambda}_0 & \mathbf{0} & \mathbf{0} \\ \mathbf{0} & \boldsymbol{\Lambda}_0 & \mathbf{0} \\ \mathbf{0} & \mathbf{0} & \boldsymbol{\Lambda}_0 \end{bmatrix} \quad (9 \times 3) \tag{4.96}$$

[10]たとえば銀行株，繊維株といういい方があるように，決まった業種で似たような株価の変動が見られる場合がある．同じ業界で似たような値動きをする複数の株の背後に「銀行株」「繊維株」のように業種名を命名した潜在変数を設定することは有効かもしれない．

と指定する．因子の ARMA 過程は

$$f_t = \beta_{t\ t-1} f_{t-1} + u_t + \gamma_{t\ t-1} u_{t-1} \tag{4.97}$$

$$f_{t-1} = \beta_{t\ t-1} f_{t-2} + u_{t-1} + \gamma_{t\ t-1} u_{t-2} \tag{4.98}$$

のように設定する．ただし因子の分散は t によらず一定なので，

$$\psi = \sigma_{ut}^2 = \sigma_{ut-1}^2 = \sigma_{ut-2}^2 = (\sigma_{ft-2}^2 - \beta_{t\ t-1}^2 \sigma_{ft-2}^2)/(1 + \gamma_{t\ t-1}^2) \tag{4.99}$$

という制約を入れる．$\hat{\boldsymbol{T}}_{23}$ で推定した解を表 4.7 に示した．固定母数にはアスタリスクを付した．ただし $\phi = \sigma_{ft-2}^2$ である．GFI は 0.63 であり，AGFI は 0.55 であり，値が低いので改良を要する．

表 4.7: **時系列因子分析の分析結果**

適合度	モデル 1	モデル 2	モデル 3	
GFI	0.63	0.75	0.91	
AGFI	0.55	0.62	0.85	
母数名		推定値		標準解
$\hat{\lambda}_1$	1.0*	1.0*	1.0*	(0.67)
$\hat{\lambda}_2$	2.17	2.29	2.19	(0.96)
$\hat{\lambda}_3$	1.16	1.16	0.97	(0.47)
$\hat{\beta}_{t\ t-1}$	0.74	0.68	0.74	
$\hat{\gamma}_{t\ t-1}$	0.01	0.0*	0.0*	
$\hat{\phi}$	170.6	163.2	166.1	
$\hat{\psi}$	77.4	87.6	74.1	
$\hat{\delta}_1$	199.6	206.8	199.5	
$\hat{\delta}_2$	65.8	12.3	67.4	
$\hat{\delta}_3$	519.4	529.2	532.6	
$\hat{\delta}_{41}$	0.0*	0.0*	77.7	(0.38)
$\hat{\delta}_{52}$	0.0*	0.0*	0.0*	(0.0*)
$\hat{\delta}_{63}$	0.0*	0.0*	385.5	(0.72)

モデル 2： 表 4.7 を観察すると，$\hat{\gamma}_1 = 0.01$ であり，移動平均の効果はほとんどないことが分かる．そこで時系列因子が $ARMA(1,0)$ 過程 $(R = 1, R' = 0)$ に従っているものとする．(4.77) 式に従った表現をするならば，確率変数は

$$\boldsymbol{v} = [\boldsymbol{v}_t' \boldsymbol{v}_{t-1}']' \quad (6 \times 1) \tag{4.100}$$

$$\boldsymbol{f} = [f_t f_{t-1}]' \quad (2 \times 1) \tag{4.101}$$

$$\boldsymbol{e} = [\boldsymbol{e}_t'\boldsymbol{e}_{t-1}']' \quad (6 \times 1) \tag{4.102}$$

であり，因子負荷行列は

$$\boldsymbol{\Lambda} = \begin{bmatrix} \boldsymbol{\Lambda}_0 & \boldsymbol{0} \\ \boldsymbol{0} & \boldsymbol{\Lambda}_0 \end{bmatrix} \quad (6 \times 2) \tag{4.103}$$

と指定する．因子の ARMA 過程は

$$f_t = \beta_{t\,t-1} f_{t-1} + u_t \tag{4.104}$$

のように設定する．ただし因子の分散は t によらず一定なので，

$$\sigma_{ut}^2 = \sigma_{ft-1}^2 - \beta_{t\,t-1}^2 \sigma_{ft-1}^2 \tag{4.105}$$

という制約を入れる．$\hat{\boldsymbol{T}}_{23}$ で推定した解を表 4.7 に示した．GFI は 0.75 であり，AGFI は 0.62 であり，依然として値が低いので改良を要する．

モデル **3**：モデル 2 の残差行列 $(\boldsymbol{S} - \hat{\boldsymbol{\Sigma}})$ を観察すると

$$\boldsymbol{S} - \hat{\boldsymbol{\Sigma}} = \begin{bmatrix} 0.0 & & & & & \\ 0.6 & 0.0 & & & & \\ -97.7 & 1.2 & 0.0 & & & \\ 101.6 & -5.4 & -25.1 & 0.0 & & \\ 61.1 & -3.4 & 65.5 & 0.6 & 0.0 & \\ -45.8 & 82.9 & 435.7 & -97.7 & 1.2 & 0.0 \end{bmatrix} \tag{4.106}$$

である．大きな残差として $s_{63} - \hat{\sigma}_{63} = 435.7$ と $s_{41} - \hat{\sigma}_{41} = 101.6$ の 2 つがある．それらは「遅行指標」と「先行指標」の誤差の 1 次の自己相関の存在を示唆する．これは動的因子分析でも同様の結果が得られていた．そこで独自性行列を

$$\boldsymbol{\Delta} = \begin{bmatrix} \delta_1 & & & & & \\ 0 & \delta_2 & & & & \\ 0 & 0 & \delta_3 & & & \\ \delta_{41} & 0 & 0 & \delta_1 & & \\ 0 & 0 & 0 & 0 & \delta_2 & \\ 0 & 0 & \delta_{63} & 0 & 0 & \delta_3 \end{bmatrix} \tag{4.107}$$

と指定して，再分析を行った．表 4.7 に示した解の GFI は 0.91 であり，AGFI は 0.85 であり，データとモデルの適合は悪くない．

自己回帰係数は $\hat{\beta}_1 = 0.74$ と推定され，かなり大きな影響を過去から受けている．誤差の自己回帰も「一致指標」と「遅行指標」で，それぞれ 0.38 と 0.72 であり，相当に大きい．因子負荷の標準化解は, $\hat{\lambda}_1 = 0.67$, $\hat{\lambda}_2 = 0.96$，$\hat{\lambda}_3 = 0.47$ と十分に大きく，3 つの時系列の背後に 1 つの潜在した時系列を仮定したことの適切さが示されている．

4.7.1 近接領域での発展

本章では，入門的話題として定常性を仮定したモデルの紹介のみを行った．ただし定常性を仮定したモデルは経時に伴う平均の変化 (トレンド) を記述することが難しい．このため回帰分析を行ってから，その残差に定常性を仮定して分析を行うなどの工夫が必要となる場合も多い (本章で扱った DI という指標は，3 カ月前との比較の指標なので，定常性の仮定が無理ではない)．しかし最初から定常性を仮定しない非定常モデルもあり，Molenaar, De Gooijer & Schmitz(1992)[11] などが SEM の SW で実行可能な記述を紹介している．

また非定常モデルを更に発展させた状態空間モデルと呼ばれる汎用時系列モデルもあり，状態空間モデルに登場する観測方程式と遷移方程式を SEM の測定方程式と構造方程式で表現することも可能である．更に Hamerle, Nagl & Singer(1991)[12] や Arminger(1986)[13] では，微分方程式モデル (differential equation models) と SEM との関係について論じている．

[11] Molenaar, P.C.M., De Gooijer, J.G., & Schmitz, B. (1992). Dynamic factor analysis of nonstationary multivariate time series. *Psychometrika*, **57**, 333-349.

[12] Hamerle, A., Nagl, W., & Singer, H. (1991). Problems with the estimation of stochastic differential equations using structural equations models. *Journal of Mathematical Sociology*, **16**, 201-220.

[13] Arminger, G. (1986). Linear stochastic differential equation models for panel data with unobserved variables. In Tuma, N.B. (ed.), *Sociological Methodology*. Washington DC: American Sociological Association, pp.187-212.

5　行動遺伝学

本章では，研究領域固有の優れたモデル構成の1つのよき目標として，心理学と量的遺伝学の学際領域における行動遺伝学 (behavior genetics) と呼ばれる研究分野に注目し，この領域で提案され，改良されていった共分散構造モデルを紹介する (Neale and Cardon, 1992, 豊田, 1997)[1]．共分散構造モデルが利用される他の多くの研究分野と比較して，行動遺伝学の研究分野では完成度の高い洗練された応用モデルが多数提案されているためである．その理由は，行動遺伝学がその発展の経緯において以下のような特徴的な歴史をもっていることに由来している．

量的遺伝学の研究分野では，共分散構造モデルが提案される相当以前から，観測変数の分散や共分散を遺伝子の関数として表現していた．優れた品種の家畜を作り出すためには，形質の分散・共分散を親の素質や生育環境の関数で構造化する必要があったためである (網羅的文献として Falconer, 1990 がある)[2]．育種が許されない人間行動遺伝学の研究分野でも双生児研究法を利用し，表現形の分散や共分散を構造化する伝統的な研究方法を踏襲していた (Vandenberg, 1965)[3]．Jöreskog によって LISREL(linear structural relation) の考え方が導入された 60 年代後半から 70 年代前半にかけて，最尤法の考え方も取り入れられて，ほとんど独自に共分散構造モデルの本質的なアイデアに到達していた (たとえば Vandenberg, 1968)[4]．ただしこの時点では，両者は別々のモデルと考えられていた．

LISREL はその後，短い期間に急速に発展し，行動遺伝学における同様のアプローチの数理的研究水準をすぐに追い抜いてしまった．遺伝現象の解明に主たる関心のある行動遺伝学の研究領域よりも，モデルの性質それ自身に主たる関心が注がれた LISREL のほうが数理的な洗練のスピードが速かったためである．その後 EQS や RAM が提案されると，数学的なモデルの表現力という観点

---

[1]Neale, M.C., & Cardon, L.R. (1992). *Methodology for Genetic Studies of Twins and Families.* Dordrecht, NL: Kluwer Academic.
豊田秀樹 (1997). 共分散構造分析による行動遺伝学モデルの新展開. 心理学研究, **67**, 464-473.

[2]Falconer, D.S. (1990). *Introduction to Quantitative Genetics* (3rd ed.). New York: Longman.

[3]Vandenberg, S. G. (ed.) (1965). *Method and Goals in Human Behavior Genetics.* New York: Academic Press.

[4]Vandenberg, S. G. (ed.) (1968). *Progress in Human Behavior Genetics.* Baltimore: Johns Hopkins University Press.

からは，それらは皆同じモデルであることが分かり (豊田, 1990)[5]，共分散構造モデルは当初の予想より相当に一般的な数理モデルであることが明らかになった．その結果，観測変数の分散・共分散を親の素質や生育環境の関数で構造化する人間行動遺伝学のモデルは，共分散構造モデルの下位モデルの 1 つであることが示されてしまった．

このため行動遺伝学者たちには，共分散構造モデルをほぼ独力で開発しながら，理論的な貢献に関する評価がほとんど与えられていない．現在では他の研究領域と同様に，1 つの応用分野として共分散構造モデルをデータ解析の主要なツールの 1 つとして利用している．しかし LISREL が提案される以前から分散・共分散を母数で構造化し，遺伝率を計算してきた行動遺伝学の研究分野では，完成された LISREL をそのまま導入して道具として利用したその他多くの研究分野と比較して，モデル構成に一日の長があり，構成されたモデルには様々な工夫が凝らされている．行動遺伝学における共分散構造モデルを展望することは，その他の研究分野におけるモデル構成の 1 つのよき到達目標を与えることになる．

5.1 多変量 ACE モデル

行動遺伝学モデルは，すでに 1 度，[入門編] 第 14 章において論じられており，そこでは行動遺伝学的考え方を端的に表している遺伝 ACE モデルが紹介されている．遺伝 ACE モデルは，統計モデルとしては，2 つの変数を 2 つの群で測定しているので 4 変数のモデルである．しかし実質科学的観点からは 1 つの特性の性質を調べるモデルであった．本章では，まず遺伝 ACE モデルを多変量モデルに拡張する．遺伝 ACE モデルを，実質的に多数の特性の性質を同時に分析できるように拡張したモデルが多変量 ACE モデルである．

遺伝 ACE モデルでは，双生児の特徴を測定した観測変数を表現型 (phenotype) と呼ぶ．測定対象は一卵性双生児 (MZ: monozygotic twins) と二卵性双生児 (DZ: dizygotic twins) であり，多くの場合には双子が「双生児 1」「双生児 2」と呼ばれ，測定対象になる．ただしここでは，どちらかの性の (どちらでもよいが，どちらか一方の) 一卵性双生児と二卵性双生児をモデル化の対象とする．

[5] 豊田秀樹 (1990). 共分散構造の表現. 教育心理学研究, **38**(4), 438-444.

5.1.1 モデル構成

b 個の特性

$$\boldsymbol{p} = [p_1 \ \ p_2 \ \ \cdots \ \ p_b]' \tag{5.1}$$

を考察する場合には，双生児 1 と双生児 2 でそれぞれ 1 回ずつ，一卵性双生児と二卵性双生児の 2 つの群で，計 4 回測定する (平均は 0 に基準化されているものとする)．この変数を群ごとに

$$\boldsymbol{p}_{MZ} = [\boldsymbol{p}'_{MZ1} \ \ \boldsymbol{p}'_{MZ2}]' \tag{5.2}$$

$$\boldsymbol{p}_{DZ} = [\boldsymbol{p}'_{DZ1} \ \ \boldsymbol{p}'_{DZ2}]' \tag{5.3}$$

のように表現する．ここで観測変数を加算的遺伝 ($\boldsymbol{a}$: additive genetic)・共有環境 ($\boldsymbol{c}$: common environment)・非共有環境 ($\boldsymbol{e}$: random environment) という 3 つの要因ベクトル (サイズ b の潜在変数) の和

$$\boldsymbol{p}_{MZ1} = \boldsymbol{a}_{MZ} + \boldsymbol{c} + \boldsymbol{e}_{MZ1} \tag{5.4}$$

$$\boldsymbol{p}_{MZ2} = \boldsymbol{a}_{MZ} + \boldsymbol{c} + \boldsymbol{e}_{MZ2} \tag{5.5}$$

$$\boldsymbol{p}_{DZ1} = \boldsymbol{a}_{DZ1} + \boldsymbol{c} + \boldsymbol{e}_{DZ1} \tag{5.6}$$

$$\boldsymbol{p}_{DZ2} = \boldsymbol{a}_{DZ2} + \boldsymbol{c} + \boldsymbol{e}_{DZ2} \tag{5.7}$$

と考える．これが多変量 ACE モデルのモデル式である．

遺伝要因は直接的に親から受け継いだ遺伝的素質を表す潜在変数である．一卵性双生児は同一の素質 ($\boldsymbol{a}_{MZ}$) を受け継ぎ，二卵性双生児は相関はあるけれども異なった素質 ($\boldsymbol{a}_{DZ1}$,$\boldsymbol{a}_{DZ2}$) を受け継ぐ．共有環境要因 ($\boldsymbol{c}$) は，一緒に住む者の表現型を，一緒に住むがゆえに類似させる潜在変数である．双生児の概念と直接的には関係ないので，添字のつかない $\boldsymbol{c}$ という単一の潜在変数が用いられる．非共有環境要因 ($\boldsymbol{e}$) は，各個体がそれぞれに遭遇する独自の環境が，観測変数に与える影響を表現した潜在変数である．

一卵性双生児の個人内では

$$\begin{aligned} E[\boldsymbol{a}_{MZ}\ \boldsymbol{c}'] = E[\boldsymbol{a}_{MZ}\ \boldsymbol{e}'_{MZ1}] = E[\boldsymbol{c}\ \boldsymbol{e}'_{MZ1}] = E[\boldsymbol{a}_{MZ}\ \boldsymbol{e}'_{MZ2}] = E[\boldsymbol{c}\ \boldsymbol{e}'_{MZ2}] \\ = \boldsymbol{O} \end{aligned} \tag{5.8}$$

の無相関が仮定される．二卵性双生児の個人内では

$$\begin{aligned} E[\boldsymbol{a}_{DZ1}\,\boldsymbol{c}'] &= E[\boldsymbol{a}_{DZ1}\,\boldsymbol{e}'_{DZ1}] = E[\boldsymbol{c}\,\boldsymbol{e}'_{DZ1}] = E[\boldsymbol{a}_{DZ2}\,\boldsymbol{c}'] = E[\boldsymbol{a}_{DZ2}\,\boldsymbol{e}'_{DZ2}] \\ &= E[\boldsymbol{c}\,\boldsymbol{e}'_{DZ2}] = \boldsymbol{O} \end{aligned} \tag{5.9}$$

が仮定される．また個人間でも (5.8) 式，(5.9) 式の一部の制約に加えて

$$E[\boldsymbol{a}_{DZ1}\,\boldsymbol{e}'_{DZ2}] = E[\boldsymbol{a}_{DZ2}\,\boldsymbol{e}'_{DZ1}] = E[\boldsymbol{e}_{MZ1}\,\boldsymbol{e}'_{MZ2}] = E[\boldsymbol{e}_{DZ1}\,\boldsymbol{e}'_{DZ2}] = \boldsymbol{O}$$

が仮定される．

一方，各要因内では，共分散行列

$$E[\boldsymbol{a}_{MZ}\,\boldsymbol{a}'_{MZ}] = E[\boldsymbol{a}_{DZ1}\,\boldsymbol{a}'_{DZ1}] = E[\boldsymbol{a}_{DZ2}\,\boldsymbol{a}'_{DZ2}] = \boldsymbol{\Sigma}_a \tag{5.10}$$

$$E[\boldsymbol{c}\,\boldsymbol{c}'] = \boldsymbol{\Sigma}_c \tag{5.11}$$

$$E[\boldsymbol{e}_{MZ1}\,\boldsymbol{e}'_{MZ1}] = E[\boldsymbol{e}_{MZ2}\,\boldsymbol{e}'_{MZ2}] = E[\boldsymbol{e}_{DZ1}\,\boldsymbol{e}'_{DZ1}] = E[\boldsymbol{e}_{DZ2}\,\boldsymbol{e}'_{DZ2}] = \boldsymbol{\Sigma}_e \tag{5.12}$$

が仮定される．二卵性双生児の遺伝子は互いに半分が共有されているので，ポリジーンの考え方を導入し，

$$E[\boldsymbol{a}_{DZ1}\,\boldsymbol{a}'_{DZ2}] = 0.5 \times \boldsymbol{\Sigma}_a \tag{5.13}$$

を仮定する (係数の 0.5 に関しては章末で導出する)．

以上の仮定より，観測変数の共分散行列は

$$\boldsymbol{\Sigma}_{MZ} = E[\boldsymbol{p}_{MZ}\,\boldsymbol{p}'_{MZ}] = \begin{bmatrix} \boldsymbol{\Sigma}_{MZ1} & \\ \boldsymbol{\Sigma}_{MZ21} & \boldsymbol{\Sigma}_{MZ2} \end{bmatrix} \tag{5.14}$$

$$= \begin{bmatrix} \boldsymbol{\Sigma}_a + \boldsymbol{\Sigma}_c + \boldsymbol{\Sigma}_e & \\ 1.0 \times \boldsymbol{\Sigma}_a + \boldsymbol{\Sigma}_c & \boldsymbol{\Sigma}_a + \boldsymbol{\Sigma}_c + \boldsymbol{\Sigma}_e \end{bmatrix} \tag{5.15}$$

$$\boldsymbol{\Sigma}_{DZ} = E[\boldsymbol{p}_{DZ}\,\boldsymbol{p}'_{DZ}] = \begin{bmatrix} \boldsymbol{\Sigma}_{DZ1} & \\ \boldsymbol{\Sigma}_{DZ21} & \boldsymbol{\Sigma}_{DZ2} \end{bmatrix} \tag{5.16}$$

$$= \begin{bmatrix} \boldsymbol{\Sigma}_a + \boldsymbol{\Sigma}_c + \boldsymbol{\Sigma}_e & \\ 0.5 \times \boldsymbol{\Sigma}_a + \boldsymbol{\Sigma}_c & \boldsymbol{\Sigma}_a + \boldsymbol{\Sigma}_c + \boldsymbol{\Sigma}_e \end{bmatrix} \tag{5.17}$$

のように，3 つの要因に対応する共分散行列で構造化される．もちろん一卵性双生児と二卵性双生児の間の共分散行列は計算できない．以上が，多変量遺伝 ACE モデルの特定と，その共分散構造である．

観測変数としては，知能・性格・血圧 $\cdots$ 等，遺伝と環境の影響を受ける全ての間隔尺度に適用可能な汎用モデルである．$\boldsymbol{\Sigma}_a$, $\boldsymbol{\Sigma}_c$, $\boldsymbol{\Sigma}_e$ は，各変数の背後に別々に仮定した遺伝要因，共有環境要因，非共有環境要因の共分散行列である．共分散構造は，1 変数の遺伝 ACE モデルのスカラーの場所を行列で置き換えたものとなっている．各変数を個別に分析するのではなく多変数を同時に分析することによって，遺伝，共有環境，非共有環境の影響の程度を考察するばかりでなく，各特性の要因内における関係を考察することが可能になる．

このモデルのパラメータである 3 つの要因の共分散行列を推定するためには

$$\boldsymbol{\Sigma}_a = \boldsymbol{C}_a\boldsymbol{C}_a' \tag{5.18}$$

$$\boldsymbol{\Sigma}_c = \boldsymbol{C}_c\boldsymbol{C}_c' \tag{5.19}$$

$$\boldsymbol{\Sigma}_e = \boldsymbol{C}_e\boldsymbol{C}_e' \tag{5.20}$$

のように各行列を下三角行列とその転置行列の積で表現するのが一般的である[6]．ただし多変量 ACE モデルを汎用分析モデルとして利用する場合には $\boldsymbol{C}_a, \boldsymbol{C}_c, \boldsymbol{C}_e$ の係数を直接解釈してはならない．それらの表現はあくまでもモデルを識別させるために行っているのであり，解釈は $\boldsymbol{\Sigma}_a, \boldsymbol{\Sigma}_c, \boldsymbol{\Sigma}_e$ によって行う．まず共分散構造モデルの SW で $\boldsymbol{C}_a, \boldsymbol{C}_c, \boldsymbol{C}_e$ を推定し，その推定値を右辺に代入して，要因内の共分散行列の推定値を得る．

5.1.2 4 種類の疾患データへの適用例

表 5.1 は，Neale and Cardon (1992, p.254, 前掲) で示された四分相関係数行列である．オーストラリア人の双生児から 4 種類の疾患 (喘息，花粉症，埃アレルギー，湿疹) の経験の有無を調査し，各双生児をランダムに双生児 1 と双生児 2 に振り分けて計算している．下三角部分が一卵性双生児，上三角部分が二卵性双生児の四分相関係数である．

[6]左辺の右辺による表現をコレスキー分解という

表 5.1: 各疾患の四分相関行列

双生児 1 喘息 1	1.000	.524	.588	.291	.262	.129	.079	.217
花粉症 1	.556	1.000	.749	.314	.170	.318	.171	.114
埃アレルギー 1	.573	.758	1.000	.279	.041	.262	.214	.087
湿疹 1	.273	.264	.309	1.000	.139	.093	.019	.313
双生児 2 喘息 2	.592	.366	.398	.232	1.000	.395	.684	.254
花粉症 2	.411	.593	.451	.145	.549	1.000	.723	.218
埃アレルギー 2	.434	.421	.518	.192	.640	.770	1.000	.276
湿疹 2	.087	.196	.193	.589	.145	.122	.218	1.000

下三角部分：一卵性双生児 (1232 組)，上三角部分：二卵性双生児 (751 組)

モデル中の母数の推定値は以下のようになる[7].

$$\hat{\boldsymbol{\Sigma}}_a = \begin{bmatrix} 0.4359 & 0.3028 & 0.4336 & 0.0873 \\ 0.3028 & 0.5464 & 0.4119 & 0.1876 \\ 0.4336 & 0.4119 & 0.4925 & 0.2341 \\ 0.0873 & 0.1876 & 0.2341 & 0.5136 \end{bmatrix} \tag{5.21}$$

$$\hat{\boldsymbol{\Sigma}}_c = \begin{bmatrix} 0.1557 & 0.0461 & -0.0355 & 0.1000 \\ 0.0461 & 0.0499 & 0.0212 & 0.0072 \\ -0.0355 & 0.0212 & 0.0357 & -0.0424 \\ 0.1000 & 0.0072 & -0.0424 & 0.0781 \end{bmatrix} \tag{5.22}$$

$$\hat{\boldsymbol{\Sigma}}_e = \begin{bmatrix} 0.4153 & 0.1651 & 0.2251 & 0.0481 \\ 0.1651 & 0.4047 & 0.3200 & 0.0308 \\ 0.2251 & 0.3200 & 0.4767 & 0.0793 \\ 0.0481 & 0.0308 & 0.0793 & 0.4107 \end{bmatrix} \tag{5.23}$$

多変量 ACE モデルは，1 変量の ACE モデルの分析結果を含んでいる．たとえば喘息は，遺伝と共有環境と非共有環境から，それぞれ 43.6%, 15.6%, 41.5%説明される．花粉症は，それぞれ 54.6%, 5.0%, 40.5%説明される．埃アレルギーは，それぞれ 49.3%, 3.6%, 47.7%説明される．湿疹は，それぞれ 51.4%, 7.8%, 41.1%説明される．しかし，そればかりでなく，各要因内の共通変動要因を解釈することができる．たとえば $\hat{\boldsymbol{\Sigma}}_a$ 中の喘息，花粉症，埃アレルギーに関連した

[7]四分相関係数を通常のピアソンの相関係数と見なした場合の最尤推定値を示した．[入門編] 第 12 章で論じたように，0 - 1 データからは四分相関係数とその漸近分散を求め，それを利用して漸近有効な推定量を求める方法が利用されている．しかし，そのためには元データか，あるいは四分相関の漸近分散が必要である．ここでは読者が追計算が可能になるように通常の最尤推定法を利用した．

非対角要素には，比較的大きな共分散が観察され，3 つの疾患の背後には共通した遺伝的要因が存在することが示唆される．花粉症と埃アレルギーに対する非共有環境の共分散も 0.32 と小さくはなく，共通した原因が示唆される．

5.2 遺伝因子分析

多変量 ACE モデルは，要因ごとの共分散行列を推定するモデルであるから，特性の数が多くなると相互の関係を解釈するのが困難になる．そこで (5.18) 式から (5.20) 式の共分散構造中の要因ごとの共分散行列に

$$\boldsymbol{\Sigma}_a = \boldsymbol{\Lambda}_a\boldsymbol{\Lambda}_a' + \boldsymbol{\Psi}_a\boldsymbol{\Psi}_a \tag{5.24}$$

$$\boldsymbol{\Sigma}_c = \boldsymbol{\Lambda}_c\boldsymbol{\Lambda}_c' + \boldsymbol{\Psi}_c\boldsymbol{\Psi}_c \tag{5.25}$$

$$\boldsymbol{\Sigma}_e = \boldsymbol{\Lambda}_e\boldsymbol{\Lambda}_e' + \boldsymbol{\Psi}_e\boldsymbol{\Psi}_e \tag{5.26}$$

のような因子分析モデルを導入する．このように要因内の変数の関係を縮約的に表現したモデルが遺伝因子分析モデル (genetic factor analysis model) である．

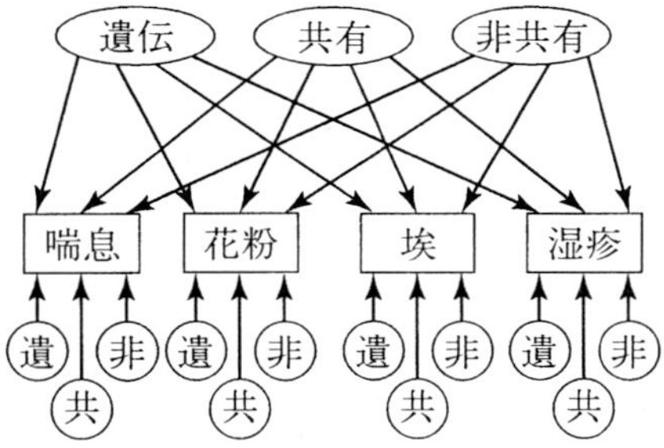

図 5.1: **遺伝因子分析モデル**

ここで右辺の第 1 項は因子負荷行列による共通因子空間であり，第 2 項は対角成分に独自性の係数を配した対角行列の 2 乗である．遺伝因子分析モデルは 1 つの観測変数に 3 つの独自成分が影響を与えるので，どれかが 0 以下になっ

てしまう場合が少なくない．通常の因子分析では独自因子の分散を推定するが，ここでは分散を1に固定して，その代わりに係数を推定する．

各要因の因子数が1である場合の，最も単純な遺伝因子分析モデルを図5.1に示す．ただし表現されているのはどちらか一方の双生児の1名分である(実際にはこのモデルの場合には16個の変数がある)．多くの行動遺伝学のモデルは類似した4つ(2名 ×2組)のパートに分かれており，ほとんどのモデルは，1人分の変数あるいは1組の双生児分の変数に関係したパス図に全ての母数が登場する．そこで行動遺伝学の論文では，紙面の節約のために1人分だけ，あるいは1組分だけをパス図で表現することが多い．

表 5.2: **遺伝因子分析モデルの母数の推定値**

	$\boldsymbol{\Lambda}_a$	$\boldsymbol{\Psi}_a$	$\boldsymbol{\Lambda}_c$	$\boldsymbol{\Psi}_c$	$\boldsymbol{\Lambda}_e$	$\boldsymbol{\Psi}_e$
喘息	0.66	0.00	0.37	0.00	0.32	0.57
花粉症	0.59	0.48	-0.07	0.00	0.47	0.44
埃アレルギー	0.70	0.00	-0.18	0.00	0.69	0.00
湿疹	0.27	0.69	0.06	0.19	0.12	0.63

表 5.3: **6要因の説明割合**

	$\boldsymbol{\Lambda}_a$	$\boldsymbol{\Psi}_a$	$\boldsymbol{\Lambda}_c$	$\boldsymbol{\Psi}_c$	$\boldsymbol{\Lambda}_e$	$\boldsymbol{\Psi}_e$
喘息	44%	0%	14%	0%	10%	32%
花粉症	35%	23%	0%	0%	22%	19%
埃アレルギー	50%	0%	3%	0%	47%	0%
湿疹	7%	47%	0%	4%	1%	40%

まるめ誤差の影響で和は正確に100%にはならない

行動遺伝学モデルは理解しにくいといわれることがある．それは通常のパス図の表現を見慣れた者にとって行動遺伝学モデルがおよそ識別されないモデルに見えてしまうためである．たとえば図5.1は，4つの観測変数から3つの共通因子を抽出し，なおかつ12個の独自成分があるので，パス図の原則的なルールからは全く識別されないように見える．しかし実際にはこの4倍の観測変数が分析の対象になっている．

ここでは遺伝要因，共有環境要因，非共有環境要因それぞれに，共通因子を1つ仮定してモデルの母数を推定し，表5.2に推定値を示した．図5.1から明らかなように，各観測変数は6つの互いに無相関な分散1の潜在変数の重み付き和で表現されている．このため推定された係数の2乗和を計算すれば1.0になり，2乗値は各因子からの説明割合となる．表5.3には百分率で表現した説明率を示した．

ACEの観点から考察すると，遺伝要因・共有環境要因・非共有環境要因の説明比率は，それぞれ喘息で44%・14%・42%，花粉症で58%・0%・41%，埃アレルギーで50%・3%・47%，湿疹で54%・4%・41%である(丸め誤差の影響で和は正確に100%にはならない)．4つの疾患に共通していることは，共有環境要因の説明比率が小さいことである．一緒に住んでいるがゆえに共変して発現する疾患とはいえないということである．

遺伝要因内の説明割合を考察すると喘息・花粉症・埃アレルギーは共通因子で説明される割合が比較的高く，湿疹は低い．これは喘息，花粉症，埃アレルギーが，遺伝要因の中でも共通した原因によって引き起こされ，湿疹は独自の原因によって引き起こされるという解釈となる．喘息，花粉症，埃アレルギーは気管を通じて進入する物質に影響される疾患であり，共通因子は「気管因子」と命名できるかもしれない．

本節で分析された4つの疾患に皮膚病を幾つか加えれば，湿疹と一緒に第2因子を形成する可能性がある．このように(5.24)式から(5.26)式で分解された因子分析モデルは，1因子モデルに限定されるものではない．もちろん第2因子以上の因子を抽出する場合には，一般の因子分析モデルと同様に，回転の不定性の問題が生じる．通常は，第2章で論じたように因子負荷行列の第m列に値が0の$m-1$個の固定母数を(多くの場合に右上に寄せて)設定して，識別問題を回避し，推定値を得てから目的に応じて回転する．

5.3 双生児と一般児の統合的モデル

双生児法による遺伝ACEモデルは，新しい知見を提供する可能性をもった手法であるが，現在，行動遺伝学の研究分野で一般的に用いられている双生児法には方法論的に2つの問題点がある．

5.3.1 双生児法の問題点

第1の問題点は，結果の安定性を確保し難いことである．行動遺伝学の研究分野では，主として双生児から収集した観測変数の共分散を，遺伝や環境の分散で記述し，それらを推定するというパラダイムを用いる．ACE モデルは母集団の確認的因子分析モデルであるから，分散分析を使ったモデルよりも標本数がたくさん必要である．ところが双生児研究では多くのデータを集めることが他の研究分野より難しい．

1つの解決策として，前節で紹介した遺伝因子分析を使用する方法が挙げられる．遺伝因子分析法は ACE モデルと因子分析法を統合した統計モデルであり，共分散構造モデルの下位モデルとして記述されている．この方法を用いることにより，多くの観測変数から少数の分散成分を推定することが可能になり，遺伝率の計算に用いる母数の数は標本共分散の数に比べて相当少なくなる．しかし，貴重な双生児データを用いて遺伝率と同時に因子負荷を推定しなくてはならないので，遺伝率に関する母数を減らした効果は直接的には享受できない．

第2の問題点は，「双生児ゆえの特異性を認めない」という仮定を暗黙のうちに導入していることにある．双生児研究から得られた心理的・教育的知見を一般児 (non-twin) まで一般化するためには，1人の双生児から計算した複数の観測変数の共分散行列は，一般児のそれと同じであるという理論的な仮定を認めなくてはならない．もし双生児の共分散行列と一般児の共分散行列の乖離が激しい場合には，双生児であるという属性が共分散に強く反映する観測変数ということになる．このため，その分析結果は，文字通り双生児を分析した結果ということになり，一般児に関する知見を導くことは控えなくてはならない．

現実的には，双生児と一般児の共分散行列が正確に一致することはないので，乖離の悪影響は程度の問題となる．乖離が小さければ双生児統制法は遺伝と環境の影響を調べるのに有効であるし，乖離が大きければ有効でなくなる．しかし現状ではこの乖離の程度は，確認されずに分析され，考察されることが多い．

双生児統制法に関するこれら 2 つの欠点を同時に補うために，豊田・村石 (1998)[8] で提案された双生児と一般児のデータを統合的に扱う方法がある．具体的には遺伝因子分析モデルに注目し，因子構造に関しては双生児と一般児の因子負荷および因子間共分散に等価の制約を置いて母数を推定する．解を安定させることが可能なほどの一般児の標本を確保することは，双生児の標本を同程

[8]豊田秀樹・村石幸正 (1998). 双生児と一般児による遺伝因子分析 － Y-G 性格検査への適用－. 教育心理学研究, **46**, 255-261.

度確保することと比較して，ずっと容易である．遺伝因子分析モデルによって遺伝率に関する母数を減らし，しかも因子負荷の推定に関しては一般児のデータを利用して，分析結果を安定させることにより，第1の問題点を克服する．

同じ制約が，第2の問題点を同時に解決する理由は以下の通りである．双生児と一般児の因子負荷・因子間共分散が等しいという制約は，両者の個人内共分散行列が等しいという制約と同じであり，この制約の下で求められた解の適合度や標準化残差を確認することによって制約が妥当であるか否かを確認できる．標準化残差が小さい場合は，両者の共分散行列の乖離が少ないことを意味し，双生児データから推定された遺伝率による心理・教育的知見を一般児にまで広げて解釈できることの直接的な1つの証拠となる．逆に標準化残差が大きい場合には，両者の共分散行列の乖離が大きいことを意味し，その観測変数に関しては，分析結果を一般児にまで広げて解釈することはできないと判断する．このように第2の問題点に対処する．

5.3.2 Y-G 性格検査への適用例

Y-G 性格特性の因子分析的研究は，続・織田・鈴木 (1971)[9]，玉井・田中・柏木 (1985)[10]，国生・柳井・柏木 (1990)[11] など，尺度得点ではなく項目得点を基礎とした論文が多い．近年では福田・谷嶋・斎藤 (1995)[12] によって尺度得点を用いた因子分析結果が発表されており，ここでは2因子モデルが採用され，T 尺度の分類が通常の類型判定基準に合わないことが報告されている．

本分析では，中学・高等学校の教育現場で実施されている類型判定基準の根拠となる2因子モデル，つまり D, C, I, N, O, Co の6尺度の背後に「情緒性の適応性」因子を仮定し，Ag, G, R, T, A, S の6尺度[13] の背後に「広義の向性」因子を仮定するモデル (谷田部, 1993)[14] を採用し，「広義の向性」に関して分析

---

[9]続 有恒・織田揮準・鈴木真雄 (1971). 質問紙法による性格診断の方法論的吟味 II. 教育心理学研究, **19**, 21-33.

[10]玉井 寛・田中芳美・柏木繁男 (1985). 項目単位の因子分析による Y-G テストの次元性の確証. 心理学研究, **56**, 292-295.

[11]国生理枝子・柳井晴夫・柏木繁男 (1990). 新性格検査における併存的妥当性の検証. 心理学研究, **61**, 31-39.

[12]福田将史・谷嶋喜代志・斎藤 朗 (1995). YG 性格検査の再検討 (2) –項目と尺度の相関と因子について– 日本心理学会第 59 回大会発表論文集, 43.

[13]Ag 尺度－愛想の悪さ (Lack of Agreeableness) 尺度，G 尺度－一般的活動性 (General Activity) 尺度，R 尺度－のんきさ (Rhathymia) 尺度，T 尺度－思考的外向 (Thinking Extraversion) 尺度，A 尺度－支配性 (Ascendance) 尺度，S 尺度－社会的外向 (Social Extraversion) 尺度.

[14]谷田部順吉 (1993). 矢田部ギルフォード性格検査. In 岡堂哲雄 (編). 心理テスト入門. こころ

を進める[15].

ACE モデルと因子分析モデルを統合する方法には大別して 2 種類ある．1 つは前節で紹介した ACE の各要因を因子分析モデルで記述する方法である．もうひとつは，各因子を ACE モデルで記述する方法である．ここでは「広義の向性」という因子の遺伝規定性を調べることが目的であるから後者の方法を用いる．

表 5.4 は一卵性双生児，二卵性双生児，一般児の「広義の向性」を測る 6 尺度の相関行列[16]である．

表 5.4: **広義の向性を測る 6 尺度の相関行列 (双生児)**

Ag1	1.00	0.59	0.61	-.32	0.50	0.54	0.02	-.04	0.12	-.03	0.12	0.04
G1	0.25	1.00	0.40	-.09	0.66	0.64	0.01	0.19	0.17	0.17	0.33	0.30
R1	0.56	0.32	1.00	0.13	0.41	0.36	-.05	-.08	-.07	0.17	-.03	0.10
T1	-.06	0.08	0.26	1.00	-.08	0.09	-.34	-.10	-.32	0.25	-.34	-.17
A1	0.46	0.47	0.49	0.14	1.00	0.67	0.10	0.27	0.11	0.06	0.37	0.34
S1	0.39	0.48	0.52	0.26	0.79	1.00	0.04	0.28	0.11	0.24	0.27	0.30
Ag2	0.28	0.11	0.08	-.09	0.13	0.13	1.00	0.53	0.45	-.27	0.55	0.47
G2	0.15	0.30	0.18	-.01	0.29	0.25	0.23	1.00	0.37	-.04	0.71	0.71
R2	0.27	0.15	0.35	0.04	0.21	0.16	0.43	0.26	1.00	0.05	0.44	0.52
T2	0.00	0.00	0.15	0.32	0.10	0.12	-.13	-.02	0.18	1.00	-.08	0.15
A2	0.24	0.25	0.22	0.03	0.50	0.50	0.26	0.52	0.24	0.05	1.00	0.75
S2	0.18	0.25	0.26	0.11	0.44	0.50	0.21	0.55	0.35	0.20	0.73	1.00

下三角部分：一卵性双生児

上三角部分：二卵性双生児

図 5.2 には，まず一般児のパス図を示した．右側には広義の向性を測る 6 尺度から測定した観測変数が配置されている．影響指標には特に名前をつけていない．単純構造であるために，たとえば,「Ag 尺度への影響指標」は 1 つしかないからである．左側には，因子ごとに ACE の各要因が配置され，性格因子を規定している．4 つの構成概念の分散は全て 1 に固定されている．母数は全て自由母数であり係数の意味は以下の通りである．性格因子への規定力は

a： 加算的遺伝要因が「向性」を規定する程度

の科学増刊, 日本評論社, 61-65.

[15]2 因子を同時に分析した結果に関しては，前掲，豊田・村石 (1998) を参照されたい．

[16]測定対象：東京大学教育学部附属中・高等学校に 1977 年から 1994 年までに入学した生徒．ただし 1979 年,1990 年,1992 年に入学した生徒のデータは存在しない．測定方法：矢田部・ギルフォード (Y-G) 性格検査の実施要領に従い，当該性格検査を集合回収形式で実施．抽出方法：全数調査．データ形式：12 の性格尺度の尺度得点．有効回収数：一卵性双生児－男性 87 組・女性 100 組，二卵性双生児－男性 11 組・女性 13 組・異性 20 組，一般児－男性 670 名・女性 639 名．

表 5.5: **広義の向性を測る 6 尺度の相関行列 (一般児)**

Ag	1.00					
G	0.28	1.00				
R	0.26	0.24	1.00			
T	-.07	0.21	0.44	1.00		
A	0.37	0.59	0.19	0.11	1.00	
S	0.35	0.51	0.35	0.32	0.83	1.00

c： 共有環境要因が「向性」を規定する程度

e： 非共有環境要因が「向性」を規定する程度

である．要因間の相関は，通常の ACE モデルに準じて設定しない．

ただしこれら 3 個の母数は，図 5.2 のパス図だけでは識別されない．その代わり因子負荷である 6 個の影響指標は，一般児と双生児を含め 1771 名のデータによって安定的に推定される．

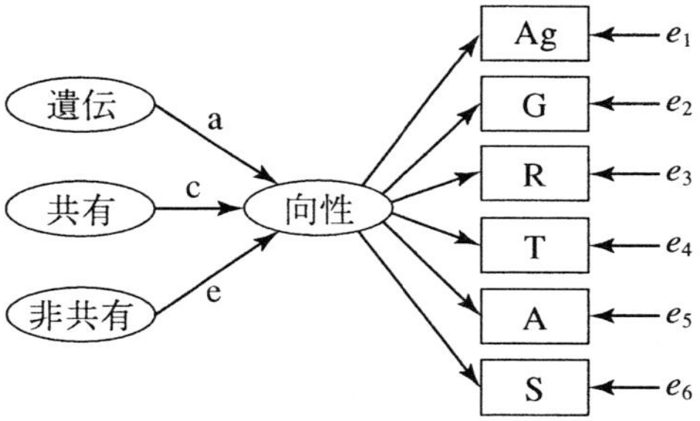

図 5.2: **遺伝因子分析モデル (一般児)**

図 5.3 には，双生児のパス図を示した．両脇にそれぞれの双生児の尺度を 6 個，合計 12 変数が配置されている．観測変数・構成概念のラベルの後の数字は，ランダムに割り当てた双生児の番号である．共有環境要因には双生児の番号はつかない．性格因子への規定力，要因内の相関，および各尺度の影響指標は，双生児間ばかりでなく一般児とも共通している．一般児のパス図にない母数 X は，

遺伝要因内の双生児間の相関である．一卵性双生児のデータでは値が 1.0，二卵性双生児のデータでは値が 0.5 に固定される．

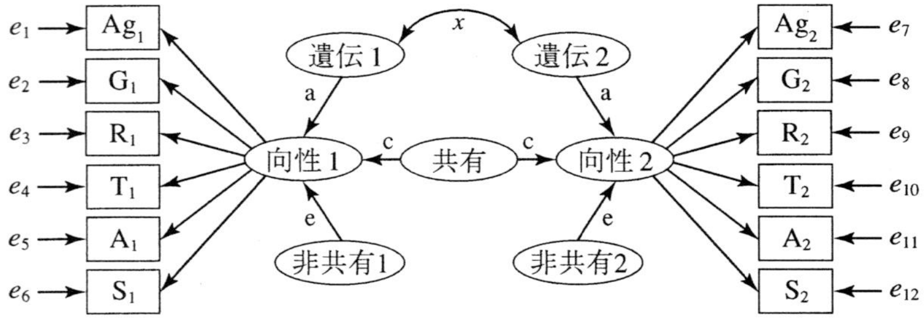

図 5.3: **遺伝因子分析モデル (双生児)**

表 5.6: **因子負荷の推定値**

Ag	G	R	T	A	S
0.49	0.68	0.47	0.12	0.86	0.87

表 5.7: **各要因からの係数**

遺伝	共有環境	非共有環境
0.70	0.36	0.62

表 5.6 に，各尺度に対する各群共通の因子負荷の推定値を示す．福田・谷嶋・斎藤 (1995) の表 2 で示されたように，T 尺度は類型判定基準に合わないことが再確認されている．表 5.7 に，各性格因子への各要因からの説明率の推定値を示す．遺伝・共有環境・非共有環境は,「広義の向性」因子の分散を (係数を 2 乗して)，それぞれ 49%, 13%, 38% 説明している．広い意味での気質である「広義の向性」は，遺伝的規定性が半分ほどある．逆に共有環境の影響は約 1 割であり，とても小さい．

5.4 優れたモデルの構成のために

前節までに，行動遺伝学の研究の中で提案されてきた幾つかの特徴的な共分散構造モデルを概観した．それらのモデルは「多母集団」「等値の制約」「固定母数」等が組み合わされ，行動遺伝学特有の測定状況・研究目的を表現していた．本節では前述の行動遺伝学モデルを例に取り，他の多くの研究分野で共通して利用できる「モデル構成のノウハウ」を考察する．

5.4.1 反復測定・多群の測定と等値母数

遺伝 ACE モデルでは，1 つの表現型 (特性) の性質を調べるために少なくとも 4 回 (2 人 ×2 群)，あるいは 8 回 (4 回 ×2 世代) もの測定を行っていた．このため，たとえば遺伝 ACE モデルでは，4 つの変数の分散構造が一致するし，遺伝因子分析モデルでは各個人内の 4 つの共分散行列の構造が一致している．モデル構成に利用できる母数の数は，高々，構造が同じでない標本分散・共分散の数である．このため母数の推定の観点から考えると，行動遺伝学モデルは相当にむだを含んだモデルといえる．ただし通常は，丁度識別のモデルは統計的安定性の考察ができないことが多いけれども，行動遺伝学モデルではそれが可能である．たとえば [入門編] に登場した単変量の遺伝 ACE モデルは，自由度が 3 であり，統計的な安定性を考察できる．同じ構造の分散・共分散があるといっても，それらは自由度として数えられるから，制限の範囲でモデルを表現できれば欠点とはならない．むしろ現象を的確に記述するためのモデル構築という観点からは，次のような理由で，行動遺伝学モデルは望ましい母数配置を採用している．

社会－人文－行動科学の研究分野では，モデルの適合度が高く，母数の標準誤差が小さくても，必ずしも安定した知見を得られるとは限らない．同じ内容のデータを取り直して同じモデルで分析すると，結果が大きく変わって安定しないことをしばしば経験させられる．理学や工学分野の測定と比較して，データを取り直す際に微妙に測定状況が変化するためである．標準誤差や適合度指標は同一母集団からデータを抽出したときの指標であるから，測定状況が微妙に変化したときの結果の安定性は，それらの指標から直接読み取ることはできないのである．

行動遺伝学モデルでは測定状況を微妙に変化させながら同一の表現型を複数回測定し，しかも等価の制約のついた母数で表現する．本章の多変量 ACE モデルでは2群の分析のみを紹介したが，実際の双生児には5つのパタンがあるし，地域や年齢や人種などを層別要因とすると群の数はどんどん増えてゆく．それらのデータに共通の遺伝率を仮定し，その分析結果の適合度が高かったならば得られた知見は微妙な測定状況の変化に頑健なものとして利用することができる(もちろん，たとえば性別によって遺伝率が明らかに違う場合は異なる母数を設定する必要がある)．得られる知見が微妙な測定の変化に頑健でなければ，同じ母数で表現することに無理が生じて適合度は必ず下がる．行動遺伝学モデルは，1回の分析で，交差妥当性や頑健性を検討しているのである．

この長所を行動遺伝学以外の研究に敷延するならば，たとえば n 個の項目から構成される心理検査の因子構造を調べる場合に，検査を m の地域でそれぞれ l 回実施するということが考えられる．サイズ $l \times n$ の m 個の標本共分散行列に対し，同一の項目に関する $l \times m$ 個の因子負荷と独自性は互いに等しい，という制約の下で因子分析を行う．このとき適合度指標の値が高ければ，そこからの解釈は相当に安定したものとなるはずである．

一般化された共分散構造分析を行う場合も同じ考え方を利用できる．通常は，1つの構成概念を測定していると考えられる複数の観測変数を用意する．これは結果の頑健性の向上に寄与している．しかし，変数ごとに異なった影響指標や形成指標を推定するのではなく，さらに条件を厳しくして繰り返し測定を行い，等値の母数を配置したらどうだろうか．制約が強くなるのでモデル探索をしても適合度を上げることは難しくなるだろう．しかし，そのような制約の下で適合度の高いモデルを構成できたならば，そこからの知見は頑健なものとなるし，母数が少ないので知見を利用し易くなる．

5.4.2 固定母数の利用

統計モデルはデータの性質を調べるための道具であるが，データに未知な部分が多すぎると安定的な解析を行えない．しかし，このとき実質科学的立場からの補助情報である固定母数を導入することができれば，データの未知な部分が相対的に少なくなり，より複雑なモデルの構成が可能になる．遺伝因子分析モデルは，1組の変数群に対して通常の因子分析モデル3つを同時に適用したのと同じ情報量を提供している．条件を変えて，母集団の数を増やすだけではモデルは識別されないが，一卵性と二卵性を区別するたった2つの固定母数(1.0と0.5)を導入したために識別が可能になっている．

この事実は「母集団および変数群の特徴を記述するための少数の固定母数を導入することによって，想像以上に複雑なモデルを構築することが可能になる」という共分散構造モデルの性質を示している．因子分析を行う際にも，統計モデルのみに頼って因子負荷を全て推定させるのではなく，興味の対象となっている特性の意味から因子負荷の一部を 0 に固定したり，手引書に掲載された信頼性係数の値を利用して影響指標と独自性を固定する等の工夫は有効である．もちろん，思い込みにすぎない不適切な固定母数を設けることは好ましくないが，それとて適合度指標やＬＭ検定等によって間違いを修正することが可能であるから，固定母数はもっと積極的に使用するべきである．

5.4.3 多母集団モデルの利用法

構造方程式の集まりとして表現される統計モデルの母数は，推定のし易さという観点から，互いに対等ではない．たとえば，遺伝因子分析モデルでは，遺伝要因からの係数が双生児のデータからしか推定できないのに対して，因子負荷は一般児のデータからも双生児のデータからも推定できる．因子負荷のほうが明らかに推定し易い．双生児と一般児の統合的モデルでは，双生児のデータだけでモデル中の全ての母数を推定するのではなく，双生児のデータと大量の一般児のデータを用いて因子負荷を推定することによって，モデル全体の母数の推定を安定させている．

また，たとえば鈴木・長田 (1998)[17]の企業評価モデル PRISM では，まず標本を集め易い企業の状態に関する変数によって推定される母数と，標本を集めにくい企業の評価に関する変数によって推定される母数とを区別する．そして評価変数を含まない大量の標本と評価変数を含む小数の標本を，多母集団モデルで同時に分析し，効率よく評価構造を導いている．多母集団モデルは，母集団の異同を比較する目的だけで使用されるものではない．このようにデータの集め易さの事情を反映した分析法は，他の分野でも極めて有益であり，積極的に導入を図る価値がある．

[17]鈴木督久・長田公平 (1998)．企業モデル PRISM の開発．In 豊田秀樹 (編)．共分散構造分析 [事例編] −構造方程式モデリング−，第 3 章．北大路書房．

5.5 式の導出

(5.13) 式の右辺の係数が 0.5 になること，および二卵性双生児の遺伝的影響の相関が 0.5 になることの 2 点を導出する．一卵性双生児の $\boldsymbol{a}_{MZ1}$ と $\boldsymbol{a}_{MZ2}$ の中の対応する任意のスカラーの確率変数を，それぞれ a_{MZ1}, a_{MZ2} と表記する．同様に二卵性双生児の $\boldsymbol{a}_{DZ1}$ と $\boldsymbol{a}_{DZ2}$ の中の対応する任意のスカラーの確率変数を，それぞれ a_{DZ1}, a_{DZ2} と表記する．

議論の対象になっている特性に影響する遺伝子の母集団があり，そこから i 番目に抽出した遺伝子の影響力 g_i は，添字 i によらず，平均 0，分散 σ^2 に従っており，遺伝的特性は $2N$ 個の遺伝子の影響力の総和で表現されるものとする．このとき，一卵性双生児の遺伝子は全てが共有されているので，遺伝的影響は

$$a_{MZ1} = g_1 + g_2 + \cdots + g_N + g_{N+1} + g_{N+2} + \cdots + g_{2N} \tag{5.27}$$

$$a_{MZ2} = g_1 + g_2 + \cdots + g_N + g_{N+1} + g_{N+2} + \cdots + g_{2N} \tag{5.28}$$

である．一方，二卵性双生児の遺伝子は互いに半分が共有されているので，遺伝的影響は

$$a_{DZ1} = g_1 + g_2 + \cdots + g_N + g_1^* + g_2^* + \cdots + g_N^* \tag{5.29}$$

$$a_{DZ2} = g_1 + g_2 + \cdots + g_N + g_1^{**} + g_2^{**} + \cdots + g_N^{**} \tag{5.30}$$

である．ここで

$$E[g_i^2] = \sigma^2 \tag{5.31}$$

$$E[g_i g_j] = 0 \qquad (i \neq j) \tag{5.32}$$

であり，$i = j$ の場合を含めて

$$E[g_i g_j^*] = 0 \tag{5.33}$$

$$E[g_i g_j^{**}] = 0 \tag{5.34}$$

$$E[g_i^* g_j^{**}] = 0 \tag{5.35}$$

であると仮定する．これらの確率変数は，表現形に対する遺伝的影響を平均値からの偏差として表現するものとし，期待値は 0 とする (ただしこの仮定は式の導出を単純にするために導入されたにすぎず，期待値は 0 でなくても同じ結論に達する)．

ここで遺伝子の母集団からの遺伝子の抽出が独立であるとすると，一卵性双生児の遺伝的影響の共分散が

$$E[a_{MZ1}a_{MZ2}] = 2N\sigma^2 \tag{5.36}$$

であるのに対して，二卵性双生児の遺伝的影響の共分散は

$$E[a_{DZ1}a_{DZ2}] = N\sigma^2 \tag{5.37}$$

であり，一卵性双生児に比べて二卵性双生児の共分散は半分になることが導かれる．

二卵性双生児の遺伝的影響の分散は

$$E[a_{DZ1}^2] = 2N\sigma^2, \qquad E[a_{DZ2}^2] = 2N\sigma^2 \tag{5.38}$$

であるから，その相関係数は

$$\frac{N\sigma^2}{\sqrt{2N\sigma^2 \times 2N\sigma^2}} = 0.5 \tag{5.39}$$

である．

「遺伝子を半分共有しているから，二卵性双生児の共分散は，一卵性双生児の共分散の半分で，相関係数は 0.5 である」と断定的に定めたのではなく，上記のような数理モデルが背後に設定されていることを認識されたい．

6　上限と下限のあるデータの分析

提案された当初の 70 年代前半から，SEM の母数は，最尤法で推定するのが標準であった．最尤法は推測統計的に優れた多くの性質をもっているが，確率変数に特定の分布を仮定しなくてはならない．現在のところ SEM の最尤法は，観測変数に多変量正規分布を仮定する方法が主流である．しかし SEM が多用される研究分野を考慮すると，必ずしも多変量正規分布の仮定が厳密に成り立つとはいい難い．標本が多くなった場合には，大数の法則により標本共分散行列は共分散行列に近づく．したがって推定値に関しては，最尤法における多変量正規分布の仮定は頑健であり，その使用に際して過度に神経質になる必要がないことが知られている．しかしその一方で，多変量正規分布からの逸脱が著しいデータに対しては，以下のような 3 つの方向の対処がある．

1 つ目は分布に強く依存しない母数の推定法による対処である．楕円分布を仮定した楕円分布法や 4 次のモーメントを利用した ADF 法 (Asymptotically Distribution-Free method) によって多変量正規分布しないデータの分析を行う．2 つ目は，第 1 章で紹介したように外生的な観測変数を非確率変数として扱う対処である．外生的な観測変数で説明されない残差が正規分布するという仮定は，観測変数そのものが正規分布するという仮定より相当に緩やかである．

3 つ目は，正規分布しない理由を統計モデルとして記述し，それをモデルの 1 部に組み込む対処である．[入門編] 第 12 章で紹介した順序データの扱いがその 1 つの例といえる．そこでは閾値という考え方を導入し，正規分布しない理由を統計モデルとして記述してから解を求めていた．同様なモデルとして有効なものに上限と下限のあるデータ[1]の扱いがある．本章では，SEM の SW で既に実用の域に達している上限と下限のあるデータの扱いについて論じていく．

6.1　トービット変数

表 6.1 は観測変数の数が 5，標本数 100 の多変量データを 3 つに分割して示したものである．人工データであるが，データの背後には次のようなシナリオが設定されている．ある講義は同一のクラスを 2 人の先生が担当している．u_1 は A 先生の授業内試験の結果である．A 先生の試験は易しく，多くの学生が満点である 100 点をとってしまった．u_2 は B 先生の授業内試験の結果である．

[1] 正規分布しない理由を記述したモデルとして，近年，発展が著しいものに SEM における切断データの解析もある．しかし現時点ではまだ実用的に扱い易いとはいえないので紹介は割愛する．

易しくなりすぎてはいけないと，問題を難しくしたところ最低点である 0 点を取る学生がたくさん出てしまった．そこで 2 人で相談して問題を作り，期末試験 (変数では u_3) を実施したところ，満点も 0 点もいなくなった．

u_4 と u_5 は，それぞれ A 先生と B 先生の最終評価であり，

3 点－「優」，2 点－「良」，1 点－「可」，0 点－「不可」

を意味している．素点を眺めると A 先生は甘く，B 先生は厳しいようである．ただし u_1 から u_5 は単一の授業の評価得点であるから，背後に「教科学力」という単一の構成概念を仮定した 1 因子モデルが期待される．

表 6.1: **5 つの評価変数**

u_1	u_2	u_3	u_4	u_5	u_1	u_2	u_3	u_4	u_5	u_1	u_2	u_3	u_4	u_5
87	7	46	1	1	100	10	64	2	2	95	0	37	2	0
81	7	18	1	1	72	5	54	1	0	100	25	56	0	1
76	0	29	0	0	100	22	66	2	1	89	7	38	2	0
70	16	52	3	0	95	3	47	0	2	86	11	34	0	2
100	24	56	2	2	78	0	16	0	0	85	9	48	2	1
85	28	44	2	1	75	24	43	3	1	85	2	44	2	0
73	2	60	2	0	74	0	47	0	0	100	22	49	2	3
100	2	58	0	1	100	19	84	3	3	100	7	75	2	1
100	0	63	1	0	93	10	32	3	1	96	2	40	3	0
87	11	47	2	2	100	17	46	1	1	93	11	65	2	3
100	10	83	3	1	91	13	56	3	1	78	11	64	1	0
81	0	33	0	0	81	0	68	3	2	100	13	48	3	2
97	0	67	2	1	82	0	50	1	2	100	12	66	3	0
85	0	25	2	0	100	13	37	1	1	83	15	48	2	0
85	5	53	0	0	64	4	18	1	0	100	4	56	0	1
87	11	40	1	0	100	4	38	2	0	100	6	48	3	1
100	0	40	2	0	97	27	71	1	2	100	0	35	0	2
77	7	40	2	0	86	6	30	1	0	92	0	31	0	1
94	16	45	2	0	100	20	60	3	2	98	24	56	3	1
71	7	32	2	1	87	1	48	0	0	94	0	59	2	1
100	21	53	2	2	64	0	47	1	1	76	5	41	2	2
100	18	56	3	1	83	8	55	1	0	83	0	38	0	1
95	10	42	0	0	100	11	47	2	1	100	36	57	3	2
100	16	50	2	2	88	2	39	0	0	83	6	33	2	2
77	0	22	0	0	83	12	63	1	1	100	18	49	2	1
100	26	40	3	2	100	11	75	3	2	100	21	67	3	1
100	15	47	1	1	97	10	36	0	1	100	10	60	2	0
100	9	53	1	1	93	0	35	0	0	100	0	40	2	0
100	8	68	3	1	94	21	68	3	3	68	9	36	2	1
100	13	80	1	1	100	27	97	2	3	84	0	27	2	0
89	20	56	2	3	92	4	31	2	0	97	0	45	1	2
100	34	55	3	2	100	12	68	2	1	100	14	51	3	0
100	30	33	2	2	74	0	41	1	0					
83	18	31	0	2	73	5	34	2	0					

図 6.1 は連続変数である u_1 から u_3 までの多変量散布図[2]を示したものである．1 行 1 列に示された u_1 のヒストグラムでは．100 点満点の学生が多数いることが観察される．易しいテストは全問正解する学生が少なくなく，100 点となって，それ以上の点はない．したがって 110 点の実力の学生の能力は，そのテストでは正確には測れない．逆に 2 行 2 列に示された u_2 のヒストグラムでは，0 点の学生が多数いることが観察される．難しいテストは全問誤答する学生が少なくなく，0 点となって，それ以下の点はない．したがって −20 点の実力の学生の能力は正確には測れない．このような尺度の上限や下限に多くの度数が観察される変数を「トービット変数 (tobit variable)」とか「センサード変数 (censord variable)」といい，そのようなデータを「トービットデータ」とか「センサードデータ」という．

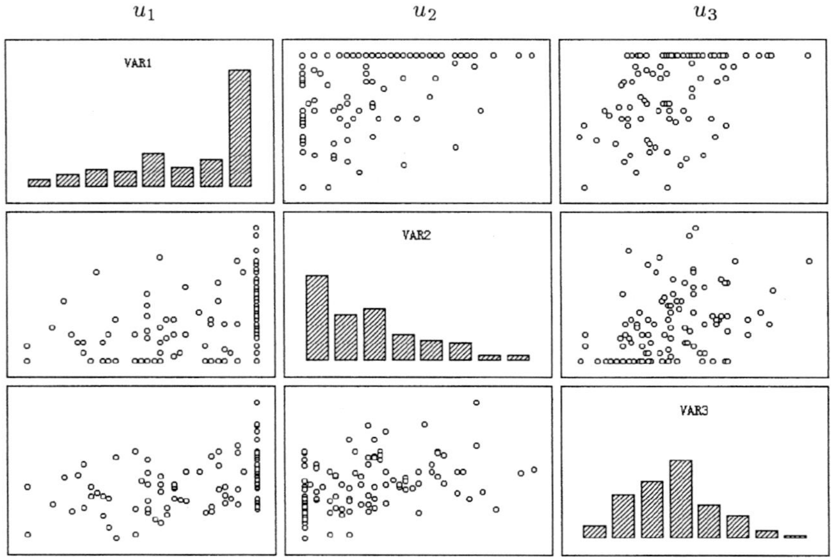

図 6.1: **変数 1 から変数 3 の多変量散布図**

3 行 1 列や 3 行 2 列に示された散布図には，センサード変数と通常の変数間

[2]多変量散布図は，共分散行列における分散が配される位置にヒストグラムを，共分散が配される位置に通常の散布図を描いた行列形式の図である．たとえば，2 行 1 列に示された散布図は縦軸に u_2 を横軸に u_1 をとったものである．

の (特定の方向から押し固められたような) 典型的な形状が示されている．上限や下限が存在せず，本来の測定がなされた場合と比較して相関係数も共分散も変化してしてしまうことが多い．前者，および後者におけるそのような変化を，それぞれ「天井効果」「床効果」という．2 行 1 列に示された散布図には天井効果と床効果が同時に観察されている．天井効果や床効果のある変数の標本平均や標本共分散行列は，そのまま分析するのではなく，それらの効果を統計モデルに組み込むことが有効である．

6.2 平均と分散の補正

尺度に上限や下限があり，上限値・下限値が比較的多数観測される変数 u のデータの発生機構をモデル化してみよう．まず，本来，測定したかった変数を x とする (x は観測変数として利用してきた文字であるが，ここでは必ずしも直接的には観測できないものとする)．次に変数 u は，変数 x の値に応じて

$$u = \begin{cases} \tau_b & (x \leq \tau_b) \\ x & (\tau_b < x \leq \tau_a) \\ \tau_a & (\tau_a < x) \end{cases} \tag{6.1}$$

のように観測されるものとする．ここで τ_b は尺度の下限値であり，τ_a は上限値である．x の値が τ_b 以下の場合は，実際に観測される u の値は τ_b になる (たとえば 0 点以下の実力の人も 0 点が観測される)．逆に x の値が τ_a 以上の場合には，u の値は τ_a になる (100 点以上の実力の人も 100 点が与えられる)．そして x の値が上限と下限の間である場合には，x の値そのものが観測される．

表 6.1 の u_1 のように上限だけ考慮すればよい場合には $\tau_b = -\infty$ とし，以下の式展開では，τ_b を含んだ項は無視する．逆に u_2 のように下限だけ考慮すればよい場合には $\tau_a = \infty$ とし，τ_a を含んだ項は無視する．

以上のモデルに従って，本来，測定したかった変数 x の平均・分散に関する尤度関数を構成する．まず変数 u(の 1 個の実現値) に下限値が観測される確率は

$$p(u = \tau_b) = \int_{-\infty}^{\tau_b} f(x|\mu, \sigma^2)dx \tag{6.2}$$

である．ここで $f(x|\mu, \sigma^2)$ は正規分布の確率密度関数である．次に変数 $u = x$ が観測されたとすると，その確率密度は

$$p(u = x) = f(x|\mu, \sigma^2) \tag{6.3}$$

である．(6.2) 式と同様に，上限値が観測される確率は

$$p(u = \tau_a) = \int_{\tau_a}^{+\infty} f(x|\mu, \sigma^2)dx \tag{6.4}$$

である．

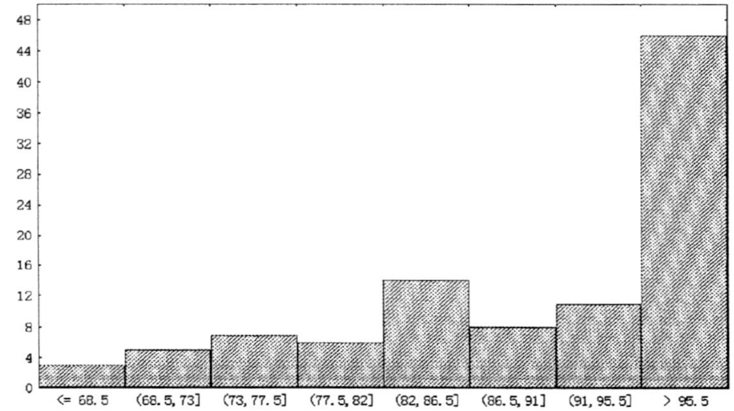

図 6.2: $\boldsymbol{u}_1$ **のヒストグラム**

変数 u の N 個の実現値 $\boldsymbol{u}$ が観測され，そのうち下限と上限が，それぞれ N_b 個，N_a 個含まれていた場合の μ, σ^2 の尤度関数は，(6.2) 式から (6.4) 式の表現を用いることにより (満点でも 0 点でもない被験者を $i = 1, \cdots, N - N_b - N_a$ に並べ替え)

$$p(\boldsymbol{u}|\mu, \sigma^2) = p(u = \tau_b)^{N_b} \times \prod_{i=1}^{N-N_b-N_a} p(u = x_i) \times p(u = \tau_a)^{N_a} \tag{6.5}$$

のように構成される．したがって直接観測された u の平均と分散ではなく，本来，観測したかった x の平均と分散は，対数尤度関数

$$\log p(\boldsymbol{u}|\mu, \sigma^2) = N_b \log p(u = \tau_b) + \sum_{i=1}^{N-N_b-N_a} \log p(u = x_i) + N_a \log p(u = \tau_a) \tag{6.6}$$

を最大化することによって，その最尤推定値を得る．

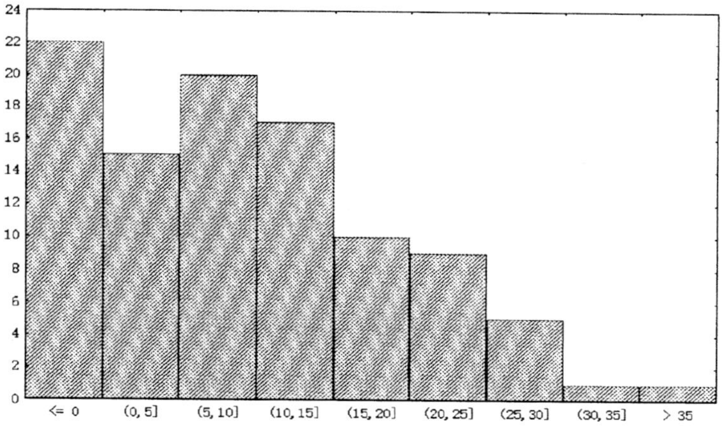

図 6.3: u_2 **のヒストグラム**

表 6.2: **平均・分散・標準偏差**

変数名	平均	分散	標準偏差
u_1	90.61	106.14	10.30
u_2	10.12	81.12	9.01
x_1	94.91	242.37	15.56
x_2	8.75	120.78	10.99

表 6.2 には，u_1, u_2 からそのまま計算した平均・分散・標準偏差と，(6.6) 式を最大化して推定した x_1, x_2 の平均・分散・標準偏差を示した．A 先生の試験の成績は上限の影響で，本来，平均が 94.91 であったところ 90.61 に下がっていたことが示されている．標準偏差は，本来，15.56 であったところ 10.30 に狭まって観測されていたことが分かる．同様に B 先生の試験の成績は，下限の影響で，平均が 8.75 から 10.12 に上がっていたこと，標準偏差が 10.99 から 9.01 に狭まって観測されていたことが分かる．図 6.2 と図 6.3 に，それぞれ u_1, u_2 のヒストグラムを示したので，その違いを想像していただきたい．

6.3 相関の補正

表 6.3 は，表 6.1 の生データから直接計算した標本相関行列である．この相関行列は u_i の相関行列の推定値である．一方，上限・下限のある変数や，カテゴリカルな順序変数の背後に仮定した連続変数の相関行列の推定値を表 6.4 に示した．表 6.4 中の 5 行 4 列の 0.283 は，[入門編] 第 12 章で紹介したポリコリック相関係数である． 4 行 3 列と 5 行 3 列の 0.399 と 0.421 は，ポリシリアル相関係数である．

表 6.3: **素点の相関行列**

	テスト 1	テスト 2	テスト 3	評価 1	評価 2
テスト 1	1.000				
テスト 2	0.375	1.000			
テスト 3	0.440	0.365	1.000		
評価 1	0.250	0.426	0.371	1.000	
評価 2	0.339	0.507	0.385	0.242	1.000

表 6.4: **推定された相関行列**

	テスト 1	テスト 2	テスト 3	評価 1	評価 2
テスト 1	1.000				
テスト 2	0.429	1.000			
テスト 3	0.509	0.380	1.000		
評価 1	0.322	0.479	0.399	1.000	
評価 2	0.385	0.530	0.421	0.283	1.000

表 6.5: u_4, u_5 **の閾値**

	τ_1	τ_2	τ_3
u_4	-0.842	-0.253	0.772
u_5	-0.332	0.583	1.555

表 6.5 はポリコリック相関係数とポリシリアル相関係数を推定する際に，同時に推定されたカテゴリカル変数の閾値である．おおざっぱに解釈すると B 先

生の「優・良」は A 先生の「優」に相当し，B 先生の「可」は A 先生の「良」に相当しているようである．連続変数以外の変数を共分散構造分析に組み込む場合には，それが上限・下限のある変数であるときには補正された平均と分散 (標準偏差) を，カテゴリカルな順序変数であるときには閾値を解釈することが重要であり，有用である．

表 6.4 には以下の 3 種類の新出の相関係数が記載されている．

(1) トービット変数間の相関係数 (2 行 1 列の 0.429)

(2) トービット変数と正規 (連続) 変数との相関 (3 行 1,2 列の 0.509, 0.380)

(3) トービット変数とカテゴリカル変数との相関 (4 行 1,2 列，5 行 1,2 列)

次節以降では，順にこれらの相関係数の導出を紹介する．

6.4 トービット変数間の相関・共分散

2 つの観測変数 u_x と u_y とがあり，双方ともトービット変数であるとする．u_x の上限と下限を，それぞれ τ_{ax}, τ_{bx} と表記し，u_y の上限と下限を，それぞれ τ_{ay}, τ_{by} と表記する．

このとき u_x に下限が観測され，かつ u_y にも下限が観察される確率 p_{bb} は

$$p_{bb} = p(u_x = \tau_{bx}, u_y = \tau_{by}) = \int_{-\infty}^{\tau_{bx}} \int_{-\infty}^{\tau_{by}} f(x, y) dy dx \tag{6.7}$$

と表現される．ここで変数 x, y は，それぞれ u_x と u_y の背後に仮定した，上限・下限のない変数であり，$f(x, y)$ は 2 変量正規分布の密度関数である．$f(x, y)$ には，共分散と，2 つの変数の平均と分散の合計 5 つの母数が含まれており，正確には $f(x, y|\mu_x, \mu_y, \sigma_x^2, \sigma_y^2, \sigma_{xy})$ と表記される確率密度関数である．

同様の表記を利用して，u_x に下限が観測され，かつ u_y には尺度内の値が観測される確率密度 p_{by} は

$$p_{by} = p(u_x = \tau_{bx}, u_y = y) = \int_{-\infty}^{\tau_{bx}} f(x, y) dx \tag{6.8}$$

であるし，u_x に下限が観測され，かつ u_y には上限が観測される確率 p_{ba} は

$$p_{ba} = p(u_x = \tau_{bx}, u_y = \tau_{ay}) = \int_{-\infty}^{\tau_{bx}} \int_{\tau_{ay}}^{+\infty} f(x, y) dy dx \tag{6.9}$$

である．

u_x に尺度内の値が観測され，かつ u_y に下限，尺度内の値，上限が観測される確率密度 p_{xb}, p_{xy}, p_{xa} は，それぞれ

$$p_{xb} = p(u_x = x, u_y = \tau_{by}) = \int_{-\infty}^{\tau_{by}} f(x,y)dy \tag{6.10}$$

$$p_{xy} = p(u_x = x, u_y = y) = f(x,y) \tag{6.11}$$

$$p_{xa} = p(u_x = x, u_y = \tau_{ay}) = \int_{\tau_{ay}}^{+\infty} f(x,y)dy \tag{6.12}$$

と表現される．

同様に u_x に上限が観測され，かつ u_y に下限，尺度内の値，上限が観測される確率 (あるいは確率密度)p_{ab}, p_{ay}, p_{aa} は，それぞれ

$$p_{ab} = p(u_x = \tau_{ax}, u_y = \tau_{by}) = \int_{\tau_{ax}}^{+\infty} \int_{-\infty}^{\tau_{by}} f(x,y)dydx \tag{6.13}$$

$$p_{ay} = p(u_x = \tau_{ax}, u_y = y) = \int_{\tau_{ax}}^{+\infty} f(x,y)dx \tag{6.14}$$

$$p_{aa} = p(u_x = \tau_{ax}, u_y = \tau_{ay}) = \int_{\tau_{ax}}^{+\infty} \int_{\tau_{ay}}^{+\infty} f(x,y)dydx \tag{6.15}$$

である．

(6.7) 式から (6.15) 式は確率と確率密度に 2 分される．確率は $p_{bb}, p_{ba}, p_{ab}, p_{aa}$ であり，実現値によって値は変わらない．一方，確率密度である $p_{by}, p_{xb}, p_{xy}, p_{xa}$, p_{ay} は，実現値によって値は変わる．そこで添字 i を付して $p_{byi}, p_{xbi}, p_{xyi}, p_{xai}$, p_{ayi} と表記する．

このとき，変数 u_x, u_y の実現値 $\boldsymbol{u}_x, \boldsymbol{u}_y$ が与えられたときの $\mu_x, \mu_y, \sigma_x^2, \sigma_y^2, \sigma_{xy}$ の尤度は

$$\begin{aligned} p(\boldsymbol{u}_x, \boldsymbol{u}_y | \mu_x, \mu_y, \sigma_x^2, \sigma_y^2, \sigma_{xy}) &= p_{bb}^{N_{bb}} \times \prod_{i=1}^{N_{by}} p_{byi} \times p_{ba}^{N_{ba}} \times \prod_{i=1}^{N_{xb}} p_{xbi} \\ &\times \prod_{i=1}^{N_{xy}} p_{xyi} \times \prod_{i=1}^{N_{xa}} p_{xai} \times p_{ab}^{N_{ab}} \times \prod_{i=1}^{N_{ay}} p_{ayi} \times p_{aa}^{N_{aa}} \end{aligned} \tag{6.16}$$

と表現される．ただし実現値は，N に同じ添字をつけた数だけ観測されたものとする (たとえば p_{bb} は N_{bb} 個観測されたものとする)．この式の対数をとることによって対数尤度関数が構成され，その値を最大化する平均・分散・共分散がそれぞれの最尤推定値となり，分散・共分散から相関係数を求める．

6.5 トービット変数と連続変数の相関

観測変数 u_x がトービット変数であり，u_y が連続変数であるとき，u_x に下限が観測され，かつ $u_y = y$ が観測される確率密度 p_{by} は

$$p_{by} = p(u_x = \tau_{bx}, u_y = y) = \int_{-\infty}^{\tau_{bx}} f(x, y)dx \tag{6.17}$$

である．同様に $u_y = y$ が観測され，u_x が尺度内の値である場合と，u_x が上限である場合の確率密度 p_{xy}, p_{ay} は，それぞれ

$$p_{xy} = p(u_x = x, u_y = y) = f(x, y) \tag{6.18}$$

$$p_{ay} = p(u_x = \tau_{ax}, u_y = y) = \int_{\tau_{ax}}^{+\infty} f(x, y)dx \tag{6.19}$$

である．確率密度は実現値によって値は変わるから，添字 i を付して p_{byi}, p_{xyi}, p_{ayi} と表記すると，$\boldsymbol{u}_x$, $\boldsymbol{u}_y$ が与えられたときの $\mu_x, \mu_y, \sigma_x^2, \sigma_y^2, \sigma_{xy}$ の尤度は

$$p(\boldsymbol{u}_x, \boldsymbol{u}_y | \mu_x, \mu_y, \sigma_x^2, \sigma_y^2, \sigma_{xy}) = \prod_{i=1}^{N_{by}} p_{byi} \times \prod_{i=1}^{N_{xy}} p_{xyi} \times \prod_{i=1}^{N_{ay}} p_{ayi} \tag{6.20}$$

と表現される．この式から対数尤度関数を構成し，母数の最尤推定値を求め，相関係数を計算する．

6.6 トービット変数とカテゴリカル変数の相関

本節では u_x がトービット変数であり，u_y がカテゴリカルな順序変数である場合の相関係数について論じる．[入門編] 第 12 章では順序のあるカテゴリカル変数の背後に平均 0, 分散 1 に標準化された変数 z を仮定した．トービット変数とは異なり，背後に仮定する変数は直接は観測されないので，平均や分散を仮定しても意味がないからである．ところが，[入門編] 第 13，14 章で導入された期待値の構造化や多母集団のモデルを導入すると，カテゴリカル変数の背後に仮定する変数の平均や分散を推定することが意味をもってくる (適用例は後述する)．ここでは [入門編] 第 12 章とは異なり，u_y が C 個のカテゴリカルな順序尺度による離散変数である場合は，

$$u_y = c \qquad (\tau_c < y \leq \tau_{c+1}) \tag{6.21}$$

とする．ここで $c = 0, 1, 2, \cdots, C-1$ であり，$\tau_0 = -\infty$，$\tau_C = +\infty$ である．y の平均と分散は μ_y, σ_y^2 とする．たとえば表 6.1 のように 4 段階尺度である場合には

$$u = \begin{cases} 0 & (-\infty < y \leq \tau_1) \\ 1 & (\tau_1 < y \leq \tau_2) \\ 2 & (\tau_2 < y \leq \tau_3) \\ 3 & (\tau_3 < y \leq +\infty) \end{cases} \tag{6.22}$$

となる．もちろん平均構造も多母集団も扱わない場合には $\mu_y = 0, \sigma_y^2 = 1$ と固定するのが一般的である．このとき，トービット変数とカテゴリカル変数の相関は以下のように計算する．

u_x に下限が観測され，かつ $u_y = c$ が観測される確率 p_{bc} は

$$p_{bc} = p(u_x = \tau_{bx}, u_y = c) = \int_{-\infty}^{\tau_{bx}} \int_{\tau_c}^{\tau_{c+1}} f(x, y) dy dx \tag{6.23}$$

である．ここで注意すべきことは，添字 c は a や b とは異なり，0 から $C-1$ まで動くので，(6.23) 式は，C 個の確率を表現しているということである．次に u_x に尺度内の値が観測され，かつ $u_y = c$ が観測される確率密度 p_{xc} は

$$p_{xc} = p(u_x = x, u_y = c) = \int_{\tau_c}^{\tau_{c+1}} f(x, y) dy \tag{6.24}$$

と表現される．確率密度は実現値ごとに値が違うから (6.24) 式には添字 i をつけて p_{xci} と表記する．そして u_x に上限が観測され，かつ $u_y = c$ が観測される確率 p_{ac} は

$$p_{ac} = p(u_x = \tau_{ax}, u_y = c) = \int_{\tau_{ax}}^{+\infty} \int_{\tau_c}^{\tau_{c+1}} f(x, y) dy dx \tag{6.25}$$

と表現される．

以上のことから，$\boldsymbol{u}_x, \boldsymbol{u}_y$ が与えられたときの $\mu_x, \mu_y, \sigma_x^2, \sigma_y^2, \sigma_{xy}$ の尤度は

$$p(\boldsymbol{u}_x, \boldsymbol{u}_y | \mu_x, \mu_y, \sigma_x^2, \sigma_y^2, \sigma_{xy}) = \prod_{c=0}^{C-1} p_{bc}^{N_{bc}} \times \prod_{c=0}^{C-1} \prod_{i=1}^{N_{xc}} p_{xci} \times \prod_{c=0}^{C-1} p_{ac}^{N_{ac}} \tag{6.26}$$

と表現される．ただし実現値は N に同じ添字をつけた数だけ観測されたものとする (たとえば p_{bc} は N_{bc} 個観測されたものとする)．この式から対数尤度関数

を構成し，相関係数を求める．(6.16) 式，(6.20) 式，(6.26) 式の最適化には，5 つの母数 $\mu_x, \mu_y, \sigma_x^2, \sigma_y^2, \sigma_{xy}$ が存在するが，このうち平均と分散の推定値は 1 変数ごとに推定可能であった (トービット変数の場合には，(6.6) 式による推定値を用い，連続変数の場合には標本平均・標本分散を用いる)．したがって (6.16) 式，(6.20) 式，(6.26) 式に関しては，平均と分散は既に推定された値に固定し，1 つの母数 (共分散) に関してだけ最適化することもできる．

6.7 トービット因子分析

トービット変数の因子分析モデルをトービット因子分析 (tobit factor analysis) という．表 6.1 を用いて，因子数 1 でトービット因子分析を行い，因子負荷と独自分散の推定値を表 6.6 に示した．自由度は 5，$\chi^2 = 8.068$ であり，限界水準は $p = 0.1523$ であり，当てはまりは悪くない．

表 6.6: **因子分析結果**

	テスト 1	テスト 2	テスト 3	評価 1	評価 2
因子負荷	0.652	0.783	0.649	0.585	0.736
独自分散	0.575	0.386	0.579	0.658	0.458

表 6.7 には，1 因子モデルの制約の入った相関行列の推定値 $\mathbf{\Sigma}(\hat{\boldsymbol{\theta}})$ を示した．トービット・カテゴリカル変数の相関行列は，表 6.3 と表 6.4 の相関行列があるから，合計 3 種類の相関行列が登場したことになる．

表 6.7: **推定された相関行列**

	テスト 1	テスト 2	テスト 3	評価 1	評価 2
テスト 1	1.000				
テスト 2	0.510	1.000			
テスト 3	0.423	0.508	1.000		
評価 1	0.381	0.458	0.380	1.000	
評価 2	0.480	0.577	0.478	0.431	1.000

7　テスト理論

テスト理論は，学力・知能・性格等の心理的潜在特性を測定するためのテストを作成・運用・評価するための数理モデルである．平行測定の概念を中心にした「古典的テスト理論」，計算機を使ったテストを運用する際に有効性の高い「項目反応理論」，面接試験や実技試験の要請に応えるために注目されている「一般化可能性理論」という大きな3つの領域から解説されることが多い．

本章では，主として古典的テスト理論・項目反応理論と共分散構造モデルとの関係を論じていく．ただし紙面の関係でテスト理論の詳細を紹介できないので池田 (1994) 等の文献[1]を適宜参照していただきたい．

一般化可能性理論は，その数理的道具立てを，第3章で論じた分散成分の推定に負っている．具体的にはSEMのSWで推定された表3.7，表3.11の分散成分を基に「一般化可能性係数」を算出する．一般化可能性係数とは，信頼性係数を数理的・概念的に拡張した係数であり，テストの使用目的や実施の制約に合わせたテストを作成するために利用される．SEMが一般化可能性係数に関わるのは主として分散成分の推定の部分であり，すでに第3章で論じているので，本章ではそれ以上の一般化可能性理論への言及は割愛する．詳しくは，前掲，池田 (1994) や豊田 (1994)[2]や Brennan(1992)[3]を参照されたい．

テスト理論のモデルは，直接観測できない構成概念を扱うという意味で共分散構造モデルと一部目的が重なっている．また心理学・教育心理学がオリジナルの研究分野であるという点も共通している．テスト理論がテストという限定された状況における有効な数理的アプローチを志向しているのに対して，共分散構造モデルは状況をできるだけ一般化したモデル化を志向していることが相違点といえる．LISRELの理論的な枠組みを構築していた時期にJöreskogは，米国有数のテスト機関であるETS (Educational Testing Service) の研究員であったし，そこでの同僚WertsやLinnやRock達と，共分散構造モデルとテスト理論の折衷的な多くの論文[4] を発表している．共分散構造モデルとテスト理論

---

[1]たとえば，池田 央 (1994). 現代テスト理論. 朝倉書店. 大友賢二 (1996). 項目応答理論入門. 大修館書店. 芝 祐順 (1991). 項目反応理論. 東京大学出版会, 等.

[2]豊田秀樹 (1994). 違いを見抜く統計学 –実験計画と分散分析入門–, 第 3,4,5 章. 講談社.

[3]Brennan,R.L.(1992). *Elements of Generalizability Theory*. American College Testing.

[4]Werts, C.E., Jöreskog, K.G., & Linn, R.L. (1972). A multitrait multimethod model for studying growth. *Educational and Psychological Measurement*, **32**, 655-678.

Werts, C.E., Linn, R.L., & Jöreskog, K.G. (1974). Intraclass reliability estimates: Testing structural assumptions. *Educational and Psychological Measurement*, **34**, 25-33.

は，互いに影響を与え合って発展してきたために密接な理論的関係がある．

7.1 古典的テスト理論

古典的テストモデルでは，テスト得点 x を，真の得点 t と誤差 e の和

$$x = t + e \tag{7.1}$$

で表現する．真の得点 t は，当該テストで測定しようとしている構成概念であり，潜在変数である．テスト得点 x は構成概念そのものではなく，誤差 e が加わり，確率的な不安定さを伴って観測される．

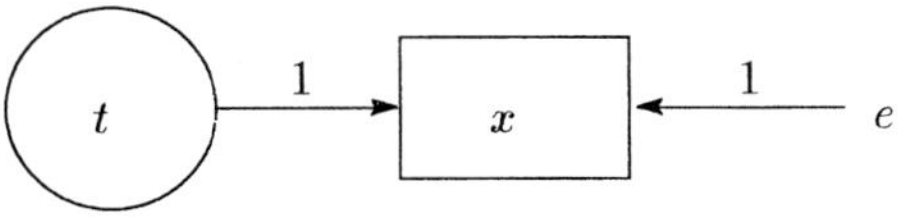

図 7.1: **古典的テストモデル**

古典的テスト理論のモデル式を図 7.1 にパス図で示した (期待値の表示は省略している)．ここで誤差変数 e の期待値と，真の得点 t との積の期待値には

$$E[e] = 0, \qquad E[t\ e] = 0 \tag{7.2}$$

が仮定される．古典的テストモデルは，因子負荷が 1 に固定された 1 因子の因子分析モデルと見なすと理解し易い．信頼性の理論はテストの運用の際に用いられることが多いので，観測変数 x を「テスト」と呼ぶ場合もある．

テスト x の母平均は

$$\mu_x = E[x] = E[t + e] = E[t] = \mu_t \tag{7.3}$$

Werts, C.E., Rock, D.A., Linn, R.L., & Jöreskog, K.G. (1976). Comparison of correlations, variances, covariances, and regression weights with or without measurement error. *Psychological Bulletin*, **83**, 1007-1013.

Werts, C.E., Linn, R.L., & Jöreskog, K.G. (1978). Reliability of college grades from longitudinal data. *Educational and Psychological Measurement*, **38**, 89-95.

Werts, C.E., Rock, D.A., Linn, R.L., & Jöreskog, K.G. (1978). A general method of estimating the reliability of a composit. *Educational and Psychological Measurement*, **38**, 933-938.

のように真の得点の母平均に一致する．またテスト x の分散は

$$\begin{aligned}\sigma_x^2 &= V[x] = E[(x-\mu_x)^2] = E[(t+e-\mu_t)^2] = E[((t-\mu_t)+e)^2] \\ &= E[(t-\mu_t)^2 + e^2 + 2(t-\mu_t)e] = V[t] + V[e] + 2E[t\ e] - 2\mu_t E[e] \\ &= \sigma_t^2 + \sigma_e^2 \end{aligned} \tag{7.4}$$

のように，真の得点 t の分散と誤差 e の分散の和に分解される．このときテスト得点の分散に対する真の得点の分散の比 (決定係数)

$$\rho = \frac{\sigma_t^2}{\sigma_x^2} \tag{7.5}$$

をテスト x の「信頼性係数」という．信頼性係数は，その定義式より 0 から 1 の間の値をとり

$$\rho = \frac{\sigma_t^2}{\sigma_t^2 + \sigma_e^2} = 1 - \frac{\sigma_e^2}{\sigma_x^2} \tag{7.6}$$

などと変形することもできる．信頼性係数が 1 に近いときは「測定の信頼性が高い」といい，構成概念 t がテスト x を決定している割合が高い状態を示している．逆に信頼性係数が 0 に近いときは「測定の信頼性が低い」という．

7.1.1 平行測定・タウ等価測定

観測変数が 1 つの古典的テストモデルは，モデルが識別されていないから，そのままでは信頼性係数を推定し，測定の精度を評価することができない．そこで 2 つのテスト x_1 と x_2 を用意し，

$$x_1 = t_1 + e_1 \tag{7.7}$$

$$x_2 = t_2 + e_2 \tag{7.8}$$

という測定状況を想定する．(7.7) 式と (7.8) 式には，(7.2) 式の制約に加えて，2 つの測定の誤差変数の積の期待値はゼロ

$$E[e_1\ e_2] = 0 \tag{7.9}$$

であるという制約と，異なった測定間の真の得点と誤差の積の期待値もゼロ

$$E[t_1 e_2] = E[t_2 e_1] = 0 \tag{7.10}$$

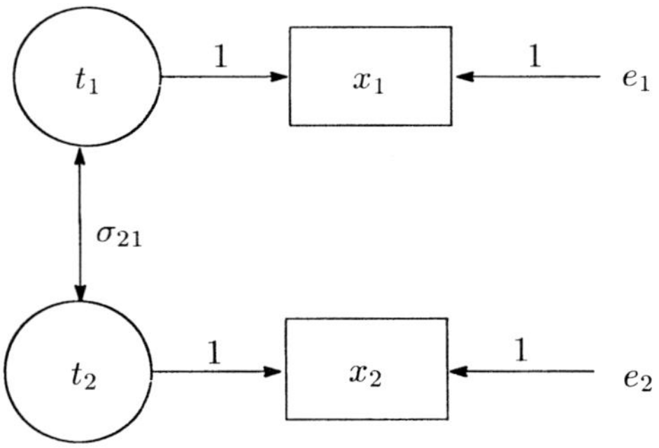

図 7.2: 再検査法・平行テスト法

という制約を導入する．この状態をパス図で示したのが図 7.2 である．

ここでもし t_1 と t_2 に

$$t_1 - \mu_{t1} = t_2 - \mu_{t2} \tag{7.11}$$

という性質がもし成り立つならば，平均を調節するだけで t_1 と t_2 は同一の構成概念ということになる．(7.11) 式が成り立っているとき，テストは互いに「本質的にタウ等価測定」あるいは「本質的に弱平行測定」であるという．更に強い性質

$$t_1 = t_2 \tag{7.12}$$

が成り立っているとき，テストは互いに「タウ等価測定」あるいは「弱平行測定」であるという．

(7.11) 式の性質に加えて，更に e_1 と e_2 の分散が

$$\sigma_e^2 = \sigma_{e1}^2 = \sigma_{e2}^2 \tag{7.13}$$

という性質を有する (必ずしも (7.12) 式が成り立っているとは限らない) とき，テストは互いに「本質的に (強) 平行測定」であるという．平行測定であるならばタウ等価測定であるが，逆は必ずしも成り立たない．タウ等価測定の方が仮定の少ない条件の緩い測定モデルである．(7.13) 式の性質に加えて，(7.12) 式が成り立っている場合には，テストは互いに「(強) 平行測定」であるという．

(7.11) 式より，真の得点の分散も等しくなるので

$$\sigma_t^2 = \sigma_{t1}^2 = \sigma_{t2}^2 \tag{7.14}$$

と表記する．したがってタウ等価測定の成り立っているテスト x_1 と x_2 の分散は，

$$V[x_1] = \sigma_t^2 + \sigma_{e1}^2 \tag{7.15}$$

$$V[x_2] = \sigma_t^2 + \sigma_{e2}^2 \tag{7.16}$$

となる．一方，平行測定の成り立っているテスト x_1 と x_2 の分散は，

$$V[x_1] = V[x_2] = V[x] = \sigma_t^2 + \sigma_e^2 \tag{7.17}$$

のように同一の表現となる．

同一集団に同一のテストを 2 回繰り返した場合や，注意深く作成した代用可能なテストを実施した場合のように，2 つのテスト x_1 と x_2 の間で (本質的に) 強平行測定の制約が成り立っていると仮定できる場合は，両者の相関係数は

$$\frac{C[x_1x_2]}{\sqrt{V[x_1]V[x_2]}} = \frac{E[(t+e_1-\mu_t)(t+e_2-\mu_t)]}{V[x]} = \frac{V[t]}{V[x]} = \rho \tag{7.18}$$

のように信頼性係数に一致する．このため 2 つのテストの標本相関係数を信頼性係数の推定値として利用することができる．前者を「再検査信頼性」といい，後者を「平行検査信頼性」という．

7.1.2 折半法

再検査法・平行テスト法は，2 回の測定を行わなくてはならない．実施を 1 回で済ませるためには「折半法」と呼ばれる方法がある．

まず 1 つのテスト x を互いに平行な 2 つのテスト x_1, x_2 に分ける．たとえば x が 100 問の計算テストであるならば，x_1, x_2 はそれぞれ偶数番と奇数番の計算問題の和として計算する．ここでは前節までの記号とは異なり，x は x_1 と x_2 の合計得点である．2 つに折半されたテストの相関係数は，互いに平行であるテスト x_1, x_2 の信頼性係数 ρ_{12} の推定値ではある．しかし本節で知りたいのは合計テスト得点 x の信頼性 ρ の推定値である．

まず合計テスト得点 x は

$$x = x_1 + x_2 = t_1 + t_2 + e_1 + e_2 \tag{7.19}$$

と表現される．下位テスト x_1, x_2 は平行測定だから，$\sigma_{t1}^2 = \sigma_{t2}^2$, $\sigma_{e1}^2 = \sigma_{e2}^2$ であり，$t = t_1 + t_2$，$e = e_1 + e_2$ と置き直すと

$$x = t + e \tag{7.20}$$

のように構成概念と誤差の和となる．またその分散も (7.2) 式，(7.9) 式，(7.10) 式に準じた仮定により，

$$V[x] = V[t] + V[e] \tag{7.21}$$

のように分解できる．(7.21) 式の右辺各項を，折半されたテストの要素の分散で表現すると，それぞれ

$$V[t] = V[t_1 + t_2] = V[2t_1] = 4\sigma_{t_1}^2 \tag{7.22}$$

$$V[e] = V[e_1 + e_2] = E[e_1^2] + E[e_2^2] + 2E[e_1 e_2] = 2\sigma_{e1}^2 \tag{7.23}$$

となる．したがって x の信頼性係数は

$$\rho = \frac{V[t]}{V[x]} = \frac{4\sigma_{t1}^2}{4\sigma_{t1}^2 + 2\sigma_{e1}^2} = \frac{2\sigma_{t1}^2}{2\sigma_{t1}^2 + \sigma_{e1}^2} \tag{7.24}$$

と表現される．それぞれの要素は (7.5) 式と (7.6) 式を利用して

$$\sigma_{t1}^2 = \sigma_{x1}^2 \rho_{12} \tag{7.25}$$

$$\sigma_{e1}^2 = \sigma_{x1}^2 (1 - \rho_{12}) \tag{7.26}$$

である．ρ_{12} の推定値としては x_1 と x_2 の相関係数 r_{12} が利用できるから，合計テスト得点 x の信頼性係数は

$$\hat{\rho} = \frac{2\sigma_{x1}^2 r_{12}}{2\sigma_{x1}^2 r_{12} + \sigma_{x1}^2 (1 - r_{12})} = \frac{2r_{12}}{1 + r_{12}} \tag{7.27}$$

で推定される．この式は合計テスト得点 x の信頼性を，x_1, x_2 の信頼性 (相関係数) から推定する式として利用でき，(7.27) 式による信頼性の推定値を「折半信頼性」という．この状態をパス図で示したのが図 7.3 である (Miller, 1995)[5]．折半信頼性の公式を利用するためには再検査信頼性，平行検査信頼性と同様に (本質的に) 強平行測定の性質が必要である．

[5]Miller, M.B. (1995). Coefficient alpha: A basic introduction from the perspectives of classical test theory and structural equation modeling. *Structural Equation Modeling*, **2**, 255-273.

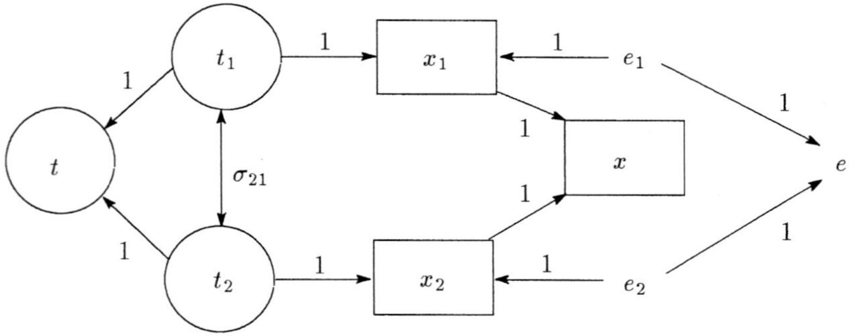

図 7.3: **折半検査モデル**

7.1.3 内的整合性

合計テスト得点 x が，n 個の下位テストの和

$$\begin{aligned} x &= x_1 + x_2 + \cdots + x_n \\ &= t_1 + t_2 + \cdots + t_n + e_1 + e_2 + \cdots + e_n \end{aligned} \tag{7.28}$$

であるとする．そして，これまでの制約を拡張し，任意の下位テスト i, j に関して，$E[t_i e_j] = 0$，$E[e_i e_j] = 0$ であるとする．ここで $t = t_1 + \cdots + t_n$，$e = e_1 + \cdots + e_n$ と置くと，合計テスト得点 x も

$$x = t + e \tag{7.29}$$

のように真の得点と誤差の和になる．テスト得点の分散は

$$V[x] = V[t] + V[e] \tag{7.30}$$

と分解される．更に，任意の下位テスト i, j に関して n 個のテストが互いに本質的にタウ等価測定 $(t_i - \mu_i = t_j - \mu_j)$ であるならば，下位テストの真の得点 t_i の分散も互いに等しくなる．ここでは，それを代表して σ_{t1}^2 と表記する．

また，任意の 2 つのテストの共分散は，添字によらず

$$\begin{aligned} \sigma_{ij} = C[x_i, x_j] &= E[(t_i + e_i - \mu_{xi})(t_j + e_j - \mu_{xj})] \\ &= E[(t_i + e_i - \mu_{ti})(t_j + e_j - \mu_{tj})] \\ &= E[((t_i - \mu_{ti}) + e_i)((t_j - \mu_{tj}) + e_j)] = \sigma_{t1}^2 \end{aligned} \tag{7.31}$$

のように単一の下位テストの真の得点の分散に一致する．このとき合計テスト得点中の真の得点 t の分散は

$$V[t] = \sigma_t = V[t_1 + \cdots + t_n] = n^2\sigma_{t1}^2 \tag{7.32}$$

と表現され，信頼性係数は

$$\rho = \frac{\sigma_t^2}{\sigma_x^2} = \frac{n^2\sigma_{t1}^2}{\sigma_x^2} \tag{7.33}$$

と導かれる．(7.31) 式より，任意の標本共分散 s_{ij} を，添字 i と j とは無関係に σ_{t1}^2 の推定量に使用できるので，$n(n-1)$ 個の標本共分散の平均

$$\hat{\sigma}_{t1}^2 = \frac{1}{n(n-1)}\sum_{i=1,}^{n}\sum_{i\neq j, j=1}^{n} s_{ij} \tag{7.34}$$

は共分散行列中の統計量をフルに利用した σ_{t1}^2 の推定量となる．(7.34) 式を (7.33) 式右辺に代入し，σ_x^2 の推定量にテスト得点の標本分散 s_x^2 を利用すれば

$$\hat{\rho} = \frac{n}{n-1}\frac{\displaystyle\sum_{i=1,}^{n}\sum_{i\neq j, j=1}^{n} s_{ij}}{s_x^2} = \frac{n}{n-1}\frac{\displaystyle\sum_{i=1,}^{n}\sum_{i\neq j, j=1}^{n} s_{ij}}{\displaystyle\sum_{i=1}^{n} s_i^2 + \sum_{i=1,}^{n}\sum_{i\neq j, j=1}^{n} s_{ij}} \tag{7.35}$$

のように合計テスト得点 x の信頼性係数の推定量が構成される．これを内的整合性による信頼性の推定といい，(7.35) 式を「クロンバックの α 係数 (単に α 係数ということもある)」という．

7.1.4 同族テスト

n 個の下位テスト x_i が，1 因子の因子分析モデル

$$x_i = \mu_i + a_i f + e_i, \quad V[f] = 1.0 \tag{7.36}$$

という構造を有しているときに，任意の下位テスト i, j は互いに (弱) 同族測定がなされているといい，そのようなテストを (弱) 同族テストという．

$$t_i = \mu_i + a_i f \tag{7.37}$$

と置くと，(弱) 同族測定とは，単一の特性を測りつつも下位テストごとに平均と分散 (原点と単位) が異なることを許容していることが分かる．これまで登場した測定モデルの中で一番制約が緩い．

x_i の信頼性係数は

$$\rho_i = \frac{a_i^2}{a_i^2 + \sigma_{ei}^2} = 1 - \frac{\sigma_{ei}^2}{a_i^2 + \sigma_{ei}^2} \tag{7.38}$$

と表現される．ただし σ_{ei}^2 は e_i の分散である．

ここで $t = t_1 + \cdots + t_n$，$e = e_1 + \cdots + e_n$ と置くと，同族テストの合計得点 x も (7.29) 式のように真の値と誤差の和で表現され，通常の因子分析の仮定の下で (7.30) 式のように，合計得点 x の分散は真の得点の分散と誤差の分散の和に分解される．

このとき合計テスト得点 x の真の得点 t の分散は，下位テストにおいて f が共通しているから，

$$V[t] = V\left[\sum_{i=1}^{n} t_i\right] = \left(\sum_{i=1}^{n} a_i\right)^2 \tag{7.39}$$

と導かれる．一方，誤差の分散は e_i が互いに無相関であるから

$$V[e] = V\left[\sum_{i=1}^{n} e_i\right] = \sum_{i=1}^{n} \sigma_{ei}^2 \tag{7.40}$$

である．したがって合計テスト得点 x の信頼性係数は

$$\rho = \frac{(\sum_{i=1}^{n} a_i)^2}{(\sum_{i=1}^{n} a_i)^2 + \sum_{i=1}^{n} \sigma_{ei}^2} = 1 - \frac{\sum_{i=1}^{n} \sigma_{ei}^2}{(\sum_{i=1}^{n} a_i)^2 + \sum_{i=1}^{n} \sigma_{ei}^2} \tag{7.41}$$

と表現することができる．この式は相関行列を因子分析した際の Ω 係数 (Heise & Bohrnstedt, 1970)[6] を，素点の因子構造に一般化して表現したものである．またこの状態をパス図で示したのが図 7.4 である

7.1.5　信頼性の推定

前節において，最も制約の緩い同族テストの信頼性係数を 1 因子の因子分析モデルの解で計算できることが示された．したがって，それより強い制約の入っ

[6] Heise, D.R., & Bohrnstedt, G.W. (1970). Validity, invalidity, and reliability. In Borgatta E.F., & Bohrnstedt, G.W. (eds.). *Sociological Methodology*. San Francisco: Jossey-Bass. pp. 104-129.

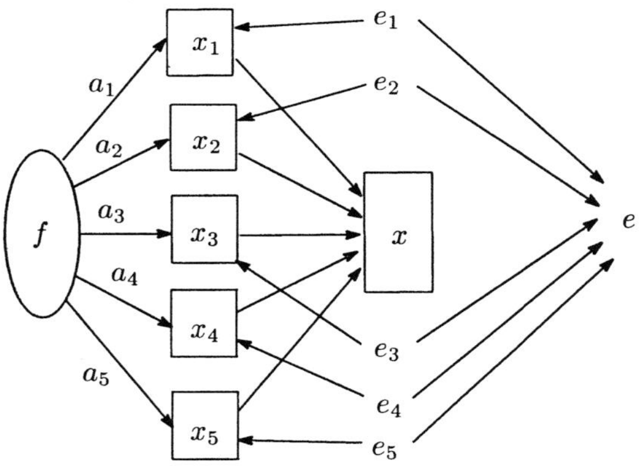

図 7.4: 同族テストモデル

た測定モデルにおける信頼性は，以下のような制約の下で解を求め，具体的に信頼性係数を計算することができる．

1. (弱) 同族テスト：(7.36) 式で表現されたモデル．
2. (弱) 同族テスト (平均値等しい)：(弱) 同族テストモデルに，各下位尺度の平均値が等しいという制約を入れたモデル．

$$x_i = \mu + a_i f + e_i \tag{7.42}$$

3. 信頼性の等しいテスト (強同族テストと呼ばれることがある)

$$x_i = \mu_i + a_i f + e_i, \quad \rho = a_i^2/(a_i^2 + \sigma_{ei}^2) \qquad (i \text{ によらず}) \tag{7.43}$$

4. 信頼性の等しいテスト (強同族テスト, 平均値等しい)

$$x_i = \mu + a_i f + e_i, \quad \rho = a_i^2/(a_i^2 + \sigma_{ei}^2) \qquad (i \text{ によらず}) \tag{7.44}$$

5. 弱平行 (本質的にタウ等価な) テスト

$$x_i = \mu_i + af + e_i \tag{7.45}$$

6. 弱平行 (タウ等価な) テスト (平均値等しい)

$$x_i = \mu + af + e_i \tag{7.46}$$

7. (強) 平行テスト

$$x_i = \mu_i + af + e_i, \quad \sigma_e^2 = V[e_i] \qquad (i \text{ によらず}) \tag{7.47}$$

8. (強) 平行テスト (平均値等しい)

$$x_i = \mu + af + e_i, \quad \sigma_e^2 = V[e_i] \qquad (i \text{ によらず}) \tag{7.48}$$

表 7.1: **5 つのテストの共分散と平均**

	x_1	x_2	x_3	x_4	x_5
x_1	53.48	56.08	48.69	49.55	50.92
x_2	56.08	62.40	52.90	53.28	55.06
x_3	48.69	52.90	48.81	46.51	47.66
x_4	49.55	53.28	46.51	49.76	49.03
x_5	50.92	55.06	47.66	49.03	52.57
平均	7.20	7.68	6.64	6.80	7.01

表 7.2: **8 つのモデルの適合度**

テストモデル名	GFI	AGFI	AIC
(弱) 同族テスト	0.98	0.93	1.50
(弱) 同族テスト (平均値等しい)	0.90	0.79	54.89
信頼性の等しいテスト (強同族テスト)	0.97	0.93	0.30
信頼性の等しいテスト (強同族テスト, 平均値等しい)	0.90	0.85	48.66
弱平行 (本質的にタウ等価な) テスト	0.94	0.88	18.30
弱平行 (タウ等価な) テスト (平均値等しい)	0.88	0.82	65.63
(強) 平行テスト	0.91	0.85	47.06
(強) 平行テスト (平均値等しい)	0.85	0.81	100.74

表 7.1 は 5 つの下位テスト[7]の共分散行列と平均値である．上記 8 つのテストモデルの最尤推定値を計算し，表 7.2 にそれらの解の適合度指標を示した．強同族テストの AIC が最小である．これら 5 つの下位テストは，困難度は必ずしも等しくないけれども，互いに信頼性の等しいテストと見なすことができる．強同族テストの推定値は表 7.3 に示した通りである．

[7]測定対象：立教大学社会学部，専門科目「社会調査分析」，前期試験受験者．180 名．測定方法：5 肢選択式問題 50 問，下位尺度：10 問ずつ，測定領域が偏らないように項目を分け，和を計算し，5 つの下位尺度を構成 ($n = 5$) した．その結果，10 点満点の 5 つの下位テストができたことになる．

表 7.3: **最適モデルの因子分析結果**

下位テスト	因子負荷	独自分散
x_1	0.83	1.23
x_2	1.12	2.25
x_3	1.31	3.08
x_4	1.15	2.37
x_5	1.14	2.34

5つの下位テストの信頼性係数は表 7.3 より，全て 0.36 である．5つの下位テストの合計得点の信頼性係数は，(7.41) 式より，以下のように求まる．

$$0.73 = \frac{30.80}{30.80 + 11.27} \tag{7.49}$$

7.2 項目反応理論

[入門編] で論じたように，構造方程式モデルの下位モデルである因子数 1 のカテゴリカル因子分析モデルは，項目反応理論の 2 母数正規累積モデルと同一の統計モデルである．

1 因子のカテゴリカル因子分析は，そのモデル式を，

$$z_i = \alpha_i f + e_i \tag{7.50}$$

と表現し，$z_i > \tau_{i1}$ なら $u_i = 1$ が，$z_i < \tau_{i1}$ なら $u_i = 0$ が観測されると仮定する．ここで u_i，α_i，τ_{i1} は，それぞれテスト項目 i の 2 値の観測変数，因子パタン，閾値である．ここで

$$a_i = \alpha_i \Big/ \sqrt{1 - \alpha_i^2} \tag{7.51}$$

$$b_i = \tau_{i1}/\alpha_i \tag{7.52}$$

と置くと，能力レベル $f = \theta$ の被験者がテスト項目 u_i に正答する確率は

$$p(u_i = 1|\theta) = \int_{-\infty}^{a_i(\theta - b_i)} \frac{1}{\sqrt{2\pi}} \exp\left[-\frac{h^2}{2}\right] dh \tag{7.53}$$

となる．θ を独立変数としたときに，その能力レベルの受験者が項目 i に正答す

る確率を表現する関数を，一般的に「項目特性曲線」といい，特にこのモデルは，項目特性曲線の中で 2 母数正規累積モデルと呼ばれていた[8].

7.2.1 1 母数正規累積モデル

能力レベル $f=\theta$ の被験者がテスト項目 u_i に正答する確率が

$$p(u_i=1|\theta)=\int_{-\infty}^{a(\theta-b_i)}\frac{1}{\sqrt{2\pi}}\exp\left[-\frac{h^2}{2}\right]dh \tag{7.54}$$

であるような項目特性曲線を仮定するモデルを 1 母数正規累積モデル，あるいはラッシュモデルという．2 母数正規累積モデルとの相違は，ラッシュモデルの識別力母数にテスト項目の添字 i がつかずに a と表現されていることである．一方，困難度には添字 i がつき，テスト項目ごとに値が異なることが仮定される．

共分散構造モデルによってラッシュモデルの識別力母数 a と困難度 b_i を推定するためには，1 因子のカテゴリカル因子分析のモデル式を，

$$z_i=\alpha f+e_i \tag{7.55}$$

と表現し，因子パタンがテスト項目全体に渡って共通していると仮定し (全ての因子パタンに等価の制約を置き)，母数を推定する．そして

$$a=\alpha\Big/\sqrt{1-\alpha^2} \tag{7.56}$$

$$b_i=\tau_{i1}/\alpha \tag{7.57}$$

と変換することにより，ラッシュモデルの項目特性曲線を特定する．因子パタンが互いに等しい 1 因子のカテゴリカル因子分析とラッシュモデルの同等性に関しては，2 母数正規累積モデルの場合とほとんど同様に証明される．

表 7.4 は，[入門編] 第 12 章，表 12.4 で示された 9 つのテスト項目の 226 人の受験結果からカテゴリカル因子分析と項目反応モデルの母数を推定した経緯を示している．ここで τ_{i1} には閾値の推定値を示した．PRELIS,Ver.2 と LISCOMP,Ver.1 の推定結果が小数第 3 位まで一致した．α_iR は LISREL,Ver.8, α_iC は LISCOMP,Ver.1 による α_i の推定値である．a_i2 と b_i2 は，2 母数正規累積モデルの推定値である (τ_{i1} と α_iR を使用して計算している)．また $\alpha1$ は，等価の制約のついた因子パタンの推定値であり (PRELIS+LISREL)，$a1$ と b_i1 はそれらをもとに計算されたラッシュモデルの母数の推定値である．

[8] ここまでは復習なので，式の導出に関しては，[入門編] 12.5 節で復習されたい．

表 7.4: **9 つの項目の項目特性**

項目	τ_{i1}	α_iR	α_iC	a_i2	b_i2	$\alpha1$	$a1$	b_i1
U1	-0.962	0.391	0.380	0.425	-2.460	0.703	0.988	-1.368
U2	0.304	0.687	0.678	0.945	0.443	0.703	0.988	0.432
U3	-0.668	0.356	0.337	0.381	-1.876	0.703	0.988	-0.950
U4	-0.696	0.447	0.456	0.500	-1.557	0.703	0.988	-0.990
U5	-0.472	0.615	0.605	0.780	-0.767	0.703	0.988	-0.671
U6	-0.497	0.647	0.665	0.849	-0.768	0.703	0.988	-0.707
U7	-0.122	0.645	0.648	0.844	-0.189	0.703	0.988	-0.174
U8	0.212	0.950	0.951	3.042	0.223	0.703	0.988	0.302
U9	0.435	0.846	0.851	1.587	0.514	0.703	0.988	0.619

項目 1 が最も易しく，項目 9 が最も難しく，項目 8 が最も識別力が高く，項目 3 が最も識別力が低いことなどが観察される．表 7.5 は，[入門編] 第 12 章，表 12.4 で示された 9 つのテスト項目のテトラコリック相関行列を示した．カテゴリカル変数の分析を一般化最小 2 乗法で行うためには，相関行列ばかりでなく，その推定値の分散共分散行列が必要なので表 7.5 だけから表 7.4 を再現できるものではないが，参考のために示して置く．

表 7.5: **テトラコリック相関**

U1	1.000								
U2	0.419	1.000							
U3	0.407	0.249	1.000						
U4	0.147	0.341	0.049	1.000					
U5	0.399	0.310	0.357	0.384	1.000				
U6	0.155	0.389	0.014	0.038	0.293	1.000			
U7	0.299	0.257	0.079	0.387	0.408	0.522	1.000		
U8	0.128	0.407	0.061	0.142	0.222	0.486	0.483	1.000	
U9	0.079	0.294	0.193	0.252	0.311	0.328	0.272	0.775	1.000

1 母数正規累積モデルと 2 母数正規累積モデルの適合度を表 7.6 に示す．適合度の観点からは，2 母数正規累積モデルのほうがデータに適合していることが示されている．しかし 1 母数正規累積モデルには「扱い易さ」という統計的理由以外の利点がある．テストの運用は，総合的な観点からの判断が必要なので，統計的指標のみによってモデル選択されない場合も多い．むしろラッシュモデ

ルが採用される場合には，その理由が統計モデル間の比較の結果ではないことのほうが多い．

表 7.6: **1 母数正規累積モデルと 2 母数正規累積モデルの適合度**

モデル	χ^2値	df	AIC	CAIC	CFI	GFI	AGFI	RMR	RMSEA
1 母数	167.6	35	188	232	0.707	0.888	0.856	0.234	0.130
2 母数	69.9	27	105	185	0.905	0.953	0.922	0.161	0.084

7.2.2 段階反応モデル

u_i が C 個の値をとる順序尺度の離散変数である場合は，

$$u_i = c \qquad (\tau_{ic} < z_i \leq \tau_{ic+1}) \tag{7.58}$$

という閾値のモデルを想定する．ここで $c = 0, 1, 2, \cdots, C-1$ であり，$\tau_{i0} = -\infty$, $\tau_{iC} = +\infty$ である．この z_i に

$$z_i = \alpha_i f + e_i \tag{7.59}$$

の 1 因子のカテゴリカル因子分析を設定し，母数 α_i, τ_{ic} を推定し

$$a_i = \alpha_i \Big/ \sqrt{1-\alpha_i^2} \tag{7.60}$$

$$b_{ic} = \tau_{ic}/\alpha_i \tag{7.61}$$

と変換すると，能力レベル $f = \theta$ の被験者がテスト項目 u_i に c と反応する確率は

$$p(u_i = c|\theta) = \int_{a_i(\theta-b_{ic+1})}^{a_i(\theta-b_{ic})} \frac{1}{\sqrt{2\pi}} \exp\left[-\frac{h^2}{2}\right] dh \tag{7.62}$$

となる．ただし $b_{i0} = -\infty$, $b_{iC} = +\infty$ である．この項目特性曲線は (正規累積曲線による) 段階反応モデルと呼ばれている．C 個の値をとる段階反応モデルには，1 つの項目に対して $C-1$ 個の困難度母数 b_{ic} と 1 個の識別力母数 a_i(合計 C 個) が推定される．

段階反応モデルは「賛成」「やや賛成」「やや反対」「反対」という反応に，それぞれ 3, 2, 1, 0 という数値を割り当てる場合などに利用できる．表 7.7 は，YG 性格検査の劣等感尺度の質問項目である．この質問には「はい」「どちらともいえない」「いいえ」の 3 段階で答えることになっており，それぞれ 2, 1, 0 という数値を (逆転項目には 0, 1, 2 を) 割り当てる．

表 7.7: **YG 性格検査の劣等感尺度の項目**

失敗しやしないかといつも心配である
なかなか決心がつかず機会を失うことが多い
人から邪魔にされはしないかと心配である
人前で顔が赤くなるので困ることが多い
劣等感 (人に劣る感じ) になやまされる
人と違うことは恥ずかしくてできない
すぐうろたえるたちである
困難にぶつかると気がくじける
何かにつけて自信がない
あまり迷わずに決心がつく (逆転項目)

表 7.8: **YG 性格検査の劣等感尺度のポリコリック相関**

U1	1.000									
U2	0.501	1.000								
U3	0.492	0.340	1.000							
U4	0.233	0.234	0.181	1.000						
U5	0.486	0.317	0.451	0.299	1.000					
U6	0.307	0.213	0.232	0.233	0.309	1.000				
U7	0.473	0.330	0.394	0.192	0.565	0.344	1.000			
U8	0.385	0.318	0.273	0.181	0.593	0.305	0.668	1.000		
U9	0.476	0.334	0.417	0.200	0.708	0.349	0.627	0.525	1.000	
U10	0.331	0.530	0.120	0.065	0.267	0.155	0.444	0.396	0.334	1.000

表 7.8 は，434 人の大学生から得たデータを基に計算したポリコリック相関行列であり，表 7.9 は，段階反応モデルによる母数の推定値である．

表 7.9: **YG 性格検査劣等感尺度の項目特性**

項目	τ_{i1}	τ_{i2}	α_i	a_i	b_{i1}	b_{i2}
U1	-0.635	0.251	0.757	1.159	-0.839	0.332
U2	-0.792	0.075	0.713	1.017	-1.111	0.105
U3	-0.029	0.715	0.613	0.776	-0.047	1.166
U4	0.046	0.614	0.364	0.391	0.126	1.687
U5	-0.317	0.360	0.823	1.449	-0.385	0.437
U6	0.040	1.300	0.449	0.503	0.089	2.895
U7	-0.198	0.621	0.819	1.427	-0.242	0.758
U8	-0.293	0.628	0.766	1.192	-0.383	0.820
U9	-0.233	0.700	0.837	1.530	-0.278	0.836
U10	-0.784	0.093	0.650	0.855	-1.206	0.143

7.2.3 項目反応モデルの尺度の等化

ここまで紹介した項目反応モデルの母数は，計算を行った一組の項目に関して，互いに識別力や困難度 (まとめて項目母数という) を比較することが可能である．しかし異なったデータから推定された項目母数は，同一の項目でも値が異なるだろうし，項目間でも比較ができない．それは f の分布がデータごとに異なり，共通尺度上で項目母数を推定していないためである．たとえば，同一の項目 (たとえば数学の問題) の困難度を，中学 1 年生のデータで推定した場合と中学 3 年生のデータで推定した場合とでは，前者のほうが高くなるはずである．これでは，テストは固定化された一組の項目として利用するだけのものになってしまう．

現実には，TOEFL や SAT のように，異なる集団・日時・場所・問題における測定で一貫した判断 (たとえば TOEFL の得点が 500 点であることの意味) が求められる．このような要請に応えるためには，共通尺度上で推定された多数の項目からなる項目プールが必要である．ところが 1 回のデータ収集で推定される項目母数の数には限度がある．別々のデータから共通尺度上の項目母数の値を得ることを等化 (equating) といい，等化は大きな項目プールを作成するためには必須のプロセスとなる．等化には様々な方法があり，共分散構造モデルでもその幾つかがサポートされているが，ここではすでにある項目プールに新たな項目を加える 1 つの方法を紹介する．

表 7.10 は，国生，柳井，柏木 (1990)[9]による新性格検査の劣等感尺度の 10 個の項目である.「はい」「どちらともいえない」「いいえ」の 3 段階で答えることと逆転項目の処理は，YG 性格検査と共通である．表 7.9 で作られた小さな項目プールに，この 10 個の項目を加えて項目数 20 の項目プールを作成する.

表 7.10: **新性格検査の劣等感尺度の項目**

多くの点で人にひけめを感じる
私には人に自慢できることがある (逆転項目)
意見ははっきりと述べるほうだ (逆転項目)
自信をもっている (逆転項目)
困難にあうと，うろたえてしまう
グループで何か決めるときは，誰か他の人の意見に従う
何かを決めるとき自分ひとりではなかなか決められない
自分はつまらない人間だ
自分の考えは何かまちがっている気がする
人のいいなりになってしまうことがよくある

表 7.11: **新性格検査劣等感尺度の項目特性**

項目	τ_{i1}	τ_{i2}	α_i	a_i	b_{i1}	b_{i2}
V1	-0.532	0.552	0.688	0.948	-0.773	0.802
V2	-0.416	0.506	0.514	0.599	-0.809	0.984
V3	-0.366	0.816	0.578	0.708	-0.633	1.412
V4	-0.857	0.317	0.599	0.748	-1.431	0.529
V5	-0.546	0.410	0.771	1.211	-0.708	0.532
V6	-0.971	0.174	0.538	0.638	-1.805	0.323
V7	-0.233	0.473	0.637	0.826	-0.366	0.743
V8	-0.366	0.671	0.642	0.837	-0.570	1.045
V9	-0.046	1.120	0.529	0.623	-0.087	2.117
V10	-0.221	0.730	0.753	1.144	-0.293	0.969

まず既にできている項目プールの中から幾つかの項目を選ぶ．ここでは YG 性格検査の項目の中から $u_2, u_4, u_6, u_8, u_{10}$ を選んだ．次に既に項目母数の推定されている項目と新たな項目を併合して実施し，データを収集する．ここでは YG 性格検査 5 項目と新性格検査 10 項目の合計 15 項目を実施した．そして 1 因子の

[9]国生理枝子・柳井晴夫・柏木繁男 (1990). 新性格検査における併存的妥当性の検証 ープロマックス回転法による新性格検査の作成についてー. 心理学研究, **61**(1), 31-39.

カテゴリカル因子分析をする際に，既に母数が推定されている項目の因子パタンをその値に固定し，新たにプールに含めたい項目の因子パタンを自由母数として推定する．その際，因子の分散は自由母数に指定する．誤差変数の分散は，いずれも自由母数とする．ここでは，まずYG性格検査の項目 $u_2, u_4, u_6, u_8, u_{10}$ の因子パタンと，それぞれ2つの閾値を7.9の値の固定母数に指定する．次に，新性格検査の項目の因子パタンと，それぞれ2つの閾値を自由母数に指定する．そして因子の平均と分散を自由母数に指定する．

その結果，因子の平均と分散の推定値は，それぞれ0.000, 0.970であった．YG性格検査の項目母数を推定した集団と等化に用いた集団を比較すると，平均的な劣等感は(小数第3位まで等しく)同じである．劣等感の散らばりは等化に用いた集団のほうが若干小さいと解釈する．表7.11に新性格検査の劣等感尺度の閾値，因子パタン，項目母数を示す(項目母数は標準は前の因子パタンを用いて計算している)．これらの項目母数はYG性格検査と共通尺度で推定されているので，等化の結果，20個の項目からなる項目プールが作成されたことになる．同様の手続きを繰り返すことによって，項目プールはいくらでも大きくすることが可能である．

8　パス解析

構造方程式モデルは，その発展の経緯から，大別して因子分析を発展させた測定方程式モデルと，回帰分析を発展させたパス解析とから成り立っている．このうち測定方程式は，実質科学分野の固有知識を利用して，頻繁に確認的な因子分析がされるけれども，パス解析には確認的な制約母数が入ることが少ない．本章では確認的重回帰分析・パス解析・変数内誤差モデルを取り上げて，それらの確認的な使用方法を論じる．

8.1　確認的な重回帰分析

因子分析と同様に，重回帰分析を行う場合も，実質科学的な事前知識を利用して確認的分析を行うことができる．事前の知識・仮定が分析されるデータに照らして妥当なものであったか否かを検討することもできる．制約の入れ方は，確認的因子分析と基本的に共通しており，固定母数と制約母数を利用する．

まず固定母数が必要となる事例を考察する．データが比尺度で測定され，予測変数の値が 0 になったら，論理的に基準変数が特定の値になることが自然な場合がある．このとき重回帰モデルの切片をその特定な値に固定すると，他の母数の推定値が安定する．たとえば「労働時間」から「パフォーマンス」を予測する場合,「原料量」から「製品量」を予測する場合には，切片を値が 0 の固定母数にすべきである．またミューラーリヤーの錯視実験で「矢羽の特徴 (長さ・角度)」から「矢羽の見かけの長さ」を予測する場合,「おもりの重さ」から「バネの長さ」を予測する場合には，それぞれ切片の値をオリジナルの矢羽とバネの長さに固定するとよい．

次に制約母数が必要となる事例を考察する．授業内で実施した数回の「小テスト」を予測変数として「期末定期試験」の成績を予測する場合，そのまま重回帰分析を行うと「小テスト」間の相関が高すぎて多重共線が生じることがある．このような状況では，普通に和得点を計算した場合を想定して，各「小テスト」の偏回帰係数が互いに等しいという制約の下で重回帰分析を行うとよい．多重共線が生じた解の決定係数と比較して，制約を入れても値がそれほど小さくならなければ,「小テスト」が等質なものであることの傍証となる．

表 8.1 は，x_2 と x_3 によって x_1 が規定されていると考えられる比尺度のデー

表 8.1: **比尺度データ**

x_1	x_2	x_3	x_1	x_2	x_3	x_1	x_2	x_3	x_1	x_2	x_3	x_1	x_2	x_3
4.1	1	1	9.3	2	1	9.8	3	1	10.3	4	1	12.2	5	1
7.1	1	2	11.0	2	2	11.3	3	2	14.1	4	2	17.3	5	2
10.3	1	3	14.8	2	3	15.1	3	3	17.2	4	3	19.9	5	3
13.6	1	4	15.9	2	4	18.4	3	4	20.4	4	4	23.8	5	4
18.6	1	5	19.2	2	5	20.1	3	5	22.6	4	5	26.0	5	5

タである．x_2 と x_3 を予測変数，x_1 を基準変数として重回帰分析

$$x_1 = \alpha_{10} + \alpha_{12}x_2 + \alpha_{13}x_3 + e_1 \tag{8.1}$$

を行う際に

モデル 1：切片を 0 に固定し，係数を自由母数とする

モデル 2：切片を自由母数とし，係数を自由母数とする

モデル 3：切片を 0 に固定し，係数には $\alpha_{12} = \alpha_{13}$ の制約を入れる

モデル 4：切片を自由母数とし，係数には $\alpha_{12} = \alpha_{13}$ の制約を入れる

という 4 つのモデルの解を求めた．

表 8.2: **適合度指標**

	切片	係数	χ^2	自由度	p 値	母数の数	AIC	BIC
モデル 1	固定	自由	0.12	1	0.73	3	250	253
モデル 2	自由	自由	0.00	0	*	4	252	257
モデル 3	固定	制約	17.8	2	0.0	2	266	268
モデル 4	自由	制約	17.8	2	0.0	3	268	272

表 8.2 は，4 つのモデルの解の適合度である．予測変数を確率変数として扱うモデルではモデル 2 の AIC と BIC[1]は計算できないのであるが，ここでは予測変数を非確率変数として扱ったので計算されている．AIC と BIC ともモデル 1 が最適であると判断している．したがって切片は 0 で，2 つの係数は必ずしも等しくないと解釈する．表 8.3 は，4 つのモデルの解と標準誤差である．最適と判断されたモデル 1 は，通常の重回帰分析であるモデル 2 と比較して係数の標

[1]BIC は，Schwarz's Bayesian Information Criterion の略であり，SBC とも呼ばれる．Schwarz, G. (1978). Estimating the dimension of a model. *The Annals of Statistics*, **6**, 461-464. で提案された．

準誤差が小さくなっている．これは適切な仮定を付加して母数の数を減らした効果である．一方，モデル 3 は係数の標準誤差は小さくなっているものの誤差分散とその標準誤差が大きくなり，肝心の決定係数が下がってしまっている．解の様子からもモデル 1 が最適であることが読み取れる．

表 8.3: **推定結果**

	モデル 1	モデル 2	モデル 3	モデル 4
α_{12}	2.078(0.098)	2.108(0.132)	2.553(0.042)	2.583(0.133)
α_{13}	3.028(0.098)	3.058(0.132)	2.553(0.042)	2.583(0.133)
σ^2_{e1}	0.877(0.248)	0.873(0.247)	1.779(0.503)	1.775(0.502)
α_{10}	0.000(0.000)	-0.202(0.591)	0.000(0.000)	-0.202(0.843)
R^2	0.969	0.969	0.936	0.938

(　) 内は標準誤差

8.2 パス解析

パス解析 (path analysis, Write,1921)[2]は [入門編] 第 5 章全体で解説した統計モデルであり，SEM の分野では構成概念を伴わない構造方程式モデル (structural equation model without latent variables) と呼ばれることが多い．パス解析は，単方向の矢印を適当にたどると元の変数に戻ることのできる「非逐次モデル (nonrecursive model)」と，戻ることのできない「逐次モデル (recursive model)[3]」に大別される．

表 8.4: **SD と相関行列 (右上：幼児教育学科，左下：教養学科)**

	自己効力	理解統合	計画実行	自己概念	職業概念
標準偏差	9.92	4.94	2.72	2.09	1.94
自己効力	1.000	0.371	0.203	0.110	-0.098
理解統合	0.528	1.000	0.442	0.266	0.202
計画実行	0.442	0.559	1.000	0.079	-0.054
自己概念	0.438	0.383	0.420	1.000	0.448
職業概念	0.338	0.481	0.382	0.622	1.000
標準偏差	11.67	6.29	4.13	2.00	1.76

[2]Write, S. (1921). Correlation and Causation. *Journal of Agricultural Research,* **20**, 557-585.

[3]逐次モデルは「完全逐次モデル (fully recursive model)」と「準完全逐次モデル (semi-fully recursive model)」と，その他の逐次モデルに分類されることがある．

どちらのモデルも [入門編] 第8章で論じた最尤推定法によって母数を推定するのが，統一的な観点からはわかり易い．ただし逐次モデルに関しては，計算機が発展していなかった時代の名残りとして，重回帰分析を利用する簡便法がある．この方法は重回帰分析を内生的観測変数の数だけ繰り返して有意な係数をパス図に書き込む方法である (重回帰分析を繰り返すことがすなわちパス解析と誤解されることもあるが，それはあくまでも「重回帰によるパス解析の簡便解」と呼ぶべきである)．ただし重回帰によるパス解析の簡便解は,

1. 変数の情報をフル活用した推定値が報告されないことが多い,
2. モデルとデータの適合を吟味できない,
3. 総合効果がゼロである変数間の誤差相関に気がつかない
4. 分析者の仮説を表現する自由が極めて少ない,

という点で，最尤解による柔軟なモデル構成より劣っている．

8.2.1 モデル 0 (重回帰分析によるパス解析)

本節では表 8.4 で示された浦上 (1996) のデータと図 8.1 で示された基本モデル[4]を用いて，最尤解によるモデル構成と重回帰によるパス解析との相違を比較する．

このモデルは，女子短大生の職業選択過程をバンデュラの自己効力理論に基づき，自己効力・就職活動・自己概念の観点から構成したものである．基本となる因果モデルは，進路選択に対する自己効力 (以下「自己効力」と略記) が就職活動の程度に影響し，就職活動の程度が一般的自己概念 (以下「自己概念」と略記) を経由して職業的自己概念 (以下「職業概念」と略記) を形成するというモデルである．ただし就職活動の程度を表す項目群は，因子分析の結果，自己と職業の理解・統合活動 (以下「自己職業」と略記) と就職活動の計画・実行行動 (以下「就職活動」と略記) という 2 つの下位尺度に分けられた．調査対象は幼児教育学科と教養学科に在籍する女子短大生であり，別々に分析されている．図 8.1 は，このモデルを重回帰分析の繰り返しで推定値を求めたものである．

---

[4] 浦上昌則 (1996)．女子短大生の職業選択過程についての研究－進路選択に対する自己効力，就職活動，自己概念の関連から－．　教育心理学研究, **44**, 195-203.

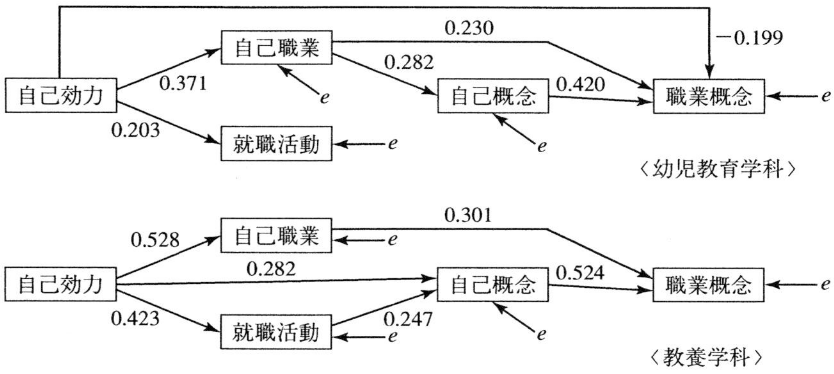

図 8.1: **モデル 0 (重回帰によるパス解析)**

8.2.2 モデル 1 (正確な最尤推定値)

基本モデルの正確な最尤推定値が図 8.2 である．重回帰分析の繰り返しによる簡便解と最尤推定値を比較すると，一部の係数が一致していないことが確認できる．特に幼児教育学科の「自己職業」から「職業概念」への推定値の食い違いが大きい．重回帰分析の繰り返しによる簡便解は変数のもつ情報をフル活用した推定値を必ずしも与えないことが知られているので，最尤解を用いたほうがよい．

表 8.5: **各モデルの統計量**

	χ^2 値	自由度	限界水準	AIC
モデル 0	*	*	*	*
モデル 1	30.96	8	$<$ 0.001	14.96
モデル 2	27.28	8	$<$ 0.001	11.28
モデル 3	3.01	6	0.808	-8.99
モデル 4	6.62	8	0.578	-9.38
モデル 5	6.65	9	0.674	-11.35

表 8.5 には本節に登場する 6 つのモデルの全体的な評価の指標を幾つか掲載している．多 (2) 母集団の分析モデルを使用しているので，幼児教育学科と教養

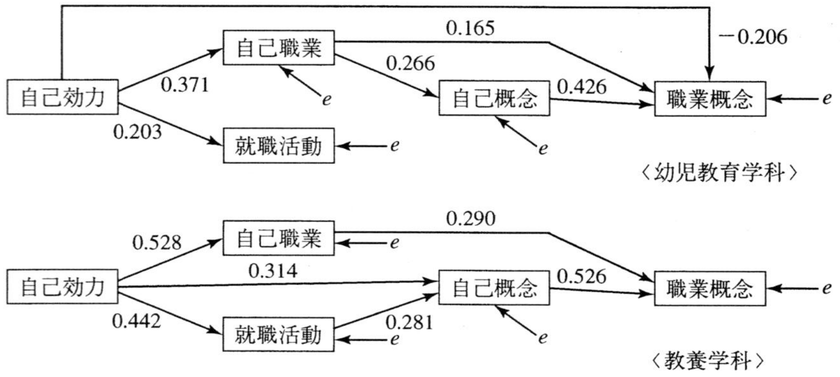

図 8.2: **モデル 1 (最尤解)**

学科を合わせた 2 種類のパス図から 1 つの指標が計算される．

重回帰分析の繰り返しによる簡便解よりも最尤解を用いたほうがよいもう一つの理由がモデルの適合度である．重回帰分析の繰り返しによる簡便解 (モデル 0) は適合度が計算できない．最尤解であるモデル 1 は，$n = 150$, $\chi^2 = 30.96$, $df = 8$, $p < 0.001$, $AIC = 14.96$ であり，標本数が少ないのに適合はよくない．重回帰分析の繰り返しによる簡便解では,「分析者が引いたパス図がデータに適合しているのか否かを吟味できない」ために，データとモデルが適合していないのにプレゼンテーションしてしまう危険が高いのである．

8.2.3 モデル 2 (測定誤差の導入)

モデルとデータの適合度を改善するために，主としてモデルの原因変数 (予測変数) として利用されている変数に測定誤差を導入する．重回帰モデルにおける (特に原因変数の) 測定誤差を変数内誤差という．重回帰によるパス解析では，変数内誤差モデルを解くことは困難であるが，共分散構造分析では図 8.3 のように，それが比較的容易に行える．

尺度「自己効力」「自己職業」「就職活動」は，α 係数による信頼性係数の推定値が，それぞれ 0.879, 0.858, 0.782 と報告されているので，固定母数を利用

(豊田・前田・柳井, 1992, p.199)[5] してモデルに測定誤差を導入する．すなわち構成概念から観測変数 x_i への係数は 1 に固定し，かつ誤差変数 e_i の分散は，

$$\hat{\sigma}_{ei}^2 = (1 - \hat{\rho}_i)\hat{\sigma}_{xi}^2 \tag{8.2}$$

に固定することによってモデルは識別される．ここで $\hat{\rho}_i$ 観測変数 x_i の信頼性係数の推定値であり，平行検査法・再検査法・折半法・α 係数法・(7.41) 式による同族測定法，等で求める．

図 8.3 で示されたモデル 2 の適合度は $\chi^2 = 27.28$, $df = 8$, $p < 0.001$, $AIC = 11.28$ であり，モデルの前半部の変数に仮定した測定誤差は適切であったといえる．ただしモデル 2 はモデル 1 と比較して改善はされているものの，依然としてデータとの適合はよくない．モデルにはまだ改良の余地がありそうである．

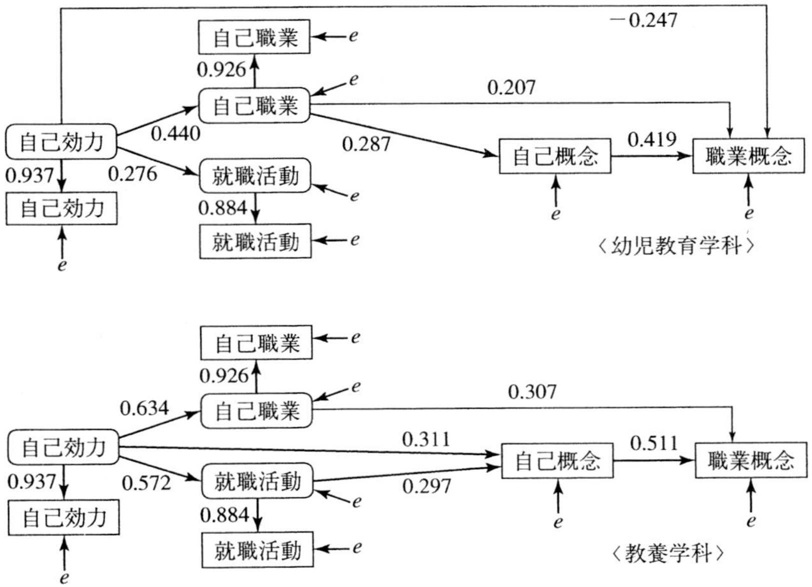

図 8.3: **モデル 2 (測定誤差の導入)**

---

[5] 豊田秀樹・前田忠彦・柳井晴夫 (1992). 原因を探る統計学 – 共分散構造分析入門 –. 講談社ブルーバックス.

8.2.4 モデル 3 (誤差相関の導入)

「自己職業」と「就職活動」は本来は1つの項目群であった．それならば，因子分析によって再構成された2つの変数が「自己効力」という単一の変数から説明を受け，残った誤差が無相関であるという仮定は，データに対して強すぎるかもしれない．図 8.4 には誤差間の共分散を自由母数に指定したモデルの解 (標準化解と相関係数) を示した．カイ2乗値は $\chi^2 = 3.01$, $df = 6$ と一気に下がり，$p = 0.808$, $AIC = -8.99$ とモデルは大幅に改善されている．この時点で職業選択過程モデルはプレゼンテーションに耐えうるレベルに達したといえる．

重回帰分析の繰り返しによる簡便解の3番目の欠点は，総合効果がゼロである変数間の誤差相関に気がつかないことである．具体的には「自己職業」と「就職活動」は重回帰ではパスが引かれないので，「自己効力」で説明されない大きな共通変動が残っていても分析者は気がつかない．

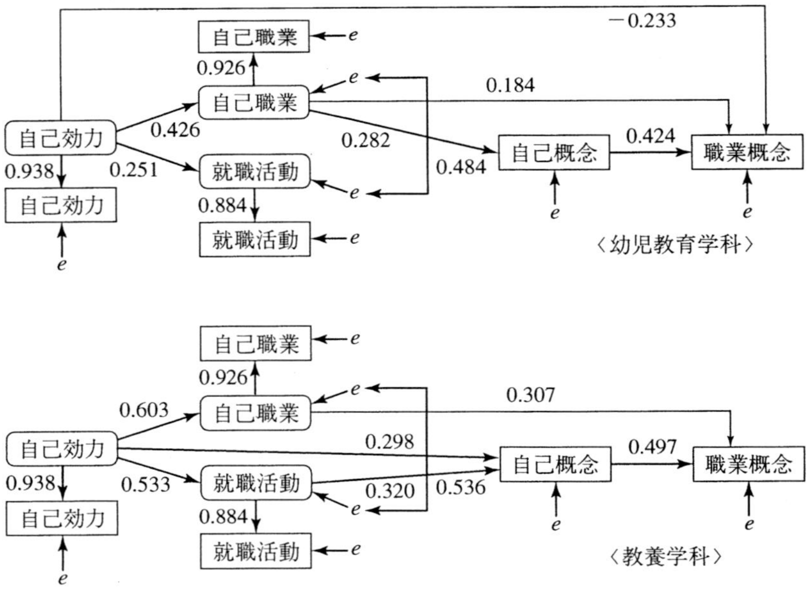

図 8.4: **モデル 3 (誤差相関の導入)**

8.2.5 モデル 4 (理論優先のパス)

統計的には適合度は十分であるが，モデル 3 は職業選択のモデルとしてはスマートではない．何故ならば「自己効力」から「職業概念」に負のパスが引かれている．これはバンデュラの理論にも常識にも合わない．理論に合わないのに有意になってしまった絶対値の小さい係数は第 1 種の誤りではないかと疑ってみることが重要である．

個々のパスの検定は，パス図全体では多重比較もせずにたくさん行われているから，1 つや 2 つは第 1 種の誤りが生じて理論に合わなくなるほうが自然である．むしろ理論通りの結果が出すぎるほうが (メンデルのエンドウ豆のデータのように) データの改竄が疑われるくらいである．優れた共分散構造モデルを構築するための最も大切なコツは，統計学以外の専門知識・固有技術 (この場合は教育心理学の知見) を大切にすることである．

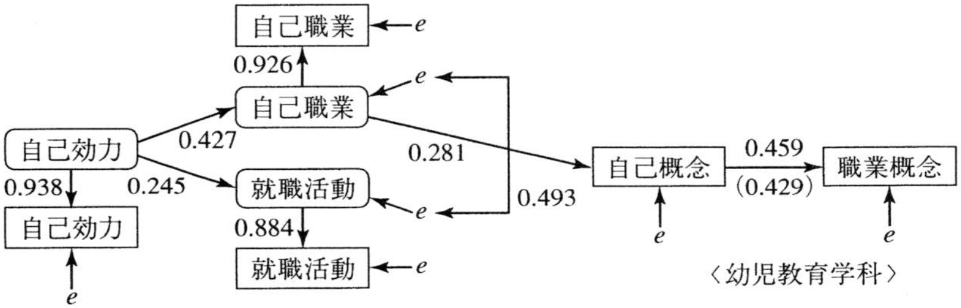

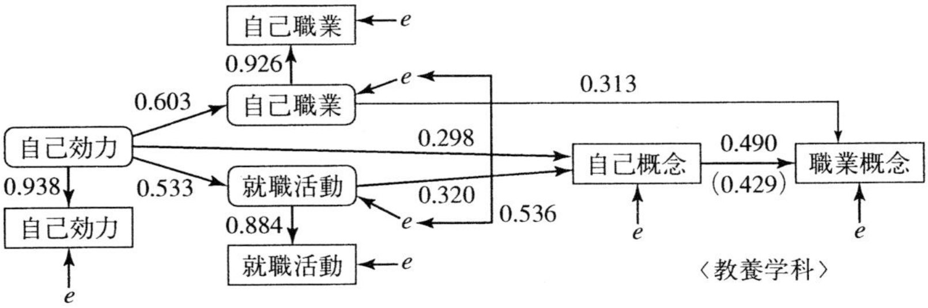

図 8.5: **モデル 5 (制約母数の導入)**

具体的には，幼児教育学科の「自己効力」から「職業概念」の係数，「自己職業」から「職業概念」の係数を 0 に固定したところ，適合度は当然のことながら $\chi^2 = 6.62$, $df = 8$, $p = 0.578$ のように下がったけれども，$AIC = -9.38$ となり，情報量規準の観点からはモデルは改善されたと判断できる (解は割愛するがパス図は図 8.5 である).「理論に合わない有意なパスを第 1 種の誤りかもしれないと疑う」態度は，1 歩間違えると独善的なデータ解析になってしまうが，情報量基準その他の指標を参照することによって，その「疑い」が妥当であったか否かの判断ができる．ここでは改善が見られたが，改善が見られなければ，「理論はデータによって支持されなかった」と判断しなくてはならない．

8.2.6 モデル 5 (制約母数の導入)

幼児教育学科を志望して在籍しているということは，ある程度，就職先が限定されていることを学生自身が認識しているので，就職活動を通して再度自己や職業について考え直すことが起こりにくいかもしれない．そこで「自己職業」と「就職活動」とは直接関係のない「自己概念」から「職業概念」への基準化前の係数は両学科で等しいという制約を入れた解を図 8.5 に示した．AIC は -11.35 とモデル 4 と比較して更に改善されている．

本節の分析例に限らず，重回帰を使ったパス解析のほとんどは，同様のモデルの改良を展開することが可能である．もちろん改良の方法は，各専門領域の実質科学的な知見に大きく依存するので，それぞれに異なるだろう．したがって議論をオープンにするためにも紙面が許す限り (たとえば学術論文なら観測変数の数が 20 以下の場合など)，論文中に，相関行列か共分散行列を掲載すべきである．また AMOS を始めとして，正確な最尤解を手軽に与える SW が普及した今日，重回帰分析の繰り返しによる簡便解には全く利点がなく，選択する理由はない．

8.3 変数内誤差モデル

x_1 を x_2 で予測する単回帰モデル

$$x_1 = \alpha_{10} + \alpha_{12}x_2 + e_1 \tag{8.3}$$

である．x_1 に関しては，σ^2_{e1} が測定誤差と回帰の予測誤差を合わせたものとして表現されている．ところが x_2 に関しては，σ^2_{x2} は観測変数の分散であり，測

定誤差が考慮されていない．これを構造方程式で表現すると

$$\begin{bmatrix} x_1 \\ x_2 \end{bmatrix} = \begin{bmatrix} \alpha_{10} \\ \mu_{x2} \end{bmatrix} + \begin{bmatrix} 0 & \alpha_{12} \\ 0 & 0 \end{bmatrix} \begin{bmatrix} x_1 \\ x_2 \end{bmatrix} + \begin{bmatrix} e_1 \\ e_2 \end{bmatrix} \tag{8.4}$$

となる．母数は α_{10}, α_{12}, μ_{x2}, σ^2_{e1}, $\sigma^2_{x2}(=\sigma^2_{e2})$ の 5 つである．標本統計量は，平均 2 つ，分散 2 つ，共分散 1 つの合計 5 つであり，丁度識別モデルであるから，これ以上母数を増やすわけにはいかない．

ところが測定には誤差がつきものであり，予測変数にも測定誤差を仮定しないのは不自然である．このような状況で，事前の実質科学的な知識を利用して，予測変数の測定誤差を表現するのが，「変数内誤差モデル (errors in variables model)」とか「測定誤差モデル (measurement error model)」と呼ばれるモデルである (Fuller,1987)[6]．この問題は，既に SEM の一般的な枠組みで解決されているが，本節では，歴史的経緯を確認するために，SEM のアイデアの 1 つの源泉ともなった変数内誤差モデルを紹介する．また変数内誤差モデルは，実質科学的情報とデータの関係を調べるのによい例を提供している．

表 8.6: **コーンの収穫量データ**

サイト	1	2	3	4	5	6	7	8	9	10	11
収穫量 x_1	86	115	90	86	110	91	99	96	99	104	96
土壌窒素 x_2	70	97	53	64	95	64	50	70	94	69	51

表 8.6 は，Fuller(1987) に登場した変数内誤差の有名なデータである．米国アイオワ州の 11 の畑におけるコーンの「収穫量」x_1 と「土壌窒素」x_2 である．窒素分は養分になるので窒素量が多いと収穫量が上がるため，その関係を定量的に調べたい．特に土の状態から収量を予測できれば便利である．

基準変数であるコーンの「収穫量」は，(その畑の単位面積当たりの収穫量の重さだから要するに全数調査であり) 測定誤差はない．したがって e_1 は測定誤差の入らない予測誤差として解釈できて都合がよい．一方，予測変数である「土壌窒素」x_2 は畑の全ての土から測定することはできない．サンプルをとって平均を計算する必要があるから，測定誤差 (調査の言葉では標本誤差) が混入する．基準変数に測定誤差がなく，予測変数には測定誤差があり，通常の回帰分析と

[6]Fuller, W. A. (1987). *Measurement Error Models.* New York: Wiley.

は逆の状態である．方程式モデルでは

$$x_1 = \alpha_{10} + \alpha_{12} f_2 + e_1 \tag{8.5}$$

$$x_2 = f_2 + e_2 \tag{8.6}$$

$$E[f_2] = \mu_x, \qquad V[f_2] = \sigma^2_{f2}, \qquad V[e_1] = \sigma^2_{e1}, \qquad V[e_2] = \sigma^2_{e2} \tag{8.7}$$

と表現される．f_2 は土壌窒素の真の値である．ただしこのモデルでは，σ^2_{x2} が σ^2_{f2} と σ^2_{e2} に分解されるため，母数の数は 6 つになり，モデルは識別不定になってしまう．

表 8.7: **母数の推定値**

母数名	α_{10}	α_{12}	μ_x	σ^2_{f2}	σ^2_{e1}	σ^2_{e2}
推定値	67.564	0.4232	70.6364	247.9	43.29	57
標準誤差	11.919	0.1658	5.2644	136.3	23.92	0

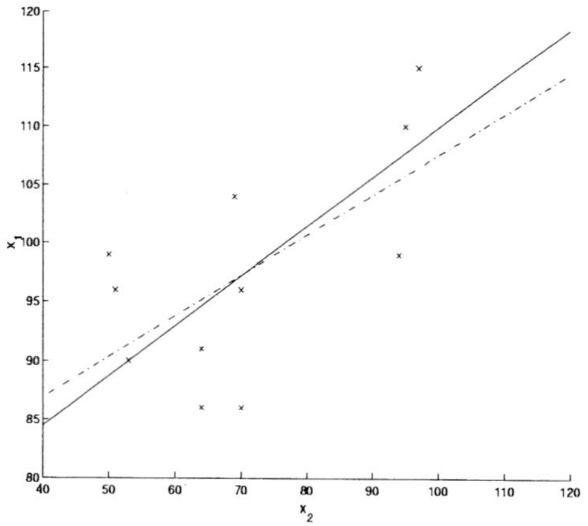

図 8.6: **コーンの収穫量データの回帰直線**

ところで σ^2_{e2} は，標本調査における標本平均の分散であり，窒素の性質ともコーンの性質とも関係がないという意味で他の 5 つの母数とは異なっている．単純無作為抽出の標本平均の分散の公式から別に推定できる母数である．推定の結果その値は 57 であった．母数の数が 1 つ減り，5 つになったので丁度識別モデルとなる．このアイデアは，当該データとは別に計算しておいた心理検査の信頼性係数をモデルの中で利用するという形で頻繁に利用され，受け継がれている．求まった解と，その標準誤差を表 8.7 に示す．また図 8.6 に，通常の単回帰直線 (1 点破線) と，表 8.7 に基づいた変数内誤差を考慮した予測のための直線 (実線) を示す．両者とも丁度識別モデルであるから，モデルの適合度は比較することができない．しかし測定の事情を適切に考慮した後者のモデル式のほうが明らかに優れている．

表 8.8 は，同じく Fuller(1987) に登場した別のタイプの変数内誤差のデータである．米国アイオワ州の「夏期」と「春期」の雌のきじの数の推定値を 1962 年から 1976 年まで示したものである．春から夏にかけて暖かくなるにつれてきじは繁殖し，数が増え，その関係は 1 次式で表現できることは経験的に知られている．

ところが州内のきじの数は大量で全数調査はできないから，サンプルによる推定値しか得ることはできない．したがって「春期」の数から「夏期」の数を予測する場合には，予測変数にも基準変数にも測定誤差がある

$$f_1 = \alpha_{10} + \alpha_{12} f_2 \tag{8.8}$$

$$x_1 = f_1 + e_1 \tag{8.9}$$

$$x_2 = f_2 + e_2 \tag{8.10}$$

$$E[f_2] = \mu_x, \qquad V[f_2] = \sigma_{f2}^2, \qquad V[e_1] = \sigma_{e1}^2, \qquad V[e_2] = \sigma_{e2}^2 \tag{8.11}$$

というモデルを想定しなくてはならない．母数は 6 つになってしまったので，このモデルもこのままでは，識別不定になってしまう．

表 8.8: **雌のきじのデータ**

西暦	1976	1975	1974	1973	1972	1971	1970	1969
夏期 x_1	8.0	6.0	9.8	10.8	9.7	9.3	9.2	6.9
春期 x_2	9.0	6.6	12.3	11.9	11.9	12.0	9.6	7.5

西暦	1968	1967	1966	1965	1964	1963	1962	
夏期 x_1	8.1	8.7	8.7	7.4	10.1	10.0	7.3	
春期 x_2	10.9	10.4	10.2	7.4	11.0	11.8	8.2	

ところで「夏期」の調査は，きじの血液検査に合わせて数を調べており，標本数が「春期」の 6 倍である．したがって誤差分散は，値そのものは不明だけ

れども「春期」の誤差分散の約 1/6 と考えることができ，

$$\sigma_{e1}^2 \times 6 = \sigma_{e2}^2 \tag{8.12}$$

という制約関係を導入できる．この制約により母数の数は実質的に 5 つになったので，丁度識別モデルとなる．求まった解と，その標準誤差を表 8.9 に示す．また図 8.7 に，通常の単回帰直線 (1 点破線) と，表 8.9 に基づいた変数内誤差を考慮した予測のための直線 (実線) を示す．

表 8.9: **母数の推定値**

母数名	α_{10}	α_{12}	μ_x	σ_{f2}^2	σ_{e1}^2	σ_{e2}^2
推定値	1.1158	0.7516	10.0467	3.129	0.082	0.492
標準誤差	0.9400	0.0923	0.4913	1.362	0.031	0.186

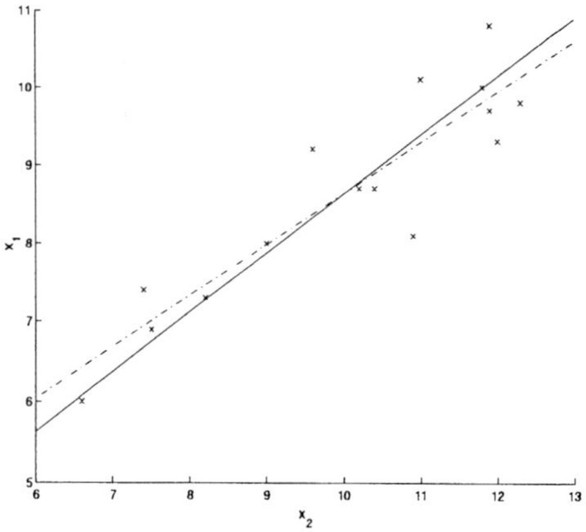

図 8.7: **雌のきじのデータの回帰直線**

数理統計学で発展した変数内誤差モデルは，歴史的に SEM に先行し，データの外側の情報が識別できないモデルを識別させ，より複雑なモデルの解を求めることを可能にした．言い換えるならば，モデル構成は 1 回限りの計算ではなく，事前の知識を取り込みながら成長させていくことができる．このような「モデルの学習機能」という考え方は，歴史的に見て，SEM の重要な源泉となった．

9　非線形・交互作用モデル

共分散構造モデルにおける非線形・交互作用の扱いは，Etezadi-Amoli & McDonald(1983)[1] や Kenny & Judd(1984)[2] などで提案された．どちらも直接観測することのできない構成概念の観測変数に対する非線形な影響，交互作用的な影響を推定するモデルである．ただし 80 年代のこれらのモデルは理論的には興味深いものであったが，応用的にはあまり注目されなかった．当時の応用環境の水準では道具立てが複雑であったためである．また解釈的含意という点からもモデルの数理的な性質が必ずしも明確でなかった．

90 年代半ばになり，手軽に扱う方法が相次いで提案された．まず Bollen(1995)[3] が道具的変数を利用した方法を発表し，Bollen & Paxton(1998)[4] で一応の完成をみている．この方法は，SEM の SW ではなく 2 段階最小 2 乗法の SW を用いて，手軽に非線形・交互作用の効果を調べられるばかりでなく，非線形・交互作用の具体的な形状にも拘束されない方法である．

また Ping(1996)[5] は，事前情報として変数の信頼性を用いる方法を，Ping(1996)[6] では SEM の SW で 2 段階に分けた推定法を提案している．これらの方法は道具立てが易しいので応用的に利用し易い．SEM における非線形・交互作用モデルを専門に論じた成書[7]も出版された．

本章では，主として Jöreskog & Yang(1996)[8] のアイデアを論じ，変数間の共分散を少なくして，プログラムし易い表現を提案する．この方法は Kenny &

---

[1] Etezadi-Amoli, J., & McDonald, R. P. (1983). A second generation nonlinear factor analysts. *Psychometrika,* **48**, 315-342.

[2] Kenny, D. A., & Judd, C. M. (1984). Estimating the non-linear and interactive effects of latent variables. *Psychological Bulletin,* **96**, 201-210.

[3] Bollen, K. A. (1995). Structural equation models that are nonlinear in latent variables: A least squares estimator. In Marsden P. V. (ed.). *Sociological Methodology.* Oxford, England: Basil Blackwell. pp. 223-251.

[4] Bollen, K. A., & Paxton, P. (1998). Interactions of latent variables in structural equation models. *Structural Equation Modeling*, **5**, 267-293.

[5] Ping, Jr. R. A. (1996). Latent variable regression: A technique for estimating interaction and quadratic coefficients. *Multivariate Behavioral Research,* **31**, 95-120.

[6] Ping, Jr. R. A. (1996). Interaction and quadratic effect estimation: a two step technique using structural equation analysis. *Psychological Bulletin,* **119**, 166-175.

[7] Schumacker, R. E., & Marcoulides, G. A. (1998). *Interaction and Nonlinear Effects in Structural Equation Modeling.* Hillsdale, N.J.: Lawrence Erlbaum Associates.

[8] Jöreskog, K. G., & Yang, F. (1996). Nonlinear structural equation models: the Kenny-Judd model with interaction effects. In Marcoulides, G. A. , & Schumacker, R. E. (eds.) *Advanced Structural Equation Modeling: Issues and Techniques.* Hillsdale, N. J. : Lawrence Erlbaum Associates, pp. 57-88.

Judd(1984) の方法を洗練したものであり，従来型の共分散構造モデルの素直な拡張になっており，統計モデルとしての役割も明確である.

9.1 導出の準備

本節では，期待値・分散・共分散に関して，次節以降で必要となる公式を用意する．証明は割愛するが，Anderson(1984, p.49)[9]などに示されている.

確率変数 x_i, x_j が互いに独立であれば，互いに無相関であり，かつ積の期待値は期待値の積

$$E[x_i\ x_j] = E[x_i]E[x_j] \tag{9.1}$$

となる．一般的な確率分布では，互いに無相関であっても，互いに独立であるとは限らない．しかし確率変数が多変量正規分布に従っている場合は，互いに無相関であることは，互いに独立であることを意味し，ただちに (9.1) 式が成り立つ.

確率変数 x_i, x_j, x_k, x_l が多変量正規分布に従っているものとする．このとき任意の 2 つの確率変数の積の期待値は

$$E[x_i\ x_j] = \sigma_{ij} + \mu_i\mu_j \tag{9.2}$$

である．期待値を 0 に調整した任意の 3 つの確率変数の積の期待値は

$$E[(x_i - \mu_i)(x_j - \mu_j)(x_k - \mu_k)] = 0 \tag{9.3}$$

である．期待値を 0 に調整した任意の 4 つの確率変数の積の期待値は

$$E[(x_i - \mu_i)(x_j - \mu_j)(x_k - \mu_k)(x_l - \mu_l)] = \sigma_{ij}\sigma_{kl} + \sigma_{ik}\sigma_{jl} + \sigma_{il}\sigma_{jk} \tag{9.4}$$

である．これまで [入門編], [応用編] を通じて，特定の確率分布に依存しない期待値の性質のみを論じてきた (どのような分布でも成り立つ性質を紹介してきた)．ただし (9.3) 式，(9.4) 式は，多変量正規分布に従う確率変数の性質であることに注意を要する.

---

[9] Anderson, T. W. (1984). *An Introduction to Multivariate Statistical Analysis.* 2nd edition. New York: Wiley.

9.2 交互作用モデル

構成概念 f_1, f_2, f_3 が，観測変数 $x_1, x_2, x_3, x_4, x_5, x_6$ によって

$$x_1 = \alpha_{10} + f_1 + e_1 \tag{9.5}$$

$$x_2 = \alpha_{20} + \alpha_{21} f_1 + e_2 \tag{9.6}$$

$$x_3 = \alpha_{30} + f_2 + e_3 \tag{9.7}$$

$$x_4 = \alpha_{40} + \alpha_{42} f_2 + e_4 \tag{9.8}$$

$$x_5 = \alpha_{50} + f_3 + e_5 \tag{9.9}$$

$$x_6 = \alpha_{60} + \alpha_{63} f_3 + e_6 \tag{9.10}$$

のように測定されているとする．一般的には，データの性質を損なうことなく

$$E[e_1] = E[e_2] = \cdots = E[e_6] = 0 \tag{9.11}$$

$$E[f_1] = E[f_2] = 0 \tag{9.12}$$

$$E[e_i\ f_1] = E[e_i\ f_2] = E[e_i\ e_j] = 0 \tag{9.13}$$

が仮定できるが，ここでは更に，多変量正規分布に従っているものとする．

f_3 は，f_1 と f_2 ばかりでなく，それらの積による交互作用の項 $f_1 f_2$ からも影響を受け，

$$f_3 = \alpha_{f30} + \alpha_{f31} f_1 + \alpha_{f32} f_2 + \alpha_{f312} f_1 f_2 + d_3 \tag{9.14}$$

と規定されている[10] ものとする．この式を導入した段階で，このモデルの中心的な役割を果たす f_3 と $f_1 f_2$ に，多変量正規分布を仮定することはできなくなる[11]．したがって観測変数に関しても x_1から x_4 までには多変量正規分布を仮定できるが，x_1から x_6 まで全体には仮定できない．

積の項 $f_1 f_2$ に関する測定の情報が必要なので，$x_1 x_3$, $x_1 x_4$, $x_2 x_3$, $x_2 x_4$ を計算し，観測変数として利用する．(9.5) 式から (9.10) 式の母数を識別させることだけが目的であれば，この 4 つの観測変数のうち 1 つを利用すればよい (Jöreskog & Yang, 1996)．ここでは f_1 と f_2 を測定している観測変数がわずかに 2 つずつなので，全ての組み合わせの計算例を以下に示す．観測変数の多くの積の項を

[10] $\alpha_{50}, \alpha_{60}, \alpha_{f30}$ には 1 つ制約を入れないとモデルは識別されない．本節では $\alpha_{f30} = 0$ としている．

[11] 多変量正規分布に従う確率変数の複数の重みつき和は，やはり多変量正規分布に従うという性質がある．積や累乗された変数は多変量正規分布には従わない．

作成しても母数が増えないので，モデルの自由度が大きくなり，モデルの妥当性の検証には有利である．しかし観測変数の数が増えるとその積は，非常な勢いで増え，プログラミングできなくなるので，そのような場合は適当に，幾つかの積を作成する．

積によって作られた 4 つの観測変数の測定方程式は

$$x_1x_3 = \alpha_{10}\alpha_{30} + \alpha_{30}f_1 + \alpha_{30}e_1 + \alpha_{10}f_2 + f_1f_2 + f_2e_1 + \alpha_{10}e_3 + f_1e_3 + e_1e_3 \tag{9.15}$$

$$x_1x_4 = \alpha_{10}\alpha_{40} + \alpha_{40}f_1 + \alpha_{40}e_1 + \alpha_{10}\alpha_{42}f_2 + \alpha_{42}f_1f_2 + \alpha_{42}f_2e_1 + \alpha_{10}e_4 + f_1e_4 + e_1e_4 \tag{9.16}$$

$$x_2x_3 = \alpha_{20}\alpha_{30} + \alpha_{21}\alpha_{30}f_1 + \alpha_{30}e_2 + \alpha_{20}f_2 + \alpha_{21}f_1f_2 + f_2e_2 + \alpha_{20}e_3 + \alpha_{21}f_1e_3 + e_2e_3 \tag{9.17}$$

$$x_2x_4 = \alpha_{20}\alpha_{40} + \alpha_{21}\alpha_{40}f_1 + \alpha_{40}e_2 + \alpha_{20}\alpha_{42}f_2 + \alpha_{21}\alpha_{42}f_1f_2 + \alpha_{42}f_2e_2 + \alpha_{20}e_4 + \alpha_{21}f_1e_4 + e_2e_4 \tag{9.18}$$

と表現される．

9.2.1 期待値と構造方程式

(9.15) 式から (9.18) 式に新たに登場した確率変数 f_1f_2, f_2e_1, f_1e_3, f_1e_4, f_2e_2, e_1e_4, e_1e_3, e_2e_3, e_2e_4 は，線形モデルの観点からは外生変数なので[12]，ここではまず母平均を調べる．

f_1f_2 以外の 8 つの確率変数は，(9.13) 式より，共分散は積の期待値だから，その母平均は 0 となる．f_1f_2 の母平均は，(9.2) 式の第 2 項が 0 の場合だから

$$\mu_{f_1f_2} = E[f_1f_2] = \sigma_{f12} \tag{9.19}$$

であり，f_1 と f_2 の共分散に一致する．以上のことを考慮すると，LISREL の測定方程式を 1 本と構造方程式，それぞれ

$$\boldsymbol{y}_{\$} = \boldsymbol{\alpha}_{y\$} + \boldsymbol{\Lambda}_y\boldsymbol{\eta} + \boldsymbol{e}_y \tag{9.20}$$

$$\boldsymbol{\eta} = \boldsymbol{\alpha}_{\eta} + \boldsymbol{B}_{+}\boldsymbol{\eta} + \boldsymbol{\Gamma}\boldsymbol{\xi} + \boldsymbol{d}_{\$} \tag{9.21}$$

---

[12] 線形な方程式のシステムの中では平均や分散を導出できないから，外生変数として扱って，それらをモデルに与える必要がある．

を用いてモデルを特定することができる．

まず測定方程式における観測変数ベクトル $\boldsymbol{y}_{\$}$ を

$$\boldsymbol{y}_{\$}=[x_1\ \ x_2\ \ x_3\ \ x_4\ \ x_5\ \ x_6\ \ x_1x_3\ \ x_1x_4\ \ x_2x_3\ \ x_2x_4]'$$

とする．LISREL には 2 つの測定方程式があるけれども，ここでは，これ 1 つだけしか使用しない．切片のベクトル $\boldsymbol{\alpha}_{y\$}$ は

$$\boldsymbol{\alpha}_{y\$}=[\alpha_{10}\ \ \alpha_{20}\ \ \alpha_{30}\ \ \alpha_{40}\ \ \alpha_{50}\ \ \alpha_{60}\ \ \alpha_{10}\alpha_{30}\ \ \alpha_{10}\alpha_{40}\ \ \alpha_{20}\alpha_{30}\ \ \alpha_{20}\alpha_{40}]'$$

となる．構造変数のベクトル $\boldsymbol{\eta}$ は，ここでは

$$\boldsymbol{\eta}=[f_1\ \ f_2\ \ f_1f_2\ \ f_3\ \ e_1\ \ e_2\ \ e_3\ \ e_4\ \ f_1e_3\ \ f_1e_4\ \ f_2e_1\ \ f_2e_2\ \ e_1e_3\ \ e_1e_4\ \ e_2e_3\ \ e_2e_4]'$$

とする．$e_1,\cdots,e_4$ は誤差変数ベクトルに置くのが普通であるが，このモデルでは 1 でない係数があるので構造変数のベクトルに置く．e_ie_j は係数が 1 なので誤差変数ベクトルに置いてもよいが，他の構造変数と相関があるかもしれないので (ないことが後に示されるが) 構造変数のベクトルに置く．係数行列 $\boldsymbol{\Lambda}_y$ は，

$$\left[\begin{array}{cccccccccccc|c}
1 & 0 & 0 & 0 & 1 & 0 & 0 & 0 & 0 & 0 & 0 & 0 & \\
\alpha_{21} & 0 & 0 & 0 & 0 & 1 & 0 & 0 & 0 & 0 & 0 & 0 & \\
0 & 1 & 0 & 0 & 0 & 0 & 1 & 0 & 0 & 0 & 0 & 0 & \boldsymbol{O}_{6\times 4} \\
0 & \alpha_{42} & 0 & 0 & 0 & 0 & 0 & 1 & 0 & 0 & 0 & 0 & \\
0 & 0 & 0 & 1 & 0 & 0 & 0 & 0 & 0 & 0 & 0 & 0 & \\
0 & 0 & 0 & \alpha_{63} & 0 & 0 & 0 & 0 & 0 & 0 & 0 & 0 & \\
\alpha_{30} & \alpha_{10} & 1 & 0 & \alpha_{30} & 0 & \alpha_{10} & 0 & 1 & 0 & 1 & 0 & \\
\alpha_{40} & \alpha_{10}\alpha_{42} & \alpha_{42} & 0 & \alpha_{40} & 0 & 0 & \alpha_{10} & 0 & 1 & \alpha_{42} & 0 & \boldsymbol{I}_{4\times 4} \\
\alpha_{21}\alpha_{30} & \alpha_{20} & \alpha_{21} & 0 & 0 & \alpha_{30} & \alpha_{20} & 0 & \alpha_{21} & 0 & 0 & 1 & \\
\alpha_{21}\alpha_{40} & \alpha_{20}\alpha_{42} & \alpha_{21}\alpha_{42} & 0 & 0 & \alpha_{40} & 0 & \alpha_{20} & 0 & \alpha_{21} & 0 & \alpha_{42} &
\end{array}\right]$$

となる．誤差変数ベクトル $\boldsymbol{e}_y$ は

$$\boldsymbol{e}_y=[0\ \ 0\ \ 0\ \ 0\ \ e_5\ \ e_6\ \ 0\ \ 0\ \ 0\ \ 0]'$$

である．

構造方程式に関しては，まず $\boldsymbol{\Gamma}=\boldsymbol{O}$, $\boldsymbol{\xi}=\boldsymbol{o}$ とする．構造変数の中で母平均が 0 になる変数に対応する箇所は 0 になるから，$\boldsymbol{\alpha}_\eta$ は

$$\boldsymbol{\alpha}_\eta=[0\ \ 0\ \ \sigma_{f12}\ \ \alpha_{f30}\ \ \boldsymbol{o}_{1\times 12}]'$$

となり，係数行列 $\boldsymbol{B}_+$ は

$$\boldsymbol{B}_+=\left[\begin{array}{cccc}
 & \boldsymbol{O}_{3\times 16} & & \\
\alpha_{f31} & \alpha_{f32} & \alpha_{f312} & \boldsymbol{o}_{1\times 13} \\
 & \boldsymbol{O}_{12\times 16} & &
\end{array}\right]$$

となる．残差 (外生) 変数ベクトル $\boldsymbol{d}_\$$ は

$$\boldsymbol{d}_\$ = [f_1 \;\; f_2 \;\; f_1 f_2^* \;\; d_3 \;\; e_1 \;\; e_2 \;\; e_3 \;\; e_4 \;\; f_1e_3 \;\; f_1e_4 \;\; f_2e_1 \;\; f_2e_2 \;\; e_1e_3 \;\; e_1e_4 \;\; e_2e_3 \;\; e_2e_4]'$$

である．ただし $f_1 f_2^* = f_1 f_2 - \sigma_{f12}$(母平均を 0 にした変数) である．

9.2.2 外生変数の分散・共分散

外生変数ベクトルは $\boldsymbol{e}_y$ と $\boldsymbol{d}_\$$ であり，モデルを特定するためにはそれらの共分散行列を導出する必要がある．まず両者の間に相関はない．次に $\boldsymbol{e}_y$ の共分散行列は，

$$\boldsymbol{\Sigma}_e = \begin{bmatrix} 0 & 0 & 0 & 0 & 0 & 0 & 0 & 0 & 0 & 0 \\ 0 & 0 & 0 & 0 & 0 & 0 & 0 & 0 & 0 & 0 \\ 0 & 0 & 0 & 0 & 0 & 0 & 0 & 0 & 0 & 0 \\ 0 & 0 & 0 & 0 & 0 & 0 & 0 & 0 & 0 & 0 \\ 0 & 0 & 0 & 0 & \sigma_{e_5}^2 & 0 & 0 & 0 & 0 & 0 \\ 0 & 0 & 0 & 0 & 0 & \sigma_{e_6}^2 & 0 & 0 & 0 & 0 \\ 0 & 0 & 0 & 0 & 0 & 0 & 0 & 0 & 0 & 0 \\ 0 & 0 & 0 & 0 & 0 & 0 & 0 & 0 & 0 & 0 \\ 0 & 0 & 0 & 0 & 0 & 0 & 0 & 0 & 0 & 0 \\ 0 & 0 & 0 & 0 & 0 & 0 & 0 & 0 & 0 & 0 \end{bmatrix} \tag{9.22}$$

である．

$\boldsymbol{d}_\$$ の共分散行列 $\boldsymbol{\Sigma}_d$ の特定には注意が必要である．まずその対角成分の分散であるが，f_1, f_2, d_3, e_1, e_2, e_3, e_4 に関しては，これまで通り，それぞれ $\sigma_{f_1}^2$, $\sigma_{f_2}^2$, $\sigma_{d_3}^2$, $\sigma_{e_1}^2$, $\sigma_{e_2}^2$, $\sigma_{e_3}^2$, $\sigma_{e_4}^2$ である．それ以外の変数は，線形モデルの観点からは外生変数であるから制約母数として表現する必要がある．

$f_1 f_2^*$ の分散は

$$\begin{aligned} V[f_1 f_2^*] =& E[(f_1 f_2 - \sigma_{f12})^2] = E[(f_1 f_2)^2] - 2\sigma_{f12} E[f_1 f_2] + \sigma_{f12}^2 \\ =& E[(f_1 f_2)^2] - \sigma_{f12}^2 \\ & \left[i=1,\, j=2,\, k=1,\, l=2 \text{ と置いて (9.4) 式右辺を第 1 項に適用して} \right] \\ =& \sigma_{f1}^2 \sigma_{f2}^2 + \sigma_{f12}^2 \end{aligned} \tag{9.23}$$

である．$f_1 e_3$ の分散は，

$$
\begin{aligned}
V[f_1 e_3] =& E[(f_1 e_3 - E[f_1 e_3])^2] \\
& \quad \left[(9.1)\ \text{式を利用して，}\ E[f_1 e_3] = E[f_1]E[e_3] = 0\ \text{なので}\right] \\
=& E[f_1^2 e_3^2] \\
& \quad \left[\text{再び}\ (9.1)\ \text{式を利用して}\right] \\
=& E[f_1^2]\ E[e_3^2] = V[f_1]\ V[e_3] \\
=& \sigma_{f_1}^2 \sigma_{e_3}^2
\end{aligned} \tag{9.24}
$$

である．(9.24) 式と同様に

$$V[f_1 e_4] = \sigma_{f_1}^2 \sigma_{e_4}^2 \tag{9.25}$$
$$V[f_2 e_1] = \sigma_{f_2}^2 \sigma_{e_1}^2 \tag{9.26}$$
$$V[f_2 e_2] = \sigma_{f_2}^2 \sigma_{e_2}^2 \tag{9.27}$$
$$V[e_1 e_3] = \sigma_{e_1}^2 \sigma_{e_3}^2 \tag{9.28}$$
$$V[e_1 e_4] = \sigma_{e_1}^2 \sigma_{e_4}^2 \tag{9.29}$$
$$V[e_2 e_3] = \sigma_{e_2}^2 \sigma_{e_3}^2 \tag{9.30}$$
$$V[e_2 e_4] = \sigma_{e_2}^2 \sigma_{e_4}^2 \tag{9.31}$$

が導かれ，$\mathbf{\Sigma}_d$ の対角成分が全て特定される．

次に $\mathbf{\Sigma}_d$ の非対角成分を導く．まず 2 つの確率変数の積の期待値で共分散が計算される組み合わせは，

$$E[f_1 f_2] = \sigma_{f12} \tag{9.32}$$

が必ずしも 0 でないけれども，残りは，$E[f_i d_3] = E[e_i d_3] = E[f_i e_j] = E[e_i e_j] = 0$ である．次に 3 つの確率変数の積の期待値で共分散が計算される組み合わせは，たとえば

$$
\begin{aligned}
E[f_i\ \ f_j e_k] =& E[(f_i - 0)(f_j - 0)(e_k - 0)] \\
& \quad \left[(9.3)\ \text{式を利用して}\right] \\
=& 0
\end{aligned} \tag{9.33}
$$

であり，同様に，$E[f_i\ \ e_j e_k] = E[d_3\ \ f_j e_k] = E[d_3\ \ e_j e_k] = E[e_i\ \ f_j e_k] = E[e_i\ \ e_j e_k] = 0$ である．

そして 4 つの確率変数の積の期待値で共分散が計算される組み合わせは，たとえば

$$E[f_1e_3\ \ f_1e_4] = E[f_1e_3f_1]E[e_4]$$

[(9.1) 式を利用して $E[e_4]$ を外に出すと，その値は 0 だから]

$$= 0 \tag{9.34}$$

であり，以下同様に共分散はすべて 0 になる．

最後に交互作用項 $f_1f_2^*$ との共分散であるが，まず

$$E[f_i\ \ f_1f_2^*] = E[f_i(f_1f_2 - \sigma_{f12})] = E[f_if_1f_2] - \sigma_{f12}E[f_1]$$

[(9.3) 式より第 1 項は 0 であり，第 2 項も 0 だから]

$$= 0 \tag{9.35}$$

である．同様に $E[d_3\ \ f_1f_2^*] = E[e_i\ \ f_1f_2^*] = 0$ である．2 つの確率変数の積の項との共分散は，たとえば

$$E[f_ie_j\ \ f_1f_2^*] = E[f_ie_j(f_1f_2 - \sigma_{f12})] = E[f_ie_jf_1f_2] - \sigma_{f12}E[f_i]E[e_j]$$

[(9.4) 式より第 1 項は 0 であり，第 2 項も 0 だから]

$$= 0 \tag{9.36}$$

である．同様に $E[e_ie_j\ \ f_1f_2^*] = 0$ である．

(9.32) 式から (9.36) 式までの考察により，$\mathbf{\Sigma}_d$ の非対角成分は 1 行 2 列 (2 行 1 列) 以外は 0 であることが示された．

(9.35) 式は，このモデルの最大のセールスポイントである．何故ならば，通常，2 要因の分散分析において，要因が独立でなくアンバランスな計画 (各セルの繰り返し数が等しくない計画) では，交互作用の解釈が難しくなる，ところが，このモデルでは f_1 と f_2 に相関があるのにも関わらず交互作用効果が主効果と無相関であり，交互作用効果を主効果とは独立に解釈できる．(9.14) 式中の標準化された α_{f312} の 2 乗が交互作用の効果の独自の説明率として単純に解釈できる．f_1 と f_2 には相関があるけれども，相関のある予測変数が 2 つまでの場合は，[入門編] 3.8 節の「10 分類」を参照すれば解釈できる．

9.3 非線形モデル

構成概念 f_1, f_2 が，観測変数 x_1, x_2, x_3, x_4 によって

$$x_1 = \alpha_{10} + f_1 + e_1 \tag{9.37}$$

$$x_2 = \alpha_{20} + \alpha_{21} f_1 + e_2 \tag{9.38}$$

$$x_3 = \alpha_{30} + f_2 + e_3 \tag{9.39}$$

$$x_4 = \alpha_{40} + \alpha_{42} f_2 + e_4 \tag{9.40}$$

のように測定されている．一般的には，データの性質を損なうことなく

$$E[e_1] = \cdots = E[e_4] = 0 \tag{9.41}$$

$$E[f_1] = 0 \tag{9.42}$$

$$E[e_i\ f_1] = E[e_i\ e_j] = 0 \tag{9.43}$$

が仮定できるが，ここでは更に，f_1 と $e_i (i = 1, \cdots, 4)$ が多変量正規分布に従っていると仮定する．f_2 は，f_1 ばかりでなく，その 2 乗の項 f_1^2 からも影響を受け，

$$f_2 = \alpha_{f20} + \alpha_{f21} f_1 + \alpha_{f211} f_1^2 + d_2 \tag{9.44}$$

と規定されている[13] ものとする．この式を導入した段階で，f_2 と f_1^2 に，多変量正規分布を仮定することはできなくなる．観測変数に関しても x_1 と x_2 は多変量正規分布に従うが，x_3, x_4 は，一般に，従わない．

2 乗の項 f_1^2 に関する測定の情報が必要なので，$x_1 x_2$, x_1^2, x_2^2 を計算し，観測変数として利用する．ここでは f_1 を測定している観測変数がわずかに 2 つなので，全ての組み合わせの計算例を以下に示す．しかし観測変数の数が増えると，その積による変数は非常な勢いで増え，プログラミングできなくなるので，そのような場合は適当に，幾つかの積を作成する．

積によって作られた 3 つの観測変数の測定方程式は

$$\begin{aligned} x_1 x_2 = {} & \alpha_{10}\alpha_{20} + (\alpha_{10}\alpha_{21} + \alpha_{20}) f_1 + \alpha_{10} e_2 + \alpha_{21} f_1^2 + f_1 e_2 + \alpha_{20} e_1 \\ & + \alpha_{21} f_1 e_1 + e_1 e_2 \end{aligned} \tag{9.45}$$

$$x_1^2 = x_1 x_1 = \alpha_{10}^2 + f_1^2 + e_1^2 + 2\alpha_{10} f_1 + 2\alpha_{10} e_1 + 2 f_1 e_1 \tag{9.46}$$

$$x_2^2 = x_2 x_2 = \alpha_{20}^2 + \alpha_{21}^2 f_1^2 + e_2^2 + 2\alpha_{20}\alpha_{21} f_1 + 2\alpha_{20} e_2 + 2\alpha_{21} f_1 e_2 \tag{9.47}$$

---

[13] $\alpha_{30}, \alpha_{40}, \alpha_{f20}$ には制約を 1 つ入れないとモデルは識別されない．本節では $\alpha_{f20} = 0$ としている．

と表現される．

(9.45) 式から (9.47) 式に新たに登場した確率変数 f_1^2, f_1e_1, f_1e_2, e_1^2, e_2^2, e_1e_2 は，線形モデルの観点からは外生変数である．f_1e_1, f_1e_2, e_1e_2 の 3 つの確率変数は，(9.43) 式より，その母平均は 0 となる．f_1^2 の母平均は，

$$\mu_{f_1^2} = E[f_1^2] = \sigma_{f1}^2 \tag{9.48}$$

であり，f_1 の分散に一致する．同様に $\mu_{e_1^2} = \sigma_{e1}^2$, $\mu_{e_2^2} = \sigma_{e2}^2$ である．

以上のことを考慮すると，LISREL の測定方程式を 1 本と構造方程式 (それぞれ (9.20) 式と (9.21) 式) を用いてモデルを特定することができる．

まず測定方程式における観測変数ベクトル $\boldsymbol{y}_\$$ を

$$\boldsymbol{y}_\$ = [x_1 \;\; x_2 \;\; x_3 \;\; x_4 \;\; x_1x_2 \;\; x_1^2 \;\; x_2^2]'$$

とする．切片のベクトル $\boldsymbol{\alpha}_{y\$}$ は

$$\boldsymbol{\alpha}_{y\$} = [\alpha_{10} \;\; \alpha_{20} \;\; \alpha_{30} \;\; \alpha_{40} \;\; \alpha_{10}\alpha_{20} \;\; \alpha_{10}^2 \;\; \alpha_{20}^2]'$$

となる．構造変数のベクトル $\boldsymbol{\eta}$ は，

$$\boldsymbol{\eta} = [f_1 \;\; f_1^2 \;\; f_2 \;\; e_1 \;\; e_2 \;\; f_1e_1 \;\; f_1e_2 \;\; e_1^2 \;\; e_2^2 \;\; e_1e_2]'$$

とする．e_1 e_2 は，このモデルでは 1 でない係数があるので，誤差変数ベクトルではなく構造変数のベクトルに置く．

係数行列 $\boldsymbol{\Lambda}_y$ は，

$$\begin{bmatrix} 1 & 0 & 0 & 1 & 0 & 0 & 0 & 0 & 0 & 0 \\ \alpha_{21} & 0 & 0 & 0 & 1 & 0 & 0 & 0 & 0 & 0 \\ 0 & 0 & 1 & 0 & 0 & 0 & 0 & 0 & 0 & 0 \\ 0 & 0 & \alpha_{42} & 0 & 0 & 0 & 0 & 0 & 0 & 0 \\ \alpha_{10}\alpha_{21}+\alpha_{20} & \alpha_{21} & 0 & \alpha_{20} & \alpha_{10} & \alpha_{21} & 1 & 0 & 0 & 1 \\ 2\alpha_{10} & 1 & 0 & 2\alpha_{10} & 0 & 2 & 0 & 1 & 0 & 0 \\ 2\alpha_{20}\alpha_{21} & \alpha_{21}^2 & 0 & 0 & 2\alpha_{20} & 0 & 2\alpha_{21} & 0 & 1 & 0 \end{bmatrix}$$

となり，誤差変数ベクトル $\boldsymbol{e}_y$ を

$$\boldsymbol{e}_y = [0 \;\; 0 \;\; e_3 \;\; e_4 \;\; 0 \;\; 0 \;\; 0]'$$

とする．

構造方程式に関しては，まず $\boldsymbol{\Gamma} = \boldsymbol{O}$, $\boldsymbol{\xi} = \boldsymbol{o}$ とする．$\boldsymbol{\alpha}_\eta$ は，構造変数の中で母平均が 0 になる変数に対応する箇所は 0 になるから，

$$\boldsymbol{\alpha}_\eta = [0 \;\; \sigma_{f1}^2 \;\; \alpha_{f20} \;\; \boldsymbol{o}_{1\times 4} \;\; \sigma_{e1}^2 \;\; \sigma_{e2}^2 \;\; 0]'$$

となり，係数行列 $\boldsymbol{B}_+$ は

$$\boldsymbol{B}_+ = \begin{bmatrix} & \boldsymbol{O}_{2\times 10} & \\ \alpha_{f21} & \alpha_{f211} & \boldsymbol{o}_{1\times 8} \\ & \boldsymbol{O}_{7\times 10} & \end{bmatrix}$$

となる．残差 (外生) 変数ベクトル $\boldsymbol{d}_\$$

$$\boldsymbol{d}_\$ = [f_1 \ \ f_1^{*2} \ \ d_2 \ \ e_1 \ \ e_2 \ \ f_1e_1 \ \ f_1e_2 \ \ e_1^{*2} \ \ e_2^{*2} \ \ e_1e_2]'$$

である．ただし $f_1^{*2} = f_1^2 - \sigma_{f1}^2$, $e_1^{*2} = e_1^2 - \sigma_{e1}^2$, $e_2^{*2} = e_2^2 - \sigma_{e2}^2$(母平均が 0 の確率変数) である．

外生変数ベクトルの $\boldsymbol{e}_y$ と $\boldsymbol{d}_\$$ の間に相関はない．$\boldsymbol{e}_y$ の共分散行列は，

$$\boldsymbol{\Sigma}_e = \begin{bmatrix} & \boldsymbol{O}_{2\times 7} & & \\ \boldsymbol{O}_{2\times 2} & \sigma_{e_3}^2 & 0 & \boldsymbol{O}_{2\times 3} \\ & 0 & \sigma_{e_4}^2 & \\ & \boldsymbol{O}_{3\times 7} & & \end{bmatrix} \tag{9.49}$$

である．

$\boldsymbol{d}_\$$ の共分散行列 $\boldsymbol{\Sigma}_d$ を特定する．まずその対角成分の分散であるが，f_1, d_2, e_1, e_2 に関しては，すでに述べたように，それぞれ $\sigma_{f_1}^2$, $\sigma_{d_2}^2$, $\sigma_{e_1}^2$, $\sigma_{e_2}^2$ である．f_1^{*2} の分散は

$$\begin{aligned} V[f_1^{*2}] =& E[(f_1^2 - \sigma_{f1}^2)^2] = E[f_1^4] - 2\sigma_{f1}^2 E[f_1^2] + \sigma_{f1}^4 \\ =& E[f_1^4] - \sigma_{f1}^4 \\ & [i=1,\ j=1,\ k=1,\ l=1 \text{ と置いて (9.4) 式右辺を第 1 項に適用して}] \\ =& 2\sigma_{f1}^4 \end{aligned} \tag{9.50}$$

である．(9.24) 式，(9.50) 式等を参考に

$$V[f_1e_1] = \sigma_{f_1}^2 \sigma_{e_1}^2 \tag{9.51}$$

$$V[f_1e_2] = \sigma_{f_1}^2 \sigma_{e_2}^2 \tag{9.52}$$

$$V[e_1^{*2}] = 2\sigma_{e_1}^4 \tag{9.53}$$

$$V[e_2^{*2}] = 2\sigma_{e_2}^4 \tag{9.54}$$

$$V[e_1e_2] = \sigma_{e_1}^2 \sigma_{e_2}^2 \tag{9.55}$$

が導かれ，$\mathbf{\Sigma}_d$ の対角成分が全て特定される．

次に $\mathbf{\Sigma}_d$ の非対角成分を導く．まず構造変数間の共分散は

$$E[f_1\ f_1^{*2}] = E[f_1\ f_1^2 - \sigma_{f_1}^2] = E[f_1^3] - \sigma_{f_1}^2 E[f_1] = 0 \tag{9.56}$$

である．(9.33) 式 (9.34) 式等を利用すると，以下同様に共分散はすべて 0 になり，$\mathbf{\Sigma}_d$ は対角行列となる．

(9.56) 式は，重要である．何故ならば，このモデルの中心的な方程式である (9.44) 式は，互いに無相関な 3 つの項の和となり，f_2 の変動は，f_1 と f_1^2 と d_2 の説明分散の単純な和で表現されるためである．つまり 1 次と 2 次と誤差の 3 つの説明割合に単純に分割することができる．これは特筆すべき性質である．

9.4 適用例

連続変数を扱う共分散構造モデルに，非線形・交互作用効果を導入する際の応用面での障害は．本質的な分析結果が尺度に依存する (モデルが尺度不変でない) という問題である．社会・人文・行動科学の多くのデータは間隔尺度で測定されることが多いので，原点に関して任意性がある．一方，2 乗の項・積の項は，尺度値の場所によって基準変数に与える影響が (正負の方向さえ) 異なる．尺度に依存するモデルは，尺度と分析結果を関連づけて解釈しなくてならない．

9.4.1 交互作用モデル

表 9.1 は，445 人の大学生に対する調査から選び出した 6 つの項目と，それらのうちの幾つかの積の平均・標準偏差・相関行列[14]である．変数の内容は「x_1 : 自信のなさ 1」「x_2 : 自信のなさ 2」「x_3 : 孤独感」「x_4 : 孤独感のなさ」「x_5 : 集団依存傾向 1」「x_6 : 集団依存傾向 2」である．

観測変数 $x_1, \cdots, x_6$ は，それぞれ 5 件法評定の単純和で構成されている．使用した 5 件法では -2 から$+2$ までの得点が与えられ,「どちらでもない」と答えると 0 点が与えられる．したがって全ての問いに「どちらでもない」と答えると，その単純和である観測変数の得点も 0 点となる．これを一応の原点の解釈とする．

[14]表 9.1 と表 9.2 は，著者の 1997 年度調査演習データより計算した．

表 9.1: 集団依存データ

	x_1	x_2	x_3	x_4	x_5	x_6	x_1x_3	x_1x_4	x_2x_3	x_2x_4
平均	.322	0.166	-1.554	.009	-2.726	-.958	-.831	1.352	-.602	.404
SD	2.090	1.495	1.435	1.836	3.718	3.124	4.625	4.060	3.305	3.222
x_1	1.000	0.487	-.112	0.341	0.421	0.346	-.625	0.192	-.333	0.062
x_2	0.487	1.000	-.158	0.143	0.394	0.473	-.339	0.054	-.656	-.037
x_3	-.112	-.158	1.000	-.219	-.085	-.080	0.174	0.059	0.116	0.004
x_4	0.341	0.143	-.219	1.000	0.342	0.076	-.202	0.248	-.100	0.270
x_5	0.421	0.394	-.085	0.342	1.000	0.468	-.250	0.092	-.268	0.041
x_6	0.346	0.473	-.080	0.076	0.468	1.000	-.156	0.031	-.213	-.089
x_1x_3	-.625	-.339	0.174	-.202	-.250	-.156	1.000	-.303	0.561	-.199
x_1x_4	0.192	0.054	0.059	0.248	0.092	0.031	-.303	1.000	-.188	0.613
x_2x_3	-.333	-.656	0.116	-.100	-.268	-.213	0.561	-.188	1.000	-.222
x_2x_4	0.062	-.037	0.004	0.270	0.041	-.089	-.199	0.613	-.222	1.000

たとえば x_1 の値が正である学生は，全ての問いに「どちらでもない」と答えた学生よりは自信がないと解釈し，x_1 の値が負である学生は自信があると解釈する．原点はこのように解釈が可能である．

分析モデルは「f_1：自信のなさ」「f_2：孤独感」「f_3：集団依存傾向」，$\alpha_{f30}=0$ として

$$f_3 = \alpha_{f31}f_1 + \alpha_{f32}f_2 + \alpha_{f312}f_1f_2 + d_3 \tag{9.57}$$

である．最尤解の標準化解は

$$f_3 = 0.816f_1 - 0.042f_2 + 0.122f_1f_2 + 0.529d_3 \tag{9.58}$$

であった．多変量正規分布に基づく計算であるから，正確ではなく，あくまでも目安であるが,「f_1 ：自信のなさ」，交互作用項,「f_2：孤独感」の順に係数が大きい．f_2 より交互作用のほうが大きいのである．「f_1 ：自信のなさ」と「f_2：孤独感」の相関係数は -0.556 であった．

「集団依存傾向」のほとんどは,「自信のなさ」によって説明される．ただし，わずかではあるが，他の要因と独立に解釈できる交互作用の効果があり，それは「自信がなくて孤独な人は「集団依存傾向」同調性が高いが，自信があって孤独でない人も「集団依存傾向」が高くなる」効果と解釈される．少数の後者がサークルなどのリーダーになり，リーダーもまた集団依存し，あるいは依存する必要があるのかもしれない．

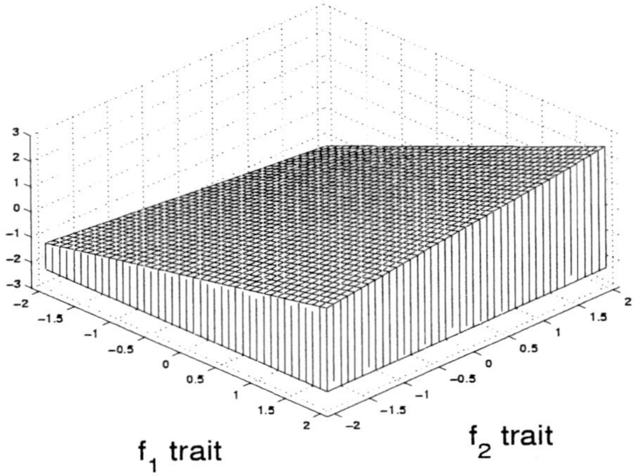

図 9.1: **集団依存の予測曲面**

(9.58) 式で示された「集団依存」f_3 の予測曲面を図 9.1 に示す．この曲面の特徴は 2 つある．1 つは「自信のなさ」の主効果であり，これが f_1 軸に添った曲面全体の傾きで表現されている．2 つ目は,「自信のなさ」f_1 の値が低い場所では,「孤独感」f_2 が低いほうが「集団依存」f_3 が高く，逆に「自信のなさ」f_1 の値が高い場所では,「孤独感」f_2 が高いほうが「集団依存」f_3 が高く，これが曲面のねじれとして表現されている.

9.4.2 非線形モデル

表 9.2 は，4 つの項目と，そのうちの幾つかの積と 2 乗の平均・標準偏差・相関行列である．変数の内容は「x_1 : 現実逃避傾向 1」「x_2 : 現実逃避傾向 2」「x_3 : スチューデント・アパシー傾向 1」「x_4 : スチューデント・アパシー傾向 2」である.

観測変数 $x_1, \cdots, x_4$ は，それぞれ 5 件法評定の単純和で構成され，全ての問いに「どちらでもない」と答えると，その単純和である観測変数の得点も 0 点となることは，前節のデータと共通している.

分析モデルは「f_1 : 現実逃避傾向」「f_2 : スチューデント・アパシー傾向」,

表 9.2: **スチューデント・アパシー・データ**

	x_1	x_2	x_3	x_4	x_1^2	x_2^2	x_1x_2
平均	0.017	-.148	1.184	-.241	1.023	1.000	0.239
SD	1.012	0.990	0.921	1.113	1.111	1.123	1.134
x_1	1.000	0.243	0.206	0.112	0.092	-.149	-.158
x_2	0.243	1.000	0.199	0.065	-.022	-.346	-.098
x_3	0.206	0.199	1.000	0.335	-.078	-.135	-.129
x_4	0.112	0.065	0.335	1.000	0.054	0.042	-.067
x_1^2	0.092	-.022	-.078	0.054	1.000	0.264	0.081
x_2^2	-.149	-.346	-.135	0.042	0.264	1.000	0.316
x_1x_2	-.158	-.098	-.129	-.067	0.081	0.316	1.000

$\alpha_{f20} = 0$ として

$$f_2 = \alpha_{f21} f_1 + \alpha_{f211} f_1^2 + d_2 \tag{9.59}$$

である．最尤解の標準化解は

$$f_2 = 0.438 f_1 - 0.503 f_1^2 + 0.745 d_2 \tag{9.60}$$

であった．説明率は，1 次，2 次，誤差で，それぞれ，19.2%, 25.3%, 55.6%である．(9.60) 式で示された「スチューデント・アパシー」f_2 の予測曲線を図 9.2 に示す．1 次の係数は 1% 水準で有意であり，2 次係数は 10% 水準で有意であった．誤差の分散は，説明率が 55.6%あったにも関わらず有意ではなかった．この結果は，見出された曲線が確かなものであること補強している．

非線形な予測曲線を解釈する際に最も注意すべきことは構成概念の分布である．(9.60) 式は標準化された解だから，図 9.2 の横軸の (f_1 の) 分布は標準正規分布である．具体的にいうならば，0 の付近に多く，±1.96 位の範囲に大勢が (約 95%のデータが) 含まれるということである.「現実逃避傾向」f_1 が負である学生は，絶対値が大きくなるにつれて，スチューデント・アパシー傾向が急速に減じていく.「現実逃避傾向」が正である学生は，値が +1.5 くらいまでは (すなわちほとんどの学生は)1 次と 2 次の効果が相殺して，比較的一定した「スチューデント・アパシー傾向」を示す.「現実逃避傾向」f_1 の偏差値が 40 以下の学生はアパシーの傾向がほとんどなく，偏差値が 40 以上の学生は全般的に同じようにアパシーの危険があると解釈される．

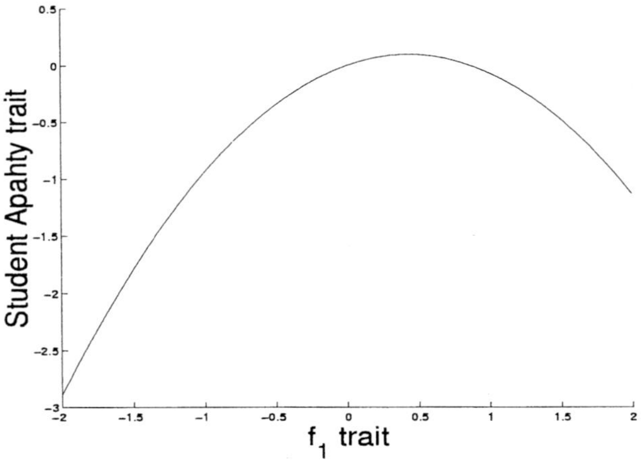

図 9.2: **スチューデント・アパシーの予測曲線**

一方，間違った解釈の例を 1 つ挙げよう．図 9.2 を曲線を延長すると，f_1 の値が，たとえば 4.0 の学生は,「現実逃避傾向」が極端に強いのに,「スチューデント・アパシー」は全くないという「すごい予測」が成り立つ．しかしこの解釈は常識はずれであるし，数理的にも誤っている．標準正規分布において $f_1 = 4.0$ などという学生は元々存在しないからである．本例に限らず非線形・交互作用モデルを解釈する際に，最も注意すべきことは，被験者 (データ) が尺度のどの辺りに分布しているのかということである．線形なモデルと異なり，極端に間違った解釈を導く危険があるので，細心の注意を払う必要がある．

9.5 含意

ニューラルネットワークモデル，カオスモデルなど，本質的に非線形なモデルが実用段階に入り，非線形モデルの構築は現在のデータ解析の 1 つの大きな目標である．それらのモデルと比べて共分散構造分析における非線形モデルの役割は，全体的・包括的ではなく，スポット利用の域をでない．しかし共分散構造分析の主たる役割が，社会・人文・行動科学における因果モデルのシナリオ作成であることを考慮すると，要所的で局所的に利用されることのほうが，むしろ重要である．非線形・交互作用モデルを全体的・包括的に展開すると，現象の予測力は向上するが，構成概念間の関係の記述が困難になるからである．構成概念間の関係のシナリオを充実させるためには，実質科学的に納得のできる(たとえば前出の集団依存の交互作用モデルのような) 理由があって，はじめて非線形・交互作用の項が導入されるのであり，逆であってはならない．

社会・人文・行動科学における因果モデルのシナリオ作成という観点からは，本章で導入した非線形・交互作用は非常に有望である．非線形の項・交互作用の項が，線形の項と無相関なので，基準変数に対する説明分散が，それぞれの項の説明分散の単純和になるからである．無相関にならない (シナリオを書きにくい) 状況では，適合度が下がるので，モデルが当てはまらない場合には警告が発せられるという意味でも安全に使用できる．希薄化の修正もされる．極めて有望なモデルである．

ただし本章の内容を 1 歩でも離れ，独自のデータやモデルに合わせて非線形・交互作用モデルを解こうとすると，本章と同じ式展開を読者自身がせねばならず，相当に面倒なことになる (もちろん腕に覚えのある読者は是非挑戦されたい)．現時点では，状況に応じたモデルを気軽に作成するわけにはいかない．モデルに応じて自動的に制約を入れてくれるようなオプションが，どこかの SW に採用されることを期待したい．それ以前に，非線形・交互作用モデルを手軽に分析するためには，本章で論じたモデルに合わせてデータを取り，付録のプログラムをそのまま走らせることである．

10　多相・直積モデル

10.1　多相データ分析

多変量データは，通常，縦に変数，横に観測対象をとって (逆の場合もあるが) 四角形に並べられる．このタイプのデータは変数と観測対象によって個々の実現値が特定されるので，2 相データ (two-mode data) と呼ばれる．一方,「観測対象 (被験者)」が，複数の「概念 (たとえば父，母，神)」を，複数の「形容詞 (たとえば重い－軽い，好き－嫌い)」によって評価したデータ[1]など，立方体の形に並べることのできるデータを 3 相データ (three-mode data) という．

[入門編] にもすでに 3 相データは登場している．p.11 の「形容詞」×「人物」×「繰り返し」のイメージデータや，p.235 に登場した「被験者」×「下位検査」×「学年」の縦断的データは 3 相データである[2]．本書 [応用編] に登場したブロック・トープリッツ行列を計算する時系列データや，繰り返しのない 3 要因の実験データも 3 相データである．本章以後に登場する多変量成長データも 3 相データである．

データの形式は 3 相までにとどまるものではなく「被験者」×「概念」×「形容詞」×「時期」のような 4 相データや，それ以上の 5 相・6 相 $\cdots$ のデータを考えることもできる．そして 3 相以上のデータをまとめて多相データ (multi-mode data) という．ただし多相データは 2 相データと比較して複雑なので，データに関する固有の知識がないと分析を進めにくい．共分散構造分析では，これまで例示してきたように，実質科学的な事前情報によってパスを引き，多相データの分析を効果的に進めてきた．この意味で共分散構造分析は，多相データの検証的な解析に非常に有効な手法といえる．

一方，2 相データの探索的分析法に対応させて，3 相データ (多相データ) の探索的分析法も比較的古くから研究されいる．3 相データの探索的分析法は大別して 2 つの流れがあった． 1 つは Harshman & Lundy(1984)[3] による PARAFAC (parallel factor analysis) モデルであり，もう 1 つは Tucker(1964)[4] を嚆矢とす

[1] このタイプのデータをセマンティック・ディファレンシャル・データ (SD データ) と呼ぶ.

[2] 「時期」や「学年」のように時間に関係した相をもつデータを縦断的データということもある.

[3] Harshman, R. A., & Lundy, M. E. (1984). Data preprocessing and the extended PARAFAC model. In Law, H.G., Snyder, C.W., Hattie, J.A., & McDonald, R.P. (eds.). *Research Methods for Multi-mode Data Analysis.* New York: Praeger, pp. 216-284.

[4] Tucker, L. R. (1964). The extension of factor analysis to three-dimensional matrices. In

る 3 相因子分析モデルである．当初，3 相因子分析モデルは確率変数を使用しない記述モデルであったが，Bloxom(1968)[5] によって確率モデルとして表現された．

その 10 年後，3 相因子分析モデルは Bentler & Lee(1978)[6] と Bentler & Lee(1979)[7] において最尤モデルとして再構成され，PARAFAC を下位モデルとして表現し，2 つの流れを統合した．また，後述する多特性多方法行列を分析するための直積モデルとの関係を明らかにしている．

更に 10 年後，3 相因子分析モデルは Bentler, Poon, & Lee (1988)[8] によって多相モデルに拡張され，多相モデルは EQS の (したがって共分散構造モデルの) 下位モデルであることが示された．その結果，PARAFAC，3 相因子分析，多相モデル，直積モデルは SEM の SW で実行可能になった．本章の目的は，これらの多相・直積モデルを共分散構造によって表現することである．

10.2 多相モデル

通常の 2 相データの解析において「変数」の相は，正確には確率変数の相であり，「観測対象」は実現値の相である．多相データをモデル化する場合の近年の主流は，1 つの相 (第 0 相) を実現値として，残りの相 (第 1 相から第 M 相まで) を確率変数として扱う方法である．3 相データでは $M = 2$ であり，4 相データでは $M = 3$ となる．相を表す添字には m を用いる．第 1 相から第 M 相までには，それぞれ「水準」があり，第 m 相の水準数を l_m とする．観測変数を表現する確率変数 $\boldsymbol{x}$ のサイズは $n(= l_1 \times \cdots \times l_m \times \cdots \times l_M)$ である．ただし第 0 相の水準数は標本数であるから，これまでの表記に従って，l_0 ではなく N とする．

たとえば [入門編] における p.11 のデータでは「形容詞」が実現値の相である ($N = 30$)．「繰り返し」という相には「1 回目」「2 回目」という 2 つの水準があ

Gulliksen, H., & Frederiksen, N. (eds.). *Contributions to Mathematical Psychology.* New York: Holt, Rinehart & Winston, 110-127.

[5]Bloxom, B. (1968). A note on invariance in three-mode factor analysis. *Psychometrika*, **33**, 347-350.

[6]Bentler, P.M., & Lee, S.Y. (1978). Statistical aspects of a three-mode factor analysis model. *Psychometrika*, **43**, 343-352.

[7]Bentler, P.M., & Lee, S.Y. (1979). A statistical development of three-mode factor analysis. *British Journal of Mathematical and Statistical Psychology*, **32**, 87-104.

[8]Bentler, P. M., Poon, W. Y., & Lee, S.Y. (1988). Generalized multimode latent variable models: Implementation by standard programs. *Computational Statistics and Data Analysis*, **7**, 107-118.

り,「人物」という相には「自己」「他者」「メタ」という 3 つの水準がある．したがって観測変数を表現する確率変数の数 n は $6(= 2 \times 3 = l_1 \times l_2)$ である．

ところで多相モデルの一般式は

$$\boldsymbol{x} = \boldsymbol{\mu}_x + \boldsymbol{D}((\boldsymbol{A}_M \otimes \boldsymbol{A}_{M-1} \otimes \cdots \otimes \boldsymbol{A}_m \otimes \cdots \otimes \boldsymbol{A}_2 \otimes \boldsymbol{A}_1)\boldsymbol{A}_0\boldsymbol{\xi} + \boldsymbol{e}_0) \tag{10.1}$$

と表現される．ただし $E[\boldsymbol{\xi}] = \boldsymbol{o}$, $E[\boldsymbol{e}_0] = \boldsymbol{o}$ である．$\boldsymbol{A}_m(m = 1, \cdots, M)$ は，$l_m \times p_m$ の行列である．多くの場合に $l_m > p_m$ であり，l_m 個の水準は p_m 個の特徴に縮約的に記述される．$\boldsymbol{A}_m$ は，第 m 相の因子負荷行列に相当する行列である．2 相データの因子負荷行列と同様に，幾つかの固定母数や制約母数を入れ，たとえば単純構造にするなどして識別する．

$(\boldsymbol{A}_M \otimes \boldsymbol{A}_{M-1} \otimes \cdots \otimes \boldsymbol{A}_m \otimes \cdots \otimes \boldsymbol{A}_2 \otimes \boldsymbol{A}_1)$ のサイズは，縦が $n(= l_1 \times \cdots \times l_m \times \cdots \times l_M)$ であり，横が $p(= p_1 \times \cdots \times p_m \times \cdots \times p_M)$ である．

$\boldsymbol{A}_0$ は $p \times q$ の係数行列であり，核箱 (core box) と呼ばれている．多くの場合に $p > q$ である．$\boldsymbol{\xi}$ は $q \times 1$ の確率変数ベクトルであり，本モデルの外生的かつ構造的な潜在変数 (因子) である．$\boldsymbol{\xi}$ が与えられたときの最初のプロセスを

$$\boldsymbol{\xi}_0 = \boldsymbol{A}_0\boldsymbol{\xi} \tag{10.2}$$

と置くと，$\boldsymbol{\xi}_0$ は $p \times 1$ の内生的かつ構造的な潜在変数を表現する確率変数ベクトルとなる．積の連なりの p は大きな数になることがある．q は第 0 相の因子数であるから，通常は，因子分析の因子数ほどの大きさになる．以上のことから核箱 $\boldsymbol{A}_0$ は，誤差変数を伴わない 2 次因子分析の 2 次因子に対する因子負荷行列と解釈することもできる．

$\boldsymbol{\xi}_0$ は以下の変形を経て

$$\boldsymbol{\xi}_1 = (\boldsymbol{I} \otimes \cdots \otimes \boldsymbol{I} \otimes \boldsymbol{A}_1)\boldsymbol{\xi}_0 \tag{10.3}$$

$$\boldsymbol{\xi}_2 = (\boldsymbol{I} \otimes \cdots \otimes \boldsymbol{I} \otimes \boldsymbol{A}_2 \otimes \boldsymbol{I})\boldsymbol{\xi}_1 \tag{10.4}$$

$$\vdots$$

$$\boldsymbol{\xi}_{M-1} = (\boldsymbol{I} \otimes \boldsymbol{A}_{M-1} \otimes \boldsymbol{I} \otimes \cdots \otimes \boldsymbol{I})\boldsymbol{\xi}_{M-2} \tag{10.5}$$

$$\boldsymbol{\xi}_M = (\boldsymbol{A}_M \otimes \boldsymbol{I} \otimes \cdots \otimes \boldsymbol{I})\boldsymbol{\xi}_{M-1} \tag{10.6}$$

のように，順次，第 1 相から第 M 相までの特徴を付与される[9]とみなせる．$\boldsymbol{\xi}_m$ には第 m 相までの情報が付与され，第 $m+1$ 相から第 M 相までは単なる繰り返しとなる．

[9] $(\boldsymbol{A} \otimes \boldsymbol{B})(\boldsymbol{F} \otimes \boldsymbol{G}) = \boldsymbol{AF} \otimes \boldsymbol{BG}$ という公式は $(\boldsymbol{A} \otimes \boldsymbol{B}) = (\boldsymbol{A} \otimes \boldsymbol{I})(\boldsymbol{I} \otimes \boldsymbol{B})$ を導き，これは

最終的な内生的かつ構造的な潜在変数は，誤差変数 $\boldsymbol{e}_0$ を伴って

$$\boldsymbol{x} = \boldsymbol{\mu}_x + \boldsymbol{D}(\boldsymbol{\xi}_M + \boldsymbol{e}_0) \tag{10.7}$$

のように観察される．$\boldsymbol{D}$ は $n \times n$ の対角行列であり，間隔尺度であることが多い観測変数の単位の変換の影響を，$(\boldsymbol{\xi}_M + \boldsymbol{e}_0)$ に伝えない役割をもっている．$\boldsymbol{D}$ の n 個の対角要素は自由母数として推定されることもあるし，標本標準偏差の値に固定されることもある．後者の場合は相関行列の分析を意味する．

間隔尺度であることが多い観測変数の原点の移動の影響は $\boldsymbol{\mu}_x$ が調節し

$$\boldsymbol{v} = \boldsymbol{D}((\boldsymbol{A}_M \otimes \boldsymbol{A}_{M-1} \otimes \cdots \otimes \boldsymbol{A}_m \otimes \cdots \otimes \boldsymbol{A}_2 \otimes \boldsymbol{A}_1)\boldsymbol{A}_0\boldsymbol{\xi} + \boldsymbol{e}_0) \tag{10.8}$$

であるから，共分散構造は

$$\boldsymbol{\Sigma} = \boldsymbol{D}((\boldsymbol{A}_M \otimes \cdots \otimes \boldsymbol{A}_1)\boldsymbol{A}_0\boldsymbol{\Phi}\boldsymbol{A}_0'(\boldsymbol{A}_M \otimes \cdots \otimes \boldsymbol{A}_1)' + \boldsymbol{\Delta}_0)\boldsymbol{D} \tag{10.9}$$

となる．ただし，$E[\boldsymbol{\xi}\boldsymbol{e}_0'] = \boldsymbol{O}$，$E[\boldsymbol{\xi}\boldsymbol{\xi}'] = \boldsymbol{\Phi}$，$E[\boldsymbol{e}_0\boldsymbol{e}_0'] = \boldsymbol{\Delta}_0$ である．また，$E[\boldsymbol{\xi}_m\boldsymbol{\xi}_m'] = \boldsymbol{\Phi}_m$ とすると，(10.3) 式から (10.6) 式の変形に従って，共分散構造も

$$\begin{aligned}
\boldsymbol{\Sigma} &= \boldsymbol{D}((\boldsymbol{A}_M \otimes \cdots \otimes \boldsymbol{A}_1)\boldsymbol{\Phi}_0(\boldsymbol{A}_M \otimes \cdots \otimes \boldsymbol{A}_1)' + \boldsymbol{\Delta}_0)\boldsymbol{D} &(10.10)\\
&= \boldsymbol{D}((\boldsymbol{A}_M \otimes \cdots \otimes \boldsymbol{A}_2 \otimes \boldsymbol{I})\boldsymbol{\Phi}_1(\boldsymbol{A}_M \otimes \cdots \otimes \boldsymbol{A}_2 \otimes \boldsymbol{I})' + \boldsymbol{\Delta}_0)\boldsymbol{D} &(10.11)\\
&\ \ \vdots\\
&= \boldsymbol{D}((\boldsymbol{A}_M \otimes \boldsymbol{I} \otimes \cdots \otimes \boldsymbol{I})\boldsymbol{\Phi}_{M-1}(\boldsymbol{A}_M \otimes \boldsymbol{I} \otimes \cdots \otimes \boldsymbol{I})' + \boldsymbol{\Delta}_0)\boldsymbol{D} &(10.12)\\
&= \boldsymbol{D}(\boldsymbol{\Phi}_M + \boldsymbol{\Delta}_0)\boldsymbol{D} &(10.13)
\end{aligned}$$

のように，順番に変形することができる．

10.3　3 相因子分析モデル (Tucker 3)

応用場面で登場することの多い 3 相モデルは $M = 2$ の場合であるから，モデル式は

$$\boldsymbol{x} = \boldsymbol{\mu}_x + \boldsymbol{D}((\boldsymbol{A}_2 \otimes \boldsymbol{A}_1)\boldsymbol{A}_0\boldsymbol{\xi} + \boldsymbol{e}_0) \tag{10.14}$$

$(\boldsymbol{A} \otimes \boldsymbol{B} \otimes \boldsymbol{C}) = (\boldsymbol{A} \otimes \boldsymbol{I} \otimes \boldsymbol{I})(\boldsymbol{I} \otimes \boldsymbol{B} \otimes \boldsymbol{I})(\boldsymbol{I} \otimes \boldsymbol{I} \otimes \boldsymbol{C})$ のように拡張でき，更に $(\boldsymbol{A} \otimes \boldsymbol{B} \otimes \boldsymbol{C} \otimes \boldsymbol{D}) = (\boldsymbol{A} \otimes \boldsymbol{I} \otimes \boldsymbol{I} \otimes \boldsymbol{I})(\boldsymbol{I} \otimes \boldsymbol{B} \otimes \boldsymbol{I} \otimes \boldsymbol{I})(\boldsymbol{I} \otimes \boldsymbol{I} \otimes \boldsymbol{C} \otimes \boldsymbol{I})(\boldsymbol{I} \otimes \boldsymbol{I} \otimes \boldsymbol{I} \otimes \boldsymbol{D})$ や，それ以上の積も同様に分解できる．この性質を $(\boldsymbol{A}_M \otimes \boldsymbol{A}_{M-1} \otimes \cdots \otimes \boldsymbol{A}_m \otimes \cdots \otimes \boldsymbol{A}_2 \otimes \boldsymbol{A}_1)$ に適用する．

のように表現される．また共分散構造は

$$\boldsymbol{\Sigma} = \boldsymbol{D}((\boldsymbol{A}_2 \otimes \boldsymbol{A}_1)\boldsymbol{A}_0\boldsymbol{\Phi}\boldsymbol{A}_0'(\boldsymbol{A}_2 \otimes \boldsymbol{A}_1)' + \boldsymbol{\Delta}_0)\boldsymbol{D} \tag{10.15}$$

である．この表現が Bloxom(1968) や Bentler & Lee(1978) の 3 相因子分析モデル，あるいは Kroonenberg & De Leeuw (1980)[10] の記述における Tucker 3 モデルである．

また，$E[\boldsymbol{\xi}_0\boldsymbol{\xi}_0'] = \boldsymbol{\Phi}_0$ を特に分解せずに

$$\boldsymbol{\Sigma} = \boldsymbol{D}((\boldsymbol{A}_2 \otimes \boldsymbol{A}_1)\boldsymbol{\Phi}_0(\boldsymbol{A}_2 \otimes \boldsymbol{A}_1)' + \boldsymbol{\Delta}_0)\boldsymbol{D} \tag{10.16}$$

と表現することもできる．(10.16) 式の表現は，$\boldsymbol{A}_1$ と $\boldsymbol{A}_2$ をそれぞれの相の因子負荷行列のように，$\boldsymbol{\Phi}_0$ を因子間相関 (共分散) のように解釈でき，2 相の因子分析モデルの斜交解の解釈のアナロジーを利用できる．ただし $\boldsymbol{\Phi}_0$ は $p(= p_1 \times p_2)$ 次の対称行列であるから，2 つの相の因子の積の相関を解釈することになる．もちろん p が大きくない場合に $\boldsymbol{\Phi}_0$ の推定値を観察することは有益である．

p が大きい場合には，$\boldsymbol{\Phi} = \boldsymbol{I}$ とし，q =2 あるいは 3 として

$$\boldsymbol{\Sigma} = \boldsymbol{D}((\boldsymbol{A}_2 \otimes \boldsymbol{A}_1)\boldsymbol{A}_0\boldsymbol{A}_0'(\boldsymbol{A}_2 \otimes \boldsymbol{A}_1)' + \boldsymbol{\Delta}_0)\boldsymbol{D} \tag{10.17}$$

を求め，$\boldsymbol{A}_0$ における p 個の点をマッピングして解釈をすすめることができる．あるいは (10.15) 式において $\boldsymbol{A}_0\boldsymbol{\Phi}\boldsymbol{A}_0' = \boldsymbol{I}$ と制約すると (Bentler & Lee, 1978)

$$\boldsymbol{\Sigma} = \boldsymbol{D}((\boldsymbol{A}_2 \otimes \boldsymbol{A}_1)(\boldsymbol{A}_2 \otimes \boldsymbol{A}_1)' + \boldsymbol{\Delta}_0)\boldsymbol{D} \tag{10.18}$$

となる．この表現は後述する直積モデルと重要な関係をもってくる．

10.4 Tucker 2 と PARAFAC

(10.14) 式の表現を $\boldsymbol{A}_2 = \boldsymbol{I}(l_2 = p_2)$，$\boldsymbol{D} = \boldsymbol{I}$ と制約すると

$$\boldsymbol{x} = \boldsymbol{\mu}_x + (\boldsymbol{I} \otimes \boldsymbol{A}_1)\boldsymbol{A}_0\boldsymbol{\xi} + \boldsymbol{e}_0 \tag{10.19}$$

となり，Tucker 2 と呼ばれるモデルとなる．Tucker 2 の共分散構造は

$$\boldsymbol{\Sigma} = (\boldsymbol{I} \otimes \boldsymbol{A}_1)\boldsymbol{A}_0\boldsymbol{\Phi}\boldsymbol{A}_0'(\boldsymbol{I} \otimes \boldsymbol{A}_1)' + \boldsymbol{\Delta}_0 \tag{10.20}$$

[10] Kroonenberg, P.M., & De Leeuw, J. (1980). Principal component analysis of three-mode data by means of alternating least squares algorithms. *Psychometrika,* **45**, 69-97.

である．

また $p_1 = q$ とすると (10.19) 式は

$$\boldsymbol{x} = \boldsymbol{\mu}_x + \begin{bmatrix} \boldsymbol{A}_1 & & & & \boldsymbol{O} \\ & \ddots & & & \\ & & \boldsymbol{A}_1 & & \\ & & & \ddots & \\ \boldsymbol{O} & & & & \boldsymbol{A}_1 \end{bmatrix} \begin{bmatrix} \boldsymbol{A}_{01} \\ \vdots \\ \boldsymbol{A}_{0l} \\ \vdots \\ \boldsymbol{A}_{0l_2} \end{bmatrix} \boldsymbol{\xi} + \boldsymbol{e}_0 \tag{10.21}$$

と書き直すことができる．全ての $\boldsymbol{A}_{0l}$ は，$p_1 \times p_1$ の正方行列である．更に $\boldsymbol{A}_{0l}$ を対角行列とすると PARAFAC と呼ばれるモデルとなる．

PARAFAC は 第 2 相の p_2 種類の水準によらず，第 1 相の p_1 個の因子で変数の変動が説明される．第 2 相の水準に関わらず，第 1 の相の $\boldsymbol{A}_1$ の影響を受けるということである．しかし全く同様の影響を受けるわけではなく，第 2 相の l 番目の水準の i 番目の因子は，$\boldsymbol{A}_{0l}$ の i 番目の対角要素で重みづけられる．言い換えるならば，$\boldsymbol{A}_{0l}$ の i 番目の対角要素は l 番目の水準の i 番目の因子の影響力であり，第 2 相の因子負荷と解釈することができる．第 1 相と第 2 相に共通する因子を仮定しているので，PARAFAC の解は解釈し易い．

共通する因子は互いに直交していてもよく，その場合に，共分散構造は

$$\boldsymbol{\Sigma} = (\boldsymbol{I} \otimes \boldsymbol{A}_1)\boldsymbol{A}_0\boldsymbol{A}_0'(\boldsymbol{I} \otimes \boldsymbol{A}_1)' + \boldsymbol{\Delta}_0 \tag{10.22}$$

となる．

10.4.1 PARAFAC の具体例と別表現

表 10.1 は Bentler & Lee(1979) に登場した 3 相データの相関行列である．第 1 相は「(性格) 特性」の相であり，水準は「外向性 (E : extraversion)」「テスト不安 (A : test anxiety)」「衝動性 (I : impulsivity)」「達成動機 (M : academic achievement motivation)」の $l_1 = 4$ である．第 2 相は「(測定) 方法」の相であり，水準は「仲間 (からの評価)(P : peer report)」「教師 (の評定)(T : teacher rating)」「自己 (評定)(S : self rating)」の $l_2 = 3$ である．第 0 相は「被験者」の (実現値の) 相であり，水準は 68 人の小学 5 年生の児童である ($N = 68$).

確率変数は第 1 相と第 2 相の水準の組み合わせによって規定される．たとえば表 10.1 中の x_1 にはラベル EP が付されており，これは仲間が外向性を評価し

た変数であるという意味である．共分散構造分析では，3 相データからは表 10.1 のような $n(=l_1 \times l_2)$ 変数の共分散 (相関) 行列を計算して，そこから分析を進める．同様に M 相データの確率変数は第 1 相から第 $M-1$ 相の水準の組み合わせによって規定され，$n(=l_1 \times \cdots \times l_m \times \cdots \times l_{M-1})$ 個の観測変数の共分散 (相関) 行列を計算し，その共分散 (相関) 行列を基に分析を進める．

表 10.1: **性格評価データ**

		x_1	x_2	x_3	x_4	x_5	x_6	x_7	x_8	x_9	x_{10}	x_{11}	x_{12}
EP	x_1	1.00											
AP	x_2	-.38	1.00										
IP	x_3	.42	-.21	1.00									
MP	x_4	-.25	.54	-.54	1.00								
ET	x_5	.64	-.15	.26	-.05	1.00							
AT	x_6	-.29	.66	-.19	.44	-.25	1.00						
IT	x_7	.38	-.09	.56	-.19	.59	-.14	1.00					
MT	x_8	-.22	.51	-.33	.66	.06	.62	-.05	1.00				
ES	x_9	.45	-.05	.12	.10	.50	-.05	.36	.17	1.00			
AS	x_{10}	.04	.38	-.03	.14	.08	.30	.09	.16	.02	1.00		
IS	x_{11}	.33	-.13	.35	-.18	.41	-.14	.45	-.13	.43	.16	1.00	
MS	x_{12}	-.21	.37	-.44	.58	-.01	.41	-.10	.62	.06	.04	-.37	1.00

ここでは (10.21) 式の PARAFAC モデルを用いて検討を進める．$p_1 = q = 2$ としてモデルを書き下すと

$$\boldsymbol{x} = \boldsymbol{\mu}_x + \left(\boldsymbol{I}_3 \otimes \begin{bmatrix} a_{111} & a_{112} \\ a_{121} & a_{122} \\ a_{131} & a_{132} \\ a_{141} & a_{142} \end{bmatrix} \right) \begin{bmatrix} a_{211} & 0 \\ 0 & a_{212} \\ a_{221} & 0 \\ 0 & a_{222} \\ a_{231} & 0 \\ 0 & a_{232} \end{bmatrix} \boldsymbol{\xi} + \boldsymbol{e}_0 \tag{10.23}$$

となる．モデルに登場する係数行列 $\boldsymbol{A}_1$ と核箱 $\boldsymbol{A}_0$ の要素 a_{ijk} は，第 i 相の水準 j の因子 k の負荷を表している．第 1 相の水準を j，第 2 相の水準を j' で表現し，スカラーで書き下すと

$$x_{jj'} = \mu_{jj'} + \sum_{k=1}^{2} a_{1jk} a_{2j'k} \xi_k + e_{jj'} \tag{10.24}$$

となる (たとえば $x_{22'} = x_{AT} = x_6$, $x_{31'} = x_{IP} = x_3$ であり, $\mu_{jj'}$ や $e_{jj'}$ も同様の表記に従う). ここで係数の意味を更に分かり易くするために, 仮に

$$\boldsymbol{x} = \boldsymbol{\mu}_x + \left(\boldsymbol{I}_3 \otimes \begin{bmatrix} a_{111} & a_{112} \\ a_{121} & a_{122} \\ a_{131} & a_{132} \\ a_{141} & a_{142} \end{bmatrix} \right) \begin{bmatrix} 1 & 0 \\ 0 & 1 \\ 1 & 0 \\ 0 & 1 \\ 1 & 0 \\ 0 & 1 \end{bmatrix} \boldsymbol{\xi} + \boldsymbol{e}_0 \tag{10.25}$$

と制約してみると, スカラーによる書き下しは

$$x_{jj'} = \mu_{jj'} + \sum_{k=1}^{2} a_{1jk}\xi_k + e_{jj'} \tag{10.26}$$

となり, これは即ち, 第 2 相の水準に関係なく (測定方法に関係なく), 第 1 相の水準の因子負荷で縮約的に記述されるというモデルである. いい換えるならば第 2 相の水準は単なる繰り返しであり, 構造的な意味はもたないということである. ここまでの考察を踏まえると, (10.23) 式中の核箱の要素 $a_{2j'k}$ は「第 2 相の水準 j' において因子 k の影響はどれほど重要視されるか」と解釈すればよいことが分かる. これは PARAFAC が, 第 1 相の因子と第 2 相の因子を 1 対 1 対応させているために生じる解釈の容易さである. これに対して Tucker 2・3 では 1 対 1 対応しないので, 相の間の因子の交互作用を実質科学的に意味づけしなくてはならず, 解釈が非常に難しくなる.

要素 $a_{2j'k}$ の「第 2 相の水準 j' において因子 k の影響はどれほど重要視されるか」という解釈は, 第 2 相は第 1 相の軽重を決めるための補助であるとの印象を与える. この解釈は間違いではないし, このデータの場合は第 2 相が「測定方法」という手段に関する相なので適切である. ただし数学的には 2 つの相は対等である. たとえば $p_1 = p_2 = q = 2$ としてモデルを

$$\boldsymbol{x} = \boldsymbol{\mu}_x + \left(\begin{bmatrix} a_{211} & a_{212} \\ a_{221} & a_{222} \\ a_{231} & a_{232} \end{bmatrix} \otimes \begin{bmatrix} a_{111} & a_{112} \\ a_{121} & a_{122} \\ a_{131} & a_{132} \\ a_{141} & a_{142} \end{bmatrix} \right) \begin{bmatrix} 1 & 0 \\ 0 & 0 \\ 0 & 0 \\ 0 & 1 \end{bmatrix} \boldsymbol{\xi} + \boldsymbol{e}_0 \tag{10.27}$$

と書き下すと, この表現は (10.23) 式と同じであることが分かる. (10.27) 式のように $\boldsymbol{A}_2$ を $\boldsymbol{A}_1$ と同様な自由母数の行列に指定し, 核箱 $\boldsymbol{A}_0$ を計画行列に指定

すると，2 つの相が対等であることが実感できる．$p_1 = p_2 = q = 3$ の場合は

$$\boldsymbol{x} = \boldsymbol{\mu}_x + (\boldsymbol{A}_2 \otimes \boldsymbol{A}_1) \begin{bmatrix} 1 & 0 & 0 \\ 0 & 0 & 0 \\ 0 & 0 & 0 \\ 0 & 0 & 0 \\ 0 & 1 & 0 \\ 0 & 0 & 0 \\ 0 & 0 & 0 \\ 0 & 0 & 0 \\ 0 & 0 & 1 \end{bmatrix} \boldsymbol{\xi} + \boldsymbol{e}_0 \tag{10.28}$$

によって PARAFAC は表現できる．$p_1 = p_2 = q = 4$ 以上の場合も適切な計画行列を核箱 $\boldsymbol{A}_0$ に使用すれば PARAFAC を表現できる．

10.4.2 数値例

表 10.1 のデータを PARAFAC によって分析する．まず (10.25) 式の特性のみ影響する (測定方法によって影響を受けない) モデルの解を求め，方法行列 $\boldsymbol{A}_0$(核箱はここでは測定方法の特徴を示すので方法行列と呼ぶ) と特性行列 $\boldsymbol{A}_1$ の推定値を，それぞれ表 10.2 と表 10.3 に示した．$\boldsymbol{A}_0$ には固定母数しか含まれていないが，以降のモデルとの比較のために示している．特性行列 $\boldsymbol{A}_1$ には回転の自由が残されているので，第 2 章の探索的因子分析の因子負荷の制約方法を利用し，1 行 2 列の要素を 0 に固定した．

PARAFAC, 特性のみ影響する解

表 10.2: **方法行列 $\boldsymbol{A}_0$**

	ξ_1	ξ_2
仲間	1.000	0.000
仲間	0.000	1.000
教師	1.000	0.000
教師	0.000	1.000
自己	1.000	0.000
自己	0.000	1.000

表 10.3: **特性行列 $\boldsymbol{A}_1$**

	ξ_1	ξ_2
外向	0.714	0.000
不安	-0.089	0.481
衝動	0.552	-0.258
達成	-0.069	0.781

[入門編] 第 14 章での多母集団比較モデルでは，異なる母集団に同一の因子構造を仮定することができた．ただしその場合に観測対象・標本は，母集団ごと

に独立に別々に抽出する必要があった．しかし，ここでのモデルは一組の観測対象・標本が異なった状態 (測定方法・時期・観点など) で測定した変数の背後に同一の因子構造を仮定するモデルである．これは，心理・教育・社会学分野では頻出するデータの形式なので，利用が期待される．

幸いなことに解は，すでに単純構造を示している．第 1 因子 ξ_1 は「外向」「衝動」に負荷が高く，「外側へのエネルギー」と解釈される．第 2 因子 ξ_2 は「不安」「達成」に負荷が高く，「内側へのエネルギー」と解釈される．

PARAFAC, 斜交解 (因子間相関 0.522)

表 10.4: **方法行列 $\boldsymbol{A}_0$**

	ξ_1	ξ_2
仲間	1.000	0.000
仲間	0.000	1.000
教師	1.610	0.000
教師	0.000	0.952
自己	1.220	0.000
自己	0.000	0.644

表 10.5: **特性行列 $\boldsymbol{A}_1$**

	ξ_1	ξ_2
外向	0.623	-0.836
不安	0.044	0.626
衝動	0.411	-0.774
達成	0.226	0.654

次に (10.23) 式のモデルの解を求め，方法行列 $\boldsymbol{A}_0$ と特性行列 $\boldsymbol{A}_1$ の推定値を，それぞれ表 10.4 と表 10.5 に示した．これは PARAFAC の典型的な解である．$\boldsymbol{A}_0$ には各測定法に対する因子負荷の重要度を示す母数が含まれるので，基準を定めるために 1 行 1 列と 2 行 2 列の要素を 1 に固定した．これによって仲間からの評価の因子負荷を基準に，他の測定方法の因子を解釈することになる．証明は割愛するが，特性行列 $\boldsymbol{A}_1$ には回転の自由が残されておらず，固定母数を使用せずともモデルが識別されることが知られている．このように固定母数がないのに回転の自由が残されていない因子軸を内在的因子軸 (intrinsic axis) と呼ぶことがある．

PARAFAC, 直交解

表 10.6: **方法行列 $\boldsymbol{A}_0$**

	ξ_1	ξ_2
仲間	1.000	0.000
仲間	0.000	1.000
教師	1.765	0.000
教師	0.000	0.905
自己	1.317	0.000
自己	0.000	0.608

表 10.7: **特性行列 $\boldsymbol{A}_1$**

	ξ_1	ξ_2
外向	0.437	-0.566
不安	0.121	0.636
衝動	0.268	-0.594
達成	0.275	0.744

ただし解は解釈しにくいものになった．第 1 因子 ξ_1 は「外向」「衝動」に負荷が高く,「外側へのエネルギー」と解釈される．しかし第 2 因子は解釈できない．このため因子間相関も解釈しにくい．最も PARAFAC らしい解であるのに上手な解釈ができないのは残念である．(10.25) 式のモデルの因子間相関を 0 に固定して解 (直交解) を求めたのが表 10.6 と表 10.7 であり，その付置が図 10.1 である．

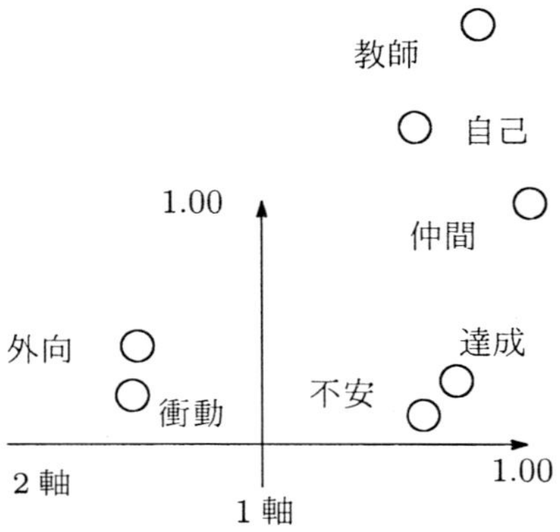

図 10.1: 直交解の付置

PARAFAC, 確認的解 (因子間相関 −0.246)

表 10.8: 方法行列 $\boldsymbol{A}_0$

	ξ_1	ξ_2
仲間	1.000	0.000
仲間	0.000	1.000
教師	1.191	0.000
教師	0.000	1.069
自己	0.899	0.000
自己	0.000	0.706

表 10.9: 特性行列 $\boldsymbol{A}_1$

	ξ_1	ξ_2
外向	0.676	0.000
不安	0.000	0.662
衝動	0.585	0.000
達成	0.000	0.788

表 10.3 の特性のみ影響する解を参考に，特性行列中の第 1 因子 ξ_1 は「外向」「衝動」のみに負荷させ，第 2 因子 ξ_2 は「不安」「達成」にのみ負荷させ，単純構造の制約を入れたモデルの解を表 10.8 と表 10.9 に示した.「外側へのエネルギー」「内側へのエネルギー」とも,「教師の評定」が「仲間からの評価」よりわずかに信頼性が高く,「自己評定」が最も信頼性が低いことが示されている．このデータに関しては表 10.8 と表 10.9 が最も解釈が容易であった．またその知見は次節の分析でも支持される．

10.5 加法モデル

3相データの中で，表 10.1 のような「被験者」×「特性」×「方法」の形式のデータから計算された相関行列を，多特性多方法行列 (MTMM 行列，multitrait-multimethod matrix) という．多特性多方法行列は Campbell & Fiske (1959)[11] で導入され，収束的妥当性と弁別的妥当性を調べるための重要なツールとして利用されている．

MTMM 行列は，通常，豊田 (1992, p.166)[12]のように確認的因子分析モデルで考察される．これを「加法モデル」といい，確認的因子分析モデルの下位モデルである．たとえば表 10.1 のデータに関して，加法モデルのパス図は図 10.2 のようになる．

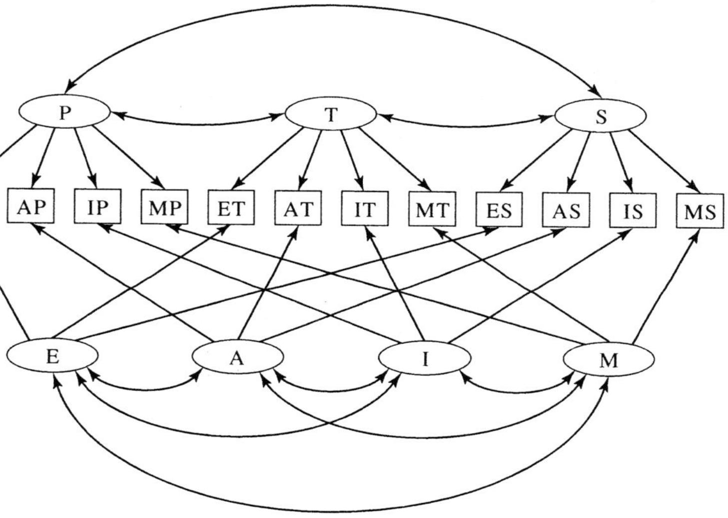

図 10.2: **加法モデル**

前節で論じた PARAFAC では，各相の水準の背後に因子を仮定した．しかし加法モデルでは，各相の水準そのものを因子とし，モデル式は

$$\boldsymbol{x} = \boldsymbol{\mu} + \boldsymbol{A}_T \boldsymbol{\xi}_T + \boldsymbol{A}_M \boldsymbol{\xi}_M + \boldsymbol{e} \tag{10.29}$$

[11]Campbell, D. T., & Fiske, D. W.(1959). Convergent and discriminant validation by the multitrait- multimethod matrix. *Psychological Bulletin*, **56**, 81-105.

[12]豊田秀樹 (1992). SAS による共分散構造分析. 東京大学出版会.

と表す．ここで T は特性の数，M は方法の数とする．$\boldsymbol{\xi}_T$ と $\boldsymbol{\xi}_M$ のサイズは，それぞれ T, M である．$\boldsymbol{A}_T$ のサイズは $n \times T$ であり，$\boldsymbol{A}_M$ のサイズは $n \times M$ である．表 10.1 の場合は $T=4, M=3$ であり，それぞれ

$$\boldsymbol{A}_T = \begin{bmatrix} t_{11} & 0 & 0 & 0 \\ 0 & t_{12} & 0 & 0 \\ 0 & 0 & t_{13} & 0 \\ 0 & 0 & 0 & t_{14} \\ t_{21} & 0 & 0 & 0 \\ 0 & t_{22} & 0 & 0 \\ 0 & 0 & t_{23} & 0 \\ 0 & 0 & 0 & t_{24} \\ t_{31} & 0 & 0 & 0 \\ 0 & t_{32} & 0 & 0 \\ 0 & 0 & t_{33} & 0 \\ 0 & 0 & 0 & t_{34} \end{bmatrix}, \quad \boldsymbol{A}_M = \begin{bmatrix} m_{11} & 0 & 0 \\ m_{21} & 0 & 0 \\ m_{31} & 0 & 0 \\ m_{41} & 0 & 0 \\ 0 & m_{12} & 0 \\ 0 & m_{22} & 0 \\ 0 & m_{32} & 0 \\ 0 & m_{42} & 0 \\ 0 & 0 & m_{13} \\ 0 & 0 & m_{23} \\ 0 & 0 & m_{33} \\ 0 & 0 & m_{43} \end{bmatrix} \tag{10.30}$$

となる．ここで t_{ij} は，i 番目の方法で測られた j 番目の特性の観測変数が，j 番目の特性因子 ξ_{Tj} から受ける影響の強さである．m_{ij} は，i 番目の特性を j 番目の方法で測った観測変数が，j 番目の方法因子 ξ_{Mj} から受ける影響の強さである．上記の表現は具体的で分かり易いが，M や T の大きさに依存して 0 でない係数の場所が移動する．これは不便である．そこで M や T の具体的な大きさに依存しない表現として $\boldsymbol{A}_T$ と $\boldsymbol{A}_M$ を

$$\boldsymbol{A}_T = (\boldsymbol{T} \otimes \mathbf{1}_T) \odot (\mathbf{1}_M \otimes \boldsymbol{I}_T) \tag{10.31}$$

$$\boldsymbol{A}_M = (\mathbf{1}_M \otimes \boldsymbol{M}) \odot (\boldsymbol{I}_M \otimes \mathbf{1}_T) \tag{10.32}$$

と表現する[13]．ここで $\boldsymbol{I}_i$ はサイズ i の単位行列であり，$\mathbf{1}_i$ は値が 1 ばかりのサイズ i の縦ベクトルである．$\boldsymbol{M}$ は i 行 j 列が m_{ij} であるようなサイズ $T \times M$ の係数行列であり，$\boldsymbol{T}$ は i 行 j 列が t_{ij} であるようなサイズ $M \times T$ の係数行列

[13] $\odot$ はアダマール積と呼ばれ，サイズの等しい両側のベクトルあるいは行列の要素ごとの積を計算する演算子である．たとえば以下のような演算結果を得る．

$$\begin{bmatrix} 3 \\ 8 \end{bmatrix} = \begin{bmatrix} 1 \\ 2 \end{bmatrix} \odot \begin{bmatrix} 3 \\ 4 \end{bmatrix} \qquad \begin{bmatrix} 1 & 8 \\ 6 & 12 \end{bmatrix} = \begin{bmatrix} 1 & 2 \\ 3 & 4 \end{bmatrix} \odot \begin{bmatrix} 1 & 4 \\ 2 & 3 \end{bmatrix}$$

である．まず (10.30) 式の場合でこの式の意味を確認し，続いて T と M の値を変えてこの式の意味を理解されたい．

以上の考察から，(10.29) 式の共分散構造は

$$\boldsymbol{\Sigma} = \boldsymbol{A}_T \boldsymbol{\Phi}_T \boldsymbol{A}'_T + \boldsymbol{A}_M \boldsymbol{\Phi}_M \boldsymbol{A}'_M + \boldsymbol{\Delta} \tag{10.33}$$

$$= ((\boldsymbol{T} \otimes \boldsymbol{1}_T) \odot (\boldsymbol{1}_M \otimes \boldsymbol{I}_T))\boldsymbol{\Phi}_T((\boldsymbol{T} \otimes \boldsymbol{1}_T) \odot (\boldsymbol{1}_M \otimes \boldsymbol{I}_T))'$$
$$+ ((\boldsymbol{1}_M \otimes \boldsymbol{M}) \odot (\boldsymbol{I}_M \otimes \boldsymbol{1}_T))\boldsymbol{\Phi}_M((\boldsymbol{1}_M \otimes \boldsymbol{M}) \odot (\boldsymbol{I}_M \otimes \boldsymbol{1}_T))' + \boldsymbol{\Delta} \tag{10.34}$$

となる．ただし $E[\boldsymbol{\xi}_T] = \boldsymbol{o}$, $E[\boldsymbol{\xi}_M] = \boldsymbol{o}$, $E[\boldsymbol{e}] = \boldsymbol{o}$, $E[\boldsymbol{\xi}_T \boldsymbol{\xi}'_M] = \boldsymbol{O}$, $E[\boldsymbol{\xi}_T \boldsymbol{e}'] = \boldsymbol{O}$, $E[\boldsymbol{\xi}_M \boldsymbol{e}'] = \boldsymbol{O}$, $E[\boldsymbol{\xi}_T \boldsymbol{\xi}'_T] = \boldsymbol{\Phi}_T$, $E[\boldsymbol{\xi}_M \boldsymbol{\xi}'_M] = \boldsymbol{\Phi}_M$, $E[\boldsymbol{e}\boldsymbol{e}'] = \boldsymbol{\Delta}$ である．

加法モデル (確認的因子分析)

表 10.10: **方法間相関行列** $\boldsymbol{\Phi}_M$

	仲間	教師	自己
仲間	1.000		
教師	-.077	1.000	
自己	-.040	0.319	1.000

表 10.11: **方法から特性への因子負荷** M

	仲間	教師	自己
外向	-0.147	0.743	0.338
不安	0.254	-0.189	0.173
衝動	-0.316	0.492	0.893
達成	0.678	0.130	-0.224

表 10.12: **特性間相関行列** $\boldsymbol{\Phi}_T$

	外向	不安	衝動	達成
外向	1.000			
不安	-0.354	1.000		
衝動	0.521	-0.255	1.000	
達成	-0.236	0.745	-0.481	1.000

数値例 1

表 10.10 は方法間相関行列 $\boldsymbol{\Phi}_M$ の推定値である．「教師」と「自己」に正の相関があり，「仲間」はどちらともほとんど相関がない．この結果は，3 つの測定方法のうち 2 つ選ぶのであれば「教師」と「仲間」，あるいは「自己」と「仲間」の組み合わせがよいことを示している．表 10.11 は方法から特性への因子負荷 $\boldsymbol{M}$ の推定値である．$m_{12} = 0.743$, $m_{32} = 0.492$, $m_{33} = 0.893$ に注目すると，「外向」と「衝動」は「教師」による評価をすると (特性の性質ばかりでなく) 評

表 10.13: **特性から方法への因子負荷 T**

	外向	不安	衝動	達成
仲間	0.985	0.774	0.785	0.717
教師	0.624	0.908	0.641	0.895
自己	0.421	0.349	0.419	0.684

価方法によって相関が高まること,「衝動」を「教師」と「自己」で評定すると(特性の性質ばかりでなく) 評価方法によって相関が高まることが読み取れる.

表 10.12 は特性間相関行列 $\boldsymbol{\Phi}_T$ の推定値である.「外向」と「衝動」, そして「不安」と「達成」がまとまることが観察され, 前節の PARAFAC による分析と知見が共通する. 表 10.13 は, 特性から方法への因子負荷 $\boldsymbol{T}$ の推定値である. 全ての特性に関して「自己」の値が最も小さい. これは「自己」評定による測定が, 他の測定方法と比較して信頼性が低いということを意味し, 確認的な PARAFAC の解から得られた知見と一致している.

表 10.14: **誤差分散 (加法モデル)$\boldsymbol{\Delta}$**

変数	分散	変数	分散
e_1	0.018	e_7	0.351
e_2	0.356	e_8	0.149
e_3	0.256	e_9	0.675
e_4	0.000	e_{10}	0.849
e_5	0.033	e_{11}	0.000
e_6	0.179	e_{12}	0.484

表 10.14 は $\boldsymbol{\Delta}$ の対角成分の (誤差変数の分散の) 推定値である.「自己」評定の誤差変数の分散は,「仲間」「教師」と比較して平均的に大きく,「自己」評定による測定が, 他の測定方法と比較して信頼性が低いことが, ここでも確認されている.

表 10.14 で注目すべきことは, e_4 と e_{11} の分散が 0 になっていることである. これは母数の推定に際して, 0 以下を探索していないから 0 になっているのであり, まともに探索すればヘイウッドケースという不適解が生じる状態である.

多相データから計算された相関行列を加法モデルで分析すると, ヘイウッドケースに遭遇することが少なくない. それは複雑な多相の状態を表現するために，構造的な潜在変数 (因子) の数が多くなりがちで，それら多くの変数の和の分散が 1.00 を突破する傾向があるためである．少数の誤差変数の分散が 0 になっても，前述したように有益な情報を提供してくれることは少なくないので，モデル全体が決定的なダメージを受けるわけではない．

一方，前節で論じた多相因子分析・PARAFAC や，次節で紹介する「直積モデル」は，各因子の影響が積の連なりとして観測変数に影響する仕組みになっているから，因子が増えてもその中に 1 つでも小さな係数があれば，あるいは全てが 1 以下ならば，構造変数の分散が 1.00 を突破することはなく，したがってヘイウッドケースは生じなくなる．多相データの解析モデルの中に要因の積を利用した方法が少なくないことの理由の 1 つとして，ヘイウッドケースが生じにくいことが挙げられる．

表 10.15: 学力データ

		x_1	x_2	x_3	x_4	x_5	x_6	x_7	x_8	x_9	x_{10}	x_{11}	x_{12}	x_{13}	x_{14}	x_{15}	x_{16}	x_{17}
L1V	x_1																	
L2V	x_2	67																
MV	x_3	71	69															
S1V	x_4	62	65	66														
S2V	x_5	69	70	74	77													
S3V	x_6	64	65	70	76	85												
L1I	x_7	15	18	11	16	12	09											
L2I	x_8	06	14	08	14	06	07	72										
MI	x_9	10	18	12	18	10	12	71	77									
S1I	x_{10}	12	17	09	19	13	14	70	71	75								
S2I	x_{11}	09	13	08	17	11	10	70	74	76	80							
S3I	x_{12}	08	12	08	16	10	11	70	75	77	79	83						
L1A	x_{13}	30	32	27	28	29	27	34	30	34	32	31	33					
L2A	x_{14}	25	31	26	29	27	29	36	30	36	30	29	31	54				
MA	x_{15}	29	34	30	32	31	35	30	30	34	31	29	32	61	56			
S1A	x_{16}	28	26	30	36	35	38	29	28	33	31	29	36	55	54	63		
S2A	x_{17}	27	29	30	33	35	35	34	28	34	35	34	37	53	55	58	63	
S3A	x_{18}	28	30	31	38	36	39	26	23	25	27	25	31	51	53	57	64	61

数値例 2

表 10.15 は Jöreskog が LISREL の分析例を示すために用いた学力データ ($n = 18$) から計算された相関行列である．対角要素の 1.00 は省略し，小数第 2 位まで表示した相関係数の 100 倍が示されている．3 相データの相関行列のよい

例となっている．第 1 相は「機会」の相であり，水準は L1, L2, M, S1, S2, S3 の $l_1 = 6$ である． L1, L2, M は十分な時間を与えた形式のテストであり，S1, S2, S3 は時間制限のある形式のテストであった．また L1, L2, M, S1, S2, S3 はこの順番に実施されている．第 2 相は「領域」の相であり，水準は「言語 (V)」「図形 (I)」「計算 (A)」の $l_2 = 3$ である．第 0 相は「被験者」の (実現値の) 相であり，水準は 649 人である ($N = 649$)．確率変数は第 1 相と第 2 相の水準の組み合わせによって規定される．たとえば表 10.15 中の x_1 にはラベル L1V が付されており，これは機会 L1 における言語検査という意味である．

表 10.16: **機会間相関行列 $\mathbf{\Phi}_T$**

	L1	L2	M	S1	S2	S3
L1	1.000					
L2	0.909	1.000				
M	0.606	1.031	1.000			
S1	0.295	0.522	0.583	1.000		
S2	0.282	0.311	0.308	0.830	1.000	
S3	0.103	0.349	0.447	0.976	0.860	1.000

表 10.15 のデータは 6 つの機会が 3 セットの領域で測定されるように並んでいる．このため $T = 6$, $M = 3$ である．常識的には領域が「特性」であり，機会が「方法」であるが，数学的には区別はない．T と M を逆に扱いたければ，3 つの領域が 6 セットの機会で測定されているように相関行列を並べ替えればよい．

表 10.17: **機会から領域への因子負荷 T**

	L1	L2	M	S1	S2	S3
言語	0.123	0.228	0.127	0.371	0.446	0.483
図形	0.354	0.275	0.315	0.127	0.091	0.112
計算	0.218	0.286	0.223	0.238	0.179	0.222

表 10.16 は機会を表現する因子の間の相関行列 $\mathbf{\Phi}_T$ の推定値である．時間制限のない L1, L2, M の相互間の相関が高く，かつ時間制限の厳しい S1, S2, S3 の相互間の相関が高く，2 種類のテストがあることが示されている．L2 と M の相関係数が 1.031 とわずかながら不適解になっている．加法モデルは不適解が生じ易いという傾向はここでも確認されてしまった．表 10.17 は機会を表現す

る因子から各領域の観測変数への因子負荷行列 $\boldsymbol{T}$ の推定値である．言語テストは時間制限というテスト形式の影響を比較的強く受けるが，その他はそれほどでもないことが示されている．

加法モデル

表 10.18: **領域間相関行列 Φ_M**

	言語	図形	計算
言語	1.000		
図形	0.119	1.000	
計算	0.443	0.446	1.000

表 10.19: **領域から機会への因子負荷 M**

	言語	図形	計算
L1	0.815	0.763	0.710
L2	0.790	0.805	0.667
M	0.852	0.828	0.757
S1	0.752	0.867	0.771
S2	0.843	0.907	0.764
S3	0.787	0.909	0.736

表 10.18 は領域を表現する因子の間の相関行列 $\boldsymbol{\Phi}_M$ の推定値である．「言語」と「計算」，そして「図形」と「計算」の因子の相関が中程度に高く，「言語」と「図形」の相関は低い．「言語」は比較的基礎的な内容が多く，「計算」と同様に処理が自動化されたものが多いことが原因である．また「図形」と「計算」は数学の教科ということが共通している．表 10.19 は領域を表現する因子から各機会の観測変数への因子負荷 $\boldsymbol{M}$ である．0.710 から 0.909 まで比較的強い影響を与えている．

表 10.20: **誤差分散 (加法モデル)Δ**

変数	分散	変数	分散	変数	分散
e_1	0.322	e_7	0.278	e_{13}	0.448
e_2	0.326	e_8	0.267	e_{14}	0.469
e_3	0.262	e_9	0.205	e_{15}	0.374
e_4	0.300	e_{10}	0.235	e_{16}	0.343
e_5	0.089	e_{11}	0.174	e_{17}	0.385
e_6	0.149	e_{12}	0.166	e_{18}	0.405

表 10.20 は誤差変数の分散の推定値であり，(10.34) 式の対角行列 $\boldsymbol{\Delta}$ の対角成分を示したものである．表 10.17，表 10.19，表 10.20 を合わせて観察すると，観測変数が各要因からどのように影響を受けているのかを調べることができる．計算の丸め誤差はあるけれども，たとえば x_1 は，機会因子 L1 からの係数を 2

乗した値と，領域因子「言語」からの係数を 2 乗した値と，誤差分散の和が

$$1.00 \simeq 0.815^2 + 0.123^2 + 0.322 = 0.664 + 0.015 + 0.322 \tag{10.35}$$

のように分解できるので，能力からの説明割合 66.4%, 方法からの説明割合 1.5%, 測定誤差からの説明割合 32.2%のように解釈できる．

10.6 直積モデル

Browne(1984)[14] は，MTMM 行列の分析にクロネッカー積を使った直積モデル (direct product model) を提案した．直積モデルは Cudeck(1988)[15] や Wothke & Browne(1990)[16] において発展し，多くの下位モデルに分かれていった．Bagozzi & Yi(1992)[17] ではそれらを展望し，分析例を示している．また Goffin & Jackson(1992)[18] でも幾つかの数値例が示されている．直積モデルは，MTMM 行列の分析に関して確認的因子分析モデルよりも不適解に遭遇しにくいことが経験的に知られている．また直積モデルは MTMM 行列の分析ばかりでなく，その他多くの種類の 3 相データの分析にも利用することができる．Verhees & Wansbeek (1990)[19] では多相直積モデルが展開され，汎用モデルとしての利用が期待される．

まず $\boldsymbol{\xi}_0$ を，(10.2) 式ではなく，

$$\boldsymbol{\xi}_0 = \boldsymbol{f}_M \otimes \boldsymbol{f}_{M-1} \otimes \cdots \otimes \boldsymbol{f}_m \otimes \cdots \otimes \boldsymbol{f}_2 \otimes \boldsymbol{f}_1 \tag{10.36}$$

と表現する．$\boldsymbol{f}_m$ は全て外生変数であり，サイズは $p_m \times 1$ であり，第 m 相の特徴を生み出す構成概念を表現する潜在変数とする．また互いのベクトルは統計的に独立であるとする．ただし通常，ベクトル内 (相内) の確率変数間には相関

[14] Browne, M. W. (1984). The decomposition of multitrait multimethod matrices. *British Journal of Mathematical and Statistical Psychology,* **37**, 1-21.

[15] Cudeck, R. (1988). Multiplicative models and MTMM matrices. *Journal of Educational Statistics,* **13**, 131-147.

[16] Wothke, W., & Browne, M. W. (1990). The direct product model for the MTMM matrix parameterized as a second order factor analysis model. *Psychometrika,* **55**, 255-262.

[17] Bagozzi, R. P., & Yi, Y. (1992). Testing hypotheses about methods, traits, and communalities in the direct product model. *Applied Psychological Measurement,* **16**, 373-380.

[18] Goffin, R. D., & Jackson, D. N. (1992). Analysis of multitrait-multirater performance appraisal data: Composite direct product method versus confirmatory factor analysis. *Multivariate Behavioral Research,* **27**, 363-385.

[19] Verhees, J., & Wansbeek, T. J. (1990). A multimode direct product model for covariance structure analysis. *British Journal of Mathematical and Statistical Psychology,* **43**, 231-240.

を仮定する．次に $\boldsymbol{e}_0$ を

$$\boldsymbol{e}_0 = \boldsymbol{e}_M \otimes \boldsymbol{e}_{M-1} \otimes \cdots \otimes \boldsymbol{e}_m \otimes \cdots \otimes \boldsymbol{e}_2 \otimes \boldsymbol{e}_1 \tag{10.37}$$

と表現する．$\boldsymbol{e}_m$ のサイズは $l_m \times 1$ であり，第 m 相の特徴を撹乱させる誤差変数とする．同様に互いのベクトルは統計的に独立であるとする．また，通常，ベクトル内 (相内) の確率変数間には (必須ではないが) 無相関を仮定する．更に $\boldsymbol{f}_m$ と $\boldsymbol{e}_{m'}(m = M'$ を含み) も独立とする．

(10.36) 式と (10.37) 式を (10.1) 式に代入すると

$$\boldsymbol{x} = \boldsymbol{\mu}_x + \boldsymbol{D}((\boldsymbol{A}_M \otimes \cdots \otimes \boldsymbol{A}_1)(\boldsymbol{f}_M \otimes \cdots \otimes \boldsymbol{f}_1) + (\boldsymbol{e}_M \otimes \cdots \otimes \boldsymbol{e}_1)) \tag{10.38}$$

となる．これが多相直積モデルのモデル式である．

$E[\boldsymbol{f}_m] = \boldsymbol{o}$, $E[\boldsymbol{e}_m] = \boldsymbol{o}$, $E[\boldsymbol{f}_m \boldsymbol{f}'_m] = \boldsymbol{\Psi}_m$ とし，$E[\boldsymbol{e}_m \boldsymbol{e}'_m] = \boldsymbol{\Delta}_m$ を対角行列とすると，観測変数 $\boldsymbol{x}$ の共分散構造は

$$\begin{aligned}\boldsymbol{\Sigma} =& \boldsymbol{D}((\boldsymbol{A}_M \otimes \cdots \otimes \boldsymbol{A}_1)(\boldsymbol{\Psi}_M \otimes \cdots \otimes \boldsymbol{\Psi}_1)(\boldsymbol{A}_M \otimes \cdots \otimes \boldsymbol{A}_1)' \\ &+ (\boldsymbol{\Delta}_M \otimes \cdots \otimes \boldsymbol{\Delta}_1))\boldsymbol{D}\end{aligned} \tag{10.39}$$

と導かれる．直積の性質より

$$\boldsymbol{\Sigma} = \boldsymbol{D}((\boldsymbol{A}_M \boldsymbol{\Psi}_M \boldsymbol{A}'_M \otimes \cdots \otimes \boldsymbol{A}_1 \boldsymbol{\Psi}_1 \boldsymbol{A}'_1) + (\boldsymbol{\Delta}_M \otimes \cdots \otimes \boldsymbol{\Delta}_1))\boldsymbol{D} \tag{10.40}$$

と変形できる．この形式は $\boldsymbol{A}_m \boldsymbol{\Psi}_m \boldsymbol{A}'_m$ を共通因子空間と見ると，2 相の因子分析モデルの拡張になっていることが分かる．また

$$\boldsymbol{\eta}_m = \boldsymbol{A}_m \boldsymbol{f}_m \tag{10.41}$$

と置いて

$$\Sigma_m = E[\boldsymbol{\eta}_m \boldsymbol{\eta}'_m] \tag{10.42}$$

と表記すると

$$\boldsymbol{\Sigma} = \boldsymbol{D}((\boldsymbol{\Sigma}_M \otimes \cdots \otimes \boldsymbol{\Sigma}_1) + (\boldsymbol{\Delta}_M \otimes \cdots \otimes \boldsymbol{\Delta}_1))\boldsymbol{D} \tag{10.43}$$

のように表現することができる．$l_m{=}p_m$ とすると，$\boldsymbol{\Sigma}_m$ は，特に制約の入らない共分散行列となる (ただし多くの場合に相関行列が指定される)．逆に，事前情報が豊富にある場合には，第 m 相に関する共分散構造

$$\boldsymbol{\Sigma} = \boldsymbol{D}((\boldsymbol{\Sigma}_M(\boldsymbol{\theta}) \otimes \cdots \otimes \boldsymbol{\Sigma}_1(\boldsymbol{\theta})) + (\boldsymbol{\Delta}_M \otimes \cdots \otimes \boldsymbol{\Delta}_1))\boldsymbol{D} \tag{10.44}$$

を仮定することも有効である．事前情報が豊富にはなくとも

- $\boldsymbol{\Sigma}_m$ は正定値行列であること以外は制約なし
- トープリッツ行列 (i が時間に関する相である場合)
- 非対角要素はすべて等しい
- 単位行列
- 共通因子分解：$\boldsymbol{A}_m \boldsymbol{\Psi}_m \boldsymbol{A}'_m$
- その他の相関 (共分散) 構造：$\boldsymbol{\Sigma}_m(\boldsymbol{\theta})$

のような制約は必要に応じて入れることができる．

3 相モデルは $M=2$ の場合であるから，共分散構造は

$$\boldsymbol{\Sigma} = \boldsymbol{D}(\boldsymbol{\Sigma}_2(\boldsymbol{\theta}) \otimes \boldsymbol{\Sigma}_1(\boldsymbol{\theta}) + \boldsymbol{\Delta}_2 \otimes \boldsymbol{\Delta}_1)\boldsymbol{D} \tag{10.45}$$

のように表現される．また $\boldsymbol{\Delta}_2 \otimes \boldsymbol{\Delta}_1$ の部分をまとめると

$$\boldsymbol{\Sigma} = \boldsymbol{D}(\boldsymbol{\Sigma}_2(\boldsymbol{\theta}) \otimes \boldsymbol{\Sigma}_1(\boldsymbol{\theta}) + \boldsymbol{\Delta}_0)\boldsymbol{D} \tag{10.46}$$

となる．誤差変数の性質に興味があるときは，特に豊富な事前情報がなくとも

- $\boldsymbol{\Delta}_0 =$ 対角行列であること以外は制約なし
- $\boldsymbol{\Delta}_0 = \boldsymbol{\Delta}_2 \otimes \boldsymbol{\Delta}_1$
- $\boldsymbol{\Delta}_0 = \boldsymbol{\Delta}_2 \otimes \boldsymbol{I}$
- $\boldsymbol{\Delta}_0 = \boldsymbol{I} \otimes \boldsymbol{\Delta}_1$
- $\boldsymbol{\Delta}_0 = a\,\boldsymbol{I}$

のような制約を入れることができる．

表 10.21: **尺度母数 (直積モデル)** $\boldsymbol{D}$

変数	母数	変数	母数	変数	母数
x_1	0.870	x_7	0.842	x_{13}	0.781
x_2	0.852	x_8	0.865	x_{14}	0.744
x_3	0.868	x_9	0.867	x_{15}	0.803
x_4	0.847	x_{10}	0.857	x_{16}	0.816
x_5	0.974	x_{11}	0.911	x_{17}	0.811
x_6	0.943	x_{12}	0.922	x_{18}	0.796

表 10.15 のデータを (10.46) 式の直積モデルで再分析する．表 10.22 は機会を表現する因子の間の相関行列 $\boldsymbol{\Sigma}_1$ の推定値である．表 10.16 と比較すると全体的に高い値であることが分かる．ただしその中にあっても時間制限のない L1, L2,

M の相互間の相関が高く，かつ時間制限の厳しい S1, S2, S3 の相互間の相関が高く，2 種類のテストがあるという傾向は示されている．また L1, L2, M, S1, S2, S3 はこの順番に実施されているので，主対角から外れるにしたがって相関係数の絶対値が小さくなるという傾向も示されている．

表 10.22: **機会間相関行列 (直積モデル)$\boldsymbol{\Sigma}_1$**

	L1	L2	M	S1	S2	S3
L1	1.000					
L2	0.952	1.000				
M	0.954	0.987	1.000			
S1	0.905	0.924	0.965	1.000		
S2	0.872	0.898	0.923	0.982	1.000	
S3	0.844	0.886	0.918	0.989	0.965	1.000

表 10.23 は領域を表現する因子の間の相関行列 $\boldsymbol{\Sigma}_2$ の推定値である.「言語」と「計算」，そして「図形」と「計算」の因子の相関が中程度に高く,「言語」と「図形」の相関は低い．この結果は加法モデルとほぼ同じ解釈を与える．

表 10.23: **領域間相関行列 (直積モデル)$\boldsymbol{\Sigma}_2$**

	言語	図形	計算
言語	1.000		
図形	0.190	1.000	
計算	0.504	0.469	1.000

表 10.24 は誤差変数の分散の推定値であり，対角行列 $\boldsymbol{\Delta}_0$ の対角成分を示したものである．測定の信頼性は加法モデルを中心に開発されているので，表 10.22, 表 10.23，表 10.24 を合わせて 3 つの要素に分解することはできない．ただし構造変数と誤差変数は和の形式で表現されているので，観測変数 i の信頼性係数 ρ_i は

$$\rho_i = 1 - \frac{\delta_{0ii}}{1 + \delta_{0ii}} \tag{10.47}$$

で推定できる．ただし δ_{0ii} は $\boldsymbol{\Delta}_0$ の第 i 番目の対角要素である．たとえば x_1 の

信頼性係数は

$$0.734 = 1 - \frac{0.363}{1 + 0.363} \tag{10.48}$$

と推定される．乗法モデルでは機会因子と領域因子の説明割合を分離することはできない．

表 10.24: 誤差分散 (直積モデル)$\boldsymbol{\Delta}_0$

変数	分散	変数	分散	変数	分散
e_1	0.363	e_7	0.374	e_{13}	0.655
e_2	0.426	e_8	0.297	e_{14}	0.825
e_3	0.375	e_9	0.290	e_{15}	0.567
e_4	0.439	e_{10}	0.333	e_{16}	0.519
e_5	0.097	e_{11}	0.176	e_{17}	0.548
e_6	0.164	e_{12}	0.155	e_{18}	0.590

(10.46) 式中の $\boldsymbol{\Sigma}_1$ は 6×6 であり，サイズが大きいので背後に 2 つの因子を仮定し，$\boldsymbol{\Sigma}_1 = \boldsymbol{A}\boldsymbol{A}'$ と分解し,「$\boldsymbol{A}'\boldsymbol{A} =$ 対角行列」という制約の下で

$$\boldsymbol{\Sigma} = \boldsymbol{D}(\boldsymbol{\Sigma}_2 \otimes \boldsymbol{A}\boldsymbol{A}' + \boldsymbol{\Delta}_0)\boldsymbol{D} \tag{10.49}$$

というモデルの解を求めた．$\boldsymbol{A}$ の推定値を示したのが表 10.25 である．第 1 因子は学力因子であることが明らかである．第 2 因子は正の負荷が L1, L2, M にかかり，負の負荷が S1, S2, S3 にかかり，非速度因子と命名することができる．ただし L1, L2, M, S1, S2, S3 はこの順番に実施され，その順番に因子負荷が小さくなっているので,「経時因子」と命名してもよいかもしれない．

表 10.25: 方法の相関行列の分解 (直積モデル)

	学力因子	非速度因子
L1	0.972	0.233
L2	0.979	0.202
M	0.991	0.132
S1	0.989	-0.149
S2	0.985	-0.175
S3	0.970	-0.243

加法モデルでは不適解が観察されたが，直積モデルでは不適解は生じなかった．積の連なりは 1.00 を越えにくいという理由を考慮すると，直積モデルが不適解が生じにくいという傾向は安定したものであるのかもしれない．また本節では，紙面の都合で $\boldsymbol{\Sigma}_1$ や $\boldsymbol{\Sigma}_2$ に構造を入れた例を 1 つしか示さなかったが，事前情報がもっと豊かにある場合には，更なる構造を仮定することは有効である．

10.7 直積 4 相モデル

表 10.26 は Cudeck(1988) が直積 4 相モデルの数値例を示すために用いた学力データ ($n = 12$) から計算された共分散行列である．第 1 相は「理系文系」の相であり，水準は「理系 A」「文系 B」の $l_1 = 2$ である．第 2 相は「テスト」の相であり，水準は「T：(STEP, Sequential Tests of Educational Progress)」「C：(SCAT, School and College Ability Test)」の $l_2 = 2$ である．第 3 相は「経時」の相であり，水準はテストを実施した年「1961 年」「1963 年」「1965 年」の $l_3 = 3$ である．第 0 相は「被験者」の (実現値の) 相であり，水準は 2163 人である ($N = 2163$). 確率変数は第 1 相と第 2 相と第 3 相の水準の組み合わせによって規定される．たとえば表 10.26 中の x_1 にはラベル 61TA が付されており，これは 1961 年に実施された STEP の理科系のテストという意味である．

表 10.26. **学力 4 相データ**

		x_1	x_2	x_3	x_4	x_5	x_6	x_7	x_8	x_9	x_{10}	x_{11}	x_{12}
61TA	x_1	1704											
61TB	x_2	1464	2537										
61CA	x_3	1202	1341	1597									
61CB	x_4	1101	1618	1048	1518								
63TA	x_5	1286	1470	1236	1129	1799							
63TB	x_6	1309	1923	1222	1430	1492	2421						
63CA	x_7	1482	1658	1512	1243	1682	1641	2472					
63CB	x_8	1271	1806	1169	1524	1378	1729	1508	1933				
65TA	x_9	1379	1574	1305	1214	1526	1547	1734	1437	2532			
65TB	x_{10}	1414	2090	1306	1604	1564	2050	1699	1876	1774	2810		
65CA	x_{11}	1585	1751	1613	1333	1767	1721	2166	1621	1930	1898	2843	
65CB	x_{12}	1343	1893	1222	1604	1431	1788	1563	1879	1568	2057	1762	2255

4 相のデータではあるが，各相の水準数が小さいので

$$\boldsymbol{\Sigma} = \boldsymbol{D}(\boldsymbol{\Sigma}_3 \otimes \boldsymbol{\Sigma}_2 \otimes \boldsymbol{\Sigma}_1 + \boldsymbol{\Delta}_0)\boldsymbol{D} \tag{10.50}$$

という基本モデルの $\boldsymbol{\Sigma}_1, \boldsymbol{\Sigma}_2, \boldsymbol{\Sigma}_3$ と $\boldsymbol{\Delta}_0$ の対角成分の推定値を，それぞれ表 10.27 から表 10.30 に示した．観測変数の信頼性係数は (10.47) 式で推定できるので，たとえば x_1 の信頼性係数は

$$0.719 = 1 - \frac{0.390}{1 + 0.390} \tag{10.51}$$

と推定される．

4 相直積モデル

表 10.27: **理系文系間相関行列 $\boldsymbol{\Sigma}_1$**

	理系	文系
理系	1.000	
文系	0.836	1.000

表 10.28: **テスト間相関行列 $\boldsymbol{\Sigma}_2$**

	STEP	SCAT
STEP	1.000	
SCAT	0.966	1.000

4 相直積モデル

表 10.29: **経時間相関行列 $\boldsymbol{\Sigma}_3$**

	1961 年	1963 年	1965 年
1961 年	1.000		
1963 年	0.965	1.000	
1965 年	0.954	0.978	1.000

表 10.30: **誤差分散 $\boldsymbol{\Delta}_0$**

変数	分散	変数	分散
e_1	0.390	e_7	0.243
e_2	0.220	e_8	0.076
e_3	0.324	e_9	0.528
e_4	0.114	e_{10}	0.243
e_5	0.238	e_{11}	0.214
e_6	0.325	e_{12}	0.107

10.8 応用に際して

3 相・多相データは応用場面で頻出するのにも関わらず，3 相・多相の解析手法が適切に利用されることは極めて少なかった．その理由は以下の 5 つにまとめることができる．

1. 統計モデルとしての位置づけが明確でなく，母集団と確率変数の関係があいまいなまま応用されてきた．

2. 社会・人文・行動科学の分野での適用が期待されているのに，尺度不変ではなかった (ただし主成分分析モデルは，尺度不変でないのに，しばしば有益な知見をもたらす．この例から分かるように，モデルが尺度不変でないという性質は致命的なものではない)．
3. 3 相データの分析法として最も有名な Tucker 3 が，探索的方法としては，ほとんど利用価値のないものであった．同時に探索的な方法しかなかった．
4. 非収束・不適解・適合の悪い分析結果が多かった．
5. ユーザーの側に「3 相・多相モデルは，2 相モデルを複数回分析した場合よりも高度な (複雑な) 分析結果が得られる」という誤解があり，3 相・多相モデルを使用する目的が明確でなかった．

第 1 の論点に関しては，本章では任意の 1 つの相を実現値の相，残りの組み合わせが確率変数の相という立場で一貫させた (2 つ，あるいはそれ以上の相の組み合わせで実現値を構成する方法は原理的には可能であろうが，サンプリングの理論が複雑になり，手軽な確率モデルの構成はほとんど不可能になると考えられる)．この立場から 3 相・多相のモデルを記述することによって，初めて他の統計モデルとの関係が明確になる．

第 2 の論点に関しては，尺度不変でなかった多くのモデルが尺度母数の行列 $\boldsymbol{D}$ を導入することによって尺度不変になる．つまり観測変数の (定数倍による) 尺度の変換は，分析結果を変化させなくなった．従来は，尺度不変でないモデルは相関行列を分析するのが定石であり，このため適合度や標準誤差が正確に計算されなかった．尺度母数の行列 $\boldsymbol{D}$ を導入することによって，正確な適合度や標準誤差を求めることが可能になった．ちなみに加法モデルは，尺度母数の行列 $\boldsymbol{D}$ を導入せずとも尺度不変であり，多相モデルの中では例外的なモデルである．

第 3 の論点に関しては，確認的分析と探索的分析を自覚的に組み合わせることによって解決することができる．Tucker 3 は，相の背後にそれぞれ 1 次因子を仮定し，1 次因子の組み合わせの背後に更に 2 次因子を仮定するモデルである．このモデル構成のために，原理的には，第 1 相の第 i 番目の水準の観測変数に対する効果は，第 2 相の水準ごとに異なっていても記述できる．ところが，分析者の知覚やデータに対する仮説や現象に対する認識が，モデルの複雑さに追いつかなくなってしまう．Tucker 3 の使いにくさの原因は，相の間の因子の交互作用を許していることである．自由すぎて使いこなせないのである．

解決策としては3つの方法がある．1つ目は，PARAFACのように，第1相の背後にも第2相の背後にも同じ因子を仮定する方法である．これは相当に強い仮定であるが，Tucker 3と比較すると，解釈は著しく容易になる．たとえばSDデータに関して「A社とB社の製品イメージは似ており，それは明るく軽やかで...」という解釈を行うことは，すでに「企業」という相と「形容詞」という異なった相に同じ因子を暗黙のうちに仮定しているのである．A社にとっての「明るさ」とB社にとっての「明るさ」とは意味が違うかもしれないというTucker 3の立場はむしろ煩雑なのである.「外側へのエネルギー」という因子は「外向」と「衝動」に強く現れ,「教師」による評定で強調される，という解釈は,「特性」という相と「方法」という相の背後に同一の因子を仮定して，初めて可能になる．

2つ目の方法は，第1相の背後に仮定した因子と第i相の背後にも仮定した因子は，互いに統計的に独立で，何の関係もないと仮定する方法である．関係がなければ，モデル構成する側の心理的負担は非常に少なくなる．たとえば「時間制限のあるテスト」と「ないテスト」は教科によらずに分類できるとか,「言語」と「図形」は試験の方法によらず相関が低いなどの知見は,「現象の背後に仮定した構成概念が，相を越えて影響力をもつ」ことを仮定している．社会・人文・行動科学では，他の環境的な変数の条件が変わっても変化しにくい性質を取り出すことこそが重要である．

2つ目までの方法は，データのもつ情報を致命的には壊さない範囲で仮定を導入する探索的な方法であった．3つ目は，Tucker 3を探索的に使用するのではなく，実質科学的な事前情報に基づいて母数行列に制約を入れ，確認的に使用する方法である．Tucker 3は異なる相の間の交互作用の記述が可能であるので，たとえば第1相の第i番目の水準の観測変数に対する効果は，第2相の水準ごとに異なるという記述が可能である．残念ながら本章では分析例を示せなかったが，因子間の交互作用が実質科学的に予想できる分野のデータを，適切な固定母数を多数導入したTucker 3を適用すれば有意義な分析結果を得るはずである．

第4の論点に関しては，まずSWの改良により，非収束のケースが激減した．また本章でも登場したように不適解は(特に加法モデルで)少なくないが，全体としては有効な知見を与える解が得られることが多いので，不適解を過度に気にする必要はない．本章での分析例は，使用したSWの制約上，適合度の掲載をしていない．仮に掲載したとしたら相当に成績の悪いものになっているはずである．しかし3相・多相モデルは，一般に，観測変数の数に比べて母数が少ない．したがって自由度が大きいので，適合度の悪さのみからモデルを捨ててはいけない．そもそも「時間制限のあるテスト」と「ないテスト」は教科によらずに分類できるとか,「言語」と「図形」は試験の方法によらず相関が低いなどの知見は多少の適合度の悪さに目をつぶっても，十分役に立つ知見である．

第5の論点は，多相解析が普及しなかった最大の原因である．たとえば，同じデータに対して，3相のモデルで分析した結果と，2相のモデルで最後の相の水準ごとにl_2回分析した結果 (つまり3相モデルを使わない分析結果) を比較する．このときどちらの分析結果が高度 (複雑) かといえば，文句なく後者である．ところがユーザーの認識は逆であることが多い．

たとえばPARAFACは，第1相の背後にも第2相の背後にも同じ因子を仮定する．一方，2相のモデルで (通常の因子分析モデルで) 最後の相の水準ごとにl_2回分析すれば，水準ごとに因子の数も内容もバラバラでよいのであるから，はるかに高度な (複雑できめの細かい) 解釈が可能になる．逆説的に聞こえるかもしれないが，3相・多相解析は複雑なデータから単純な結果を導くために使用する手法である．それならば2相の分析を繰り返すだけでよいように思われるが，3相・多相解析の存在理由は別にある．

第5章で述べたように，社会・人文・行動科学の研究分野では，データを取り直した際のちょっとした条件の違いによって分析結果が安定しないことが頻繁にある．そのような知見は実質科学を進歩させるものではなく，分析手法の単なる artifact か artifice にすぎない．ところがデータは，1度しか取らずに論文が書かれることも多く，その場合には推測統計的指標は，見出された知見が測定状況の変化に対して安定したものであるか否かに関する情報を与えてくれない．実質科学的に価値のある命題は，少し位の測定状況 (場面・時間・対象) の変化には大きな影響を受けない安定したものでなくてはならない．

3相・多相解析は，たとえば「経時」や「学年」や「対象」という測定状況の変化を司る相の背後の全水準に類似した構造を当てはめるという意味で，単純な分析結果を与える．その上，適合がよければ，そこからの知見は測定状況の変化に対して相当安定していると考えられる．3相・多相解析は，明確な変数間の関係が，複雑な相に渡って安定的に現れるように注意深く収集された3相・多相データに適用されたときに，初めてその真価を発揮するのである．

11　潜在構造分析

構造方程式を用いた潜在変数モデルは，当初，観測変数も潜在変数も連続変数であることが仮定されていたが，[入門編] 第 12 章において観測変数に質的変数 (順序変数) が含まれるモデルに拡張された．本章では，逆に，質的な潜在変数 (名義変数) が含まれるモデルに拡張する．質的な潜在変数を分析するモデルは潜在構造モデル (latent structure model) と総称されることがある．

まず観測変数が連続変数であり，潜在変数が質的変数であるモデルとして，潜在混合分布モデル (latent mixture model) と潜在プロフィルモデル (latent profile model) を論じる．続いて観測変数も潜在変数も質的変数であるモデルとして，潜在クラスモデル (latent class model) を論じる．

潜在変数に質的変数 (名義変数) を含むモデルには，[入門編] 第 7 章，第 8 章で論じた推定方法では母数を推定することができないものもあるが，紙面の関係上，本章では推定方法に言及しない．ここではモデルの意味と適用場面に関して論じていく．

11.1　潜在混合分布モデル

複数の連続変数による予測変数と，カテゴリ内容が予め判明している質的変数による基準変数との関係を調べ，個体を判別・分類するための手法としては判別分析法が有名である．それに対して潜在混合分布モデルでは，内容が予め判明していないカテゴリカル変数を扱う．

質的な基準変数が潜在変数であるような判別モデルが潜在混合分布モデルであり，言い換えるならば，潜在混合分布モデルは基準変数そのものが不明な判別分析といえよう．

11.1.1　混合分布

ある集団の男女の割合は 6 : 4 であり，男性の身長が平均 170, 標準偏差 4, 女性の身長が平均 160, 標準偏差 4 の正規分布に従っているとする．この集団から任意に抽出された人の身長の分布は

$$f(x) = 0.6 \times f(x|170, 4^2) + 0.4 \times f(x|160, 4^2) \tag{11.1}$$

で表現される．密度関数をグラフにすると図 11.1 となる．ただし (11.1) 式右辺に配した $f(x|\mu,\sigma^2)$ は，[入門編] 第 8 章で導入した 1 変数の正規分布の密度関数である．クラスは 2 つに限定する必要はなく，C 個ある場合に，その分布は

$$f(x|w_1,\cdots,w_C,\mu_1,\cdots,\mu_C,\sigma_1^2,\cdots,\sigma_C^2)=\sum_{c=1}^{C}w_c f(x|\mu_c,\sigma_c^2) \tag{11.2}$$

である．ここで w_c は c 番目のクラスの構成比率であり，w_1 から w_C までの和は 1 である．観測変数は 1 つに限定する必要はなく，n_x 個ある場合にその分布は

$$f(\boldsymbol{x}|\boldsymbol{w},\boldsymbol{\mu}_1,\cdots,\boldsymbol{\mu}_C,\boldsymbol{\Sigma}_1,\cdots,\boldsymbol{\Sigma}_C)=\sum_{c=1}^{C}w_c f(\boldsymbol{x}|\boldsymbol{\mu}_c,\boldsymbol{\Sigma}_c) \tag{11.3}$$

で表現される．ここで $\boldsymbol{w}=(w_1\cdots w_C)'$ であり，$f(\boldsymbol{x}|\boldsymbol{\mu}_c,\boldsymbol{\Sigma}_c)$ は多変量正規分布の密度関数である．

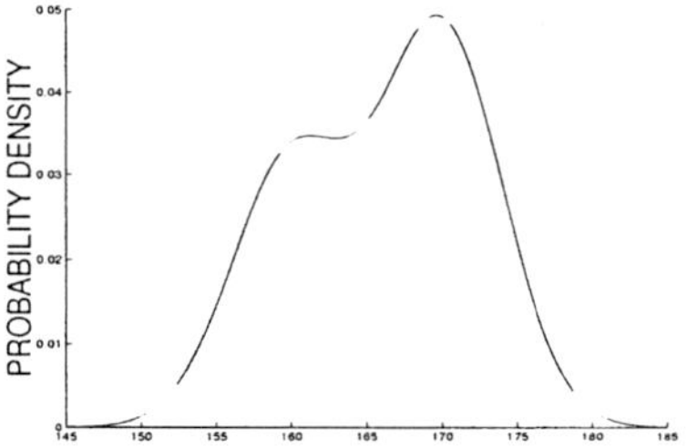

図 11.1: **2** つの正規分布の混合分布

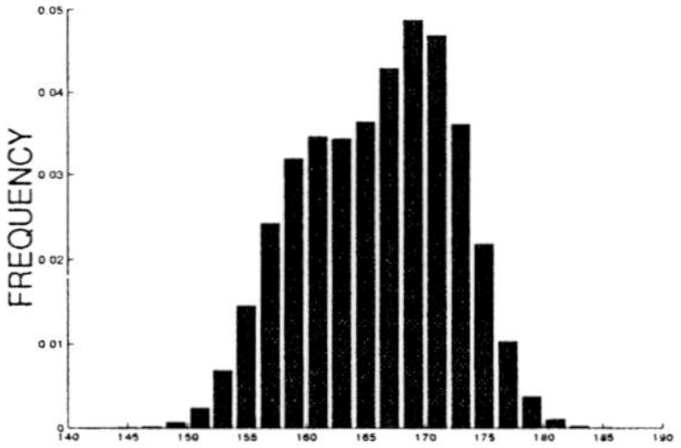

図 11.2: **2** つのクラスからのデータ

ここではクラスの内容が明らかでなく，クラスの数 C が明らかである場合に，図 11.2 のようなデータが与えられた状態で，各クラスの構成比率・平均・分散・共分散を推定することを考える．N 個の標本が独立に抽出され，多変量データ $\boldsymbol{X}=(\boldsymbol{x}_1\cdots\boldsymbol{x}_N)$ が観測されているとき，それらの同時確率は密度関数の積である．したがって母数が未知であり，データが所与である場合の母数の尤度は

$$f(\boldsymbol{X}|\boldsymbol{\theta})=\prod_{i=1}^{N}f(\boldsymbol{x}_i|\boldsymbol{w},\boldsymbol{\mu}_1,\cdots,\boldsymbol{\mu}_C,\boldsymbol{\Sigma}_1,\cdots,\boldsymbol{\Sigma}_C) \tag{11.4}$$

である．(11.4) 式を最大にする母数の値が，最尤推定値 $\hat{\boldsymbol{\theta}}$ である．C は値を定めてから推定値を計算するが，因子分析の因子数のように，値を変化させて解を求め，結果を互いに比較することができる．したがって真のクラスの数は不明でもよい．

11.1.2　真札・偽札の分析

表 11.1 は Flury & Riedwyl(1988)[1]で示されたお札のデータである．x_1 は「下部マージン幅 (mm)」であり，x_2 は「絵の対角線の長さ (mm)」である．合計 200 枚のスイス銀行の紙幣の特徴が収められている．ここでは「偽札が混入しているかもしれない」という情報に基づいて分析が開始されたという状況を想定しよう (実際には 100 枚の偽札が混入しており，それは表 11.1 の左の 3 列分である．しかし判別分析とは異なり，この情報は使用しない)．現実の分析場面では，この例のように，判別・分類の基準が予め明らかでない状況が少なくない．

表 11.1: **お札のマージン・対角線**

x_1	x_2	x_1	x_2	x_1	x_2	x_1	x_2	x_1	x_2	x_1	x_2
9.7	139.8	11.0	139.5	9.6	139.6	9.0	141.0	8.9	141.4	8.6	141.8
11.0	139.5	11.9	139.5	11.4	139.7	8.1	141.7	9.4	141.8	8.0	139.6
8.7	140.2	10.7	139.4	8.7	137.8	8.7	142.2	8.4	141.8	8.4	140.9
9.9	140.3	9.3	138.3	12.0	139.6	7.5	142.0	7.9	142.0	8.2	141.4
11.8	139.7	11.3	139.8	11.8	139.4	10.4	141.8	8.5	142.1	8.7	141.2
10.6	139.9	11.8	139.6	10.4	139.2	9.0	141.4	8.1	141.3	7.5	141.8
9.3	140.2	10.0	139.3	11.4	139.6	7.9	141.6	8.9	142.3	7.2	142.1
9.8	139.9	10.2	139.2	11.9	139.0	7.2	141.7	8.8	140.9	7.6	141.7
10.0	139.4	11.2	139.9	11.6	139.7	8.2	141.9	9.3	141.7	8.8	141.2
10.4	140.3	10.6	139.9	9.9	139.6	9.2	140.7	9.0	140.9	7.4	141.0
8.0	139.2	11.4	139.3	10.2	139.1	7.9	141.8	8.2	141.0	7.9	140.9
10.6	140.1	11.9	139.8	8.2	137.8	7.7	142.2	8.3	141.8	7.9	141.8
9.7	140.6	11.4	139.9	11.4	139.1	7.9	141.4	8.3	141.5	8.6	140.6
11.4	139.9	9.3	138.1	8.0	138.7	7.7	141.7	7.3	142.0	7.5	141.0
10.6	139.7	10.7	139.4	11.0	139.3	7.7	141.8	7.9	141.1	9.0	141.9
8.2	139.2	9.9	139.4	10.1	139.3	9.3	141.6	7.8	142.0	7.9	141.3
11.8	139.8	11.9	139.8	10.7	139.5	8.2	141.7	7.2	141.3	9.0	141.2
12.1	139.9	11.9	139.0	11.5	139.4	9.0	141.9	9.5	141.1	8.9	141.5
11.0	140.0	10.4	139.3	8.0	138.5	7.4	141.5	7.8	140.9	8.7	141.6
10.1	139.2	12.1	139.4	11.4	139.2	8.6	141.9	7.6	141.6	8.4	142.1
10.1	139.6	11.0	139.5	9.6	139.4	8.4	141.4	7.9	141.4	7.4	141.5
12.3	139.6	11.6	139.7	12.7	139.2	8.1	141.6	9.2	142.0	8.0	142.0
11.6	140.2	10.3	139.5	10.2	139.4	8.4	141.5	9.2	141.2	8.6	141.6
10.5	139.7	11.3	139.2	8.8	138.6	8.7	141.6	8.8	141.1	8.5	141.4
9.9	140.1	12.5	139.3	10.8	139.2	7.4	141.1	7.9	141.3	8.2	141.5
10.2	139.6	8.1	137.9	9.6	138.5	8.0	142.3	8.2	141.4	7.4	141.5
9.4	140.2	7.4	138.4	11.6	139.8	8.9	142.4	8.3	141.6	8.3	142.0
10.2	140.0	9.9	138.1	9.9	139.6	9.8	141.9	7.5	141.5	9.0	141.7
10.1	140.3	11.5	139.5	10.3	139.7	7.4	141.8	8.0	141.5	9.1	141.1
9.8	139.9	11.6	139.1	10.6	140.0	8.3	142.0	8.0	141.4	8.0	141.2
10.7	139.8	11.4	139.8	11.2	139.4	7.9	141.8	8.6	141.5	9.1	141.5
12.3	139.2	10.3	139.7	10.2	139.6	8.6	142.3	8.8	140.8	7.8	141.2
10.6	139.9	10.0	138.8			7.7	140.7	7.7	141.3		
10.5	139.7	9.6	138.6			8.4	141.0	9.1	141.5		

図 11.3 には x_1 と x_2 による 2 次元散布図を示した．単峰の分布でないことは一見して明らかである．また分析の目的が偽札を見分けることにあるので，こ

[1]Flury, B., & Riedwyl, H. (1988). *Multivariate Statistics: A practical Approach*. London: Chapman and Hall.

こではまず $C=2$ として分析した．分析結果は表 11.2 の上段に示した．「下部マージン幅」が長く，「絵の対角線」が短い偽札のクラス $c=1$ と，「下部マージン幅」が短く，「絵の対角線」が長い真札のクラス $c=2$ とに分類された．

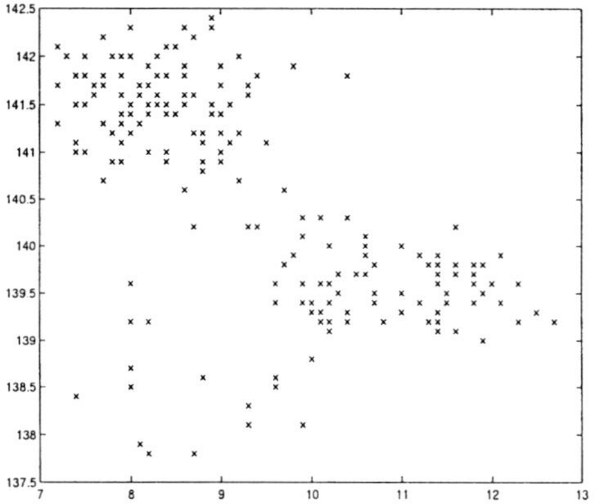

図 11.3: 真札・偽札の混合データ

表 11.2: モデルの情報量規準と母数の推定値

$C=2$	母数	AIC	SBC	w_c	$\bar{x}_1$	$\bar{x}_2$	σ_1^2	σ_2^2	σ_{21}
$c=1$	11	1058	1094	0.501	10.51	139.45	1.317	0.301	0.239
$c=2$				0.499	8.32	141.53	0.419	0.171	-0.015
$C=3$	母数	AIC	SBC	w_c	$\bar{x}_1$	$\bar{x}_2$	σ_1^2	σ_2^2	σ_{21}
$c=1$	17	1011	1067	0.422	10.85	139.62	0.718	0.112	-0.085
$c=2$				0.079	8.70	138.51	0.630	0.259	-0.058
$c=3$				0.498	8.31	141.53	0.420	0.170	-0.014

ここで参考までに $C=3$ として分析してみよう．表 11.2 下段の情報量規準を見ると，$C=3$ は $C=2$ よりもよいことが分かる．つまりデータの背後には 3 つのクラスを仮定したほうがよいということである．ここでは偽札のメインのクラス $c=1$ と真札のクラス $c=3$ の他に，「下部マージン幅」は真札とほとんど同じで，「絵の対角線」が短い偽札の (別の) クラス $c=2$ が見出されたと解釈される．つまり偽札には 2 種類あり，それは約 $5:1(\simeq 0.422:0.079)$ の割合で出現すること，後者の (少ない) ほうが真札により似ていることが示唆された．

$C = 3$ の潜在混合分布モデルを基に，(11.3) 式に推定値を代入して描いた混合分布が図 11.4，図 11.5 であり，3 つのクラスの分布が示されている．

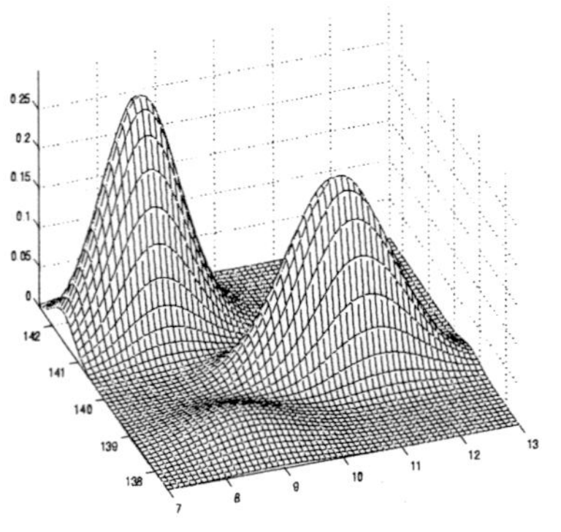

図 11.4: **推定された混合分布 (3D)**

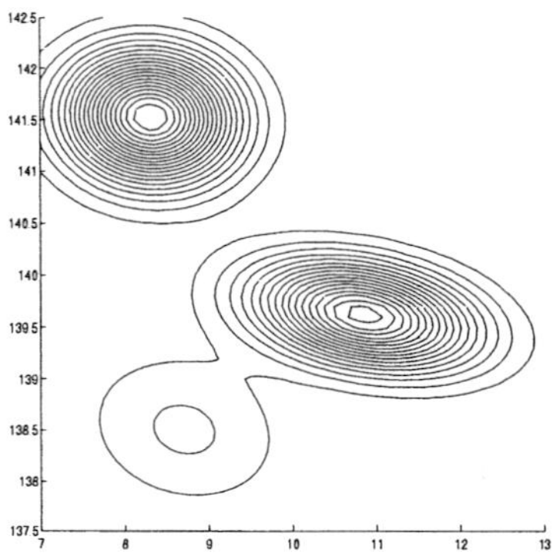

図 11.5: **推定された混合分布 (等高線)**

11.1.3 アイリスデータの分析

観測変数の数が 2 つの場合には，たとえば図 11.3 のような散布図から，潜在混合分布モデルの分析結果をある程度予測することができる．具体的には，2 つの大きなクラスが背後に潜在していることは分かるだろう (図 11.3 の左下の 14,5 個の点に別の潜在クラスを割り当てるべきかどうかは分析してみないと分からないかもしれない)．

同様に観測変数の数が 3 つの場合には，3 次元散布図を観察することによって大まかな傾向を把握することができる．それに対して観測変数の数が 4 つ以上の場合には，潜在したクラスに関する目安がつきにくくなるので，潜在混合分布モデルの真価が発揮される．

表 11.3 は，1936 年に R. A. Fisher が発表したアイリス (あやめ) のデータである．判別分析の分析例として頻繁に引用される有名なデータである．観測変数は 4 つであり，内容は x_1:「がく (萼) の長さ」x_2:「がくの幅」x_3:「花弁の長さ」x_4:「花弁の幅」であり，3 種類のアイリス「セトサ」「バーシカラー」「バージニカ」のそれぞれの花の標本をミリの単位で測定したものである (実際には

「セトサ」「バーシカラー」「バージニカ」は 50 個ずつの標本であり，それぞれ 1・2 列目，3・4 列目，5・6 列目のデータに対応している．しかし判別分析とは異なり，この情報は使用しない．また分析に際しては測定値をセンチメートルの単位に変換した)．

表 11.3: **フィッシャーのアイリスデータ**

x_1 x_2 x_3 x_4	x_1 x_2 x_3 x_4	x_1 x_2 x_3 x_4	x_1 x_2 x_3 x_4	x_1 x_2 x_3 x_4	x_1 x_2 x_3 x_4
50 33 14 02	50 36 14 02	65 28 46 15	66 29 46 13	64 28 56 22	62 28 48 18
46 34 14 03	54 34 15 04	62 22 45 15	52 27 39 14	67 31 56 24	77 30 61 23
46 36 10 02	52 41 15 01	59 32 48 18	60 34 45 16	63 28 51 15	63 34 56 24
51 33 17 05	55 42 14 02	61 30 46 14	50 20 35 10	69 31 51 23	58 27 51 19
55 35 13 02	49 31 15 02	60 27 51 16	55 24 37 10	65 30 52 20	72 30 58 16
48 31 16 02	54 39 17 04	56 25 39 11	58 27 39 12	65 30 55 18	71 30 59 21
52 34 14 02	50 34 15 02	57 28 45 13	62 29 43 13	58 27 51 19	64 31 55 18
49 36 14 01	44 29 14 02	63 33 47 16	59 30 42 15	68 32 59 23	60 30 48 18
44 32 13 02	47 32 13 02	70 32 47 14	60 22 40 10	62 34 54 23	63 29 56 18
50 35 16 06	46 31 15 02	64 32 45 15	67 31 47 15	77 38 67 22	77 26 69 23
44 30 13 02	51 34 15 02	61 28 40 13	63 23 44 13	67 33 57 25	60 22 50 15
47 32 16 02	50 35 13 03	55 24 38 11	56 30 41 13	76 30 66 21	69 32 57 23
48 30 14 03	49 31 15 01	54 30 45 15	63 25 49 15	49 25 45 17	74 28 61 19
51 38 16 02	54 37 15 02	58 26 40 12	61 28 47 12	67 30 52 23	56 28 49 20
48 34 19 02	54 39 13 04	55 26 44 12	64 29 43 13	59 30 51 18	73 29 63 18
50 30 16 02	51 35 14 03	50 23 33 10	51 25 30 11	63 25 50 19	67 25 58 18
50 32 12 02	48 34 16 02	67 31 44 14	57 28 41 13	64 32 53 23	65 30 58 22
43 30 11 01	48 30 14 01	56 30 45 15	61 29 47 14	79 38 64 20	69 31 54 21
58 40 12 02	45 23 13 03	58 27 41 10	56 29 36 13	67 33 57 21	72 36 61 25
51 38 19 04	57 38 17 03	60 29 45 15	69 31 49 15	77 28 67 20	65 32 51 20
49 30 14 02	51 38 15 03	57 26 35 10	55 25 40 13	63 27 49 18	64 27 53 19
51 35 14 02	54 34 17 02	57 29 42 13	55 23 40 13	72 32 60 18	68 30 55 21
50 34 16 04	51 37 15 04	49 24 33 10	66 30 44 14	61 30 49 18	57 25 50 20
46 32 14 02	52 35 15 02	56 27 42 13	68 28 48 14	61 26 56 14	58 28 51 24
57 44 15 04	53 37 15 02	57 30 42 12	67 30 50 17	64 28 56 21	63 33 60 25

表 11.4: **モデルの情報量規準**

モデル	母数	AIC	SBC
$C=1$	14	788	830
$C=2$	29	487	574
$C=3$	44	448	581
$C=4$	59	不適解	

$C=1$ から $C=4$ までのモデルの解を求め，情報量規準を表 11.4 に示した．$C=1$ のモデルは情報量規準の値が悪すぎるし，$C=4$ のモデルは不適解なので，両方とも最適モデルの候補からは外れる．$C=2$ と $C=3$ のモデルを比較すると AIC では $C=3$ がよく，SBC(Schwarz's Bayesian Information Criterion, BIC と略すこともある) では $C=2$ がよい．この場合，実は，真の潜在クラスの数が 3 であることは分かっているのだから，最適モデルは真のモデルに，完

全には絞りきれていないことになる．ただし，AIC では $C=3$ が圧倒的によく，SBC では $C=2$ と $C=3$ が均衡している．したがって最終判断としては，真の潜在クラスの数を知らなくとも，この場合は $C=3$ のモデルが選択される可能性が高い．

3 つの花の共分散行列と平均ベクトルは以下のように推定された．

$$\hat{\boldsymbol{\Sigma}}_1 = \begin{bmatrix} 0.122 & & & \\ 0.097 & 0.141 & & \\ 0.016 & 0.011 & 0.030 & \\ 0.010 & 0.009 & 0.006 & 0.011 \end{bmatrix}, \quad \hat{\boldsymbol{\mu}}_1 = \begin{bmatrix} 5.006 \\ 3.428 \\ 1.462 \\ 0.246 \end{bmatrix}$$

$$\hat{\boldsymbol{\Sigma}}_2 = \begin{bmatrix} 0.275 & & & \\ 0.097 & 0.093 & & \\ 0.185 & 0.091 & 0.201 & \\ 0.054 & 0.043 & 0.061 & 0.032 \end{bmatrix}, \quad \hat{\boldsymbol{\mu}}_2 = \begin{bmatrix} 5.915 \\ 2.778 \\ 4.202 \\ 1.297 \end{bmatrix}$$

$$\hat{\boldsymbol{\Sigma}}_3 = \begin{bmatrix} 0.387 & & & \\ 0.092 & 0.110 & & \\ 0.303 & 0.084 & 0.328 & \\ 0.062 & 0.056 & 0.075 & 0.086 \end{bmatrix}, \quad \hat{\boldsymbol{\mu}}_3 = \begin{bmatrix} 6.545 \\ 2.949 \\ 5.480 \\ 1.985 \end{bmatrix}$$

また，3 つのクラスの構成比は $\hat{w}_1 = 0.333$, $\hat{w}_2 = 0.299$, $\hat{w}_3 = 0.367$ と推定された (真値は $w_1 = w_2 = w_3 = 1/3$ である)．

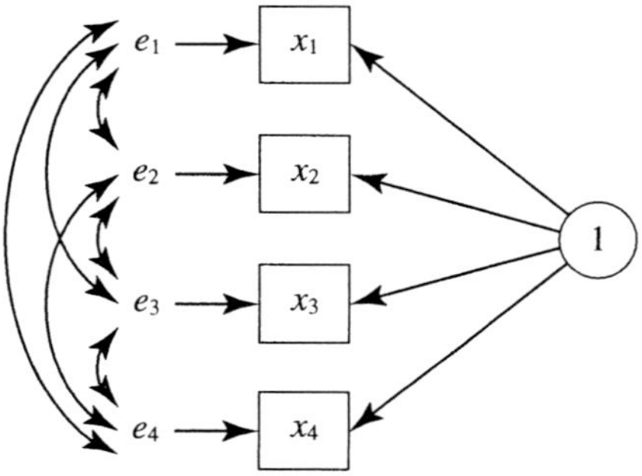

図 11.6: **潜在混合分布モデル**

11.1.4 パス図による表現

これまでの章に登場した分析モデルのように，潜在混合分布モデルもパス図によって表現することができる．[入門編] 第 14 章における多母集団の構造方程式を利用し，群を表す添字 g を c で置き換え，

$$\boldsymbol{x}_c = \boldsymbol{\alpha}_{c0} + \boldsymbol{e}_c \tag{11.5}$$

というモデルを考える．このとき期待値と共分散は，それぞれ

$$\boldsymbol{\mu}_c = E[\boldsymbol{x}_c] = E[\boldsymbol{\alpha}_{c0}] = \boldsymbol{\alpha}_{c0} \tag{11.6}$$

$$\boldsymbol{\Sigma}_c = E[(\boldsymbol{x}_c - \boldsymbol{\alpha}_{c0})(\boldsymbol{x}_c - \boldsymbol{\alpha}_{c0})'] = \boldsymbol{\Sigma}_{ce} \tag{11.7}$$

と導かれる．したがって，値が 1 である変数からの単方向の矢印に期待値を付し，誤差変数間の両方向の矢印に共分散を付すことによって，パス図でモデルを表現することができる．アイリスデータの潜在混合分布モデルは図 11.6 のように表現することができる．同様のルールで図 11.7 には，真札・偽札の潜在混合分布モデルの解をパス図で表現した．ここでは誤差からの係数に潜在クラスの (分散ではなく) 標準偏差を付している．表 11.2 と見比べていただきたい (たとえば $0.847 \simeq \sqrt{0.718}$ である)．分類が未知であるような多母集団の平均構造モデルと見なすことによって，潜在混合分布モデルの分析結果はパス図で表現される．

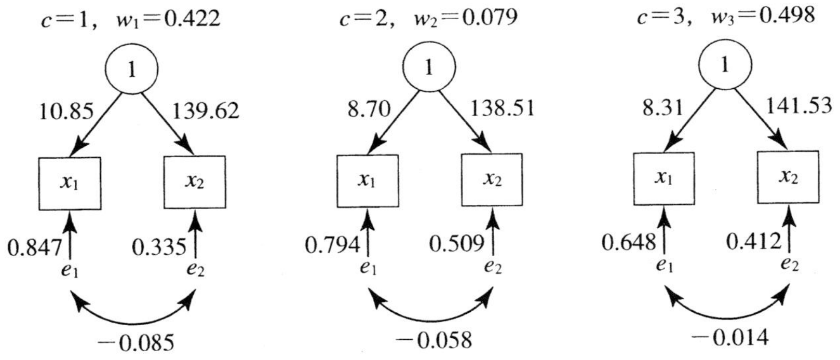

図 11.7: **真札・偽札の潜在混合分布モデルのパス図による表現**

11.2 潜在プロフィルモデル

潜在プロフィルモデルは，前節で導入した潜在混合分布モデルの下位モデルである．具体的には $\mathbf{\Sigma}_c$ が対角行列という制約の入った潜在混合分布モデルが潜在プロフィルモデルである．アイリスデータに潜在プロフィルモデルを当てはめる場合のパス図は，図 11.8 のようになる．

このパス図から潜在プロフィルモデルは，構成概念が潜在クラスであるような因子分析モデルとも解釈できることが分かる．因子分析モデルは，観測変数間の共変動は因子によってもたらされ，因子の影響を取り除いた観測 (誤差) 変数間には共変動がないというモデルであった，同様に潜在プロフィルモデルでは，潜在クラス内では (潜在クラスの影響を取り除かれているので) 観測 (誤差) 変数間には共変動がない (無相関)，という仮定が導入される．

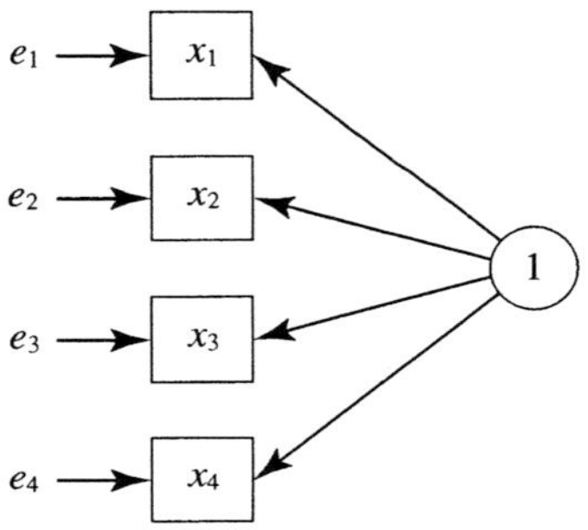

図 11.8: **潜在プロフィルモデル**

潜在プロフィルモデルは Gibson(1959)[2] で導入されたモデルである．発表当時は最尤法が主流ではなく，以下のような平均・共分散構造に基づく解が提案された[3]．提案当時の解法には分布の仮定が入っていないので，無相関という仮定ではなく，潜在クラス内では観測変数は互いに独立であるという制約の下で解を求めている．

まず，観測変数 $\boldsymbol{v} = (v_1 v_2 \cdots v_i \cdots v_n)'$ の母平均は 0 であるから，添字 i によ

[2] Gibson, B. F. (1959). Three multivariate models: Factor analysis, latent structure analysis, and latent profile analysis. *Psychometrika*, **24**, 229-252.

[3] オリジナルは $\boldsymbol{x}$ の平均・共分散構造であるが，ここでは式展開が本質的に同じである $\boldsymbol{v}$ の平均・共分散構造を紹介する．

らず，潜在クラス c の母平均 μ_{ci} と w_c との重みつき和は

$$0 = \sum_{c=1}^{C} w_c \mu_{ci} \tag{11.8}$$

のようになる．もちろん

$$1 = \sum_{c=1}^{C} w_c \tag{11.9}$$

という制約が入る．

次に観測変数の共分散は

$$\begin{aligned}
\sigma_{ij} =& E[v_i v_j] \\
& \left[\begin{array}{l}\text{全体集団の期待値は潜在クラス内の期待値の } w_c \text{ による重みつき和} \\ \text{なので，潜在クラス内の期待値を } E_c[\cdot] \text{ で表現し}\end{array}\right] \\
=& \sum_{c=1}^{C} w_c E_c[v_i v_j] \\
& [\text{独立な確率変数の積の期待値は，期待値の積なので}] \\
=& \sum_{c=1}^{C} w_c E_c[v_i] E_c[v_j] \\
=& \sum_{c=1}^{C} w_c \mu_{ci} \mu_{cj}
\end{aligned} \tag{11.10}$$

のように表現される．同様に観測変数の分散は

$$\begin{aligned}
\sigma_i^2 =& E[v_i^2] \\
=& \sum_{c=1}^{C} w_c E_c[v_i^2] \\
& [-\mu_{ci} + \mu_{ci} \text{ を補助的に導入し}] \\
=& \sum_{c=1}^{C} w_c E_c[(v_i - \mu_{ci} + \mu_{ci})^2] \\
& [E_c[(v_i - \mu_{ci})\mu_{ci}] = 0 \text{ だから}] \\
=& \sum_{c=1}^{C} w_c (E_c[(v_i - \mu_{ci})^2] + E_c[\mu_{ci}^2]) \\
=& \sum_{c=1}^{C} w_c (\sigma_{ci}^2 + \mu_{ci}^2)
\end{aligned} \tag{11.11}$$

のように表現される．

11.2.1 共分散構造

(11.10) 式，(11.11) 式より，潜在プロフィルモデルの共分散構造は

$$\boldsymbol{\Sigma}(\boldsymbol{\theta}) = \sum_{c=1}^{C} w_c(\boldsymbol{\mu}_c\boldsymbol{\mu}_c' + \boldsymbol{\Sigma}_{ce}) \tag{11.12}$$

であることが分かる．$\boldsymbol{\Sigma}_{ce}$ が対角行列であることと (11.8) 式と (11.9) 式の制約を考慮して母数の推定値 $\hat{\boldsymbol{\theta}}$ を得る[4]．

パス図から明らかなように，$\boldsymbol{\mu}_c$ は因子負荷に相当する．$\boldsymbol{\Sigma}_{ce}$ の対角成分は誤差変数の分散に相当する．したがって $\boldsymbol{\Sigma}_e = \boldsymbol{\Sigma}_{1e} = \boldsymbol{\Sigma}_{2e} = \cdots = \boldsymbol{\Sigma}_{Ce}$(対角行列) という制約を入れると，共分散構造は

$$\boldsymbol{\Sigma}(\boldsymbol{\theta}) = \left(\sum_{c=1}^{C} w_c\boldsymbol{\mu}_c\boldsymbol{\mu}_c'\right) + \boldsymbol{\Sigma}_e \tag{11.13}$$

となり，因子分析モデルと更によく似てくることが分かる．

表 11.5: **お札の混合分布モデルの情報量規準**

モデル	母数	AIC	SBC
モデル 1	17	1011	1067
モデル 2	11	1015	1051
モデル 3	14	1013	1059
モデル 4	10	1018	1051

また $\boldsymbol{\Sigma}_{ce}$ が対角行列であるという制約を入れずに，$\boldsymbol{\Sigma}_e = \boldsymbol{\Sigma}_{1e} = \boldsymbol{\Sigma}_{2e} = \cdots = \boldsymbol{\Sigma}_{Ce}$ という制約を入れると，$\boldsymbol{\Sigma}_e$ は，判別分析流の級内共分散行列の推定値となる．以上の考察より，潜在混合分布モデルの下位モデルは以下のように整理できる．

モデル 1 $\boldsymbol{\Sigma}_{ce}$ に制約を入れない (潜在混合分布モデルの一般モデル)

モデル 2 $\boldsymbol{\Sigma}_e = \boldsymbol{\Sigma}_{1e} = \boldsymbol{\Sigma}_{2e} = \cdots = \boldsymbol{\Sigma}_{Ce}$(判別分析流の級内共分散行列モデル)

モデル 3 $\boldsymbol{\Sigma}_{ce}$ が対角行列 (潜在プロフィルモデル)

---

[4] Gibson(1959) では 3 次の積率をも利用しているが，ここでは割愛する．高次の積率を利用した推定法は，近年，もっと洗練された観点から研究が進み，ここで導入することは効率がよくないためである．

モデル 4 $\mathbf{\Sigma}_e = \mathbf{\Sigma}_{1e} = \mathbf{\Sigma}_{2e} = \cdots = \mathbf{\Sigma}_{Ce}$ で，かつ対角行列 (因子分析的モデル)

もちろん変数の性質によっては，$\mathbf{\Sigma}_{ce}$ にシンプレックス構造や繰り返し測定の制約を導入することもできる．

ここではまず，真札と偽札のデータを モデル 2 から モデル 4 で分析し，先に分析した モデル 1 の結果と合わせて情報量規準を表 11.5 に示した．AIC の規準ではモデル 1 が最適であり，モデル 3 がそれに続く，SBC では モデル 2 と モデル 4 が最適と判断され，指標によって判断が一致していない．

モデル 2, 3, 4 の推定値は，それぞれ，以下の通りである．

【モデル 2】

$$\hat{\mathbf{\Sigma}}_1 = \begin{bmatrix} 0.558 & \\ -0.047 & 0.154 \end{bmatrix}, \quad \hat{\mathbf{\Sigma}}_2 = \begin{bmatrix} 0.558 & \\ -0.047 & 0.154 \end{bmatrix}, \quad \hat{\mathbf{\Sigma}}_3 = \begin{bmatrix} 0.558 & \\ -0.047 & 0.154 \end{bmatrix}$$

【モデル 3】

$$\hat{\mathbf{\Sigma}}_1 = \begin{bmatrix} 0.728 & \\ 0.000 & 0.111 \end{bmatrix}, \quad \hat{\mathbf{\Sigma}}_2 = \begin{bmatrix} 0.614 & \\ 0.000 & 0.253 \end{bmatrix}, \quad \hat{\mathbf{\Sigma}}_3 = \begin{bmatrix} 0.423 & \\ 0.000 & 0.176 \end{bmatrix}$$

【モデル 4】

$$\hat{\mathbf{\Sigma}}_1 = \begin{bmatrix} 0.561 & \\ 0.000 & 0.155 \end{bmatrix}, \quad \hat{\mathbf{\Sigma}}_2 = \begin{bmatrix} 0.561 & \\ 0.000 & 0.155 \end{bmatrix}, \quad \hat{\mathbf{\Sigma}}_3 = \begin{bmatrix} 0.561 & \\ 0.000 & 0.155 \end{bmatrix}$$

表 11.6: **アイリスの混合分布モデルの情報量規準**

モデル	母数	AIC	SBC
モデル 1	44	448	581
モデル 2	24	561	633
モデル 3	26	666	744
モデル 4	18	759	813

次に，アイリスのデータを モデル 2 から モデル 4 で分析し，先に分析した モデル 1 の結果と合わせて情報量規準を表 11.6 に示した．AIC と SBC は，共に モデル 1 が最小であり，最適モデルの判断が一致している．

11.3 潜在クラスモデル

前節では，観測変数が連続変数であり，潜在変数も質的変数である潜在プロフィルモデルを紹介した．それに対して本節では，観測変数も潜在変数も質的変数であるモデルとして，潜在クラスモデル (latent class model, Lazarsfeld & Henry(1968)[5]) を論じる．

n 個の観測変数 $\boldsymbol{u} = (u_1 \cdots u_i \cdots u_n)'$ は，正解－不正解，賛成－反対，当てはまる－当てはまらない，男性－女性等の，2 値の (0 と 1 の) 名義尺度の変数であり，観測変数の背後には C 個の潜在クラスが存在するものとする．このとき潜在クラス c における i 番目の観測変数 u_{ci} の値が 1 になる確率を

$$p_{ci} = f(u_{ci} = 1) \tag{11.14}$$

と定義すると，p_{ci} が所与のときの u_{ci} の分布は

$$f(u_{ci}|p_{ci}) = p_{ci}^{u_{ci}}(1 - p_{ci})^{(1-u_{ci})} \tag{11.15}$$

と書くことができる．ここで潜在クラス内では観測変数が互いに独立であると仮定する．この仮定は，因子分析モデルや潜在プロフィルモデルにおける誤差変数が互いに独立であるという仮定と同等であることが知られており，構造的な潜在 (変数) クラスが所与の場合の「局所独立 (local independence) の仮定」と呼ばれている．

潜在クラス内で任意の 2 つの観測変数 u_{ci} と u_{cj} が互いに独立であるならば，$\boldsymbol{u}_c = (u_{c1} \cdots u_{ci} \cdots u_{cn})'$ が観測される確率は，u_{ci} が観測される個々の確率の積であるから，

$$f(\boldsymbol{u}_c|\boldsymbol{p}_c) = \prod_{i=1}^{n} f(u_{ci}|p_{ci}) \tag{11.16}$$

となる．

上式までは潜在クラス内の分布の表現である．各潜在クラスの構成比を w_c と表記すると，無作為に全体母集団から標本を 1 つ抽出したときの観測変数ベクトル $\boldsymbol{u}$ の分布は

$$f(\boldsymbol{u}|\boldsymbol{w}, \boldsymbol{p}_1, \cdots, \boldsymbol{p}_C) = \sum_{c=1}^{C} w_c f(\boldsymbol{u}_c|\boldsymbol{p}_c) \tag{11.17}$$

[5]Lazarsfeld, P. F., & Henry, N.W. (1968). *Latent Structure Analysis.* Houghton Mifflin.

と表現される．確率変数 $\boldsymbol{u}$ の実現値が独立に N 個観測されたとき，それを横に並べた多変量データ行列 $\boldsymbol{U} = (\boldsymbol{u}_1 \cdots \boldsymbol{u}_j \cdots \boldsymbol{u}_N)$ の尤度は

$$f(\boldsymbol{U}|\boldsymbol{w}, \boldsymbol{p}_1, \cdots, \boldsymbol{p}_C) = \prod_{j=1}^{N} f(\boldsymbol{u}_j|\boldsymbol{w}, \boldsymbol{p}_1, \cdots, \boldsymbol{p}_C) \tag{11.18}$$

と導かれる．$1 = \mathbf{1}'\boldsymbol{w}$ の制約の下で (11.18) 式を最大にする $\boldsymbol{w}, \boldsymbol{p}_1, \cdots, \boldsymbol{p}_C$ が潜在クラスモデルの最尤推定量である．

構造的な潜在 (変数) クラスが所与の場合に局所独立が仮定されているモデルは，これまでにも登場しており，それらモデル間の関係は表 11.7 のようにまとめられる[6]．近年の SEM の発展の流れは，観測変数と潜在変数に連続変数と離散変数が混ざっているモデルを志向し，この表を統合しようとしている．

表 11.7: **SEM** モデルの関係

観測変数	構成概念	モデルの構造	モデル名
連続変数	連続変数	特殊	因子分析
連続変数	連続変数	一般	狭義の共分散構造分析
離散変数	連続変数	特殊	項目反応モデル (1,2 母数正規累積モデル)
離散変数	連続変数	一般	カテゴリカル共分散構造分析 ([入門編] 第 12 章)
連続変数	離散変数	特殊	潜在プロフィルモデル
連続変数	離散変数	一般	潜在混合分布モデル
離散変数	離散変数	特殊	潜在クラスモデル
離散変数	離散変数	一般	確認的潜在クラスモデル

11.3.1 積率構造

前節では生データ $\boldsymbol{U}$ を利用して最尤解を求めるための尤度関数を導出した．本節ではまず，項目 i における生起確率 p_i，項目 i と項目 j との同時確率 p_{ij} に注目し，それらと潜在クラスモデルの母数との関係を論じる．次に，その関係を積率構造として表現し，潜在クラス分析が，構造方程式モデル (積率構造分析) の下位モデルであることを導く．

2 値の観測変数 u_i の 2 乗の期待値は，$u_i^2 = u_i$ だから

$$\sigma_{mi}^2 = E[u_i^2] = E[u_i] = p_i \tag{11.19}$$

[6] 項目反応モデルは因子数 1 の場合のカテゴリカル因子分析モデルと本質的に同じである．またこの表の中で確認的潜在クラスモデルの解説は，紙面の都合上割愛した．

のように生起確率 p_i に一致する．同様に 2 値の観測変数 u_i と u_j の積率は，

$$\sigma_{mij} = E[u_i u_j] = p_{ij} \tag{11.20}$$

のように項目 i と項目 j の同時確率に一致する．

したがって積率行列は

$$\boldsymbol{\Sigma}_m = E[\boldsymbol{u}\boldsymbol{u}'] = \boldsymbol{P} = \begin{bmatrix} p_1 & & & & sym \\ p_{21} & p_2 & & & \\ p_{31} & p_{32} & p_3 & & \\ \vdots & & & \ddots & \\ p_{n1} & & \cdots & & p_n \end{bmatrix} \tag{11.21}$$

という形式の確率行列に一致する．ゆえに 0 - 1 データの積率行列を分析することは，確率行列の構造を分析することと同等である．

2 次の積率は，潜在クラスモデルの母数によって

$$\sigma_{mi}^2(\boldsymbol{\theta}) = E[u_i] = \sum_{c=1}^{C} w_c E[u_{ci}] = \sum_{c=1}^{C} w_c p_{ci} \tag{11.22}$$

のように構造化される．同様に u_i と u_j の積率は，

$$\begin{aligned} \sigma_{mij} =& E[u_i u_j] = \sum_{c=1}^{C} w_c E[u_{ci} u_{cj}] \\ & \text{[潜在クラス内で } u_{ci} \text{ と } u_{cj} \text{ は独立であり，積の期待値は期待値の積だから]} \\ =& \sum_{c=1}^{C} w_c E[u_{ci}] E[u_{cj}] = \sum_{c=1}^{C} w_c p_{ci} p_{cj} \end{aligned} \tag{11.23}$$

のように構造化される．

したがって積率行列 (確率行列) の構造は

$$\boldsymbol{\Sigma}_m(\boldsymbol{\theta}) = \sum_{c=1}^{C} w_c \boldsymbol{P}_c \tag{11.24}$$

となる．ただし

$$\boldsymbol{P}_c = \begin{bmatrix} p_{c1} & & & & sym \\ p_{c2}p_{c1} & p_{c2} & & & \\ p_{c3}p_{c1} & p_{c3}p_{c2} & p_{c3} & & \\ \vdots & & & \ddots & \\ p_{cn}p_{c1} & & \cdots & & p_{cn} \end{bmatrix} \tag{11.25}$$

である．

以上の考察より，0 - 1 データから計算された積率行列に (11.24) 式の構造を入れて分析することにより，SEM の SW によって潜在クラスモデルの母数を推定することが可能になる．ただしこの方法は，分布の仮定は反映されないので，最小 2 乗法を用いるか，さもなくば一般化最小 2 乗法・最尤法を用いた場合には推測統計的指標の参照を控える．次項では，前節で導入した最尤モデルによる分析例を紹介する．

11.3.2 テストデータの分析

学力試験は，通常，幾つかの項目 (小問) から構成され，個々の項目の正解－不正解を 1 - 0 データとして扱うことが多い．単一の能力を測ることを目的としたこのようなテストデータに潜在クラスモデルを当てはめると，理解のレベルごとの潜在クラスを見出すことができる．

ここでは，[入門編] 第 12 章の表 12.4 に掲載された 226 名のテストデータの項目 1 から項目 5 を潜在クラスモデルで分析する．$C=1$ から $C=4$ までの情報量規準を表 11.8 に示した．不適解である $C=4$ は候補から外すとして，情報量規準によって最適と判断されたモデルは $C=2$ であった．

表 11.8: **テストデータの潜在クラス分析の情報量規準**

モデル	母数	AIC	SBC
$C=1$	5	1304	1321
$C=2$	11	1262	1299
$C=3$	17	1267	1325
$C=4$	23	不適解	

具体的な推定値を観察してみよう．まず $C=1$ の場合の推定値は

$$w_1 = (1.00)'$$

$$\hat{\boldsymbol{p}}_1 = (0.832 \quad 0.381 \quad 0.748 \quad 0.757 \quad 0.681)'$$

となった．$C=1$ は「潜在クラスは存在せず，観測変数から計算されるあらゆるクロス表は独立である」という非常に制約の強い仮説を表すモデルである．$\hat{\boldsymbol{p}}_1$ は各項目の集団全体における正答率の推定値である．項目 1 が最も易しく，項目 2 が最も難しい項目であることを示している．

次に，$C=2$ の場合の推定値は

$$\hat{\boldsymbol{w}} = (0.397 \quad 0.603)'$$
$$\hat{\boldsymbol{p}}_1 = (0.633 \quad 0.135 \quad 0.567 \quad 0.574 \quad 0.375)'$$
$$\hat{\boldsymbol{p}}_2 = (0.963 \quad 0.542 \quad 0.867 \quad 0.877 \quad 0.883)'$$

となった．よく理解している集団とそうでない集団に分けるならば，その比率は約 6 : 4 であることが示唆される．項目 3,4,5 は，$c=2$ 群では，いずれも 9 割弱の正答率であり，同様の難しさである (しいていうならば中では項目 5 が易しい項目である)．一方 $c=1$ 群では，項目 5 のみ 4 割弱の正答率であり，他の 2 つの項目と比べて難しい項目になっている．

最後に，$C=3$ の場合の推定値は

$$\hat{\boldsymbol{w}} = (0.134 \quad 0.301 \quad 0.565)'$$
$$\hat{\boldsymbol{p}}_1 = (0.367 \quad 0.126 \quad 0.209 \quad 0.740 \quad 0.265)'$$
$$\hat{\boldsymbol{p}}_2 = (0.811 \quad 0.173 \quad 0.798 \quad 0.435 \quad 0.471)'$$
$$\hat{\boldsymbol{p}}_3 = (0.953 \quad 0.551 \quad 0.849 \quad 0.931 \quad 0.892)'$$

となった.「優」「良」「可」と成績をつけるのであれば，上から 57%, 30%, 13% にそれぞれの成績を与えることが示唆されている．最も理解の進んだ群が $c=3$ であることには全く異論がないだろう．ところが項目 4 に関してだけは，$c=2$ 群よりも $c=1$ 群のほうが正答率が高い．その他 4 つの項目の正答率は $c=1$ 群よりも $c=2$ 群のほうが高いので，一応 $c=2$ 群のほうが理解度の高い集団といえるであろう．すると項目 4 には,「ある程度理解が進んだ段階で，一時的に正答率が下がるような (逆にいうならば，実力が低すぎるとかえってひっかからない) 迷わし」が含まれている可能性がある．ただし，もし項目 4 のような項目が多数見出されるとしたら，その項目群は全体として 1 つの能力を測定していないと解釈すべき状態となる．

12　潜在曲線モデル

通常の構造方程式モデリングは，母数の値を推定することによって母集団の性質を明らかにすることを目的としていた．母数は個々のオブザベーション (測定対象) を直接記述するものではなく，母集団の特徴を記述するものである．それに対して本章で論じる「潜在曲線モデル (latent curve model)」は，個々のオブザベーションごとに統計モデルを設定し，各統計モデルの母数自身を確率変数として扱い，統計モデルの (母数の) 分布を推定する．この性質を利用することによって，集団内の多数の発達曲線の統計的性質を論じ得るばかりでなく，個々人の発達曲線を推定・記述することが可能になる．

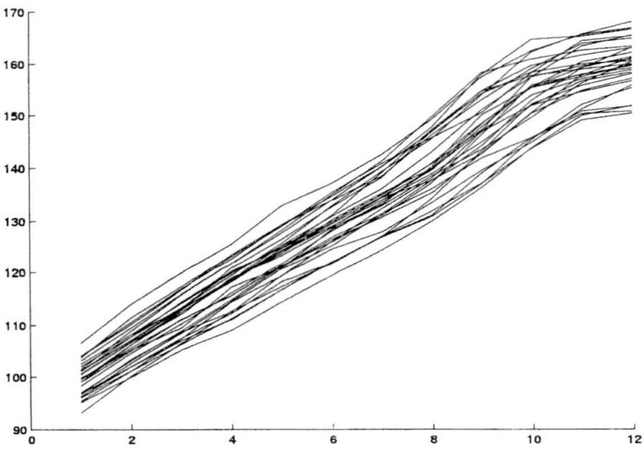

図 12.1: **身長の縦断的変化 (フランス人女性)**

潜在曲線モデルで分析されるのは図 12.1 のような縦断的データである[1]．多変量データの形式では表 12.1 に示されたように，オブザベーションは「個人」であり，変数は「時間」であることが多い．ただし成長モデルとはいっても，ここでの例のように測定値が「身長」や「体重」のような典型的な成長データである必要はない．変数は順序づられている必要があるが，測定値は「経時」に

[1]Sempe, M. *et al.* (1987). Multivariate and longitudinal data on growing children: Presentation of the French auxiological survey. In Janssen, J. *et al. Data Analysis, The Ins and Outs of Solving Real Problems.* New York: Plenum Press, pp. 3-6. の一部．図 12.5 のデータも同様．

伴う「酒量」「血糖値」，あるいは「試行回数」に伴う「反応時間」「反応回数」等でかまわない．オブザベーションは個人に限定する必要はなく「国」「都道府県」「企業」でもよく，その場合は「生産高」「人口」「開発面積」等が測定値になり得る．

潜在曲線モデルは,「潜在成長モデル (latent growth model)」,「潜在成長曲線モデル (latent growth curve model)」,「成長曲線モデル (growth curve model)」等様々な呼び方がなされている．成長曲線を SEM の SW で分析することのメリットは，80 年代中頃の LISREL のマニュアル Jöreskog & Sörbom(1984)[2] で既に論じられている．その後 Meredith & Tisak (1990)[3] によって応用可能性が認識され，Browne (1993)[4] によって基礎理論が補強され，SEM の一分野として定着した．近年，SEM の SW による潜在成長曲線分析に話題を限定した初心者向の教科書 Duncan, Duncan, Strycker, Li & Albert(1999)[5] が出版され，利用し易い環境が整った．今後，発達・教育心理学研究ばかりでなく広範な領域での応用が期待される統計モデルである．

12.1 1 次のモデル

潜在曲線モデルで扱う成長曲線には 1 次式が用いられることが多い．多数の被験者の成長曲線を分析する場合に扱いが容易で，解釈し易いためである．もちろん成長曲線の形状によっては 2 次式や 3 次式を当てはめることも容易であるし，通常の非線形回帰分析で用いられる対数関数や平方根を使った成長曲線を当てはめることも可能である．元々，通常の非線形回帰分析で用いられるモデル式は，成長時間に関しては非線形であっても母数に関しては線形であり，広い意味では線形モデルである．一方，Browne(1993) はテイラー展開を利用して母数に関して非線形な成長曲線を当てはめる道を開いた．本章でも後続の節で成長曲線として有名なゴンペルツ曲線 (Gompertz curve) を使用した分析例を示す．

[2] Jöreskog, K. G., & Sörbom, D. (1984). *LISREL VI User's Guide: Analysis of Linear Structural Relationships by the Method of Maximum Likelihood.* Chicago: National Educational Resources, Inc.

[3] Meredith, W., & Tisak, J. (1990). Latent curve analysis. *Psychometrika,* **55**, 107-122.

[4] Browne, M.W. (1993). Structured latent curve models. In Cuadras, C.M., & Rao, C.R. (eds.). *Multivariate Analysis: Future Directions 2.* Elsevier Science Publishers, pp. 171-197.

[5] Duncan, T. E.,Duncan, S. C., Strycker, L. A., Li, F. & Albert, A. (1999). *An Introduction to Latent Variable Growth Curve Modeling. Concepts, Issues, and Applications.* London: Lawrence Erlbaum Associates.

表 12.1 には図 12.1 を書く元となった 30 人のフランス人女性の 1 歳から 12 歳までの身長 (cm) の変化が示されている．変数 h_i は i 歳時の身長であり，w_1 は 1 歳時の体重である．ほぼ直線的に成長している様子が見て取れ，1 次式で近似できそうである．ただし発達の個人差のために，個々人の切片と傾きは必ずしも一致していない．そこで，オブザベーション (被験者) と一緒に切片と傾きも抽出されたという新しい視点を導入する．潜在曲線モデルは，オブザベーションに個別に統計モデルを仮定し，その母数を確率変数として扱うという大きな発想の転換を行うにも関わらず，通常の SEM の SW の使用方法・パス図の表記で実行することができる．

表 12.1: **身長の縦断的変化 (フランス人女性)**

h_1	h_2	h_3	h_4	h_5	h_6	h_7	h_8	h_9	h_{10}	h_{11}	h_{12}	w_1
102.5	108.2	113.2	118.3	124.2	129.1	134.0	139.0	145.0	152.0	156.8	158.5	14.56
099.8	105.2	109.5	117.3	121.0	128.5	133.0	138.6	143.6	149.7	156.4	160.6	14.26
096.1	101.2	106.3	111.3	116.8	122.0	127.1	134.4	143.3	152.3	155.9	158.2	13.35
100.6	106.7	112.2	119.0	123.4	128.8	133.2	140.3	150.2	155.5	157.6	160.0	16.07
101.2	107.0	113.2	118.7	123.8	130.3	135.3	140.0	148.5	155.6	159.4	161.5	16.84
101.2	107.1	113.4	119.5	125.8	133.0	139.4	145.6	154.1	162.4	165.8	168.2	13.74
104.0	110.2	116.8	123.5	129.4	134.8	140.3	146.9	154.9	159.8	161.8	163.2	15.70
099.0	105.1	111.2	115.7	121.3	127.0	131.4	137.8	142.8	150.5	154.9	157.3	14.50
096.8	103.4	108.7	112.6	119.5	124.7	128.0	133.6	139.7	144.9	151.3	156.0	12.14
098.3	104.6	110.3	116.2	121.8	128.2	133.6	139.9	147.1	154.0	157.2	159.0	14.56
095.2	100.0	105.2	109.0	114.5	119.5	124.5	130.1	136.5	143.9	150.1	152.0	12.90
099.0	106.2	112.6	118.6	125.4	131.0	136.2	143.1	151.2	157.6	159.7	161.1	16.25
099.5	105.6	111.1	115.7	121.4	126.1	131.1	137.3	146.4	156.0	158.0	159.8	14.31
096.8	102.0	107.5	112.3	118.3	121.9	127.1	131.2	139.2	145.8	150.9	151.9	15.30
101.5	108.9	115.9	121.8	127.8	134.1	140.3	147.8	158.1	164.8	165.4	166.8	16.28
099.5	106.2	113.0	120.9	126.6	132.8	138.3	147.0	154.3	158.5	160.1	160.7	15.73
104.0	110.6	117.0	122.7	129.4	134.0	138.5	146.3	153.1	159.2	164.0	165.0	17.06
096.2	102.7	108.5	114.6	120.8	125.3	131.5	136.2	142.0	145.8	150.4	150.9	15.30
103.1	109.5	116.0	121.8	128.3	135.1	141.3	149.8	158.4	161.0	162.7	163.5	15.15
093.2	100.2	106.5	112.7	117.4	121.9	127.2	132.0	137.3	143.8	149.2	150.5	13.39
106.5	114.1	120.0	125.6	133.0	137.2	142.6	149.3	157.6	162.6	165.7	167.0	18.42
100.5	106.7	112.6	118.4	124.8	131.2	139.2	147.3	154.8	157.8	159.1	160.1	14.14
101.1	107.8	114.5	120.2	124.9	129.0	134.5	137.7	144.3	153.0	159.3	163.3	16.17
102.5	108.2	114.3	119.9	125.3	130.0	135.0	140.9	147.3	157.6	163.5	165.6	15.15
097.0	103.2	108.9	114.9	121.2	126.6	130.8	135.4	142.9	150.6	157.9	161.3	13.60
101.3	107.0	113.1	118.6	124.4	129.6	134.6	141.0	148.6	155.5	158.1	159.3	16.85
103.7	111.5	117.4	123.2	129.1	135.5	140.9	145.8	150.6	158.4	164.5	165.5	16.60
102.0	107.8	113.4	120.2	125.0	129.7	134.5	139.7	147.9	155.6	160.5	162.3	17.40
095.4	101.2	107.4	114.5	119.4	126.2	132.4	138.2	147.0	152.0	154.7	156.8	15.09
096.3	102.0	107.0	111.1	116.8	122.2	127.0	131.0	137.2	145.5	152.2	155.5	15.65

通常の単回帰モデルは，基準変数を h，予測変数を x，誤差変数を e，傾きを β，切片を α として

$$h = \beta x + \alpha + e \tag{12.1}$$

と表現する．確率変数は h, e であり，母数は α, β であり，x は確率変数の場合と非確率変数の場合とがあった．成長データの場合は，x は時間 $t-1 (t = 1, \cdots, T)$ であり，非確率変数であるから

$$h = \beta \times (t-1) + \alpha \times 1 + e \tag{12.2}$$

と書き直せる (切片の $\times 1$ は以下で利用する)．図 12.1 のデータのようにオブザベーション (被験者，$j = 1, \cdots, N$) ごとに切片と傾きが異なる場合には，実現値の添字 j を利用して α_j, β_j と記述できる．掛け算の順序を入れ替えるならば，これはオブザベーションごとに

$$h_{tj} = (t-1) \times \beta_j + 1 \times \alpha_j + e_{tj} \tag{12.3}$$

という構造方程式を構成していることと同等である．実現値の添字 j は，通常はつけないので

$$h_t = (t-1) \times \beta + 1 \times \alpha + e_t \tag{12.4}$$

と書き直すと，このモデルは因子負荷がすべて固定母数であるような確認的因子分析モデルに一致することが分かる．個人ごとに異なる切片と傾きは構成概念 (因子) である．たとえば 3 時点での測定のモデルを具体的に表現すると，

$$h_1 = 0 \times \beta + 1 \times \alpha + e_1 \tag{12.5}$$

$$h_2 = 1 \times \beta + 1 \times \alpha + e_2 \tag{12.6}$$

$$h_3 = 2 \times \beta + 1 \times \alpha + e_3 \tag{12.7}$$

となる．

h_t は平均に関して基準化する前の確率変数である．α と β は

$$\alpha = \mu_\alpha + d_1 \tag{12.8}$$

$$\beta = \mu_\beta + d_2 \tag{12.9}$$

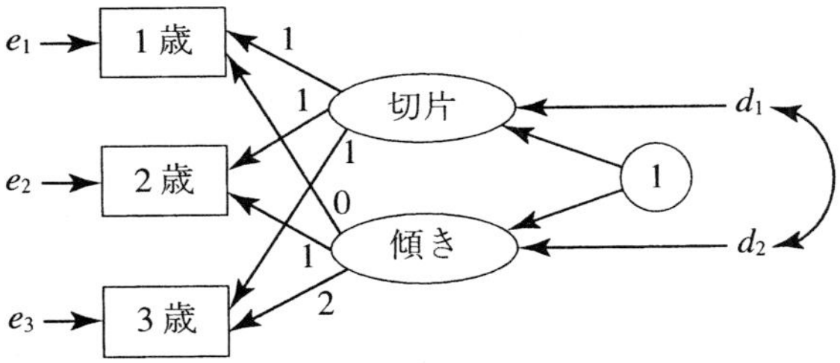

図 12.2: **1次の潜在成長モデル**

と表現する．以上の関係をパス図で表現したのが図 12.2 である．「切片」と「傾き」を表現する因子の平均値 (それぞれ μ_α と μ_β) は，集団全体としての発達曲線の切片と傾きである．切片と傾きの (d_1 と d_2 の) 共分散は，正であれば「初期測定値が大きい場合は増加率も大きくなる傾向がある (栴檀は双葉より芳し)」と解釈し，負であれば「初期測定値が小さい場合は増加率は大きくなる傾向がある (大器は晩成す)」と解釈する．

図 12.2 は $T = 3$ のモデルを表現しているが，たとえば $T = 12$ のモデルの因子負荷行列 (影響的指標の行列) は

$$\begin{bmatrix} 0 & 1 & 2 & 3 & 4 & 5 & 6 & 7 & 8 & 9 & 10 & 11 \\ 1 & 1 & 1 & 1 & 1 & 1 & 1 & 1 & 1 & 1 & 1 & 1 \end{bmatrix}' \tag{12.10}$$

という固定母数だけの行列となる．ちなみに 1，3，5，7，11 歳のデータを使用する場合には

$$\begin{bmatrix} 0 & 2 & 4 & 6 & 10 \\ 1 & 1 & 1 & 1 & 1 \end{bmatrix}' \tag{12.11}$$

となり，等間隔でなくてもよい．

表 12.1 のデータを基に，1 歳から 12 歳までのモデル ($T = 12$)，1 歳から 9 歳までのモデル ($T = 9$)，1 歳から 6 歳までのモデル ($T = 6$)，1 歳から 3 歳までのモデル ($T = 3$) の解を求め，母数の推定値を表 12.2 に示した．図 12.1 を観察すると，誤差変数の分散は年齢ごとに大きな変化があるようには見えないので，等分散を仮定した．

表 12.2: **1 次のモデルの母数の推定値**

モデル	$\hat{\mu}_\alpha$	$\hat{\mu}_\beta$	$\hat{\sigma}^2_e$	$\hat{\sigma}^2_{d1}$	$\hat{\sigma}^2_{d2}$	$\hat{r}_{d21}$
$T=12$	100.4	5.70	3.99	12.04	0.07	0.53
$T=9$	100.0	5.81	0.95	10.38	0.27	0.31
$T=6$	100.1	5.80	0.35	10.26	0.19	0.48
$T=3$	99.9	6.05	0.09	10.02	0.30	0.44

切片 $\hat{\mu}_\alpha$ は 1 歳時の身長の平均の推定値を示しており，これは 100 cm 前後で安定している．傾き $\hat{\mu}_\beta$ は，この場合は 1 年間に伸びる身長の平均である．T の値が大きくなると $\hat{\mu}_\beta$ は小さくなっているが，これは図 12.1 を見れば明らかなように，加齢と共に伸びが鈍ってくるためである．発達曲線は幼少の頃は直線的であるのに対して，大きくなると若干の乱れが観察される．誤差変数の分散 $\hat{\sigma}^2_e$ が，T の値が大きくなるのに伴って大きくなっているのは，そのためである．切片と傾きの相関 $\hat{r}_{d21}$ は中程度の正の相関を示し，大きな子供はその後の発育も早いことが示されている．

表 12.3: **1 次のモデルの適合度**

モデル	共分散	母数	GFI	AGFI	CFI
$T=12$	90	6	0.19	0.13	0.82
$T=9$	54	6	0.35	0.25	0.92
$T=6$	27	6	0.62	0.50	0.97
$T=3$	9	6	0.89	0.64	0.99

表 12.3 には 1 次のモデルの適合度を示した．このモデルは平均・共分散構造分析なので，表中の「共分散」とは，拡大積率行列内の重複を含まない要素の数 (標本分散・共分散・平均の数 ： $n(n+1)/2+n$) である．適合度を観察すると，GFI と AGFI に関しては全体的に芳しくない．特に $T=12$ は，GFI=0.19, AGFI=0.13 であり，極めて成績が悪い．

図 12.1 に登場する 12 の観測変数の中で分散が最も小さいのは $\hat{\sigma}^2_{h1}=10.00$ であり，最も大きいのは $\hat{\sigma}^2_{h9}=40.71$ であった．モデル $T=12$ の誤差変数の分散の推定値は $\hat{\sigma}^2_e=3.99$ だから，観測変数の決定係数は最低でも 0.6，最大で 0.9 もあり，現象の説明にも成功している．常識的にも図 12.1 のデータの形状からは，直線による発達曲線の近似は比較的妥当なものと予想される．さらに，表

12.2における母数の推定値も納得のできる解釈を提供していた．それにも関わらず適合度が低いという矛盾は，GFIとAGFIの指標としての欠点によるものである．モデルがデータに適合していないためではない．理由を以下に述べる．

GFIとAGFIは，ひとことでいうならば $\hat{\boldsymbol{\Sigma}}(\boldsymbol{\theta})$ と $\boldsymbol{S}$ の類似度である．一方，$\boldsymbol{S}$ と $\boldsymbol{M}$ には

$$\boldsymbol{S} = \boldsymbol{M} - \bar{\boldsymbol{x}}\bar{\boldsymbol{x}}' \tag{12.12}$$

という関係がある．通常の共分散構造モデルでは，期待値ベクトルの最尤推定量は標本平均ベクトルに一致するから，

$$\hat{\boldsymbol{\Sigma}}(\boldsymbol{\theta}) = \hat{\boldsymbol{\Sigma}}_m(\boldsymbol{\theta}) - \bar{\boldsymbol{x}}\bar{\boldsymbol{x}}' \tag{12.13}$$

である．つまり $\hat{\boldsymbol{\Sigma}}(\boldsymbol{\theta})$ と $\boldsymbol{S}$ の類似度と，$\hat{\boldsymbol{\Sigma}}_m(\boldsymbol{\theta})$ と $\boldsymbol{M}$ の類似度は本質的に連動する．それに対して平均・共分散構造モデルでは，必ずしも $\hat{\boldsymbol{\mu}}(\boldsymbol{\theta}) = \bar{\boldsymbol{x}}$ ではなく，

$$\hat{\boldsymbol{\Sigma}}(\boldsymbol{\theta}) = \hat{\boldsymbol{\Sigma}}_m(\boldsymbol{\theta}) - \hat{\boldsymbol{\mu}}(\boldsymbol{\theta})\hat{\boldsymbol{\mu}}(\boldsymbol{\theta})' \tag{12.14}$$

となる．その結果，平均・共分散構造モデルにおける適合の吟味の本来の目的である $\boldsymbol{M}$ と $\hat{\boldsymbol{\Sigma}}_m(\boldsymbol{\theta})$ の類似度が高くても，(12.14) 式の $\hat{\boldsymbol{\Sigma}}(\boldsymbol{\theta})$ と (12.12) 式の $\boldsymbol{S}$ の類似度は低くなってしまう場合がある．これが平均・共分散構造モデルから計算されたGFIとAGFIが常識はずれに低くなる原因である．

潜在成長モデルの教科書である Duncan, Duncan, Strycker, Li & Albert(1999) に登場するのは，ほとんど3時点と4時点での測定モデルであり (最大5時点)，本章で示されたような12時点での測定モデルなどは登場しない．GFIとAGFIの報告もない．モデルの解がデータの性質を適切に記述していたとしても，測定時点が増えるとGFIとAGFIの値は急速に低くなる傾向がある．

これと同様のことが第3章に登場した多くの分散分析モデルでも観察された．実験データの解析に頻繁に利用される分散分析の結果は，極めて低いGFIとAGFIしか示さないことが多い．潜在成長モデルとの類似点は，標本分散・共分散と標本平均の数に比べて母数の数が少ないこと，期待値の構造化を含んでいることである．GFIとAGFIの欠点は，[入門編] 10.3節でも論じたが，そこで論じられた状態に加えて，母数が少ない平均・共分散構造モデルのGFIとAGFIは参照しないほうがよい．

CFIは $\hat{\boldsymbol{\Sigma}}(\boldsymbol{\theta})$ と $\boldsymbol{S}$ の類似度ではなく独立モデルと当該モデルの目的関数の値から計算されるので，期待値の構造化を含んでいても比較的分析の実感に合う妥当な評価結果が得られる．

12.2 予測変数のあるモデル

前節で導入した潜在曲線モデルは，母数を確率変数と見なすことによって個々のオブザベーションごとに統計モデルを設定していた．切片や傾きという母数が集団の中でどれほど散らばるか，あるいは共変動するかという視点はこれまで論じてきた統計モデルにはなかった．

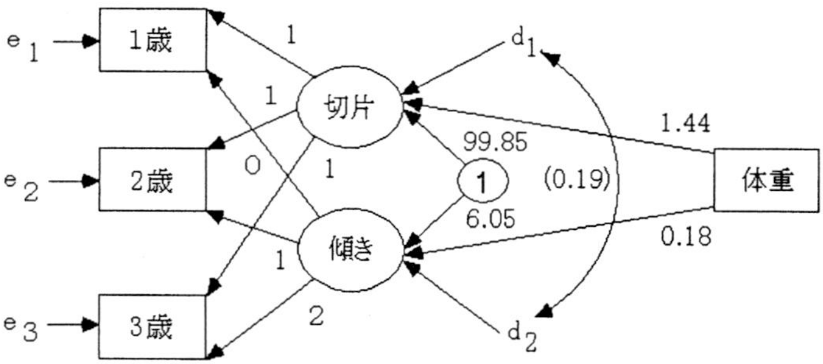

図 12.3: 予測変数のある潜在成長モデル

分析を 1 歩進め，各被験者の潜在曲線を推定する必要が生じた場合には，母数の特徴を決めていると考えられる予測変数をモデルに組み込み，母数に対してパスを引くとよい．図 12.3 には，$T=3$ のモデルに 1 歳時の「体重 (kg)」を予測変数として用いた例を示した．この場合，予測変数の平均は 0 に基準化しておくと結果を解釈し易くなる．カッコに入った数字以外は標準化前の推定値である．図 12.3 の $\hat{\mu}_\alpha$ と $\hat{\mu}_\beta$ は，基本的に表 12.2 のそれらと変わりはない．

1 歳時の「体重」から「切片」への係数は「平均体重よりも 1kg 重い幼児の初期身長は 1.44cm 高い」と解釈する．1 歳時の「体重」から「傾き」への係数は「平均体重よりも 1kg 重い幼児は，身長の伸びも年平均で 0.18cm 大きい」と解釈する．また d_1 と d_2 はほぼ無相関 (0.19) であり，切片と傾きの共変動は「体重」によって説明されたと考えてよい．d_1 の分散の推定値は 10.02 から 5.64 に減り，d_2 の分散の推定値も 0.30 から 0.23 に減り，説明されない変動は少なくなっている．予測変数は 1 つに限定する必要はない．[入門編] 第 3・11 章で論じたように 2 つまでなら係数の解釈は容易である．3 つ以上使用した場合には，各被験者の発達曲線の予測には利用できるが，係数の解釈は難しくなる．

12.3 2 時点のモデル

通常，発達データ・時系列データとは呼ばないが，2 時点での測定データも潜在曲線モデルで分析することが可能である．プリテスト・ポストテストの測定，学期の初めと終わりの測定等，心理・教育学の研究分野では頻出するデータの形式である．

2 時点での測定データを潜在曲線モデルで分析する場合には，幾つかの注意点がある．第 1 にそのままでは識別されないので，何らかの制約を加える必要がある．通常は，観測変数の誤差変数の分散が 0 であるとの制約を入れる．元来，2 時点での測定では直線の当てはめが常に完全であるから，意味的に考えても誤差変数の分散は 0 に固定すべきである．第 2 に，飽和モデル (自由度が 0 のモデル : saturated model) になることが多いので，そのときには適合度の吟味はできない．その場合は個々の母数の標準誤差等から解釈を進める．第 3 に，実験群と対照群がある場合には (本節では分析例を示していないが) 多母集団の解析を行うことである．

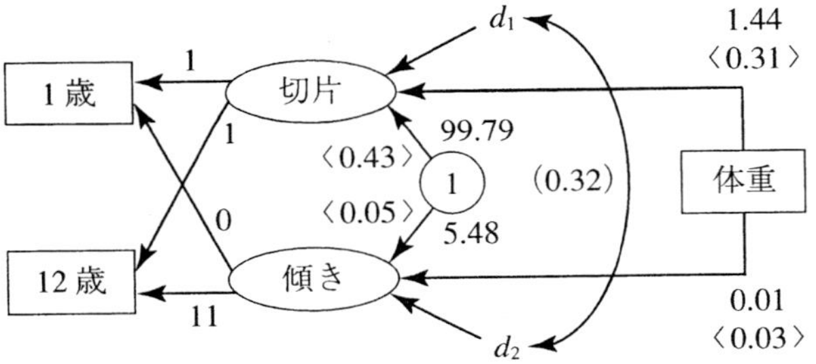

図 12.4: **2 時点のモデル**

図 12.4 に表 12.1 中の h_1 と h_{12} を利用した 2 時点のモデルの解を示した．〈　〉内は標準誤差，(　) 内は標準解 (この場合は相関係数) である．表 12.2 と実質的に同様な解が得られていることが分かる．体重 w_1 は切片には影響を与えるものの，傾きにはほとんど影響しないことが示されている．

12.4 2次のモデル

図 12.5 には，30 人のフランス人女性の 1 歳から 12 歳までの胸囲 (cm) の変化が示している．発達曲線の元データは表 12.4 である．変数 b_i は i 歳時の胸囲であり，h_7 と w_7 は，それぞれ 7 歳時の身長と体重である．直線的というよりはむしろ年齢と共に成長が加速している様子が見て取れるので，2 次式で近似を行う．モデル式は

$$b_t = (t-1)^2 \times \gamma + (t-1) \times \beta + 1 \times \alpha + e_t \tag{12.15}$$

である．このモデル式も因子負荷がすべて固定母数であるような確認的因子分析モデルに一致する．個人ごとに異なる母数であるところの 0 次の α, 1 次の β, 2 次の γ は確率変数であり，構成概念として扱われる．たとえば 12 時点での測定のモデルを具体的に表現すると

$$b_1 = 0 \times \gamma + 0 \times \beta + 1 \times \alpha + e_1 \tag{12.16}$$
$$b_2 = 1 \times \gamma + 1 \times \beta + 1 \times \alpha + e_2 \tag{12.17}$$
$$b_3 = 4 \times \gamma + 2 \times \beta + 1 \times \alpha + e_3 \tag{12.18}$$
$$b_4 = 9 \times \gamma + 3 \times \beta + 1 \times \alpha + e_4 \tag{12.19}$$
$$\vdots$$
$$b_{12} = 121 \times \gamma + 11 \times \beta + 1 \times \alpha + e_{12} \tag{12.20}$$

となる．因子負荷行列は

$$\begin{bmatrix} 0 & 1 & 4 & 9 & 16 & 25 & 36 & 49 & 64 & 81 & 100 & 121 \\ 0 & 1 & 2 & 3 & 4 & 5 & 6 & 7 & 8 & 9 & 10 & 11 \\ 1 & 1 & 1 & 1 & 1 & 1 & 1 & 1 & 1 & 1 & 1 & 1 \end{bmatrix}' \tag{12.21}$$

という固定母数だけの行列である．

b_t は平均に関して基準化する前の確率変数である．α, β, γ は

$$\alpha = \mu_\alpha + g_1 h_7 + g_2 w_7 + d_1 \tag{12.22}$$
$$\beta = \mu_\beta + g_3 h_7 + g_4 w_7 + d_2 \tag{12.23}$$
$$\gamma = \mu_\gamma + g_5 h_7 + g_6 w_7 + d_3 \tag{12.24}$$

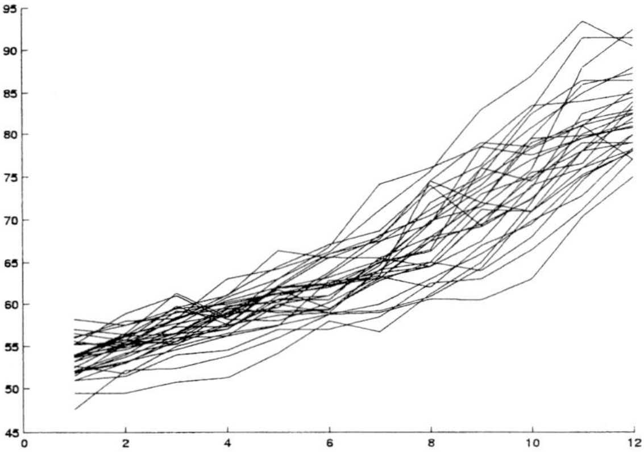

図 12.5: **胸囲の縦断的変化 (フランス人女性)**

と表現する．この式を用い，7 才時の身長と体重から各個人の発達曲線を予測する．h_7, w_7 は平均に関して基準化した変数を使用すると係数の解釈が容易になる．

α，β，γ の平均値は，集団全体としての平均的な発達曲線を決める 2 次式の係数である．しかし 1 次のモデルの「切片」と「傾き」のように発達における具体的な意味づけは困難である．誤差変数 d_1，d_2，d_3 間の共分散，そして係数 $g_1, \cdots, g_6$ も具体的な解釈は難しい．2 次のモデルは予測変数から各オブザベーションの発達曲線を直接予測することが最大の目的といえよう．母数の意味を直接解釈し，発達の性質を論じる場合には，多少の不適合は覚悟の上で，1 次のモデルを併用したほうがよい場面も少なくない．

(12.16) 式から (12.24) 式のモデルの分析結果を図 12.6 のパス図で示した.「0 次」は α,「1 次」は β,「2 次」は γ である．測定方程式の部分は解釈の中心ではなく，12 個の四角を描くのが煩雑なので省略してある．また，1 次のモデルの場合と異なり，各観測変数に刺さる誤差変数の分散は個別に推定した．適合度は GFI=0.59, AGFI=0.44, CFI=0.96 であった．先に述べた理由によりモデルは適合しているものと判断する．

主たる解釈は以下のように行う．7 歳時の「身長」の平均は 134.096(cm) であり,「体重」の平均は 29.87(kg) である．平均的な「身長」と「体重」の被験者の

表 12.4: **胸囲の縦断的変化 (フランス人女性)**

b_1	b_2	b_3	b_4	b_5	b_6	b_7	b_8	b_9	b_{10}	b_{11}	b_{12}	h_7	w_7
52.0	53.7	56.3	58.8	59.6	63.5	67.4	71.2	74.7	78.3	81.1	82.6	134.0	31.40
52.0	53.0	56.0	56.2	60.0	59.0	64.1	65.0	64.0	68.0	74.5	80.0	133.0	25.35
49.5	49.5	50.8	51.3	54.2	58.0	56.7	61.2	65.0	72.0	81.0	77.0	127.1	22.60
56.0	58.0	58.3	63.0	64.2	66.2	71.1	75.6	83.0	87.0	93.5	90.5	133.2	35.62
55.3	55.2	57.3	57.3	60.0	61.0	65.0	66.5	76.0	74.5	79.0	79.0	135.3	32.20
52.5	55.5	56.5	59.0	61.7	59.5	62.8	65.0	71.2	71.0	78.0	82.0	139.4	28.80
54.0	55.0	59.2	58.4	61.9	63.2	65.2	69.8	73.5	77.0	79.5	81.5	140.3	31.42
52.0	53.2	54.6	56.2	57.4	62.8	63.0	68.0	69.2	72.5	78.0	79.0	131.4	27.00
47.6	52.2	52.4	53.8	56.0	58.8	59.0	60.6	60.5	63.0	70.4	75.0	128.0	22.80
53.2	55.0	58.5	59.6	61.3	62.0	65.0	66.3	72.0	71.0	76.0	78.2	133.6	28.17
51.0	51.5	54.0	54.5	57.0	57.0	58.5	62.5	63.0	66.5	71.2	77.1	124.5	22.50
54.0	56.3	59.6	61.0	66.4	65.5	67.7	74.5	79.0	78.5	81.6	83.0	136.2	35.10
51.0	53.1	55.6	57.7	62.2	66.0	67.5	69.5	78.5	77.5	79.5	81.0	131.1	29.70
56.5	55.7	59.8	57.6	62.0	65.6	65.5	64.5	70.1	73.7	82.5	84.5	127.1	30.88
54.0	55.8	55.2	59.1	59.2	59.4	63.1	67.5	73.0	75.0	78.0	82.0	140.3	33.25
53.8	55.2	55.6	59.4	60.5	60.5	65.5	68.0	72.0	79.0	81.0	85.5	138.3	31.35
55.2	55.5	58.2	61.1	64.5	67.1	68.7	74.0	69.3	75.5	76.5	83.5	138.5	37.20
53.9	56.5	61.3	58.5	63.0	66.0	68.0	73.5	76.3	83.0	91.5	91.5	131.5	33.60
51.8	54.0	57.5	60.8	63.0	66.8	74.1	76.0	78.5	83.5	84.0	85.0	141.3	37.92
51.5	55.3	56.0	57.0	61.0	62.2	63.1	64.5	67.5	74.0	76.0	80.0	127.2	28.15
57.0	56.4	57.7	58.8	61.9	62.3	63.4	74.5	72.0	79.6	86.0	87.3	142.6	35.65
53.7	54.6	56.6	59.8	60.2	63.8	68.2	70.5	74.0	79.5	79.8	80.8	139.2	29.30
55.2	58.9	61.0	58.2	58.0	60.2	63.3	62.0	67.0	69.5	75.0	78.0	134.5	26.70
52.1	54.2	55.3	57.5	58.7	59.0	59.2	60.9	64.3	71.0	75.2	78.0	135.0	25.55
52.7	51.8	55.0	56.5	57.5	58.8	60.0	63.0	66.0	69.9	72.8	78.4	130.8	25.00
58.2	57.5	59.5	60.0	61.2	62.0	64.0	69.6	76.0	80.8	85.0	88.0	134.6	29.45
53.8	56.2	58.2	60.4	62.0	62.5	64.9	69.9	71.5	75.8	88.0	92.5	140.9	33.90
56.1	57.5	59.0	60.2	61.3	62.5	63.7	64.5	70.0	74.8	80.0	82.5	134.5	29.20
55.6	54.8	56.5	57.0	60.6	61.0	64.6	72.0	75.0	82.5	86.5	86.5	132.4	29.15
53.2	56.2	56.5	59.5	59.0	59.3	64.1	67.5	69.5	72.4	78.0	84.0	127.0	27.20

「胸囲」の予測値は，年齢 t の関数として

$$\hat{b}_t = (t-1)^2 \times 0.15 + (t-1) \times 1.01 + 53.78 \tag{12.25}$$

と計算される．発達曲線は

$$b_t = (t-1)^2 \times 0.15 + (t-1) \times 1.01 + 53.78 + e_t \tag{12.26}$$

と推定される．(h_7, w_7 を平均に関して基準化した変数) 平均からの「身長」と「体重」の偏差が，それぞれ h_7 と w_7 であるような被験者の「胸囲」の発達曲線

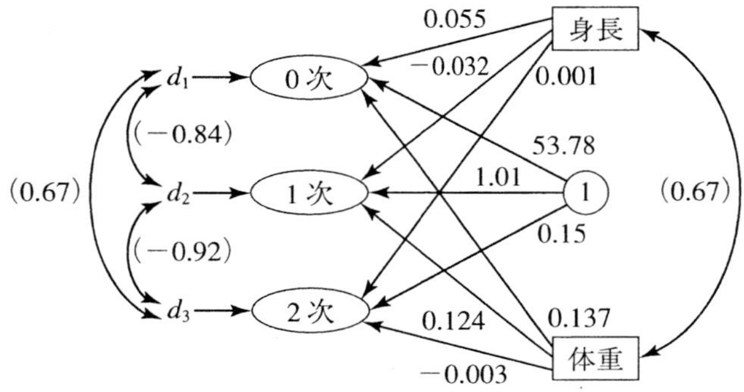

図 12.6: **2 次のモデル**

は (h_7, w_7 を平均に関して基準化した変数とすると)

$$
\begin{aligned}
b_t =&(t-1)^2 \times (0.15 + 0.001h_7 - 0.003w_7) \\
&+ (t-1) \times (1.01 - 0.032h_7 + 0.124w_7) \\
&+ 53.78 + 0.055h_7 + 0.137w_7 + e_t
\end{aligned}
\tag{12.27}
$$

のように推定される．この式は集団としての特徴を記述する式ではなく，各被験者ごとの発達曲線を求めるための t に関する 2 次式である．

本節で論じた 2 次式の潜在曲線は，予め計画行列 (12.21) 式を作成しておくことにより，通常の線形構造方程式の範囲内でモデル構成されていた．このことは，潜在曲線が母数に関して線形であるならば，時間 t に関して非線形でかまわないということを意味している．たとえば成長が時間と共に鈍るデータを解析する場合には，t を対数変換や平方根変換し，計画行列を作成することにより，分析を実行することができる．

12.5 非線形モデル

本節では母数に関して非線形な潜在曲線を近似的に扱う方法を論じる．オブザベーション j の時間 t における観測変数 h_{tj} が

$$
h_{tj} = \mu(t, \boldsymbol{\theta}_j) + e_{tj} \tag{12.28}
$$

という発生機構を有するものとしよう．ここで e_{tj} は測定誤差を表す誤差変数である．$\mu(t,\boldsymbol{\theta}_j)$ はオブザベーション j の潜在曲線であり，p 個の母数

$$\boldsymbol{\theta}_j = (\theta_{1j}\ \theta_{2j} \cdots \theta_{ij} \cdots \theta_{pj})' \tag{12.29}$$

に特徴づけられた時間 t の関数である．$\mu(t,\boldsymbol{\theta}_j)$ は，微分可能で滑らかな関数である必要はあるが，$\boldsymbol{\theta}_j$ に関しては非線形でかまわない．このとき初等的な解析学のテイラー展開における 1 次の近似公式を利用すると，潜在曲線 $\mu(t,\boldsymbol{\theta}_j)$ は，点 $\mu(t,\boldsymbol{\theta}_0)$ を中心にして

$$\mu(t,\boldsymbol{\theta}_j) \simeq \mu(t,\boldsymbol{\theta}_0) + \sum_{i=1}^{p} \alpha_i(t,\boldsymbol{\theta}_0)(\theta_{ij} - \theta_{i0}) \tag{12.30}$$

と近似することができる ($\boldsymbol{\theta}_0$ の解釈・意味づけは後述する)．右辺第 1 項からは添字 j が消えており，個々のオブザベーションではなく一種の集団としての潜在曲線である．またその潜在曲線は母数

$$\boldsymbol{\theta}_0 = (\theta_{10}\ \theta_{20} \cdots \theta_{i0} \cdots \theta_{p0})' \tag{12.31}$$

によって特徴づけられている．(12.30) 式右辺第 2 項の係数 $\alpha_i(t,\boldsymbol{\theta}_0)$ は，モデルで採用した潜在曲線を i 番目の母数で微分し，$\boldsymbol{\theta}_0$ で評価した

$$\alpha_i(t,\boldsymbol{\theta}_0) = \left.\frac{\partial}{\partial\theta_i}\mu(t,\boldsymbol{\theta})\right|_{\boldsymbol{\theta}=\boldsymbol{\theta}_0} \tag{12.32}$$

である．(12.30) 式右辺第 2 項の $(\theta_{ij} - \theta_{i0})$ は，全体の母数からの個人の母数の偏差である．これを

$$f_{ij} = \theta_{ij} - \theta_{i0} \tag{12.33}$$

とおくと，(12.28) 式は

$$h_{tj} = \mu(t,\boldsymbol{\theta}_0) + \sum_{i=1}^{p} \alpha_i(t,\boldsymbol{\theta}_0) f_{ij} + e_{tj} \tag{12.34}$$

となる．$\alpha_i(t,\boldsymbol{\theta}_0)$ は t と i によって定まる項なので α_{ti} と書き直し，同様に $\mu(t,\boldsymbol{\theta}_0)$ を α_{t0} と書き直し，オブザベーションを表現する j を省略すると

$$h_t = \alpha_{t0} + \sum_{i=1}^{p} \alpha_{ti} f_i + e_t \tag{12.35}$$

のように表現される．この式は，平均構造を伴う因子数 p の確認的因子分析のモデル式である．以上の考察より，平均と因子負荷に非線形な制約を入れることのできる SEM の SW を使用することにより，母数に関して非線形な潜在曲線の分析を実行できることが示された．

ここでテイラー展開で利用した点 $\boldsymbol{\theta}_0$ の母数としての意味づけを行う．(12.35) 式中の f_i の期待値を 0 に固定すると

$$0 = E[f_i] = E[\theta_i - \theta_{i0}] = E[\theta_i] - \theta_{i0} \tag{12.36}$$

と式変形され，$E[\theta_i] = \theta_{i0}$ であることが分かる．つまり $\boldsymbol{\theta}_0$ は，各オブザベーションごとに異なる母数 $\boldsymbol{\theta}_j$ の期待値である．そして平均的な母数によって描いた潜在曲線が $\mu(t, \boldsymbol{\theta}_0)$ である．$\mu(t, \boldsymbol{\theta}_0)$ は集団の平均的な変化の曲線として解釈することが可能である．しかし，このことは必ずしも正確に

$$E[\mu(t, \boldsymbol{\theta})] = \mu(t, \boldsymbol{\theta}_0) \tag{12.37}$$

が成立していることを意味しない．言い換えるならば，個々のオブザベーションの母数の平均で描いた潜在曲線は，個々の潜在曲線の平均に一致するとは限らないということである．

しかし (12.37) 式が成り立たないことは (それに留意する必要はあっても)，必ずしもこのモデルの欠点ではない．たとえば後述するゴンペルツ曲線を例に取ると，個々のゴンペルツ曲線を縦軸に関して平均した曲線は既にゴンペルツ曲線ではなくなる．平均化された曲線は「飽和点」の α,「始点」の β,「早さ」の γ 等の，解釈が容易な少数の母数で表現できなくなる．したがって発達曲線の平均よりも，発達曲線の母数の平均を解釈したほうが分かり易い．指数曲線やロジスティック曲線も同様である．

12.5.1 指数曲線モデル

成長過程のモデル化にしばしば利用される非線形関数の 1 つに指数曲線

$$\mu(t, \boldsymbol{\theta}) = \alpha - (\alpha - \beta)\exp(-(t-1)\gamma) \tag{12.38}$$

がある．母数ベクトルは

$$\boldsymbol{\theta} = (\alpha\ \beta\ \gamma)' \tag{12.39}$$

であり，$p=3$ である．本章では，α は因子負荷の記号として使用しているので多少紛らわしいが，添字のついたものは因子負荷，添字のつかないものは曲線の母数として読み進めていただきたい．

各母数の解釈的意味を示したのが図 12.7 と図 12.8 である．図 12.7 には 8 本の指数曲線が示されているが，上の 4 本の曲線は $\alpha=10$, $\gamma=0.5$ に固定したまま，上から $\beta=8,6,4,2$ と変化させた結果である．β は成長の始まる点を示している．図 12.7 の下の 4 本の曲線は $\beta=0$, $\gamma=0.5$ に固定したまま，下から $\alpha=2,3,4,5$ と変化させた結果である．α は成長の飽和点 (漸近線) を示していることが分かる．図 12.8 の 5 本の曲線は $\beta=0$, $\alpha=10$ に固定したまま，上から $\gamma=1.0,0.8,0.6,0.4,0.2$ と変化させた結果である．γ は飽和点に近づく速さを示し，大きいほど早いことを意味する．

分析に必要な導関数は以下の通りである．

$$\alpha_1(t,\boldsymbol{\theta})=\frac{\partial\mu(t,\boldsymbol{\theta})}{\partial\alpha}=1-\exp(-(t-1)\gamma) \tag{12.40}$$

$$\alpha_2(t,\boldsymbol{\theta})=\frac{\partial\mu(t,\boldsymbol{\theta})}{\partial\beta}=\exp(-(t-1)\gamma) \tag{12.41}$$

$$\alpha_3(t,\boldsymbol{\theta})=\frac{\partial\mu(t,\boldsymbol{\theta})}{\partial\gamma}=(\alpha-\beta)(t-1)\exp(-(t-1)\gamma) \tag{12.42}$$

時点 $t=1$ で，$\mu(1,\boldsymbol{\theta})=\beta$，$\alpha_1(1,\boldsymbol{\theta})=0.0$，$\alpha_2(1,\boldsymbol{\theta})=1.0$，$\alpha_3(1,\boldsymbol{\theta})=0.0$ であることは容易に確認できるので，モデル化に際しては制約母数・固定母数として指定する．

12.5.2 ゴンペルツ曲線モデル

成長過程のモデル化に利用されるもう 1 つの非線形関数にゴンペルツ曲線

$$\mu(t,\boldsymbol{\theta})=\alpha\exp(\log(\beta/\alpha)\exp(-(t-1)\gamma)) \tag{12.43}$$

がある．ゴンペルツはヨーロッパ各国の死亡人口統計から生命表を作成し，中年以降の年齢別死亡率が指数関数的に増加することを見出した．人間の体が老化に伴い抵抗力を失っていく速度が，その時までに残っている抵抗力の強さに比例しているという性質を表現するために 1825 年に発表されたのがゴンペルツ (Gompertz) 関数である．

母数ベクトルは (12.39) 式と同じであり，母数の解釈的意味も，α が飽和点，β が始点，γ が速さという意味で共通している．ただし γ が速さに与える影響

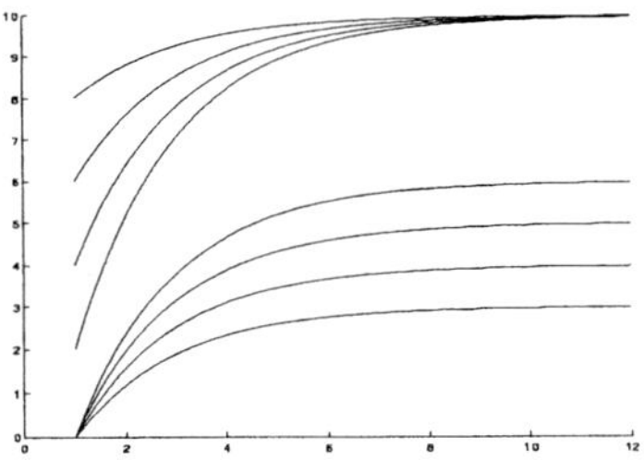

図 12.7: **指数曲線：α と β の意味**

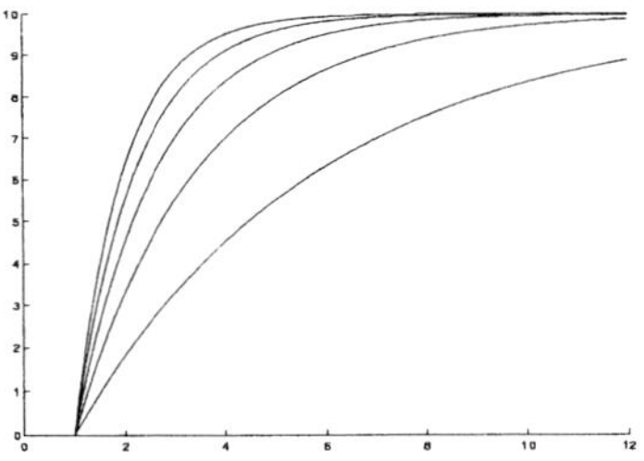

図 12.8: **指数曲線：γ の意味**

は指数曲線とゴンペルツ曲線とでは異なるので，2 種類の曲線の γ の値を直接比較することはできない．分析に必要な導関数は以下の通りである．

$$\alpha_1(t,\boldsymbol{\theta}) = \frac{\partial \mu(t,\boldsymbol{\theta})}{\partial \alpha} = (1-\exp(-(t-1)\gamma))\exp(\log(\beta/\alpha)\exp(-(t-1)\gamma)) \tag{12.44}$$

$$\alpha_2(t,\boldsymbol{\theta}) = \frac{\partial \mu(t,\boldsymbol{\theta})}{\partial \beta} = (\alpha/\beta)\exp(-(t-1)\gamma + \log(\beta/\alpha)\exp(-(t-1)\gamma)) \tag{12.45}$$

$$\alpha_3(t,\boldsymbol{\theta}) = \frac{\partial \mu(t,\boldsymbol{\theta})}{\partial \gamma} = -\alpha\log(\beta/\alpha)(t-1) \times \exp(-(t-1)\gamma + \log(\beta/\alpha)\exp(-(t-1)\gamma)) \tag{12.46}$$

ゴンペルツ曲線も，時点 $t=1$ において，$\mu(1,\boldsymbol{\theta})=\beta$，$\alpha_1(1,\boldsymbol{\theta})=0.0$，$\alpha_2(1,\boldsymbol{\theta})=1.0$，$\alpha_3(1,\boldsymbol{\theta})=0.0$ であることは指数曲線と共通している．

12.5.3 適用例

図 12.9 は年次別・性別の日本人の平均身長を示したものであり，その 1 部の生データを表 12.5 に示した[6]．指数関数とゴンペルツ関数を利用した潜在曲線モデルによって，この発達データを分析する．

分析モデルは図 12.10 である．年齢を表す内生的観測変数には誤差変数が付されているが，パス図が煩雑になるので省略した．曲線を定める母数がどのように

[6]国立天文台編，理科年表．1995，1999 年版を参照した．

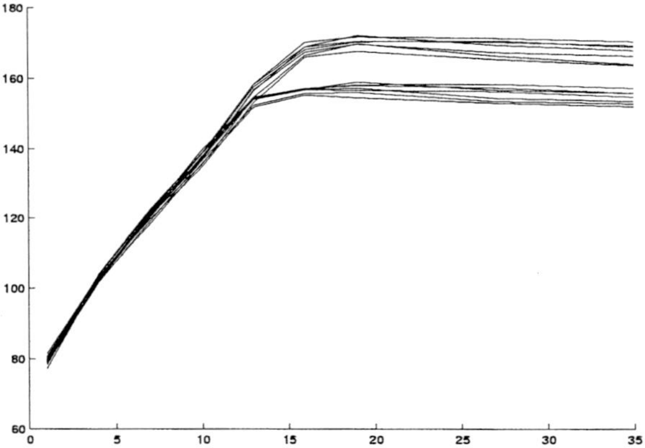

図 12.9: **平均身長の変化 (日本人男女)**

決まるかを調べるために「西暦」と「性別」を外生変数として指定した (ただし α, β, γ には誤差変数を設定していない). 図中の α, β, γ は, もちろん (12.33) 式で示されたように, 平均的な母数からの偏差である.

「西暦」と「性別」は平均が 0 になるように基準化してある (「性別」は男性には 0.5 を, 女性には -0.5 を与えた). 表 12.5 から明らかなように「西暦」と「性別」は無相関であるから, 母数 α, β, γ への影響は単純加算的なものとして解釈可能である.

表 12.6 には指数関数とゴンペルツ関数を利用した潜在曲線モデルの適合度と母数 α, β, γ の推定値 (カッコの中は標準誤差) を示した. CFI の値がゴンペルツ関数を利用したモデルのほうがよいので, 以後はゴンペルツ関数を利用した潜在曲線モデルの解釈を行う. $\hat{\alpha} = 164.47$(cm), $\hat{\beta} = 79.36$(cm) は, それぞれ年次と性別を込みにした場合の身長の飽和点と始点の推定値である. しかしこれでは詳細な解釈はできない. そこで構造方程式の解釈を行う,

外生変数からの構造方程式は次のように推定された.

$$\hat{f}_1 = 0.2479 \times \text{西暦} + 16.67 \times \text{性別} \tag{12.47}$$

$$\hat{f}_2 = 0.0134 \times \text{西暦} + 1.76 \times \text{性別} \tag{12.48}$$

$$\hat{f}_3 = -0.0001 \times \text{西暦} - 0.05 \times \text{性別} \tag{12.49}$$

「西暦」から $\hat{f}_1$ への係数は, 1 年間に 2.5 mm ほど, 身長の飽和点が伸びてい

表 12.5: **平均身長の変化 (日本人男女)**

西暦	性別	h_1	h_4	h_{10}	h_{19}	h_{26}	h_{35}
1970	男性	79.9	103.3	134.7	167.5	165.2	163.5
1975	男性	79.7	102.3	135.4	169.6	166.2	163.8
1980	男性	79.9	102.4	136.8	169.5	167.2	166.1
1985	男性	80.4	103.2	137.2	172.0	169.2	167.7
1989	男性	80.5	103.7	137.4	170.3	170.1	169.0
1990	男性	80.0	104.0	138.6	170.2	170.4	168.7
1996	男性	81.3	103.7	138.8	171.6	171.2	170.2
1970	女性	78.7	102.1	135.7	154.4	152.9	151.9
1975	女性	79.0	101.7	136.6	155.9	153.4	152.7
1980	女性	79.5	102.2	137.8	157.1	154.3	153.4
1985	女性	78.5	102.1	137.3	156.5	156.2	154.6
1989	女性	77.1	103.1	138.6	158.9	156.6	155.7
1990	女性	78.3	102.9	139.7	157.9	157.2	155.7
1996	女性	79.3	102.5	138.8	158.1	158.3	157.1

表 12.6: **適合度と母数の推定値**

	指数モデル	ゴンペルツモデル
CFI	0.80	0.83
$\hat{\alpha}$	166.02(0.149)	164.47(0.121)
$\hat{\beta}$	79.39(0.172)	79.36(0.173)
$\hat{\gamma}$	0.12(0.001)	0.16(0.001)

ることを示している．$\hat{f}_2$ への係数は，1 年間に 0.1 mm ほど，身長の始点が伸びていることを示している．$\hat{f}_3$ への係数は,「西暦」が成熟の早さ γ に影響していないことを示している．

「性別」から $\hat{f}_1$ への係数は，男女の身長の飽和点の差が 16.67 cm であることを示している (多少大き目に推定されてしまっている)．$\hat{f}_2$ への係数は男女の身長の始点の差が 1.76 cm であることを示している．$\hat{f}_3$ への係数は，女性のほうが成熟が早いことを示している．以上のことを考慮して男女別の発達曲線を描いたのが図 12.11 である．始点では男性のほうがわずかに高く，途中で女性に追い越され，再び男性のほうが高くなる様子が明確に示されている．男性の曲線は $\hat{\alpha} = 172.805$(cm), $\hat{\beta}= 78.48$(cm), $\gamma = 0.135$ で，女性の曲線は $\hat{\alpha} = 156.135$(cm), $\hat{\beta}= 76.72$(cm), $\gamma = 0.185$ でゴンペルツ曲線を描いた．

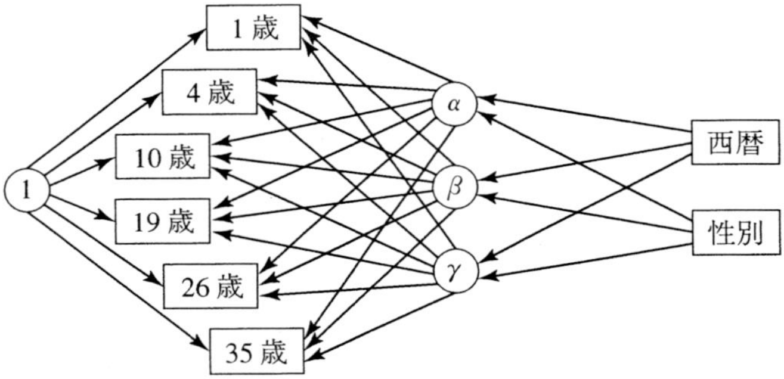

図 12.10: **非線形潜在曲線モデル**

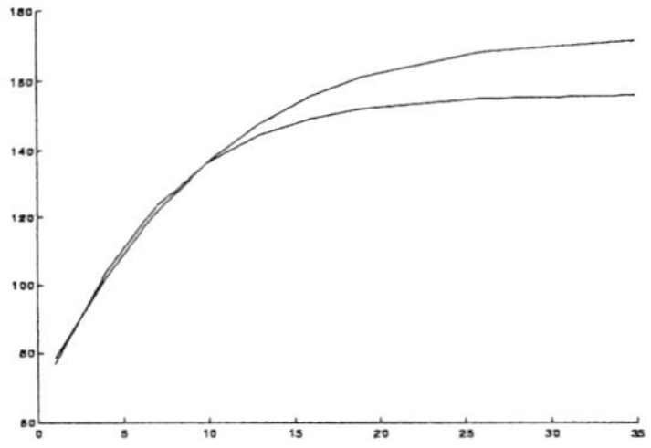

図 12.11: **男女別の平均的な発達曲線**

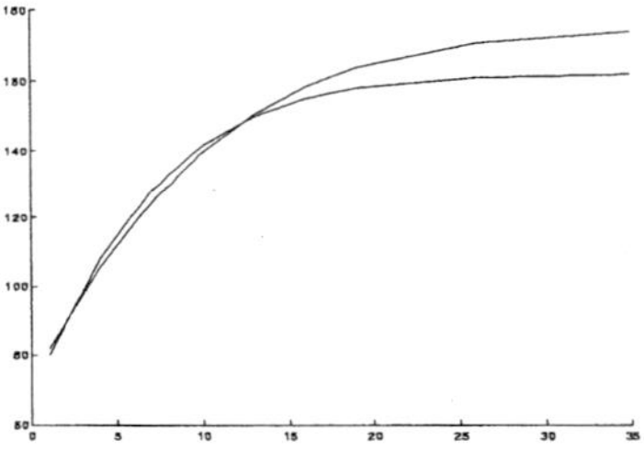

図 12.12: **2016 年の男女別の発達曲線**

また表 12.5 の最終年度のデータである 1996 年のデータを基に，20 年後 (2016 年) の男女別の発達曲線の推定値を描いたものが図 12.12 である．男性の曲線は $\hat{\alpha}$ = 175.158(cm), $\hat{\beta}$= 81.568(cm), γ = 0.135 で，女性の曲線は $\hat{\alpha}$ = 162.058(cm), $\hat{\beta}$= 79.568(cm), $\hat{\gamma} = 0.185$ で描いている．未来のことを外挿しているのであるから，あくまでも 1 つの参考にすぎない．

表 12.7 には図 12.10 中の因子負荷行列の推定値を示した．$\mu(1, \boldsymbol{\theta}) = \beta$, $\alpha_1(1, \boldsymbol{\theta}) = 0.0$, $\alpha_2(1, \boldsymbol{\theta}) = 1.0$, $\alpha_3(1, \boldsymbol{\theta}) = 0.0$ であることが確認できる．ここには 21 個の制約母数と 3 個の固定母数が示されているが，表 12.6 中のゴンペルツ関数モデルの 3 つの母数だけから計算されていることに注意されたい．

α_{t0} は標本全体から計算された潜在曲線である．ここで分析されるデータに関しては実質科学的な解釈は与えないが，たとえば，ある時点での多数の女性の

表 12.7: **平均と因子負荷の推定値**

	α_{t0}	α_{t1}	α_{t2}	α_{t3}
h_1	79.36	0.000	1.000	0.000
h_4	104.10	0.236	0.823	142.825
h_{10}	137.36	0.629	0.428	222.673
h_{19}	157.30	0.898	0.121	126.075
h_{26}	162.02	0.965	0.042	60.818
h_{35}	163.86	0.991	0.011	20.679

発達曲線を分析する場合には，α_{t0} によって平均的な発達曲線を描くことは有益である．飽和点からの影響力である α_{t1} は年齢と共に増加し，始点からの影響力である α_{t2} は逆に年齢と共に減少している．成熟からの影響力である α_{t3} は，初めに増加し，それから減少している．母数に非線形な制約が入っているために生じた特徴である．

13　2段抽出モデル

大きな母集団を想定した調査を実施する場合には，単純無作為抽出を実施することは極めて困難である．このような場合に利用されるのが2段抽出 (Two-level sampling) である．2段抽出は，大きな母集団を想定した調査の作業量を軽減する極めて有効な手法である．2段抽出では，初めにオブザベーションではなく，オブザベーションを含んだ上位の集合 (これを1次抽出単位という) を抽出する．たとえば人がオブザベーションになる調査では，人ではなく，はじめに市町村や学校を1次抽出単位として抽出する．続いて抽出された市町村や学校から標本となる人を抽出する．

標本を2段階に分けて抽出することによって，大別して2つのメリットが生じる．1つは名簿を比較的簡単に用意できることである．第1段目の抽出に必要な全国の市町村や学校の名称の名簿は人の名簿よりずっと容易に入手できる．第2段目の抽出に必要な人の名簿は，抽出された市町村や学校だけで入手すればよい．2つ目のメリットは，抽出された標本が地域的に密集しているので，面接調査のような手間のかかる調査も実施が可能なことである．実際の標本抽出では，2段の抽出に限られるものではなく，3段の抽出が行われることもあるし，4段の抽出を考えることもでき，それらをまとめて多段抽出 (Multi-level sampling) という．ただし本章では，2段抽出に話題を限定して議論を進める．

2段抽出の確率モデルは，1次抽出単位を水準と見なすと，分散分析の1元配置の変量モデルと極めてよく似ているが，異なっている面もある．それは

1. 1元配置変量モデルが釣り合い型 (水準内での繰り返し数が等しいモデル) が主流であるのに対して，2段抽出モデルが不釣り合い型 (1次抽出単位内の抽出標本数が異なるモデル) が主流であること

2. 1元配置変量モデルが検定を重視するのに対して，2段抽出モデルが推定を主な目的としていること

3. 1元配置変量モデルが1変数の平均の差の分析を重視するのに対して，2段抽出モデルが多変数の相関分析を主としていること

等である．

本来，標本抽出の負担軽減のために行った2段抽出は，分析結果を解釈する際に興味深い副産物をもたらす．それは，1次抽出単位ごとに平均を計算し，そ

れをデータと見なして (これを aggregated data という) 分析した場合と，1 次抽出単位内で分析した場合と，生データを分析した場合とでは，通常，それぞれに分析結果が異なるためである．たとえば世界各国の「死亡率」と「出生率」の相関係数は正になるが，日本国内の都道府県の「死亡率」と「出生率」の相関係数は負になる．男女別に因子分析すると似たような解が求められたのに，両方を込みにして因子分析をしたら全く異なった解が得られる場合もある．

13.1 モデル

2 段抽出モデルが SEM の発展形として論じられるようになったのは 80 年代後半から 90 年代初めにかけてであった (たとえば McDonald & Goldstein (1989)[1]や，Lee (1990)[2])．初期のモデルは文字通り従来の SEM モデルの発展モデルであり，専用の SW の開発と伴に提案されたものである．その後，発展モデルに合わせて幾つもの SW が提案され，数理的側面も Goldstein (1995)[3] の教科書で整理された．2 段抽出モデルは，独立した研究領域を構成し，数理モデルとしての発展を続けている．

それに対して Muthen は，Muthen (1994)，Muthen & Satorra (1995)，Muthen (1997)[4] 等，従来の SEM モデルの下位モデルとして，2 段抽出モデルを扱う方法を提案をしている．下位モデルとして扱う方法は，原則的には通常の SEM の SW で実行可能であるという長所を有する．また紙面の制約上，これまでの議論を利用できる下位モデルのほうが理解し易い．そこで本章では，主として Muthen 流のモデルを論じる．

2 段抽出モデルでは，c 番目の 1 次抽出単位の j 番目の標本の観測変数ベクト

[1]McDonald, R. P., & Goldstein, H. (1989). Balanced versus unbalanced designs for linear structural relation in two level data. *British Journal of Mathematical and Statistical Psychology*, **42**, 215-232.

[2]Lee, S. Y. (1990). Multilevel analysis of structural equation models. *Biometrika,* **77**, 763-772.

[3]Goldstein, H. (1995). *Multilevel Statistical Models*, 2nd edition, Kendall's Library of Statistics 3. London: Edward Arnold.

[4]Muthen, B. O. (1994). Multilevel covariance structure analysis. *Sociological Methods and Research,* **22**, 376-398.

Muthen, B. O., & Satorra, A. (1995). Complex sample data in structural equation modeling. In Marsden, P. (ed.). *Sociological Methodology.* Oxford, England: Basil Blackwell, pp.216-316.

Muthen, B. O. (1997). Latent variable modeling with longitudinal and multilevel data. In Raftery, A. (ed.). *Sociological Methodology.* Boston: Blackwell Publishers, pp.453-480.

ル $\boldsymbol{x}_{cj}$(サイズは $n \times 1$) が

$$\boldsymbol{x}_{cj} = \boldsymbol{x}_c^* + \boldsymbol{v}_{cj}^* = \begin{bmatrix} \boldsymbol{x}_c \\ \boldsymbol{y}_c \end{bmatrix} + \begin{bmatrix} \boldsymbol{o} \\ v_{cj} \end{bmatrix} = \begin{bmatrix} \boldsymbol{x}_c \\ \boldsymbol{y}_{cj}^* \end{bmatrix} \tag{13.1}$$

という発生機構を有するものとする．正確さは欠くものの，記号が複雑になるので，本章に限って，以後，確率変数と実現値を厳密には区別しないので適宜解釈されたい．抽出された1次抽出単位の数は $C(c = 1, \cdots, C)$，そこからの標本の抽出数は $N_c(j = 1, \cdots, N_c)$ であり，全標本数は $N(= \sum_{c=1}^{C} N_c)$ である．

(13.1) 式の 2 番目の辺の $\boldsymbol{x}_c^*$ は，1次抽出単位そのものの特徴を記述する変数であり，$\boldsymbol{v}_{cj}^*$ は1次抽出単位内のオブザベーションの特徴を記述する変数である．1次抽出単位 c 内の期待値は $E[\boldsymbol{v}_{cj}] = \boldsymbol{o}$ とする．したがって

$$\boldsymbol{\mu} = E[\boldsymbol{x}_{cj}] = E[\boldsymbol{x}_c^*] + \boldsymbol{o} \tag{13.2}$$

であり，$\boldsymbol{x}_{cj}$ の母平均は $\boldsymbol{x}_c^*$ の母平均である．

(13.1) 式の 3 番目の辺が示しているように，2種類の変数ベクトルから $\boldsymbol{x}_c^*$ は構成されている．まずサイズ $n_B \times 1$ の $\boldsymbol{x}_c$ は，1次抽出単位内のオブザベーションからは，直接には測定できない変数である．たとえば市町村が1次抽出単位である場合には「人口」「病院数」「犯罪発生率」「電話加入率」，学校が1次抽出単位である場合には「外国人生徒の比率」「学校の規模」「入試難易度」等オブザベーションごとには定義できない1次抽出単位の特徴を記述する変数が置かれる．また $\boldsymbol{x}_c$ は,「収入の中央値」「平均学力偏差値」のように，個々のオブザベーションの測定値が記録されず，その代表値のみが残っている aggregated variable を含んでいてもよい．

次に $\boldsymbol{y}_c$ は，サイズ $n_W \times 1$ の変数ベクトルであり，(13.2) 式の仮定より，1次抽出単位 c の母平均ベクトルと解釈することもできる (どの1次抽出単位が抽出されるかは確定していないので確率ベクトルでもある)．$n_B + n_W = n$ である．また $\boldsymbol{y}_{cj}^* = \boldsymbol{y}_c + \boldsymbol{v}_{cj}$ であり，$\boldsymbol{y}_{cj}^*$ は1次抽出単位内で直接測定される．$\boldsymbol{v}_{cj}^*$ は，サイズ $n_B \times 1$ の 0 ベクトルとサイズ $n_W \times 1$ の $\boldsymbol{v}_{cj}$ から構成される．$\boldsymbol{v}_{cj}$ は1次抽出単位内の $\boldsymbol{y}_c$ からの偏差を表現する変数ベクトルである．

$\boldsymbol{x}_c^*$ の共分散行列は

$$E[(\boldsymbol{x}_c^* - \boldsymbol{\mu})(\boldsymbol{x}_c^* - \boldsymbol{\mu})'] = \boldsymbol{\Sigma}_B = \begin{bmatrix} \boldsymbol{\Sigma}_{xc} & sym \\ \boldsymbol{\Sigma}_{yxc} & \boldsymbol{\Sigma}_{yc} \end{bmatrix} \tag{13.3}$$

である．B は Between の頭文字である．一方，$\boldsymbol{v}_{cj}^*$ の共分散行列は

$$E[\boldsymbol{v}_{cj}^* \boldsymbol{v}_{cj}^{*\prime}] = \boldsymbol{\Sigma}_W = \begin{bmatrix} \boldsymbol{O} & \boldsymbol{O} \\ \boldsymbol{O} & \boldsymbol{\Sigma}_v \end{bmatrix} \tag{13.4}$$

である．$E[\boldsymbol{v}_{cj}\boldsymbol{v}_{cj}'] = \boldsymbol{\Sigma}_v$ であり，W は Within の頭文字である．

2 段抽出モデルに登場するメインの 2 つの変数ベクトルには，それぞれ別の測定方程式と構造方程式が用意される．まず $\boldsymbol{x}_c^*$ の測定方程式は

$$\boldsymbol{x}_c^* = \boldsymbol{\nu}_B + \boldsymbol{\Lambda}_B\ \boldsymbol{\eta}_{Bc} + \boldsymbol{e}_{Bc} \tag{13.5}$$

である．$\boldsymbol{\nu}_B, \boldsymbol{\Lambda}_B, \boldsymbol{\eta}_{Bc}, \boldsymbol{e}_{Bc}$ は，それぞれ切片，係数行列，構成概念ベクトル，誤差変数ベクトルである．構造方程式は

$$\boldsymbol{\eta}_{Bc} = \boldsymbol{\alpha}_B + \boldsymbol{B}_{+B}\ \boldsymbol{\eta}_{Bc} + \boldsymbol{\zeta}_{Bc} \tag{13.6}$$

である．$\boldsymbol{\alpha}_B, \boldsymbol{B}_{+B}, \boldsymbol{\zeta}_{Bc}$ は，それぞれ切片，係数行列，誤差変数ベクトルである．

次に $\boldsymbol{v}_{cj}$ の測定方程式，構造方程式は，それぞれ

$$\boldsymbol{v}_{cj} = \boldsymbol{\Lambda}_W\ \boldsymbol{\eta}_{Wcj} + \boldsymbol{e}_{Wcj} \tag{13.7}$$

$$\boldsymbol{\eta}_{Wcj} = \boldsymbol{B}_{+W}\ \boldsymbol{\eta}_{Wcj} + \boldsymbol{\zeta}_{Wcj} \tag{13.8}$$

である．$\boldsymbol{v}_{cj}$ は母平均が 0 なので，(13.5) 式，(13.6) 式との相違は，切片の項がないことである．添字が B から W に代わっただけで，それ以外の各部の役割は同一である．誤差変数 $\boldsymbol{e}_{Bc}, \boldsymbol{\zeta}_{Bc}, \boldsymbol{e}_{Wcj}, \boldsymbol{\zeta}_{Wcj}$ の期待値は 0 とする．また誤差変数とその他の変数との積の期待値も 0 とする．

13.2 平均・共分散構造

$\boldsymbol{x}_c^*$ の平均構造は，(13.6) 式の $\boldsymbol{\eta}_{Bc}$ に関する誘導形を (13.5) 式に代入し，両辺の期待値を計算し，整理することによって

$$\boldsymbol{\mu}(\boldsymbol{\theta}) = \boldsymbol{\nu}_B + \boldsymbol{\Lambda}_B \boldsymbol{B}_B \boldsymbol{\alpha}_B \tag{13.9}$$

のように表現される．ここで $\boldsymbol{B}_B = (\boldsymbol{I} - \boldsymbol{B}_{+B})^{-1}$ である．$\boldsymbol{x}_c^*$ の共分散構造は

$$\boldsymbol{\Sigma}_B(\boldsymbol{\theta}) = \boldsymbol{\Lambda}_B \boldsymbol{B}_B \boldsymbol{\Psi}_B \boldsymbol{B}_B' \boldsymbol{\Lambda}_B' + \boldsymbol{\Delta}_B \tag{13.10}$$

である．ここで $\boldsymbol{\Delta}_B = E[\boldsymbol{e}_{Bc}\boldsymbol{e}'_{Bc}]$，$\boldsymbol{\Psi}_B = E[\boldsymbol{\zeta}_{Bc}\boldsymbol{\zeta}'_{Bc}]$ である．$\boldsymbol{v}^*_{ci}$ は母平均が 0 なので平均構造はない．共分散構造は

$$\boldsymbol{\Sigma}_W(\boldsymbol{\theta}) = \begin{bmatrix} \boldsymbol{O} & \boldsymbol{O} \\ \boldsymbol{O} & \boldsymbol{\Sigma}_v(\boldsymbol{\theta}) \end{bmatrix} = \begin{bmatrix} \boldsymbol{O} & \boldsymbol{O} \\ \boldsymbol{O} & \boldsymbol{\Lambda}_W \boldsymbol{B}_W \boldsymbol{\Psi}_W \boldsymbol{B}'_W \boldsymbol{\Lambda}'_W + \boldsymbol{\Delta}_W \end{bmatrix} \tag{13.11}$$

である．ここで $\boldsymbol{B}_W = (\boldsymbol{I} - \boldsymbol{B}_{+W})^{-1}$，$\boldsymbol{\Delta}_W = E[\boldsymbol{e}_{Wc}\boldsymbol{e}'_{Wc}]$，$\boldsymbol{\Psi}_W = E[\boldsymbol{\zeta}_{Wc}\boldsymbol{\zeta}'_{Wc}]$ である．

13.3 推定

1 次抽出単位内の標本共分散行列としては

$$\boldsymbol{S}_{PW} = \frac{1}{N-C}\sum_{c=1}^{C}\sum_{j=1}^{N_c}(\boldsymbol{y}^*_{cj} - \bar{\boldsymbol{y}}^*_c)(\boldsymbol{y}^*_{cj} - \bar{\boldsymbol{y}}^*_c)' \tag{13.12}$$

を用いる ($\boldsymbol{S}_{PW}$ のサイズは $n_W \times n_W$ である)．P は，多くの 1 次抽出単位を込みにしたという意味で pooled の頭文字である．$\boldsymbol{S}_{PW}$ は，分散分析における誤差の平均平方を多変数に拡張したものである．1 元配置モデルでよく知られているように，1 変数の場合は誤差に関する分散の不偏推定量である[5]．多変量の場合でも同様の式展開で，$\boldsymbol{S}_{PW}$ が $\boldsymbol{\Sigma}_v(\boldsymbol{\theta})$ の不偏推定量であること，即ち

$$E[\boldsymbol{S}_{PW}] = \boldsymbol{\Sigma}_v(\boldsymbol{\theta}) \tag{13.13}$$

が導かれる (証明は次節参照のこと)．1 次抽出単位間の標本共分散行列は，1 次抽出単位 c の標本平均 $\bar{\boldsymbol{x}}_c$，全データの標本平均 $\bar{\boldsymbol{x}}$ を使って

$$\boldsymbol{S}_B = \frac{1}{C-1}\sum_{c=1}^{C} N_c(\bar{\boldsymbol{x}}_c - \bar{\boldsymbol{x}})(\bar{\boldsymbol{x}}_c - \bar{\boldsymbol{x}})' \tag{13.14}$$

のように計算する ($\boldsymbol{S}_B$ のサイズは $n \times n$ である)．$\boldsymbol{S}_B$ は，分散分析における要因の平均平方を多変数に拡張したものである．期待値を計算すると

$$E[\boldsymbol{S}_B] = \boldsymbol{\Sigma}_W(\boldsymbol{\theta}) + \omega\boldsymbol{\Sigma}_B(\boldsymbol{\theta}) = \boldsymbol{\Sigma}_{WB}(\boldsymbol{\theta}) \tag{13.15}$$

となる．右辺は中辺をまとめて新たな行列を表現したにすぎない．分散分析 1 元配置では母数モデルでも変量モデルでも，釣り合い型でありさえすれば，中

[5]証明は，たとえば豊田秀樹 (1998)．調査法講義．朝倉書店，第 23 章等を参照されたい

辺の ω は水準内の繰り返し数に一致することが知られている．しかしここでは不釣り合い型の多変量モデルを論じなければならない．1 次抽出単位内での標本数が c ごとに異なるので ω は

$$\omega = \frac{N^2 - \sum_{c=1}^{C} N_c^2}{N(C-1)} \tag{13.16}$$

となる (証明は次節参照のこと)．この式は N_c に関する一種の平均を計算しているので，釣り合い型データの場合には (即ち全ての c に関して $N/C = N_c$ である場合には)

$$\omega = \frac{N^2 - \sum_{c=1}^{C} \left(\frac{N}{C}\right)^2}{N(C-1)} = \frac{N}{C} \tag{13.17}$$

となり，水準内の繰り返し数に一致する．

1 次抽出単位内の状態を記述する母数の最尤推定のための適合度関数は，$\boldsymbol{S}_{PW}$ を所与の定数として，[入門編] 第 8 章 (8.35) 式に準じ，

$$f_W = \mathrm{tr}(\boldsymbol{\Sigma}_v(\boldsymbol{\theta})^{-1}\boldsymbol{S}_{PW}) - \log|\boldsymbol{\Sigma}_v(\boldsymbol{\theta})^{-1}\boldsymbol{S}_{PW}| - n_W \tag{13.18}$$

のように構成される．母平均は 0 なので共分散構造のみ扱う．一方，$\boldsymbol{S}_B$ を所与の定数として，全ての母数の最尤推定のための適合度関数は，[入門編] 第 13 章 (13.27) 式に準じて

$$\begin{aligned} f_B =& \mathrm{tr}(\boldsymbol{\Sigma}_{WB}(\boldsymbol{\theta})^{-1}\boldsymbol{S}_B) - \log|\boldsymbol{\Sigma}_{WB}(\boldsymbol{\theta})^{-1}\boldsymbol{S}_B| \\ &+ (\bar{\boldsymbol{x}} - \boldsymbol{\mu}(\boldsymbol{\theta}))'\boldsymbol{\Sigma}_{WB}(\boldsymbol{\theta})^{-1}(\bar{\boldsymbol{x}} - \boldsymbol{\mu}(\boldsymbol{\theta})) - n \end{aligned} \tag{13.19}$$

のように構成される．この式は平均・共分散構造の適合度関数である．この関数には，定数 ω と共に，(13.15) 式中辺で示されたように，1 次抽出単位内と 1 次抽出単位間の母数が全て含まれている．当然これだけではモデルが識別されないことのほうが多いので，(13.18) 式と共に最尤推定を行う．その際の適合度関数は

$$f_{ML} = Cf_B + (N-C)f_W \tag{13.20}$$

である．第 1 項と第 2 項に含まれる 1 次抽出単位内の状態を記述する同一の母数には，等値の制約を課して識別する．第 1 項には 1 次抽出単位の数 C を重

みとして掛け，第2項には各1次抽出単位内の平均が0であることを考慮して$N-C$の重みを掛けている．この式は，明らかに，[入門編]第14章(14.5)式の多母集団モデルの適合度関数の$G=2$の特別な場合である．また2段抽出モデルの(たとえば男女，学年等の)多母集団分析は，(13.20)式を1つの母集団と考え，各母集団の適合度関数を標本数に応じて重みづけすることによって全体としての適合度関数を構成する．

以上の考察より，通常のSEMのSWの入力を工夫することによって，2段抽出モデルの分析が実行可能であることが示されたことになる．ただし実行可能であることと実用的であることとは別である．通常のSEMのSWを利用するためには，$\boldsymbol{S}_B$や$\boldsymbol{S}_{PW}$を分析者が用意しなくてはいけないし，ωも計算しなくてはならない．多母集団の指定で(13.15)式中辺の制約を入れるのも容易とはいえない．それならば下位モデルであることは実用的に有益でないのかといえば，そうではない．これらの処理は分析者がいちいち行うのは煩雑であるが，通常のSEMのSWに簡単な前処理プログラムを加筆すれば解決する．プログラム本体が利用できるのはやはり便利である．実際にMplusというSWには標準で前処理プログラムが搭載されている．

通常のSEMのSWの入力を工夫して2段抽出モデルによる分析を実行することに関心のある読者はDuncan, Alpert, & Duncan (1998)[6]やDuncan, Duncan, Alpert, Hops, Stoolmiller, & Muthen (1997)[7]を参照されたい．これ等2つの論文の付録についたEQSプログラムで，通常のSEMで2段抽出モデルをどのように表現するかを確認することができる．

---

[6]Duncan, T. E., Alpert, A., & Duncan, S. C. (1998). Multilevel covariance structure analysis of sibling antisocial behavior. *Structural Equation Modeling*, **5**, 211-228.

[7]Duncan, T.E., Duncan, S.C., Alpert, A., Hops, H., Stoolmiller, M., & Muthen, B. O. (1997). Latent variable modeling of logitudinal and multilevel substance use data. *Multivariate Behavioral Research*, **32**, 275-318.

13.4 式の導出

(13.13) 式は以下のように導かれる．

$$E[\boldsymbol{S}_{PW}] = \frac{1}{N-C} E\left[\sum_{c=1}^{C}\sum_{j=1}^{N_c}(\boldsymbol{y}_{cj}^* - \bar{\boldsymbol{y}}_c^*)(\boldsymbol{y}_{cj}^* - \bar{\boldsymbol{y}}_c^*)'\right] \tag{13.21}$$

$$\left[\begin{array}{l}\text{ここで } (\boldsymbol{y}_{cj}^* - \bar{\boldsymbol{y}}_c^*) = (\boldsymbol{y}_c + \boldsymbol{v}_{cj} - \boldsymbol{y}_c - \bar{\boldsymbol{v}}_c) = (\boldsymbol{v}_{cj} - \bar{\boldsymbol{v}}_c) \\ \text{ただし } \bar{\boldsymbol{y}}_c^* = \frac{1}{N_c}\sum_{j=1}^{N_c}\boldsymbol{y}_{cj}^* = \boldsymbol{y}_c + \bar{\boldsymbol{v}}_c, \quad \bar{\boldsymbol{v}}_c = \frac{1}{N_c}\sum_{j=1}^{N_c}\boldsymbol{v}_{cj}\end{array}\right]$$

$$= \frac{1}{N-C}\sum_{c=1}^{C} E\left[\sum_{j=1}^{N_c}(\boldsymbol{v}_{cj} - \bar{\boldsymbol{v}}_c)(\boldsymbol{v}_{cj} - \bar{\boldsymbol{v}}_c)'\right] \tag{13.22}$$

［互いに独立で同じ分布をもつ確率ベクトルの実現値から計算された標本不偏共分散行列は，期待値をとると共分散行列になるから］

$$= \frac{1}{N-C}\sum_{c=1}^{C}(N_c - 1)\boldsymbol{\Sigma}_v = \boldsymbol{\Sigma}_v = \boldsymbol{\Sigma}_v(\boldsymbol{\theta}) \tag{13.23}$$

【証明終り】

(13.15) 式は以下のように導かれる．

$$E[\boldsymbol{S}_B] = \frac{1}{C-1} E\left[\sum_{c=1}^{C} N_c(\bar{\boldsymbol{x}}_c - \bar{\boldsymbol{x}})(\bar{\boldsymbol{x}}_c - \bar{\boldsymbol{x}})'\right] \tag{13.24}$$

［ここで $\bar{\boldsymbol{x}} = \frac{1}{N}\sum_{c=1}^{C} N_c\bar{\boldsymbol{x}}_c$ であり，$+\boldsymbol{\mu} - \boldsymbol{\mu}$ を加え，シグマの中のシグマの添字にはダッシュをつけて区別し］

$$= \frac{1}{C-1} E\left[\sum_{c=1}^{C} N_c\left((\boldsymbol{x}_c^* - \boldsymbol{\mu}) + \bar{\boldsymbol{v}}_c^* - \frac{1}{N}\sum_{c'=1}^{C} N_{c'}(\boldsymbol{x}_{c'}^* - \boldsymbol{\mu}) - \frac{1}{N}\sum_{c'=1}^{C} N_{c'}\bar{\boldsymbol{v}}_{c'}^*\right)\right.$$
$$\left.\times\left((\boldsymbol{x}_c^* - \boldsymbol{\mu}) + \bar{\boldsymbol{v}}_c^* - \frac{1}{N}\sum_{c'=1}^{C} N_{c'}(\boldsymbol{x}_{c'}^* - \boldsymbol{\mu}) - \frac{1}{N}\sum_{c'=1}^{C} N_{c'}\bar{\boldsymbol{v}}_{c'}^*\right)'\right] \tag{13.25}$$

［$\boldsymbol{x}_c^*$ と $\bar{\boldsymbol{v}}_{c'}^*$ は互いに独立なので，積の期待値の項は 0 になって消えてしまう．］

$$= \frac{1}{C-1} E\left[\sum_{c=1}^{C} N_c\left[\left((\boldsymbol{x}_c^* - \boldsymbol{\mu}) - \frac{1}{N}\sum_{c'=1}^{C} N_{c'}(\boldsymbol{x}_{c'}^* - \boldsymbol{\mu})\right)\left((\boldsymbol{x}_c^* - \boldsymbol{\mu})\right.\right.\right.$$
$$\left.\left.\left.-\frac{1}{N}\sum_{c'=1}^{C} N_{c'}(\boldsymbol{x}_{c'}^* - \boldsymbol{\mu})\right)' + \left(\bar{\boldsymbol{v}}_c^* - \frac{1}{N}\sum_{c'=1}^{C} N_{c'}\bar{\boldsymbol{v}}_{c'}^*\right)\left(\bar{\boldsymbol{v}}_c^* - \frac{1}{N}\sum_{c'=1}^{C} N_{c'}\bar{\boldsymbol{v}}_{c'}^*\right)'\right]\right]$$

$$\begin{bmatrix} E\left[(\boldsymbol{x}_c^* - \boldsymbol{\mu})(\boldsymbol{x}_c^* - \boldsymbol{\mu})'\right] = \boldsymbol{\Sigma}_B \\ E\left[(\boldsymbol{x}_c^* - \boldsymbol{\mu})\frac{-2}{N}\sum_{c'=1}^{C} N_{c'}(\boldsymbol{x}_{c'}^* - \boldsymbol{\mu})'\right] = \frac{-2N_c}{N}\boldsymbol{\Sigma}_B \quad (c = c' \text{ 以外は期待値は 0 だから}) \\ E\left[\frac{1}{N^2}\sum_{c'=1}^{C} N_{c'}\sum_{c''=1}^{C} N_{c''}(\boldsymbol{x}_{c'}^* - \boldsymbol{\mu})(\boldsymbol{x}_{c''}^* - \boldsymbol{\mu})'\right] = \frac{1}{N^2}\sum_{c'=1}^{C} N_{c'}^2\boldsymbol{\Sigma}_B \quad (c' = c'' \text{ のみ残る}) \\ E\left[\bar{\boldsymbol{v}}_c^*\bar{\boldsymbol{v}}_c^{*\prime}\right] = \frac{1}{N_c}\boldsymbol{\Sigma}_W \quad (\text{平均の (共) 分散は (共) 分散を標本数で除したものに一致する}) \\ E\left[\bar{\boldsymbol{v}}_c^*\frac{-2}{N}\sum_{c'=1}^{C} N_{c'}\bar{\boldsymbol{v}}_{c'}^{*}{}'\right] = \frac{-2}{N}\sum_{c'=1}^{C} N_{c'}E\left[\bar{\boldsymbol{v}}_c^*\bar{\boldsymbol{v}}_{c'}^{*}{}'\right] = \frac{-2N_c}{N}E\left[\bar{\boldsymbol{v}}_c^*\bar{\boldsymbol{v}}_c^{*\prime}\right] = \frac{-2N_c}{NN_c}\boldsymbol{\Sigma}_W = \frac{-2}{N}\boldsymbol{\Sigma}_W \\ E\left[\frac{1}{N^2}\sum_{c'=1}^{C} N_{c'}\bar{\boldsymbol{v}}_{c'}^*\sum_{c''=1}^{C} N_{c''}\bar{\boldsymbol{v}}_{c''}^{*}{}'\right] = \frac{1}{N^2}\sum_{c'=1}^{C} N_{c'}^2 E\left[\bar{\boldsymbol{v}}_{c'}^*\bar{\boldsymbol{v}}_{c'}^{*}{}'\right] = \frac{1}{N^2}\sum_{c'=1}^{C}\frac{N_{c'}^2}{N_{c'}}\boldsymbol{\Sigma}_W = \frac{1}{N}\boldsymbol{\Sigma}_W \end{bmatrix}$$

$$= \frac{1}{C-1}\sum_{c=1}^{C} N_c\left[\left(\boldsymbol{\Sigma}_B - \frac{2N_c}{N}\boldsymbol{\Sigma}_B + \frac{1}{N^2}\sum_{c'=1}^{C} N_{c'}^2\boldsymbol{\Sigma}_B\right) + \left(\frac{1}{N_c}\boldsymbol{\Sigma}_W - \frac{2}{N}\boldsymbol{\Sigma}_W + \frac{1}{N}\boldsymbol{\Sigma}_W\right)\right] \tag{13.26}$$

$$= \frac{1}{C-1}\sum_{c=1}^{C}\left(1 - \frac{N_c}{N}\right)\boldsymbol{\Sigma}_W + \frac{1}{C-1}\left[N\boldsymbol{\Sigma}_B - \frac{-2\sum_{c=1}^{C} N_c^2}{N}\boldsymbol{\Sigma}_B + \frac{\sum_{c=1}^{C} N_c}{N^2}\sum_{c'=1}^{C} N_{c'}^2\boldsymbol{\Sigma}_B\right] \tag{13.27}$$

$$= \boldsymbol{\Sigma}_W + \frac{1}{C-1}\left[N\boldsymbol{\Sigma}_B - \frac{\sum_{c=1}^{C} N_c^2}{N}\boldsymbol{\Sigma}_B\right] \tag{13.28}$$

$$= \boldsymbol{\Sigma}_W + \frac{N^2 - \sum_{c=1}^{C} N_c^2}{N(C-1)}\boldsymbol{\Sigma}_B = \boldsymbol{\Sigma}_W(\boldsymbol{\theta}) + \omega\boldsymbol{\Sigma}_B(\boldsymbol{\theta}) \tag{13.29}$$

【証明終り】

13.5 適用例：因子分析的モデル

表 13.1 と表 13.2 は，Mortimore, Sammons, Stoll, Lewis, & Ecob (1988)[8]で扱われたデータの中から，

「知能」：最低 4 点，最高 36 点の知能検査

「階層」：9 段階で表現された社会階層，値が小さいほど高階層を意味する

「学力」：最低 1 点，最高 40 点の数学の学力検査

という 3 つの変数を選んで計算された $\boldsymbol{S}_B$ と $\boldsymbol{S}_{PW}$ である．1 次抽出単位を記述する変数 $\boldsymbol{x}_c$ はない．つまり，$n_B = 0, n = n_W = 3$ である．1 次抽出単位は「中学校」であり，50 校 $(C = 50)$ の 1 年生の 1154 人 $(N = 1154)$ の測定値から計算されている．

表 13.1: $\boldsymbol{S}_B$

	「知能」	「階層」	「学力」
「知能」	102.516		
「階層」	-10.222	15.052	
「学力」	63.632	-11.634	128.887

表 13.2: $\boldsymbol{S}_{PW}$

	「知能」	「階層」	「学力」
「知能」	31.214		
「階層」	-1.431	4.752	
「学力」	21.885	-2.143	47.375

1 つの学校から抽出された生徒数 N_c は，最小 6 人から最大 71 人まで様々にバラついている．(13.16) 式中で示された N_c のある種の平均は $\omega = 23.435$ 人である．ここでは 1 次抽出単位間にも 1 次抽出単位内にも 1 因子モデルを仮定して分析を行う．つまり

$$\begin{aligned}\boldsymbol{x}_{cj} &= \boldsymbol{x}_c^* + \boldsymbol{v}_{cj}^* \\ &= \left(\boldsymbol{\mu} + \begin{bmatrix} 1.00 \\ \alpha_{2B} \\ \alpha_{3B} \end{bmatrix} f_B + \begin{bmatrix} e_{1B} \\ e_{2B} \\ e_{3B} \end{bmatrix}\right) + \left(\begin{bmatrix} 1.00 \\ \alpha_{2W} \\ \alpha_{3W} \end{bmatrix} f_W + \begin{bmatrix} e_{1W} \\ e_{2W} \\ e_{3W} \end{bmatrix}\right)\end{aligned} \tag{13.30}$$

というモデルを想定した．右辺の全ての確率変数は互いに独立である．このモデルをパス図で表現すると図 13.1 のようになる．

表 13.3 は主たる分析結果のうち，因子負荷と因子の分散の推定値を示したものである．f_B は学校の「ステータス」を，f_W は学校内での生徒の「ステータス」を表現するものと解釈される．

[8]Mortimore, P., Sammons, P., Stoll, L., Lewis, D., & Ecob, R. (1988). *School Matters, the Junior Years.* Wells: Open Books.

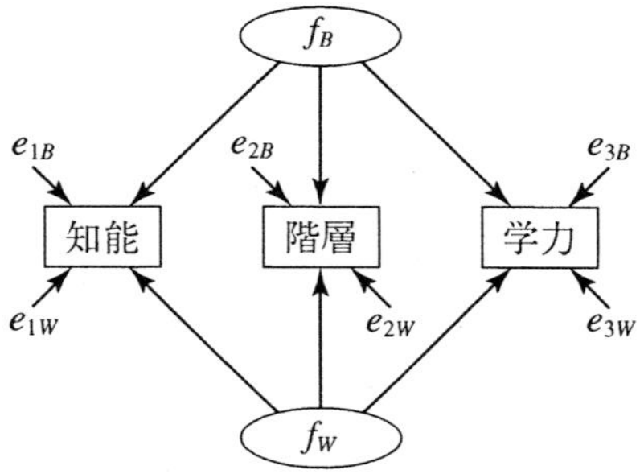

図 13.1: **因子分析的モデル**

表 13.3: **モデルの解**

Between	推定値	標準誤差	標準解 1	標準解 2	決定係数
「知能」	1.000	0.000	1.285	0.736	0.542
「階層」	-0.227	0.155	-0.292	-0.441	0.194
「学力」	1.080	0.666	1.387	0.744	0.553
f_B の分散	1.650	1.253	1.000	1.000	
Within	**推定値**	**標準誤差**	**標準解 1**	**標準解 2**	**決定係数**
「知能」	1.000	0.000	3.823	0.684	0.468
「階層」	-0.098	0.021	-0.374	-0.172	0.029
「学力」	1.498	0.330	5.725	0.832	0.692
f_W の分散	14.614	3.380	1.000	1.000	

各因子からの影響力の大きさを見積もるためには因子負荷を解釈する．通常，観測変数「知能」「階層」「学力」の分散が異なるから，因子負荷の推定値そのものは比較可能ではなく，このような場合には標準化係数を利用した．[入門編]第 6 章で学んだ通り，確率変数 $\boldsymbol{a}$ から $\boldsymbol{b}$ への標準化された係数行列は

$$(\mathrm{diag}(\boldsymbol{\Sigma}_b))^{\frac{-1}{2}}\boldsymbol{A}(\mathrm{diag}(\boldsymbol{\Sigma}_a))^{\frac{1}{2}} \tag{13.31}$$

である．ただし $\boldsymbol{A}$ は標準化前の係数行列である．ここでの標準化係数とは，$\boldsymbol{a}$ と $\boldsymbol{b}$ の両方の全ての変数の分散を 1 にしたときの係数である．このため観測変数の分散が互いに異なっても，各因子からの影響力の大きさを比較できる．

この係数は，表 13.3 の中で「標準解 2」という場所に示されている．学校の「ステータス」は学校の平均「知能」や平均「学力」への影響が強く (それぞれ

0.736, 0.744)，平均「階層」への影響も中程度 (−0.441) ある．つまり「階層」の高い家の子弟が通う学校は名門である傾向があることを示している．

学校内の生徒の「ステータス」は学校の平均「知能」や平均「学力」への影響が強い (それぞれ 0.684, 0.832) ことは学校の「ステータス」と同じである．しかし「階層」への (前 2 者との相対的な) 影響はほとんどない (−0.172)．つまり学校内では，頭がよかったり勉強ができたりすることと,「階層」とはほとんど関係ないと解釈される．

以上の分析結果は,「学校」単位で既に「階層」の分離が起きてしまっていて，学校内に注目すると「階層」による差が小さくなっているということを意味しているのであろうか．この仮説を調べるためには,「階層」(単一の観測変数) に対する f_B と f_W からの因子負荷の大きさを比較可能にしなくてはならない．ただし「標準解 2」では，この比較はできない．比較を可能にしたのは，表 13.3 の「標準解 1」という場所に示されている因子負荷である．この解は，確率変数 $\boldsymbol{a}$ から $\boldsymbol{b}$ への係数行列を標準化する際に，$\boldsymbol{a}$ の分散だけを 1 に標準化し，$\boldsymbol{b}$ の分散は観測されたままにしている．この係数は

$$\boldsymbol{A}(\mathrm{diag}(\boldsymbol{\Sigma}_a))^{\frac{1}{2}} \tag{13.32}$$

で計算される．

「ステータス」からの，学校の平均「階層」への影響 (−0.292) より，学校内の各生徒の「階層」への影響 (−0.374) のほうが大きいことが分かる．これは先の仮説とは逆の解釈である．これは 1 次抽出単位間と単位内の状態を総合して以下のように解釈される．学校間より，学校内の「学力」「知能」の散らばりのほうが大きい．このため「学力」「知能」「階層」の変数間の比較をすると，学校内における相対的な「階層」への影響は小さい．また学校間における相対的な「階層」への影響は中程度になる．しかし「階層」の分散に対する「ステータス」からの絶対的な影響は学校内のほうが大きいのである．

以上のような解釈は，全体を込みにして分析したり，aggregated data だけを分析したり，1 次抽出単位内だけで分析したのでは導くことはできない．2 段抽出モデルの真価が発揮された解釈である．

13.6 適用例：回帰分析的モデル

表 13.4 と表 13.5 は，ILEA(Inner London Education Authority) で集められたデータの中から
「免除」: 校内で給食費を免除されている人の割合
「学力」: 学力試験の素点による成績
「性別」: 男性 0 点，女性 1 点
という 3 つの変数を選んで計算された $\boldsymbol{S}_B$ と $\boldsymbol{S}^*_{PW}$ である．ここで $\boldsymbol{S}^*_{PW}$ は $\boldsymbol{S}_{PW}$ に 0 の要素を加えてサイズを $(n \times n)$ に膨らませた行列である (前節の因子分析的モデルの適用例では $\boldsymbol{S}^*_{PW} = \boldsymbol{S}_{PW}$ であった．章末注参照)．1 次抽出単位を記述する変数 $\boldsymbol{x}_c$ は「免除」である．つまり，$n = 3, n_B = 1, n_W = 2$ である．1 次抽出単位は「中学校」であり，114 校 ($C = 114$) の 1 年生の 5933 人 ($N = 5933$) の測定値から計算されてる．$\boldsymbol{S}^*_{PW}$ の 1 行目が 0 ベクトルなのは，給食費の免除率が各学校ごとに計算されるものであり，学校内ではバラつきがないという変数 $\boldsymbol{x}_c$ の特有の性質によっている．1 つの学校から抽出された生徒数 N_c は，最小 16 人から最大 135 人まで様々にバラついている．$\omega = 51.965$ 人である．

表 13.4: $\boldsymbol{S}_B$

	「免除」	「学力」	「性別」
「免除」	12383.369		
「学力」	-1739.737	1245.057	
「性別」	-16.170	30.272	6.919

表 13.5: $\boldsymbol{S}^*_{PW}$

	「免除」	「学力」	「性別」
「免除」	0.000		
「学力」	0.000	147.632	
「性別」	0.000	0.269	0.120

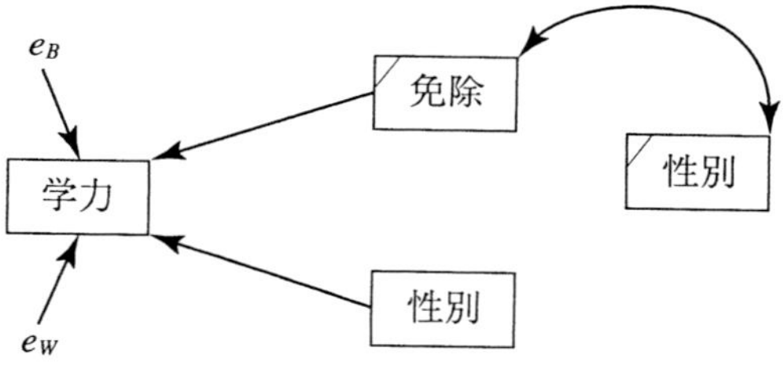

図 13.2: **回帰分析的モデル**

ここでは図 13.2 に示されたように,「学力」を基準変数として回帰分析を行う. 1 次抽出単位間の変数には左上に斜線を引いて区別している. 1 次抽出単位間・単位内に関しては, 当初, それぞれ

$$「学力」 = a「免除」 + b「性別」 + e_B, \quad Co[「免除」,「性別」] = c \tag{13.33}$$

$$「学力」 = d「性別」 + e_W \tag{13.34}$$

というモデルで解を求めたが, 1 次抽出単位間の「性別」「学力」に関しては, ほとんど影響力はなかったので, $b = 0$ と制約し, 改めて解を求めた. RMSEA は, 0.046 であった.

表 13.6: **モデルの解**

Between	推定値	標準誤差	標準解	決定係数
a	-0.140	0.027	-0.472	
c	-0.311	0.528	-0.056	
σ^2_{eB}	16.373	2.545	0.777	0.223
「免除」の分散	238.303	31.564	1.000	
「性別」の分散	0.131	0.018	1.000	
Within	推定値	標準誤差	標準解	決定係数
d	2.256	0.459	0.064	
σ^2_{eB}	147.028	2.726	0.996	0.004
「免除」の分散	0.120	0.002	1.000	

解は表 13.6 に示した.「免除」から「学力」への標準解は -0.472 であり, 負の値である. これは給食費を免除されている生徒の比率の低い学校は, それだけ裕福な地域にあり, 裕福な地域にある学校のほうが平均「学力」が高いことを意味する. 決定係数は 0.223 であり, 社会調査にしては高い値である.「性別」から「学力」への影響力は, 決定係数が 0.004 という結果からほとんど影響がないといえよう.

13.7 簡便解

大きな母集団を想定した調査研究では, 国勢調査のような極めて希な例外を除いて, 2 段抽出は必須の標本抽出手段であり, 適用されるべきデータは多数存在する. 従来は, 2 段抽出したデータを, あたかも単純無作為抽出したかのよう

に扱って分析を行ってきたが，本来ならば，2段抽出のための構造方程式モデルを用いるべきであろう．2段抽出したデータに2段抽出モデルを当てはめることは，抽出方法に添った正確な分析ができるばかりでなく，1次抽出単位間と単位内の分析の結果を統合して解釈することによって，まとめて分析していたのでは得ることのできない有用な学術的知見が得られる可能性が高まるからである．

2段抽出モデルを実行するためには，

1. (13.15) 式の構造を自動的に設定するSW(たとえばMplus) を利用する．
2. 通常のSEMのSWで (13.15) 式の構造を分析者が自分で設定する．

という2つの方法がある．前者は容易に実行できるので，実用的にお勧めできる[9]．後者は，Duncan, Alpert, & Duncan (1998) やDuncan, Duncan, Alpert, Hops, Stoolmiller, & Muthen (1997) を参照すれば明らかなように，相当手間がかかり，このモデルに習熟していないと正確な分析はままならない．日常的に気軽に利用できる方法とはいい難い．以上のような困難はあるものの，2段抽出モデルは他の分析法では代え難い解釈上のメリットがあるし，2段抽出データには頻繁に遭遇するから，本節では手軽に実行できる簡便法を紹介する．

まず1次抽出単位内の分析は，$\boldsymbol{S}_{PW}$ が $\boldsymbol{\Sigma}_v$ の不偏推定量なので，$\boldsymbol{S}_{PW}$ を通常のSEMのSWで分析することによって簡便解を得ることができる．標本数は $N-C$ である．この場合は平均構造は考えない．

次に1次抽出単位間の分析は，

$$\hat{\boldsymbol{\Sigma}}_B = \frac{\boldsymbol{S}_B - \boldsymbol{S}^*_{PW}}{\omega} \tag{13.35}$$

が $\boldsymbol{\Sigma}_B$ の不偏推定量

$$E[\hat{\boldsymbol{\Sigma}}_B] = \boldsymbol{\Sigma}_B \tag{13.36}$$

になることは明らかだから，$\hat{\boldsymbol{\Sigma}}_B$ を通常のSEMのSWで分析することによって簡便解を得ることができる．場合によっては平均・共分散構造分析を行う．標本数は C である．たとえば表13.1と表13.2から計算された $\hat{\boldsymbol{\Sigma}}_B$ は表13.7の通りである．

簡便解は，1次抽出単位内の母数を推定する際に $\boldsymbol{S}_B$ の情報を使用していないこと，1次抽出単位間の母数を推定する際に1次抽出単位内のモデルの情報を使用していないこと等の効率の悪さはあるが，モデルとデータが適合している場合には，ほとんど同じ解をもたらす．実際，表13.2と表13.7から別々に計算さ

[9]ただし1999年8月現在のMplusは，また解の探索のプログラムが頑健といえないようである．

表 13.7: $\hat{\mathbf{\Sigma}}_B$

	「知能」	「階層」	「学力」
「知能」	3.0425		
「階層」	-0.3751	0.4395	
「学力」	1.7814	-0.4050	3.4782

れた母数の推定値は，表 13.3 の結果と比較して最大で 0.001 の誤差しかなかった.「標準解 1」は因子の分散を 1 に固定した推定値であり,「標準解 2」は通常の標準解である.

【章末注】

$\boldsymbol{S}^*_{PW}$ と $\boldsymbol{S}_{PW}$ の関係は

$$\boldsymbol{S}^*_{PW} = \begin{bmatrix} \boldsymbol{O} & \boldsymbol{O} \\ \boldsymbol{O} & \boldsymbol{S}_{PW} \end{bmatrix} \tag{13.37}$$

であり，(13.4) 式の $\mathbf{\Sigma}_W$ と $\mathbf{\Sigma}_v$ の関係と同じである.

A　線形代数 (中級編)

本書を (正確には第 10 章を) 読むために必要な線形代数の基礎知識の中で，[入門編] の数学的準備の章では言及していない直積と行列のベクトル化を以下に解説する．また第 10 章を読む場合も，数学的準備を最低限に抑えたい読者は，A.1 の直積だけでよい．A.2 の行列のベクトル化は直積に対する理解を深める上で最適の教材であるが，学習せずに第 10 章を読むことは不可能ではない．

A.1　直積 (クロネッカー積)

【定義】

行列 $\boldsymbol{A}_{M\times N}$ と $\boldsymbol{B}_{P\times Q}$ に関して

$$\boldsymbol{C}_{MP\times NQ} = \begin{bmatrix} a_{11}\boldsymbol{B} & a_{12}\boldsymbol{B} & \cdots & a_{1N}\boldsymbol{B} \\ a_{21}\boldsymbol{B} & a_{22}\boldsymbol{B} & \cdots & a_{2N}\boldsymbol{B} \\ \vdots & \vdots & \cdots & \vdots \\ a_{M1}\boldsymbol{B} & a_{M2}\boldsymbol{B} & \cdots & a_{MN}\boldsymbol{B} \end{bmatrix} \tag{A.1}$$

と定義される行列 $\boldsymbol{C}$ を $\boldsymbol{A}\otimes\boldsymbol{B}$ と表記し，それを行列 $\boldsymbol{A}$ と $\boldsymbol{B}$ の直積 (direct product) あるいはクロネッカー積 (Kronecker product) といい，「エーちょくせきビー」と読む．たとえば

$$\begin{bmatrix} 1 & 2 \\ 2 & 1 \end{bmatrix} \otimes \begin{bmatrix} 1 & 2 \\ 1 & 2 \end{bmatrix} = \begin{bmatrix} 1 & 2 & 2 & 4 \\ 1 & 2 & 2 & 4 \\ & & & \\ 2 & 4 & 1 & 2 \\ 2 & 4 & 1 & 2 \end{bmatrix} \tag{A.2}$$

である．

【性質 1】行列の順番を入れ替えた結果は必ずしも一致しない．

$$\boldsymbol{A}\otimes\boldsymbol{B} \neq \boldsymbol{B}\otimes\boldsymbol{A} \tag{A.3}$$

【性質 2】単位行列との直積はもとの行列を対角要素にもつ分割行列となる．

$$\boldsymbol{I}\otimes\boldsymbol{A} = \begin{bmatrix} \boldsymbol{A} & & \boldsymbol{O} \\ & \ddots & \\ \boldsymbol{O} & & \boldsymbol{A} \end{bmatrix} \tag{A.4}$$

【性質 3】単位行列どうしの積は，サイズの大きな単位行列となる．

$$\boldsymbol{I}_{M\times M}\otimes\boldsymbol{I}_{P\times P}=\boldsymbol{I}_{MP\times MP} \tag{A.5}$$

【公式 1】

$$(c\boldsymbol{A})\otimes\boldsymbol{B}=\boldsymbol{A}\otimes(c\boldsymbol{B})=c(\boldsymbol{A}\otimes\boldsymbol{B}) \tag{A.6}$$

【証明】いずれの演算も以下の結果となる．

$$\begin{bmatrix} ca_{11}\boldsymbol{B} & ca_{12}\boldsymbol{B} & \cdots & ca_{1N}\boldsymbol{B} \\ ca_{21}\boldsymbol{B} & ca_{22}\boldsymbol{B} & \cdots & ca_{2N}\boldsymbol{B} \\ \vdots & \vdots & \cdots & \vdots \\ ca_{M1}\boldsymbol{B} & ca_{M2}\boldsymbol{B} & \cdots & ca_{MN}\boldsymbol{B} \end{bmatrix} \tag{A.7}$$

【証明終り】

【公式 2】

$$(\boldsymbol{A}\otimes\boldsymbol{B})\otimes\boldsymbol{C}=\boldsymbol{A}\otimes(\boldsymbol{B}\otimes\boldsymbol{C}) \tag{A.8}$$

【証明】行列 $\boldsymbol{A}_{M\times N}$，$\boldsymbol{B}_{P\times Q}$，$\boldsymbol{C}_{R\times S}$ の行と列はそれぞれの小文字で表現する．$\boldsymbol{A}\otimes(\boldsymbol{B}\otimes\boldsymbol{C})$ の m 行 n 列 のサブ行列要素は $a_{mn}(\boldsymbol{B}\otimes\boldsymbol{C})$ である．このサブ行列の p 行 q 列 のサブ行列要素は $a_{mn}b_{pq}\boldsymbol{C}$ である．

一方，$(\boldsymbol{A}\otimes\boldsymbol{B})$ の m 行 n 列 のサブ行列中の p 行 q 列 のスカラー要素は $a_{mn}b_{pq}$ である．したがって $(\boldsymbol{A}\otimes\boldsymbol{B})\otimes\boldsymbol{C}$ の m 行 n 列 のサブ行列中の p 行 q 列 のサブ行列は $a_{mn}b_{pq}\boldsymbol{C}$ であり，右辺に一致する．

【証明終り】

【公式 3】

$$(\boldsymbol{A}\otimes\boldsymbol{B})'=\boldsymbol{A}'\otimes\boldsymbol{B}' \tag{A.9}$$

【証明】$(\boldsymbol{A}\otimes\boldsymbol{B})$ の m 行 n 列 のサブ行列要素は $a_{mn}\boldsymbol{B}$ であるから，$(\boldsymbol{A}\otimes\boldsymbol{B})'$ の n 行 m 列 のサブ行列要素は $a_{mn}\boldsymbol{B}'$ である．これは，$\boldsymbol{A}'\otimes\boldsymbol{B}'$ の n 行 m 列 のサブ行列要素である．

【証明終り】

【公式 4】

$$\mathrm{tr}(\boldsymbol{A} \otimes \boldsymbol{B}) = \mathrm{tr}(\boldsymbol{A})\mathrm{tr}(\boldsymbol{B}) \tag{A.10}$$

【証明】行列のサイズを $\boldsymbol{A}_{M\times M}$, $\boldsymbol{B}_{P\times P}$ とすると

$$\mathrm{tr}(\boldsymbol{A} \otimes \boldsymbol{B}) = \sum_{m=1}^{M} \mathrm{tr}(a_{mm}\boldsymbol{B}) = \left(\sum_{m=1}^{M} a_{mm}\right) \mathrm{tr}(\boldsymbol{B}) = \mathrm{tr}(\boldsymbol{A})\mathrm{tr}(\boldsymbol{B}) \tag{A.11}$$

【証明終り】

【公式 5】

$$(\boldsymbol{A} \otimes \boldsymbol{B})(\boldsymbol{F} \otimes \boldsymbol{G}) = \boldsymbol{AF} \otimes \boldsymbol{BG} \tag{A.12}$$

【証明】行列のサイズを $\boldsymbol{A}_{M\times N}$, $\boldsymbol{B}_{P\times Q}$, $\boldsymbol{F}_{N\times R}$, $\boldsymbol{G}_{Q\times S}$ とすると，$(\boldsymbol{A} \otimes \boldsymbol{B})(\boldsymbol{F} \otimes \boldsymbol{G})$ の m 行 r 列 のサブ行列要素は

$$\sum_{n=1}^{N} a_{mn}\boldsymbol{B} f_{nr}\boldsymbol{G} = \left(\sum_{n=1}^{N} a_{mn} f_{nr}\right) \boldsymbol{BG} \tag{A.13}$$

である．右辺 $\sum_{n=1}^{N} a_{mn} f_{nr}$ は，$\boldsymbol{AF}$ の m 行 r 列 のスカラー要素である．したがって $\left(\sum_{n=1}^{N} a_{mn} f_{nr}\right) \boldsymbol{BG}$ は $\boldsymbol{AF} \otimes \boldsymbol{BG}$ の m 行 r 列 のサブ行列要素である．

【証明終り】

【公式 6】

$$(\boldsymbol{A} \otimes \boldsymbol{B})^{-1} = \boldsymbol{A}^{-1} \otimes \boldsymbol{B}^{-1} \tag{A.14}$$

【証明】

$$(\boldsymbol{A} \otimes \boldsymbol{B})(\boldsymbol{A}^{-1} \otimes \boldsymbol{B}^{-1}) = (\boldsymbol{AA}^{-1} \otimes \boldsymbol{BB}^{-1}) = (\boldsymbol{I} \otimes \boldsymbol{I}) = \boldsymbol{I} \tag{A.15}$$

【証明終り】

【公式 7】

$$(\boldsymbol{A} + \boldsymbol{B}) \otimes \boldsymbol{C} = (\boldsymbol{A} \otimes \boldsymbol{C}) + (\boldsymbol{B} \otimes \boldsymbol{C}) \tag{A.16}$$

【証明】行列のサイズを $\boldsymbol{A}_{M\times N}$, $\boldsymbol{B}_{M\times N}$ とすると，$(\boldsymbol{A}+\boldsymbol{B})\otimes\boldsymbol{C}$ と, $(\boldsymbol{A}\otimes\boldsymbol{C})$ と, $(\boldsymbol{B}\otimes\boldsymbol{C})$ の m 行 n 列 のサブ行列要素は，それぞれ $(a_{mn}+b_{mn})\boldsymbol{C}$ と, $a_{mn}\boldsymbol{C}$ と, $b_{mn}\boldsymbol{C}$ である．明らかに,

$$(a_{mn}+b_{mn})\boldsymbol{C} = a_{mn}\boldsymbol{C} + b_{mn}\boldsymbol{C} \tag{A.17}$$

であるから，公式7 が成り立つ．

【証明終り】

A.2　行列のベクトル化

【定義】

行列 $\boldsymbol{A}_{m\times n}$ は n 本の縦ベクトル $\boldsymbol{A} = [\boldsymbol{a}_1\ \boldsymbol{a}_2\ \ldots\ \boldsymbol{a}_n]$ と見なすことができ，それら n 本の縦ベクトルを更に縦につないで

$$\boldsymbol{c} = \begin{bmatrix} \boldsymbol{a}_1 \\ \boldsymbol{a}_2 \\ \vdots \\ \boldsymbol{a}_n \end{bmatrix} \tag{A.18}$$

と定義される縦ベクトル $\boldsymbol{c}$ を $\mathrm{vec}(\boldsymbol{A})$ と表記し，それを行列 $\boldsymbol{A}$ のベック操作 (vec-operator) といい,「べっくエー」 と読む．

【性質 1】ベクトルのベック操作，ベクトルの転置のベック操作は，元のベクトル．

$$\mathrm{vec}(\boldsymbol{a}) = \mathrm{vec}(\boldsymbol{a}') = \boldsymbol{a} \tag{A.19}$$

【性質 2】ベクトルとベクトルの転置の積のベック操作は，元のベクトル間の直積．

$$\mathrm{vec}(\boldsymbol{a}\boldsymbol{b}') = \boldsymbol{b}\otimes\boldsymbol{a} \tag{A.20}$$

【性質 3】(スカラーとの) 積，(行列との) 和のベック操作は，ベック操作の積と和．

$$\mathrm{vec}(a\boldsymbol{A}+b\boldsymbol{B}) = a\,\mathrm{vec}(\boldsymbol{A}) + b\,\mathrm{vec}(\boldsymbol{B}) \tag{A.21}$$

【公式 1】

$$\mathrm{vec}(\boldsymbol{ABC}) = (\boldsymbol{C}' \otimes \boldsymbol{A})\mathrm{vec}(\boldsymbol{B}) \tag{A.22}$$

【証明】 行列のサイズを $\boldsymbol{C}_{M \times N}$ とすると，公式の左辺は

$$\begin{aligned}
\mathrm{vec}(\boldsymbol{ABC}) &= \mathrm{vec}(\boldsymbol{A}[\boldsymbol{b}_1,\ \boldsymbol{b}_2,\ \cdots,\ \boldsymbol{b}_M]\boldsymbol{C}) \\
&= \mathrm{vec}([\boldsymbol{Ab}_1,\ \boldsymbol{Ab}_2,\ \cdots,\ \boldsymbol{Ab}_M]\boldsymbol{C}) \\
&= \mathrm{vec}\left(\left[\boldsymbol{A}\sum_{m=1}^{M}\boldsymbol{b}_m c_{m1},\ \boldsymbol{A}\sum_{m=1}^{M}\boldsymbol{b}_m c_{m2},\ \cdots,\ \boldsymbol{A}\sum_{m=1}^{M}\boldsymbol{b}_m c_{mN}\right]\right) \\
&= \begin{bmatrix} \boldsymbol{A}\sum_{m=1}^{M}\boldsymbol{b}_m c_{m1} \\ \boldsymbol{A}\sum_{m=1}^{M}\boldsymbol{b}_m c_{m2} \\ \vdots \\ \boldsymbol{A}\sum_{m=1}^{M}\boldsymbol{b}_m c_{mN} \end{bmatrix}
\end{aligned}$$

と変形される．一方，公式の右辺は

$$\begin{bmatrix} c_{11}\boldsymbol{A} & c_{21}\boldsymbol{A} & \cdots & c_{M1}\boldsymbol{A} \\ c_{12}\boldsymbol{A} & c_{22}\boldsymbol{A} & \cdots & c_{M2}\boldsymbol{A} \\ \vdots & \vdots & \cdots & \vdots \\ c_{1N}\boldsymbol{A} & c_{2N}\boldsymbol{A} & \cdots & c_{MN}\boldsymbol{A} \end{bmatrix} \begin{bmatrix} \boldsymbol{b}_1 \\ \boldsymbol{b}_2 \\ \vdots \\ \boldsymbol{b}_M \end{bmatrix} = \begin{bmatrix} \boldsymbol{A}\sum_{m=1}^{M}\boldsymbol{b}_m c_{m1} \\ \boldsymbol{A}\sum_{m=1}^{M}\boldsymbol{b}_m c_{m2} \\ \vdots \\ \boldsymbol{A}\sum_{m=1}^{M}\boldsymbol{b}_m c_{mN} \end{bmatrix}$$

であり，公式の左辺と一致する．

【証明終り】

【公式 2】

$$\mathrm{vec}(\boldsymbol{AB}) = (\boldsymbol{I} \otimes \boldsymbol{A})\mathrm{vec}(\boldsymbol{B}) = (\boldsymbol{B}' \otimes \boldsymbol{I})\mathrm{vec}(\boldsymbol{A}) = (\boldsymbol{B}' \otimes \boldsymbol{A})\mathrm{vec}(\boldsymbol{I}) \tag{A.23}$$

【証明】公式 1 の特別な場合として以下のように導かれる．

$$\mathrm{vec}(\boldsymbol{AB}) = \mathrm{vec}(\boldsymbol{ABI}) = (\boldsymbol{I} \otimes \boldsymbol{A})\mathrm{vec}(\boldsymbol{B}) \tag{A.24}$$

$$\mathrm{vec}(\boldsymbol{AB}) = \mathrm{vec}(\boldsymbol{IAB}) = (\boldsymbol{B}' \otimes \boldsymbol{I})\mathrm{vec}(\boldsymbol{A}) \tag{A.25}$$

$$\mathrm{vec}(\boldsymbol{AB}) = \mathrm{vec}(\boldsymbol{AIB}) = (\boldsymbol{B}' \otimes \boldsymbol{A})\mathrm{vec}(\boldsymbol{I}) \tag{A.26}$$

【証明終り】

【公式 3】

$$\mathrm{tr}(\boldsymbol{A}'\boldsymbol{B}) = (\mathrm{vec}(\boldsymbol{A}))'\mathrm{vec}(\boldsymbol{B}) \tag{A.27}$$

【証明】行列のサイズを $\boldsymbol{A}_{N\times M}$, $\boldsymbol{B}_{N\times M}$ とし，$\boldsymbol{A}$ の m 列目の列ベクトルの転置を $\boldsymbol{a}'_m$ と表記すると, 以下のように導かれる．

$$(\mathrm{vec}(\boldsymbol{A}))'\mathrm{vec}(\boldsymbol{B}) = \sum_{m=1}^{M} \boldsymbol{a}'_m \boldsymbol{b}_m = \sum_{m=1}^{M}\sum_{n=1}^{N} a_{nm}b_{nm} = \mathrm{tr}(\boldsymbol{A}'\boldsymbol{B}) \tag{A.28}$$

【証明終り】

【公式 4】

$$\mathrm{tr}(\boldsymbol{ABCD}) = (\mathrm{vec}(\boldsymbol{D}'))'(\boldsymbol{C}' \otimes \boldsymbol{A})\mathrm{vec}(\boldsymbol{B}) \tag{A.29}$$

$$= (\mathrm{vec}(\boldsymbol{D}))'(\boldsymbol{A} \otimes \boldsymbol{C}')\mathrm{vec}(\boldsymbol{B}') \tag{A.30}$$

【証明】

$$\begin{aligned}
\mathrm{tr}(\boldsymbol{ABCD}) =& \mathrm{tr}(\boldsymbol{DABC}) \\
& [\text{公式 3 により}] \\
=& (\mathrm{vec}(\boldsymbol{D}'))'\mathrm{vec}(\boldsymbol{ABC}) \\
& [\text{公式 1 により}] \\
=& (\mathrm{vec}(\boldsymbol{D}'))'(\boldsymbol{C}' \otimes \boldsymbol{A})\mathrm{vec}(\boldsymbol{B})
\end{aligned}$$

である．また

$$\begin{aligned}
\mathrm{tr}(\boldsymbol{ABCD}) =& \mathrm{tr}(\boldsymbol{BCDA}) \\
=& (\mathrm{vec}(\boldsymbol{B}'))'(\boldsymbol{A}' \otimes \boldsymbol{C})\mathrm{vec}(\boldsymbol{D}) \\
& [\boldsymbol{x}'\boldsymbol{Y}\boldsymbol{z} = \boldsymbol{z}'\boldsymbol{Y}'\boldsymbol{x} \text{ であるから}] \\
=& (\mathrm{vec}(\boldsymbol{D}))'(\boldsymbol{A} \otimes \boldsymbol{C}')\mathrm{vec}(\boldsymbol{B}')
\end{aligned}$$

【証明終り】

B　Q&A

質問：初期値の入れ方を教えて下さい．特に多母集団の分析の際に，初期値の悪さが原因で不適解が生じることが多いように感じるのですが．

回答：[入門編] 第 7 章，第 8 章で学習した母数の推定には初期値が必要でした．解の近くに初期値を設定できれば，収束までの時間が少なくて済みますが，遠くに設定すると時間がかかります．適切なモデルが構成されているのに，初期値の悪さだけが原因で不適解が生じることすらあります．初期値は数理的には重要です．ただし通常，SEM の SW の多くは，自動的に初期値を設定する機能を有しているので，分析者自身が初期値を直接に設定することは少なくなりました．分析者がカンにたよって初期値を設定 (マニュアル設定) するよりも，SW の自動設定のほうが初期値として優れていることが多いからです．また最尤推定をする場合に，それより計算量の少ない最小 2 乗法や一般化最小 2 乗法の推定値を初期値に用いるのも有効です．

しかし初期値の自動設定機能のない SW もありますし，状況によっては，分析者が用意した初期値のほうが優れている場合もあります．著者の経験では，以下の 3 つのケースでマニュアル設定が必要でした．

(1) 観測変数の分散の桁が大きく違う場合：たとえば 5 件法尺度と 100 点満点の尺度を比較すると，後者は前者よりも 3 桁から 4 桁も分散が大きくなります．このため両者を混在させてモデル構成すると，解空間が広くなりすぎて適切な初期値を自動的には設定できなくなる可能性が高まります (微分係数の絶対値によって表現されている収束基準の厳しさが母数ごとに異なってしまうことも原因の 1 つです)．このような場合には，共分散行列を分析するのではなく，相関行列を分析することによって，自動設定の初期値によって正常に収束する確率が高まります．相関行列ではなく共分散行列を分析した結果が必要である場合には，相関行列の分析から推定した母数を観測変数の標準偏差で補正し (具体的な補正方法はケースバイケースですが)，その値を共分散行列を分析する際の初期値にすると収束する確率が高まります．

(2) 平均構造を伴ってモデル化されている場合：共分散構造ばかりでなく平均構造が設定されているモデルは，積率行列が構造化されることがあります．積率行列は $\boldsymbol{\Sigma}+\boldsymbol{\mu}\boldsymbol{\mu}'$ と表現されています．i 番目の観測変数の平均構造は積率行列の i 行 (列) 全てに関係しますから，観測変数の切片の初期値の設定は解の探索に大きな影響を与えます．簡単なことですが，観測変数の切片の初期値に標本平均を入れてやるだけで収束する確率がぐっと高まります．

(3) 多母集団の場合：性別・学年・収入・地域などによって複数の母集団を想定し，それらを同時に分析することができるのは SEM の大きな魅力です．しかし母数の数が多くなり，収束が難しくなるのに伴って初期に依存した局所最適解にしばしば遭遇します．母集団間の母数に等値の制約を与える場合には，母集団を併合して (たとえば男女を一緒にして) 分析し，その解を初期値に利用するのではなく，母集団ごとに解を求め，その平均値を初期値に利用したほうがよいでしょう．

質問：観測変数から構成概念にパスが出ているモデルには，MIMIC 型モデルと主成分型モデルがあると聞きましたが，両者の違いを教えて下さい．また逆に，観測変数にパスが向いている多重指標型 (因子分析型) モデルとの相違点，両者の特徴を教えて下さい．

回答：観測変数からパスが出ている MIMIC 型 (主成分分析型) のモデルは，たとえば [入門編] の図 6.3 の左側のモデルです．多重指標型 (因子分析型) モデルのように観測変数にパスが向いているモデルは，たとえば同じく図 6.2 ですね．また以下の説明で，MIMIC 型と呼んでいるモデルは PLS 型と読み替えても同じです．

まず MIMIC 型モデルと主成分型モデルの相違・特徴を説明します．MIMIC 型モデルは，観測変数の重みつき和が構成概念の一部を構成します．一方，図 6.3 の誤差変数 d_1 がなくなったモデルが主成分分析型モデルであり，観測変数の重みつき和が直接に構成概念を構成します．このとき構成概念は潜在変数ではなくなり，合成変数とか主成分と呼ばれます．構成概念を予測変数として別の変数を予測する場合には，MIMIC 型モデルは，誤差変数を含んでいるので (図 6.3 では v_4, v_5, v_6 の)，決定係数が主成分型モデルより高くなるという利点があります．ただし MIMIC 型モデルの構成概念は推定値しか得られません．一方，主成分分析型モデルの構成概念は，誤差変数 d がないので確定した値が得られるという利点があります．

次に MIMIC 型 (主成分型) のモデルと多重指標型 (因子分析型) モデルの相違・特徴を説明します．MIMIC 型 (主成分型) モデルは外生的観測変数 (図 6.3 では v_1, v_2, v_3) の間に共分散を仮定します．このため母数の数が増えて多重指標型 (因子分析型) モデルよりも適合度の値が高くなる傾向があります．したがって観測変数が 4,50 以上あるような場合には，MIMIC 型 (主成分型) モデルのほうが構成し易いという利点があります．また観測変数の重みつき和が構成概念を (一部分あるいは全て) 規定しながら連鎖を説明しますから，予測モデルとして使い易いという利点もあります．ただし MIMIC 型 (主成分型) モデルは，予測変数の多い重回帰分析と同じ状態なので (予測変数が 4 つ以上の場合には)，観測変数から構成概念へのパス係数の解釈が困難になり，因果モデルとしてのシナリオを書きにくくなります．

多重指標型 (因子分析型) モデルは，MIMIC 型 (主成分型) モデルと逆の特徴をもちます．母数の数が少なくなるので，適合度は上げにくくなる代わりに因果モデルのチェックをし易くなります．パス係数の解釈は容易になりますから，因果モデルとしてのシナリオを解釈しやすくなります．直接的には予測モデルとして利用できないので (合成変数とは異なり，構成概念の値を直接得ることができないので)，因子スコアの推定を行って補足します．

質問：原因となる変数間には共分散が設定できるのに，結果となる変数には共分散が設定できません．共分散構造分析では結果変数に共分散を仮定してはいけないのでしょうか．結果に相関関係を仮定してもよい方法がありましたら教えて下さい．

回答：「原因」として選んだ変数によって「結果」を説明しようとしているのですから，できれば「原因」が所与の状態で「結果」の変数は互いに無相関のほうがよいモデルといえます．しかし，それで適合が悪ければ，「結果」変数に刺さった誤差変数間に共分散を設定して下さい．ただし共分散を設定して，誤差の相関の絶対値が高い場合には，「本研究で採用した「原因」以外に「結果」を規定する共通要因が存在することが示唆され，本研究ではその要因を取り上げることができなかった」と論じ，具体的にその要因が何かを実質科学的に考察する必要があります．

質問：2 次因子分析法は，応用編に登場したような確認的なモデルの他に，探索的因子分析を使う方法があるとききましたが，それはどのようなものでしょうか．

回答：計算機が発達していなかった時代には，統計モデルの簡便解というものが重宝されました．パス解析を重回帰分析の繰り返しで行うという便法も旧き慣習のなごりです．2 次因子分析にも同様な，簡便解があります．1 つは「因子間相関行列を，もう 1 度因子分析する方法」です．ただしこの方法は 1 つの統計モデルに対して誤差関数を 2 回評価する (誤差が累積する) という意味で望ましくない前時代的方法です (1 回目の因子分析を行い，因子スコアを推定し，そのスコアをもとに，もう 1 度因子分析をするという手順で，誤差関数を 3 回評価するような無意味な方法が行われることもありました)．

因子や構成概念は，所詮，実在しません．思考の経済のための「夢」のようなものです．2 次因子は「夢のまた夢」のようもので，それを探索的に見出すのは不安定すぎます．実質科学的思考を (仮説の構成を) サボりすぎているということです．直交解と斜交解で同じ変数の分類を与えるような因子負荷行列はしばしば観測されます．したがって，変数を同様に分類する因子負荷行列はいくらでもあり，それぞれに対応する因子間相関行列があります．2 次因子分析の結果は，それらの因子間相関行列にいちいち影響を受けてしまいます．

因子間相関行列を探索的にもう 1 度分析するのは (最初の因子分析でどのような回転解を用いるかに強く依存し)，安定的な結果を期待できません．探索的な 2 次因子分析は (特に因子間相関行列を探索的にもう 1 度分析する方法は (スコアをもとに 2 度目の因子分析をする方法は論外です)，使用しないほうがよいでしょう．2 次因子分析は，実質科学的な仮説を利用し，1 次因子も 2 次因子も数理的に識別させた状態で確認的に (仮説検証的に) 行うべきです．解は，データを入れたり出したりダラダラ誤差を累積させるのではなく (SEM のソフトなどを用いて)，一気に全ての推定値を求めなくてはいけません．

方程式モデルが実用段階に達し，「一見高度な」モデルが利用できるようになりました．そのモデルの表現力を過度に探索的に使用すると，分析者のいいわけに利用できてしまいます．高度な夢の夢を聞かされているようで，マユツバな気がしてしまいます．高度なモデルは，データを取る前 (分析する前) に分析者が，心理学的仮説を確認的に (検証的に) 表現し，データによってその仮説を鍛えるという方向で (分析者が自分を追い込む方向で) 利用して下さい．

質問：SEM は基本的に連続変数のモデルですから，5 件尺度や 7 件尺度ではなく，値の刻みのできるだけ細かい変数を使いたいのですが．

回答：5 件尺度や 7 件尺度の観測変数は，SEM で使用してさしつかえありません．ただし御質問のように値の刻みの細かい変数を使用することは，因果モデルの適切な構築にとって有効です．単一かつ同一の構成概念を測っていると思われる 5・7 件尺度の観測変数を複数用意して，それらの和得点を観測変数として利用するのはよい方法といえるでしょう．また柳原 (1998, 個人消費低迷の因果分析，豊田秀樹 (編) 共分散構造分析 [事例編] 第 4 章，北大路書房) は，「(不況下における) 値下がり期待」という構成概念を測る観測指標の 1 つとして，30 品目の商品を調査票の中で具体的に掲げ，そのうち値下がりする可能性の高いと思う商品を挙げさせ，その数をカウントして 0 から 30 までの尺度値をもつ観測変数を作っています．この方法は他の分野でも応用可能な有効な方法といえるでしょう．

質問：係数を解釈するためには，[入門編] で予測変数は 2 つまでがよく，多くても 3 つまでに抑えるべきとのことでした．しかし現実の回帰分析では，予測変数の数が多いようですが．

回答：予測変数が多数用意され，予測変数間の相関，あるいは予測変数と基準変数の相関が中程度以上ある状態では，一部の予測変数を投入したり抜いたりすると，残りの予測変数の係数の絶対値や符号が容易に変化することを実感できます．したがって係数を解釈することの危険性が実感できるこのようなケースでは，誤った解釈はされにくいようです．

予測変数間の相関がほぼゼロに近く，予測変数と基準変数の相関が中程度以上ある (決定係数も高い) 状態では，係数を解釈してかまいません．標準偏回帰係数と基準変数の相関はほぼ一致します．社会・人文科学分野のモデル構成としてはあまり，お目にかかれない (期待できない) 理想的な状況です．

注意を要するのは予測変数間の相関も，予測変数と基準変数の相関も絶対値が小さい (決定係数が 0.1 以下である) のに，標本数が多いために一部の係数が統計的に有意になっている場合です．このケースでは，標準偏回帰係数と基準変数の相関がほぼ一致し，一部の予測変数を抜き差ししても残りの予測変数の係数がほとんど影響を受けずに安定しています．しかし係数がいくら高度に有意でも，実質科学的には有効性がありません．

予測変数が 2 つの場合は [入門編] 第 3 章の分類に従って，予測変数が 3 つの場合は第 10 章の分解を用いて係数を解釈してください．係数を解釈し，因果モデルのシナリオを作ることが分析の目的であるならば，それ以上，予測変数を増やすべきではありません．

質問：因子スコアを使った研究が少いようなのですが，何故でしょうか．

回答：因子スコアを計算するということは，測定対象 (あるいはオブザベーション・被験者) の特徴を記述することです．通常，研究の初期段階あるいは基礎研究においては，測定対象そのものではなく，変数間の関係の記述が中心になります．このため測定対象の特徴を記述する因子スコアはあまり計算されません．たとえば「フラストレーション」と「攻撃性」の関係を調べる研究では，A 君や B さんという特定の個人の「フラストレーション」と「攻撃性」の程度を記述することはまれです．

一方，研究の実践段階あるいは応用研究においては，因子スコアの計算が重要な役割を果たすことが多くなります．完成度の高い因果モデルの枠組みで測定対象そのものを評価する研究です．たとえば鈴木・長田 (1998, 企業評価モデル PRISM の開発，豊田秀樹 (編) 共分散構造分析 [事例編] 第 3 章，北大路書房) は，評価の因果モデルを構築した後に「優れた会社」という構成概念 (測定対象である企業) のスコアを求めています．このモデルでは，スコアによる企業ランキングのほうがむしろ注目されているようです．

質問：[入門編] 第 9 章の B. ラッセルのニワトリの例がよく分からないのですが，あれはどういう意味なのでしょうか．

回答：2 つの事象 (変数) の間に共変動が存在して，それが「真の因果関係」なのか「予測モデル (偽相関)」なのかをコンテクストフリーで区別することは，本質的に無意味だということです．ニワトリは「自分は神である．だから召し使いたる人間は，朝日とともに食事をもって自分に奉仕しに来なくてはならない」という因果モデルをもっています．識別できるモデル，収集できる第 3 の事象 (変数) には限度があり，その因果モデルが生涯崩れないのなら，その因果モデルが真の因果関係なのか偽相関なのかを論じることは，それ自体無意味です．したがって「真の因果関係」と「予測モデル (偽相関)」を正確に区別することはできないのです．人間が知覚できるのは厳密には「予測モデル (偽相関)」だけです．

だとすると，もう一歩すすめて，仮に第 3 の変数をモデル構成者が知覚・収集できても，その因果モデルが当該第 3 の変数の特定の水準の中で崩れず，実質科学的な要請が侵害されないのなら，その因果モデルが真の因果関係なのか偽相関なのかを論じることもまた本質的に重要ではなくなります.

長谷川芳典 (1998)「心理学研究における実験的方法の意義と限界 (1)」岡山大学文学部紀要, 29, 61-72. の中で，とても分かり易い解説をして下さっているので引用します.『ここで問題となるのは,「農夫が近づく→餌」という因果モデルの妥当性である．このモデルは，農夫がやってきて自分を絞め殺したという現象を説明できない．もし「農夫は自分を食べるために餌を与えている」という本当の因果モデルがあれば，毎日の現象と絞め殺される現象の両方を説明することができるが，賢いニワトリがいて毎日ケージの中で「農夫が近づく」ことと「餌が与えられる」関係について詳細なデータを収集しても,「本当の因果モデル」にいきつくことはとうていできない.

じつは,「農夫は自分を食べるために餌を与えている」にしても，究極の因果モデルであるという保障は全くない．もしかしたら，この地球は，というかこの宇宙全体は，ある宇宙人が実験のために作り上げた飼育ケージの中にすっぽり埋め込まれているのかもしれない．そして，農夫がニワトリを絞め殺す直前に，実験終了となって，宇宙全体が突然破壊されてしまうかもしれないのである．しかし，どんな賢い地球人も，そこで飼われているニワトリも，観察から得られたデータだけからは,「実験終了による突然の宇宙の崩壊」を予測することはできないはずである.

となると，そもそも観察データからは，絶対根本の因果モデルなど作れないということになる.』

質問：しらみつぶしにモデルを計算できないと，他にもっと適合のよいモデルがあるのではないかと心配になります.

回答：木の彫刻を作成する場合，作品が人間の意志を越えて存在し，すでに木の固まりの中に埋まっていると考えると，それを掘り出せるかどうかが心配になります．しかし実際はそうではなくて，彫刻は人間の意志と技術で作り上げるものです．それと同様に因果モデルも発見するものではなく，発明・構成・構築するものです．適合が悪くては話になりませんが，ある程度よいのであれば，その因果モデルを作り上げた分析者の実質科学的なシナリオこそが最も重要です．計算機をフル回転させてモデル探索を行って，少しばかり適合のよいモデルを発見しても，シナリオがなければ利用できません．そのようなモデルは第 3 者を納得・了解させられないので，提案されてもすぐに忘れ去られてしまいます.

質問：何故，共分散構造モデルには適合度などというものがあるのでしょう．たとえば定められた手続きに従って実験データを収集すれば，必ず分散分析にかけられます．適合度などという概念は他の多くの多変量解析にもありません.

回答：数理モデルは存在証明ができないので，少なくともモデルとデータが適合していなければ，夢物語になってしまいます．適合度を計算しないのは，分散分析を使用するコミュニティでモデルとデータの適合を評価する習慣 (文化) がなかったからです.

第 3 章で論じたように，多くの分散分析モデルは共分散構造モデルで表現できますから，適合度を計算することができます．そして GFI を初めとする適合度はしばしば低いようです．したがって「必ず分散分析にかけられ」はしますが，適合度という観点からすると，ほとんどの分散分析のケースは，モデルとデータが適合していない状態で行われています．等分散や等共分散の仮定は，想像以上に厳しいからです.

しかし適合度が低い分散分析の結果は，無意味どころか，非常に有用であることも経験的に明らかです．理由は 2 つあります．1 つの理由は，平均値の差の確認という比較的単純な目的にとっては，適合度が低くとも分散分析は頑健に機能するということです．ですから複雑な因果モデルを構成する場合は，やはり適合度は重視すべきです.

もう 1 つの理由は，データを分散分析モデルに合わせてとっているということです．データの生成以前にモデルが決まっていて，モデル探索をせずに，固定したモデルの観点からデータを解釈しているので有用なのです．データを見てから改良した適合度の高いモデルよりも，データを見る前に構成したモデルのほうが，しばしば実質的に有用な解釈を与えてくれます．分散分析は，まさにそのよい例なのです．複雑な因果モデルを構成する場合も同様に，シナリオがデータ以前にあることが重要です.

質問：たとえば性別や学年などの層ごとに因子分析や共分散構造分析をして，結果が類似していた場合には，それらをまとめて 1 つの母集団とみて分析してかまわないでしょうか．同じような構造をしているのであれば，まとめたほうが標本数が多くなって安定した結論を導けると思います.

回答： このような判断は解析の現場では非常に

多いのですが，残念ながら間違っています．簡単な例を挙げるならば，2 つの変数の相関が男女別々に計算すると正の値なのに，まとめて計算すると負の値になることもあります．層ごとの共分散構造が類似していても，全体集団の共分散構造が同じモデルで記述できるとは限りません．同様に，因子分析をする場合にも，層ごとに行った因子分析の結果が互いに類似していても，全体集団の分析結果がそれに類似する保障はありません．

もちろん層ごとの平均・共分散構造が類似している場合は，まとめて同じ平均・共分散構造モデルで分析することができます．また最近では層間と層内の共分散構造を統合して分析する「多段共分散構造分析」も開発され，実用段階に達しています．

質問：標準化された係数が 1.00 を越えることがあるのですが，これは不適解あるいは多重共線でしょうか．

回答：不適解ではありません．標準化された係数の絶対値が 1.00 を越えることは，理論的にあり得ることです．

ただし多重共線が生じている可能性はあります．この場合は分析結果が無意味なものになります．多重共線が生じているかどうかは，[入門編]48 ページの 3 つの条件をチェックして下さい．特に係数の標準誤差 (信頼区間) に注目して，それが分析目的の実質科学的要請に照らして十分に小さいと判断できる場合には，多重共線ではありません．

多重共線でないのに標準化された係数の絶対値が 1.00 を越える理由は，直接効果である係数と逆の符号の間接効果 (別の変数を経由した効果) があるからです．つまり 1 つの因果モデルの中で正・負 2 つの方向のアンビバレントな要因を探し出したことになり，経験的には非常に興味深い解釈が可能になることが多いようです．

したがって標準化された係数の絶対値が 1.00 を越えるという現象が観察されたなら，それは全く無意味な多重共線か，非常に興味深い現象の発見かどちらかであり，分析者としてはドキドキします．具体的には [入門編] 第 11 章の例 1・例 5 です．創造か狂気か (興味深い解釈か多重共線か) の境目が存在する領域です．残念ながら経験的には多重共線である場合のほうが多いようです．

それと比較して例 6・例 7 は標準化された係数の絶対値がそれほど大きくはならないのですが，多重共線の心配がない割に，アンビバレントな興味深い解釈をしばしば与えてくれます．

質問：数理的なモデル構成が正しくとも観測変数の選び方によって不適解が出ることがあるのでしょうか．

回答： 不適解と識別不定を厳密に区別して理解して下さい．「識別不定」は方程式が一意に解けない (つまり数理的なモデル構成が正しくない) 状態です．識別不定の場合には観測変数を選び直しても (差し替えても) モデルを変更しない限り，識別不定のままです．現象を把握するだけの情報がモデルにない状態です．

一方,「不適解」はモデル構成が数理的には正しい場合に生じます．方程式が一意に解け，正常に収束します．モデルとデータの適合が悪いことが原因で，収束した地点が分散なのに負の領域であるのが不適解です ([入門編] 8.5 節参照)．したがって観測変数を選び直せば (差し替えれば) モデルを変更しなくても正しい分析結果になる可能性があります．

質問：観測変数が多い場合は，適合度が低くてもかまわないと割り切ってしまってよいのでしょうか．

回答：この問題に関しては，まず [入門編] 10.3 節を参照してください．GFI を始めとする多くの適合度指標は，御質問のように観測変数が多い場合には，適合度が低くなる傾向があります．しかし熟考されていない観測変数が多いモデルも適合度は低くなるのですから，観測変数が多い場合は適合度が低くてもかまわないと割り切ってしまうわけにはいきません．

まずは観測変数の和得点を新たな観測変数として利用したり，あるいは構成概念の数を減らしたり，観測変数の数を減らす工夫をすべきです．

また RMSEA という指標は観測変数が増えても (自由度が大きくなっても)，そのために適合度が悪くなる傾向が比較的少ないようです．このため観測変数をどうしても減らせない場合は，RMSEA を重視するのも 1 つの方法です．

質問：心理テストを作成しようと思います．因子分析の解の推定には最尤解がよいと聞きましたが，同時に最尤解は不適解も多いとも聞きました．従来型の方法のほうが頑健でよいのでしょうか．特に主成分分析は不適解がでないし，頑健だと聞きましたが．

回答： たとえば第 1 主成分を抽出して，それを因子分析モデルとして解釈すると，i 番目の項目 x_i は主成分 f_1 と主成分負荷 a_{i1} と誤差 e_i

によって

$$x_i = a_{i1}f_1 + e_i$$

と分解したことになります．$a_{i1}f_1$ を真の得点 t と見なせばテスト理論のモデル式になるし，主成分を複数抽出しても右辺の各項は互いに無相関となります．しかし項目 i と項目 j の誤差は無相関であるというテスト理論の前提は満たしません．項目 i と項目 j の誤差に相関があるということは，たとえば，一部の項目群が紋切り型の同一表現をしている場合や，分析者の気がつかなかった共通の誤差変動要素をもっている場合や，テスト終盤で疲労して同じ場所に回答した場合など，ワーディングや項目構成の不備という心理テストとして望ましくない状態の現われであることが多いのです．

項目 i と項目 j の誤差に相関がある状態で最尤因子分析を行えば適合度が下がります．残差行列を見ればどこに欠陥があったのか診断できます．あまりにいいかげんな項目群なら不適解となります．一方，主成分分析では仮に誤差に相関を生じさせるようなワーディングや項目構成の不備があっても，それなりに項目の分類をしてしまいます．不適解が生じないということは，よい面ばかりではないのです．

質問：グラフィカルモデリングとの相違を教えて下さい．

回答：グラフィカルモデリングには幾つかの手法がありますが，「共分散選択」基づく「無向独立グラフ」と呼ばれる手法は，構成概念のないパス図を作成するために大変有効です．SEM は，予め因果モデルが想定できるデータに適用されることが多いのですが，逆にいうならば，想定した因果モデルが全くないと非常に使いにくくなります．

一方，グラフィカルモデリングにおける無向独立グラフと呼ばれる (パス図の矢から鏃 (やじり) をとり，方向性のない変数間の関係だけを示した) 図は，変数に関する実質科学的な知識が一切ない状態で描くことができます．構成概念を伴わないパス解析をする場合には，とりあえず無向独立グラフを描いてみて，データの性質を調べてみることがモデル構成にとって有益です．構成概念のある因果モデルを構成する場合には，とりあえず確認的因子分析をし，因子間相関行列を基に因子に関して無向独立グラフを描いてみると，因果モデルを構成し易くなります．構成概念のあるパス図を探索的に探す別の方法としては，たとえば TETRAD (Glymour, C., Scheines, R., Spirtes, P., & Kelly, K. (1988). TETRAD: Discovering causal structure. *Multivariate Behavioral Research,* **23**, 279-280.) もあります．

質問：共分散構造分析を使うと，多くの多変量解析モデルを実行できるとのことですが，その具体的な方法について教えて下さい．

回答：共分散構造分析は多変量解析の拡張を意識しながら発展してきた統計モデルですから，各種，多変量解析と密接な関係をもっています．残念ながら紙面の関係で [応用編] ではあまりその話題に言及することはできませんでした．基本的な部分は他書を参照して下さい．たとえば単回帰・重回帰，多変量回帰分析，偏相関・部分相関・主成分分析・正準相関分析との関係については，豊田秀樹 (1992)，SAS による共分散構造分析，東京大学出版会を，プロビット回帰分析との関係は，豊田秀樹 (1998)，共分散構造分析 [入門編] －構造方程式モデリング－，朝倉書店を参照して下さい．

質問：初期値を変化させることが，解の状態 (たとえば識別状態) を調べるのに有効であると聞いたことがあるのですが，具体的にはどういうことですか．

回答： 初期値を変えて同じモデルで計算してみて下さい．識別されたモデルで，かつ局所的な極小値に捕まっていなければ，解は変化しないはずです．解が変化しているのに適合度 GFI や $\hat{\boldsymbol{\Sigma}}(\boldsymbol{\theta})$ が変わらなければ，識別不定な状況です．解が変化して，そのうえ適合度 GFI や $\hat{\boldsymbol{\Sigma}}(\boldsymbol{\theta})$ が変化しているのなら，局所的な極小値に捕まっています．極小値に捕まっていることと識別不定とは対処方法が異なるので，初期値を変えることは，重要な検討方法となります．

質問：因子分析には，統計モデルとしてのバリエーションが非常にたくさんのあるのですね．

回答：はい，たくさんの種類があります．最尤因子分析のように推定方法等を冠したものではなく，平均構造のある因子分析，2 次・高次因子分析，イプサティブ因子分析，遺伝因子分析，トービット因子分析，カテゴリカル因子分析，時系列因子分析，動的因子分析，縦断的因子分析，3 相・多相因子分析，多段因子分析，非線形因子分析など，モデルとしてのバリエーションが多数あります．

C　ソフトウェア

本書は [入門編] と同様に，本編ではソフトウェア (SW) の使用法に言及せず，数理モデルの性質だけを論じてきた．最終節であるこの付録Cで，本編中の分析例を作成する際に使用したプログラムを掲載する．[入門編] では，登場したモデルを主要な複数の SW のプログラムで表現していたが，紙面の都合から [応用編] では，本編の数値例を作成したプログラムだけを掲載する． SW に関する情報は 2000 年 1 月現在のものである．以下は [応用編] で使用され， [入門編] や [事例編] の付録で紹介しなかった 3 つの SW である．

Mx (エムエックス)
稼動 OS ： Windows, DOS, Linux, NeXT, VAX
バージョン： 1.45
値段： 無料
著者： Michael Neale
e-mail： neale@psycho.psi.vcu.edu
web： http://griffin.vcu.edu/mx/

本来，行動遺伝学のモデル分析のために開発されたSW なので，多母集団の解析が得意である．共分散構造そのものを指定するタイプの SW なので，初心者向けのソフトとはいえないが，使い込んで慣れると，そのモデル記述力は強力であることが実感される．第 10 章のプログラムは Mx を使用することによって非常に容易に実行できた．更に Mx はフルバージョンを無料で配布している．是非手にいれておきたい．また上記のサイトでは，インストールできない環境にいる人のために，インタラクティブにだれでも Mx を動かせるようにしてくれている．親切である．

Mplus (エムプラス)
稼動 OS ： Windows
バージョン： 1.0
値段： $595
著者： Bengt O. Muthen
販売： 11965 Venice Blvd., Suite 407 Los Angeles, CA 90066
e-mail： Sales@StatModel.com
web： http://www.statmodel.com/

著者の B. O. Muthen は SEM の著名な理論家の一人である．1998 年暮れに発表された Mplus は，質的な潜在変数の表現を統合し，モデル表現力の観点から現時点で最も強力な SW である．パスの描画機能はないが，それはこの SW の欠点ではない．設計が極めてシンプルで，中級以上のユーザーはすぐに操作に慣れるはずである．上記のサイトでは，デモバージョンとサンプルプログラムを配っている．

LISCOMP (リスコンプ)
稼動 OS ： DOS
バージョン： 1.1
値段： $210
著者： Bengt O. Muthen
販売： Scientific Software International, Inc. 1525 East 53rd Street, Suite 530 Chicago, IL 60615, USA.
e-mail： sales@ssicentral.com
web： http://www.ssicentral.com/

Mplus の著者である B. O. Muthen が 80 年代に発表した SW であり，その後，ほとんど改良されていないので，さすがに古さを感じさせる．しかし LISREL の PRELIS やその他の SW の質的変数の扱いに決定的な影響を与えた功績は大きい．また現時点においてもトービットな処理を必要とするデータ解析には便利な SW である．

AMOS のようにパス図の描画機能の優れた SW は，SEM のユーザーを倍増させた．その一方で，SEM が因子間のパス解析であるという印象を強調した．[応用編] で紹介したモデルでは，パス図を描くことによってかえって分かり辛くなってしまうものが少なくなかった．パス図による理解が有効なモデルばかりではないことを認識し，方程式や共分散構造によるモデルの特定も重視し，テキストによるプログラミングを避けることなく学習されたい．改行しないほうが見易く，1 行に収まらない (特にデータの) 部分は，活字を小さくして印刷している．使用した SW の種類が分かるように，プログラムの最初に [AMOS] [EQS] [CALIS] [LISREL] [SIMPLIS] [PRELIS] [Mx] [Mplus] [LISCOMP] 等のラベルを付した． SW の紹介に関しては，以下の書物などを参照していただきたい．

■原因を探る統計学 — 共分散構造分析入門 —. 豊田秀樹・前田忠彦・柳井晴夫 (著)，講談社ブルーバックス，1992 年.
■ SAS による共分散構造分析. 竹内啓 (監)・豊田秀樹 (著)，東京大学出版会，1992 年.
■共分散構造分析 [入門編] — 構造方程式モデリング —. 豊田秀樹 (著)，朝倉書店，1998 年.
■共分散構造分析 [事例編] — 構造方程式モデリング —. 豊田秀樹 (編著), 北大路書房,1998 年.
■共分散構造分析 [理論編] — 構造方程式モデリング —. 豊田秀樹 (著)，朝倉書店，(近刊).

第2章

```
/TITLE
[EQS] 探索的因子分析, 直交同時 1 因子解
/SPECIFICATIONS
VAR=9;CAS=345;MAT=COV;FO='(9F4.3)';
/EQUATIONS
V1=*F1+E1;
V2=*F1+E2;
V3=*F1+E3;
V4=*F1+E4;
V5=*F1+E5;
V6=*F1+E6;
V7=*F1+E7;
V8=*F1+E8;
V9=*F1+E9;
/VARIANCES
F1 = 1.00; E1 TO E9=*;
/PRINT
FIT=ALL;
/MATRIX
1245
06511134
066606981117
0176007401781565
02260119011304691291
025301220182036002681574
0348020102420192019601440727
01750151012901150095001302830658
-242-195-151-188-1380068-319-3191106
/END

/TITLE
[EQS] 探索的因子分析, 直交同時 2 因子解
/SPECIFICATIONS
VAR=9;CAS=345;MAT=COV;FO='(9F4.3)';
/EQUATIONS
V1=*F1     +E1;
V2=*F1+*F2+E2;
V3=*F1+*F2+E3;
V4=*F1+*F2+E4;
V5=*F1+*F2+E5;
V6=*F1+*F2+E6;
V7=*F1+*F2+E7;
V8=*F1+*F2+E8;
V9=*F1+*F2+E9;
/VARIANCES
F1 TO F2= 1.00; E1 TO E9=*;
/PRINT
FIT=ALL;
/MATRIX
-----データは 1 因子解と同じ------
/END

/TITLE
[EQS] 探索的因子分析, 直交同時 3 因子解
/SPECIFICATIONS
VAR=9;CAS=345;MAT=COV;FO='(9F4.3)';
/EQUATIONS
V1=*F1          +E1;
V2=*F1+*F2      +E2;
V3=*F1+*F2+*F3+E3;
V4=*F1+*F2+*F3+E4;
V5=*F1+*F2+*F3+E5;
V6=*F1+*F2+*F3+E6;
V7=*F1+*F2+*F3+E7;
V8=*F1+*F2+*F3+E8;
V9=*F1+*F2+*F3+E9;
/VARIANCES
F1 TO F3= 1.00; E1 TO E9=*;
/PRINT
FIT=ALL;
/MATRIX
-----データは 1 因子解と同じ------
/END

/TITLE
[EQS] 探索的因子分析, 直交同時 4 因子解
/SPECIFICATIONS
VAR=9;CAS=345;MAT=COV;FO='(9F4.3)';
/EQUATIONS
V1=*F1              +E1;
V2=*F1+*F2          +E2;
V3=*F1+*F2+*F3      +E3;
V4=*F1+*F2+*F3+*F4+E4;
V5=*F1+*F2+*F3+*F4+E5;
V6=*F1+*F2+*F3+*F4+E6;
V7=*F1+*F2+*F3+*F4+E7;
V8=*F1+*F2+*F3+*F4+E8;
V9=*F1+*F2+*F3+*F4+E9;
/VARIANCES
F1 TO F4= 1.00; E1 TO E9=*;
/PRINT
FIT=ALL;
/MATRIX
-----データは 1 因子解と同じ------
/END

/TITLE
[EQS] 確認的因子分析
/SPECIFICATIONS
VAR=9;CAS=345;MAT=COV;FO='(9F4.3)';
/EQUATIONS
V1=*F1+E1;  V2=*F1+E2;  V3=*F1+E3;
V4=*F2+E4;  V5=*F2+E5;  V6=*F2+E6;
V7=*F3+E7;  V8=*F3+E8;  V9=*F3+E9;
/VARIANCES
F1 TO F3= 1.00; E1 TO E9=*;
/COVARIANCES
F1 TO F3=*;
/PRINT
FIT=ALL;
/MATRIX
-----データは 1 因子解と同じ------
/END

TITLE1 '[CALIS] 探索的因子分析, 3 因子解';
DATA DATA1(TYPE=COV);
INPUT _TYPE_ $ _NAME_ $ V1-V9;
CARDS;
COV V1 1.245 .     .     .     .     .     .     .     .
COV V2 0.651 1.134 .     .     .     .     .     .     .
COV V3 0.666 0.698 1.117 .     .     .     .     .     .
COV V4 0.176 0.074 0.178 1.565 .     .     .     .     .
```

```
COV V5 0.226 0.119 0.113 0.469 1.291  .     .     .     .
COV V6 0.253 0.122 0.182 0.360 0.268 1.574  .     .     .
COV V7 0.348 0.201 0.242 0.192 0.196 0.144 0.727  .     .
COV V8 0.175 0.151 0.129 0.115 0.095 0.013 0.283 0.658  .
COV V9 -.242 -.195 -.151 -.188 -.138 0.068 -.319 -.319 1.106
;RUN;
PROC FACTOR NFACT=3 ROTATE=PROMAX METHOD=ML;
RUN;

/TITLE
[EQS] 高次因子分析
/SPECIFICATIONS
VAR=11;CAS=345;MAT=COR;FO='(11F2.2)';
/EQUATIONS
V1 = F1+E1; V2 =*F1+E2; V3 =*F1+E3;
V4 =*F1+E4; V5 = F2+E5; V6 =*F2+E6;
V7 =*F2+E7; V8 =*F2+E8; V9 = F3+E9;
V10=*F3+E10;V11=*F3+E11;
F1=*F4+D1;  F2=*F4+D2;  F3=*F4+D3;
/VARIANCES
F4=1.0; D1 TO D3=*; E1 TO E11=*;
/PRINT
FIT=ALL;
/STA
1.9 2.8 1.9 2.0 2.1 2.5
2.3 2.6 1.9 2.4 2.5
/MATRIX
1.
421.
47561.
4856531.
332324181.
13121408641.
3030402946451.
202633255755661.
25211836272438331.
2323242934293642481.
313546343328525144531.
/END

/TITLE
[EQS] 特殊因子と誤差因子の分離
/SPECIFICATIONS
VAR=10;CAS=500;MAT=COV;ANA=MOM;FO='(10F4.3)';
/EQUATIONS
V1=*V999+F1+E1; V2=*V999+F1+E2;
V3=*V999+F2+E3; V4=*V999+F2+E4;
V5=*V999+F3+E5; V6=*V999+F3+E6;
V7=*V999+F4+E7; V8=*V999+F4+E8;
V9=*V999+F5+E9; V10=*V999+F5+E10;
F1=*F6    +D1;
F2=*F6    +D2;
F3=*F6+*F7+D3;
F4=    *F7+D4;
F5=    *F7+D5;
/VARIANCES
F6 TO F7= 1.00; D1 TO D5=*; E1 TO E10=*;
/COVARIANCES
F6,F7=*;
/PRINT
FIT=ALL;
/MEANS
2.096 2.116 3.103 3.138 2.581 2.569 4.054
4.162 3.538 3.587
/MATRIX
 910
 739 945
 356 318 983
 316 299 778 999
 561 556 404 3941262
 557 549 403 39110611211
 195 183 185 17202210202 977
 120 129 168 16602080191 3461007
 177 217 148 14103980380 14501101070
 202 262 117 12604540419 140009304701075
/CONSTRAINTS
(E1,E1)=(E2,E2);
(E3,E3)=(E4,E4);
(E5,E5)=(E6,E6);
(E7,E7)=(E8,E8);
(E9,E9)=(E10,E10);
(V1,V999)=(V2,V999);
(V3,V999)=(V4,V999);
(V5,V999)=(V6,V999);
(V7,V999)=(V8,V999);
(V9,V999)=(V10,V999);
/END

OPTIONS LS=72;
TITLE1 '[CALIS] イプサティブ因子分析, 6 変数';
DATA DATA1(TYPE=COV);
INPUT _TYPE_ $ _NAME_ $ V1-V5;
CARDS;
COV V1   0.302   .      .      .      .
COV V2  -0.083  0.423   .      .      .
COV V3  -0.069 -0.097  0.483   .      .
COV V4  -0.075 -0.110 -0.146  0.554   .
COV V5  -0.028 -0.053 -0.077 -0.097  0.327
;RUN;
PROC CALIS COV ALL NOMOD EDF=399;
COSAN G(6,GEN)*A(7,GEN)*P(7,DIA);
MATRIX G
[1,]= 0.8333 -.1667 -.1667 -.1667 -.1667 -.1667,
[2,]= -.1667 0.8333 -.1667 -.1667 -.1667 -.1667,
[3,]= -.1667 -.1667 0.8333 -.1667 -.1667 -.1667,
[4,]= -.1667 -.1667 -.1667 0.8333 -.1667 -.1667,
[5,]= -.1667 -.1667 -.1667 -.1667 0.8333 -.1667;
MATRIX A
[,1]=A1(0.8) A2(0.7) A3(0.6) A4(0.5) A1 A2,
[1,2]=6*1;
MATRIX P
[1,1]=1.0 D1-D4 D1 D2;
*VNAMES G X1-X5, A Y1-Y6, P F1 E1-E6;
BOUNDS 0.0< D1-D4 < 1.0;
RUN;

TITLE1 '[CALIS] イプサティブ因子分析, 8 変数';
DATA DATA1(TYPE=COV);
INPUT _TYPE_ $ _NAME_ $ V1-V7;
CARDS;
COV V1  0.514   .      .      .      .      .      .
COV V2  0.119  0.615   .      .      .      .      .
COV V3  0.069  0.051  0.651   .      .      .      .
COV V4  0.065 -0.007 -0.040  0.651   .      .      .
COV V5 -0.207 -0.210 -0.186 -0.179 0.536   .      .
COV V6 -0.156 -0.190 -0.190 -0.157 0.120  0.553   .
COV V7 -0.222 -0.186 -0.176 -0.164 0.109 -0.013  0.679
```

```
;RUN;
PROC CALIS COV ALL NOMOD EDF=399 MAXITER=1000;
COSAN G(8,GEN)*A(10,GEN)*P(10,SYM);
MATRIX G
[1,]= 0.875 -.125 -.125 -.125 -.125 -.125 -.125 -.125,
[2,]= -.125 0.875 -.125 -.125 -.125 -.125 -.125 -.125,
[3,]= -.125 -.125 0.875 -.125 -.125 -.125 -.125 -.125,
[4,]= -.125 -.125 -.125 0.875 -.125 -.125 -.125 -.125,
[5,]= -.125 -.125 -.125 -.125 0.875 -.125 -.125 -.125,
[6,]= -.125 -.125 -.125 -.125 -.125 0.875 -.125 -.125,
[7,]= -.125 -.125 -.125 -.125 -.125 -.125 0.875 -.125;
MATRIX A
[,1]=A1(0.8) A2(0.7) A3(0.6) A4(0.5),
[,2]=4*0. A1(0.8) A2(0.7) A3(0.6) A4(0.5),
[1,3]=8*1;
MATRIX P
[1,1]=1.0 1.0 D1-D4 D1-D4,
[2,1]=P21(0.5);
BOUNDS 0.0< D1-D4 <1.0;
RUN;

TITLE1 '[CALIS] 一部がイプサティブなモデル';
DATA DATA1(TYPE=COV); _TYPE_='COV';
INPUT _NAME_ $ V1-V7;
CARDS;
V1 0.980  .     .     .     .     .     .
V2 0.343 1.024  .     .     .     .     .
V3 0.575 0.414 1.035  .     .     .     .
V4 0.270 0.146 0.326 1.062  .     .     .
V5 0.148 0.095 0.181 0.434 0.956  .     .
V6 -.024 -.043 -.022 0.173 0.126 0.378  .
V7 -.152 -.076 -.133 0.015 0.054 -.140 0.476
;RUN;
PROC CALIS COV ALL NOMOD EDF=399;
COSAN G(8,GEN)*A(10,GEN)*P(10,SYM);
MATRIX G
[1,]= 1,
[2,]= 0 1,
[3,]= 0 0 1,
[4,]= 0 0 0 1,
[5,]= 0 0 0 0 1,
[6,]= 0 0 0 0 0 0.6667 -.3333 -.3333,
[7,]= 0 0 0 0 0 -.3333 0.6667 -.3333;
MATRIX A
[,1]=A1(0.8) A2(0.7) A3(0.6) 0 0 0 0 A8(0.5),
[,2]=3*0 A4(0.8) A5(0.7) A6(0.6) A7(0.5) 0,
[1,3]=8*1;
MATRIX P
[1,1]=1.0 1.0 D1-D8,
[2,1]=P21(0.5);
BOUNDS 0.0< D1-D8 <1.0;
RUN;
```

第3章

```
TITLE1 '[CALIS]1 要因実験母数モデル';
DATA DATA1;
INFILE 'H:P0301.DAT';
INPUT X1 V1-V4;
RUN;
PROC CALIS ALL NOMOD UCOV AUG NOINT EDF=24;
VAR X1 V2-V4;
LINEQS
F1=INTERCEP-V2-V3-V4+D1,
X1=A0 INTERCEP+A1 F1+A2 V2+A3 V3+A4 V4+E1;
STD
E1=Del1,D1=0.0;
A1=0.0-A2-A3-A4;
RUN;

10 1 0 0 0
10 1 0 0 0
09 1 0 0 0
11 1 0 0 0
12 1 0 0 0
11 1 0 0 0
08 0 1 0 0
10 0 1 0 0
08 0 1 0 0
10 0 1 0 0
12 0 1 0 0
09 0 1 0 0
08 0 0 1 0
08 0 0 1 0
11 0 0 1 0
11 0 0 1 0
14 0 0 1 0
15 0 0 1 0
14 0 0 0 1
12 0 0 0 1
11 0 0 0 1
16 0 0 0 1
13 0 0 0 1
12 0 0 0 1

TITLE1 '[CALIS] 2 要因実験母数モデル';
DATA DATA1;
INFILE 'H:\Po3o2.dat';
INPUT X1 T1 T2 R1 R2 I11 I12 I21 I22;
RUN; PROC PRINT; RUN;
PROC CALIS ALL NOMOD UCOV AUG NOINT EDF=36;
VAR X1 T1 R1 I12 ;
LINEQS
FT2=INTERCEP-T1+D1,
FR2=INTERCEP-R1+D2,
FI11=T1-I12+D3,
FI21=R1-FI11+D4,
FI22=INTERCEP-FI11-I12-FI21+D5,
X1=A0 INTERCEP+A1 T1+A2 FT2+B1 R1+B2 FR2+
   C11 FI11+C12 I12+C21 FI21+C22 FI22+E1;
STD
E1=Del1,D1-D5=5*0.0;
A1=0.0-A2; B1=0.0-B2;
C21=0.0-C22; C12=0.0-C22; C11=0.0-C12;
RUN;

079 1 0 1 0 1 0 0 0
107 1 0 1 0 1 0 0 0
103 1 0 1 0 1 0 0 0
092 1 0 1 0 1 0 0 0
180 1 0 1 0 1 0 0 0
165 1 0 1 0 1 0 0 0
240 1 0 1 0 1 0 0 0
265 1 0 1 0 1 0 0 0
300 1 0 1 0 1 0 0 0
```

```
075 1 0 0 1 0 1 0 0
060 1 0 0 1 0 1 0 0
060 1 0 0 1 0 1 0 0
094 1 0 0 1 0 1 0 0
119 1 0 0 1 0 1 0 0
100 1 0 0 1 0 1 0 0
102 1 0 0 1 0 1 0 0
125 1 0 0 1 0 1 0 0
165 1 0 0 1 0 1 0 0
095 0 1 1 0 0 0 1 0
099 0 1 1 0 0 0 1 0
070 0 1 1 0 0 0 1 0
116 0 1 1 0 0 0 1 0
170 0 1 1 0 0 0 1 0
145 0 1 1 0 0 0 1 0
205 0 1 1 0 0 0 1 0
200 0 1 1 0 0 0 1 0
210 0 1 1 0 0 0 1 0
153 0 1 0 1 0 0 0 1
078 0 1 0 1 0 0 0 1
075 0 1 0 1 0 0 0 1
092 0 1 0 1 0 0 0 1
115 0 1 0 1 0 0 0 1
155 0 1 0 1 0 0 0 1
250 0 1 0 1 0 0 0 1
340 0 1 0 1 0 0 0 1
380 0 1 0 1 0 0 0 1

TITLE1 '[CALIS] フィギュアスケート';
DATA DATA1;
INPUT X1-X9/X10-X18;
CARDS;
4.8 4.7 4.8 5.1 5.0 4.6 4.9 4.3 4.8
4.8 4.7 4.8 5.1 5.0 4.6 4.9 4.3 4.8
5.6 5.4 5.2 5.5 5.5 5.6 5.4 5.4 5.5
5.6 5.6 5.4 5.4 5.6 5.7 5.4 5.4 5.6
5.4 5.5 5.5 5.7 5.6 5.7 5.7 5.1 5.3
5.2 5.2 4.8 5.5 5.5 5.6 5.5 5.1 5.0
5.0 4.9 4.6 5.0 5.0 4.9 4.8 4.7 4.9
4.8 4.5 4.5 5.1 4.7 4.5 4.7 4.8 4.8
5.0 5.1 5.0 5.4 5.4 5.3 5.3 5.4 5.2
5.0 5.1 4.9 5.3 5.3 5.2 5.3 5.3 5.1
5.6 5.5 5.6 5.7 5.6 5.7 5.6 5.6 5.7
5.9 5.8 5.9 5.9 5.9 5.9 5.8 5.9 5.9
5.7 5.7 5.8 5.6 5.7 5.8 5.6 5.6 5.7
5.6 5.0 5.4 5.7 5.7 5.6 5.6 5.6 5.7
5.9 5.8 5.9 5.8 5.9 5.9 5.9 5.9 5.9
5.8 5.6 5.6 5.7 5.8 5.7 5.7 5.7 5.8
5.8 5.8 5.9 5.8 5.7 5.8 5.8 5.9 5.8
5.9 5.7 5.8 5.9 5.9 5.9 5.7 5.8 5.9
5.5 5.0 5.0 5.6 5.4 5.4 5.4 5.0 5.1
5.2 4.5 4.7 5.4 5.4 5.2 5.4 5.0 5.1
5.5 5.8 5.6 5.7 5.6 5.7 5.7 5.7 5.7
5.7 5.5 5.5 5.7 5.7 5.8 5.6 5.6 5.6
;RUN;

TITLE1 '[CALIS] 2 要因混合モデル';
PROC CALIS ALL NOMOD UCOV AUG NOINT;
VAR X1-X9;
LINEQS
X1 =A1 INTERCEP + F + E1,
X2 =A2 INTERCEP + F + E2,
X3 =A3 INTERCEP + F + E3,
X4 =A4 INTERCEP + F + E4,
X5 =A5 INTERCEP + F + E5,
X6 =A6 INTERCEP + F + E6,
X7 =A7 INTERCEP + F + E7,
X8 =A8 INTERCEP + F + E8,
X9 =A9 INTERCEP + F + E9;
STD
E1-E9=9*Del,F=DF;
RUN;

TITLE1 '[CALIS] 3 要因混合モデル';
PROC CALIS ALL NOMOD UCOV AUG NOINT M=LS;
LINEQS
X1 =A1 INTERCEP + F + F1 + F10 + E1,
X2 =A2 INTERCEP + F + F2 + F10 + E2,
X3 =A3 INTERCEP + F + F3 + F10 + E3,
X4 =A4 INTERCEP + F + F4 + F10 + E4,
X5 =A5 INTERCEP + F + F5 + F10 + E5,
X6 =A6 INTERCEP + F + F6 + F10 + E6,
X7 =A7 INTERCEP + F + F7 + F10 + E7,
X8 =A8 INTERCEP + F + F8 + F10 + E8,
X9 =A9 INTERCEP + F + F9 + F10 + E9,
X10=A10 INTERCEP+ F + F1 + F11 + E10,
X11=A11 INTERCEP+ F + F2 + F11 + E11,
X12=A12 INTERCEP+ F + F3 + F11 + E12,
X13=A13 INTERCEP+ F + F4 + F11 + E13,
X14=A14 INTERCEP+ F + F5 + F11 + E14,
X15=A15 INTERCEP+ F + F6 + F11 + E15,
X16=A16 INTERCEP+ F + F7 + F11 + E16,
X17=A17 INTERCEP+ F + F8 + F11 + E17,
X18=A18 INTERCEP+ F + F9 + F11 + E18,
F  =MI  INTERCEP+D,
F1 =MJ1 INTERCEP+D1,
F2 =MJ2 INTERCEP+D2,
F3 =MJ3 INTERCEP+D3,
F4 =MJ4 INTERCEP+D4,
F5 =MJ5 INTERCEP+D5,
F6 =MJ6 INTERCEP+D6,
F7 =MJ7 INTERCEP+D7,
F8 =MJ8 INTERCEP+D8,
F9 =MJ9 INTERCEP+D9,
F10=MK1 INTERCEP+D10,
F11=MK2 INTERCEP+D11;
STD
D=DI,D1-D9=9*DIJ,D10-D11=2*DIK,
E1-E18=18*DIJK;

MJ1=0.0-MJ2-MJ3-MJ4-MJ5-MJ6-MJ7-MJ8-MJ9;
MK1=0.0-MK2;
A1=0.0-A2-A3-A4-A5-A6-A7-A8-A9;
A10=0.0-A11-A12-A13-A14-A15-A16-A17-A18;
A1=0.0-A10;A2=0.0-A11;A3=0.0-A12;
A4=0.0-A13;A5=0.0-A14;A6=0.0-A15;
A7=0.0-A16;A8=0.0-A17;A9=0.0-A18;
RUN;

TITLE1 '[CALIS] ホテルの料金';
DATA DATA1;
INPUT X1 X2 V1 V2;
CARDS;
135 089 1 0
```

```
089 079 1 0
056 043 1 0
075 068 1 0
069 089 0 1
065 079 0 1
098 117 0 1
080 100 0 1
;RUN;
TITLE1 '[CALIS] 分割実験，混合モデル';
PROC CALIS ALL NOMOD UCOV AUG NOINT EDF=8;
VAR X1 X2 V1;
LINEQS
FV2=INTERCEP - V1 + D1,
X1 =C1 INTERCEP + F + AC11 V1 + AC12 FV2 + E1,
X2 =C2 INTERCEP + F + AC12 V1 + AC11 FV2 + E2,
F  =MU INTERCEP+ A1 V1 + A2 FV2 +D;
STD
D1=0.0, E1 E2= 2*DE, D=DA;
*COV E1 E2=DE21;
A1=0.0-A2; C1=0.0-C2;
AC11=0.0-AC12;
RUN;
```

```
'[AMOS] 第 3 章 共分散分析 (第 1 グループ)
Sub Main()
    Dim Sem As New AmosEngine
    Sem.TextOutput
    Sem.ModelMeansAndIntercepts
    Sem.Standardized
    Sem.Smc
    Sem.BeginGroup "共分散 1.txt"
Sem.Structure "y=(a1)+(b1)x+(1)e"
Sem.Structure "x=(c1)       +(1)d"
Sem.Structure "d(d1)"
Sem.Structure "e(e1)"
' 第 3 章 共分散分析 (第 2 グループ)
    Sem.BeginGroup "共分散 2.txt"
Sem.Structure "y=(a2)+(b2)x+(1)e"
Sem.Structure "x=(c2)       +(1)d"
Sem.Structure "d(d2)"
Sem.Structure "e(e2)"
Sem.Model "A",   "a1=a2"
Sem.Model "B",   "b1=b2"
Sem.Model "C",   "c1=c2"
Sem.Model "D",   "d1=d2"
Sem.Model "E",   "e1=e2"
Sem.Model "AB",  "A","B"
Sem.Model "AC",  "A","C"
Sem.Model "AD",  "A","D"
Sem.Model "AE",  "A","E"
Sem.Model "BC",  "B","C"
Sem.Model "BD",  "B","D"
Sem.Model "BE",  "B","E"
Sem.Model "CD",  "C","D"
Sem.Model "CE",  "C","E"
Sem.Model "DE",  "D","E"
Sem.Model "CDE", "C","D","E"
Sem.Model "BDE", "B","D","E"
Sem.Model "BCE", "B","C","E"
Sem.Model "BCD", "B","C","D"
Sem.Model "ADE", "A","D","E"
Sem.Model "ACE", "A","C","E"
Sem.Model "ACD", "A","C","D"
Sem.Model "ABE", "A","B","E"
Sem.Model "ABD", "A","B","D"
Sem.Model "ABC", "A","B","C"
Sem.Model "BCDE",  "B","C","D","E"
Sem.Model "ACDE",  "A","C","D","E"
Sem.Model "ABDE",  "A","B","D","E"
Sem.Model "ABCE",  "A","B","C","E"
Sem.Model "ABCD",  "A","B","C","D"
Sem.Model "ABCDE", "A","B","C","D","E"
End Sub
```

```
/TITLE
[EQS] 因子の分散分析 1980 年
/SPECIFICATIONS
GR=2;CAS=2925;VAR=4;MA=COR;ANA=MOM;
/PRINT
FIT=ALL;
/EQUATIONS
V1=*V999+*F1+E1;
V2=*V999+*F1+E2;
V3=*V999+*F1+E3;
V4=*V999+*F1+E4;
F1=0.0 V999+D1;
/VARIANCES
E1 TO E4 =*;D1=1.00;
/MATRIX
1.000
0.440 1.000
0.377 0.515 1.000
0.385 0.483 0.503 1.000
/MEANS
4.990 4.419 4.403 4.017
/STA
1.871 2.147 2.250 2.294
/END
/TITLE
[EQS] 因子の分散分析 1984 年
/SPECIFICATIONS
CAS=2967;VAR=4;MA=COR;ANA=MOM;
/EQUATIONS
V1=*V999+*F1+E1;
V2=*V999+*F1+E2;
V3=*V999+*F1+E3;
V4=*V999+*F1+E4;
F1=*V999+D1;
/VARIANCES
E1 TO E4 =*;D1=1.00;
/MATRIX
1.000
0.364 1.000
0.376 0.498 1.000
0.336 0.458 0.488 1.000
/MEANS
4.841 4.000 4.229 3.488
/STA
1.931 2.128 2.309 2.297
/CONSTRAINTS
(1,V1,V999)=(2,V1,V999);
(1,V2,V999)=(2,V2,V999);
(1,V3,V999)=(2,V3,V999);
(1,V4,V999)=(2,V4,V999);
```

```
(1,V1,F1)=(2,V1,F1);
(1,V2,F1)=(2,V2,F1);
(1,V3,F1)=(2,V3,F1);
(1,V4,F1)=(2,V4,F1);
(1,E1,E1)=(2,E1,E1);
(1,E2,E2)=(2,E2,E2);
(1,E3,E3)=(2,E3,E3);
(1,E4,E4)=(2,E4,E4);
/END

/TITLE
[EQS] 潜在共分散分析 統制群
/SPECIFICATIONS
GR=2;CAS=105;VAR=4;MA=COV;ANA=MOM;
/PRINT
FIT=ALL;
/EQUATIONS
V1=*V999+ F1+E1;
V2=*V999+*F1+E2;
V3=*V999+ F2+E3;
V4=*V999+*F2+E4;
F1= 0.0 V999 +  D1;
F2= 0.0 V999 + *F1+D2;
/VARIANCES
E1 TO E4 =*; D1 TO D2 =*;
/MATRIX
 37.626
 24.933 34.680
 26.639 24.236 32.013
 23.649 27.760 23.565 33.443
/MEANS
 18.381 20.229 20.400 21.343
/END
/TITLE
[EQS] 潜在共分散分析 実験群
/SPECIFICATIONS
CAS=108;VAR=4;MA=COV;ANA=MOM;
/EQUATIONS
V1=*V999+ F1+E1;
V2=*V999+*F1+E2;
V3=*V999+ F2+E3;
V4=*V999+*F2+E4;
F1=*V999+D1;
F2=*V999+*F1+D2;
/VARIANCES
E1 TO E4 =*; D1 TO D2 =*;
/MATRIX
 50.084
 42.373 49.872
 40.760 36.094 51.237
 37.343 40.396 39.890 53.641
/MEANS
 20.556 21.241 25.667 25.870
/CONSTRAINTS
(1,V1,V999)=(2,V1,V999);
(1,V2,V999)=(2,V2,V999);
(1,V3,V999)=(2,V3,V999);
(1,V4,V999)=(2,V4,V999);
(1,V2,F1)=(2,V2,F1);
(1,V4,F2)=(2,V4,F2);
(1,F2,F1)=(2,F2,F1);
/END
```

```
/TITLE
[EQS] 多変量分散分析 1980 年
/SPECIFICATIONS
GR=2;CAS=2925;VAR=4;MA=COR;ANA=MOM;
/PRINT
FIT=ALL;
/EQUATIONS
V1=*V999+E1;
V2=*V999+E2;
V3=*V999+E3;
V4=*V999+E4;
/VARIANCES
E1 TO E4 =*;
/COVARIANCES
E1 TO E4 =*;
/MATRIX
1.000
0.440 1.000
0.377 0.515 1.000
0.385 0.483 0.503 1.000
/MEANS
4.990 4.419 4.403 4.017
/STA
1.871 2.147 2.250 2.294
/END
/TITLE
[EQS] 多変量分散分析 1984 年
/SPECIFICATIONS
CAS=2967;VAR=4;MA=COR;ANA=MOM;
/EQUATIONS
V1=*V999+E1;
V2=*V999+E2;
V3=*V999+E3;
V4=*V999+E4;
/VARIANCES
E1 TO E4 =*;
/COVARIANCES
E1 TO E4 =*;
/MATRIX
1.000
0.364 1.000
0.376 0.498 1.000
0.336 0.458 0.488 1.000
/MEANS
4.841 4.000 4.229 3.488
/STA
1.931 2.128 2.309 2.297
/CONSTRAINTS
(1,E1,E1)=(2,E1,E1);
(1,E1,E2)=(2,E1,E2);
(1,E1,E3)=(2,E1,E3);
(1,E1,E4)=(2,E1,E4);
(1,E2,E2)=(2,E2,E2);
(1,E2,E3)=(2,E2,E3);
(1,E2,E4)=(2,E2,E4);
(1,E3,E3)=(2,E3,E3);
(1,E3,E4)=(2,E3,E4);
(1,E4,E4)=(2,E4,E4);
/END
(1,V1,V999)=(2,V1,V999);
(1,V2,V999)=(2,V2,V999);
```

```
(1,V3,V999)=(2,V3,V999);
(1,V4,V999)=(2,V4,V999);

/TITLE
[EQS] 複合対称性の分析
/SPECIFICATIONS
CAS=9;VAR=3;MA=COV;ANA=COV;
/PRINT
FIT=ALL;
/EQUATIONS
V1=E1;
V2=E2;
V3=E3;
/VARIANCES
E1 TO E3 =*;
/COVARIANCES
E1 TO E3 =*;
/MATRIX
3.10
1.92 2.80
1.82 2.00 3.80
/CONSTRAINTS
(E1,E1)=(E2,E2)=(E3,E3);
(E1,E2)=(E1,E3)=(E2,E3);
/END

/TITLE
[EQS] 時間的変化の分析
/SPECIFICATIONS
CAS=120;VAR=6;MA=COR;ANA=COV;
/PRINT
FIT=ALL;
/EQUATIONS
V1=E1;
V2=E2;
V3=E3;
V4=E4;
V5=E5;
V6=E6;
/VARIANCES
E1 TO E6 =*;
/COVARIANCES
E1 TO E6 =*;
/MATRIX
1.00
 .65 1.00
 .54  .68 1.00
 .27  .30  .21 1.00
 .32  .21  .27  .59 1.00
 .18  .26  .22  .48  .55 1.00
/STA
2.10 3.00 2.40 1.60 3.30 2.20
/CONSTRAINTS
(E1,E1)=(E4,E4);
(E2,E2)=(E5,E5);
(E3,E3)=(E6,E6);
(E1,E2)=(E4,E5);
(E1,E3)=(E4,E6);
(E2,E3)=(E5,E6);
/END
```

第4章

```
TITLE1' 第 4 章は全て [CALIS] 景気動向指数';RUN;
DATA JAPANEC; INPUT X1-X3 Y @@;
LABEL
X1=' 先行指数' X2=' 一致指数' X3=' 遅行指数';
CARDS;
76.9 90.9 75.0 73  57.7  100 50.0 72  53.8 90.9 62.5 71
50.0 60.0 64.3 70  41.7 10.0 50.0 69  33.3 55.0 42.9 68
38.5 72.7 75.0 67  38.5 81.8 87.5 66  53.8 81.8 75.0 65
53.8 72.7 87.5 64  61.5 90.9 81.3 63  69.2 90.9 50.0 62
65.4 81.8 62.5 61  38.5 54.5 81.3 60  50.0 81.8 81.3 59
96.2 54.5 50.0 58  65.4 63.6 75.0 57  46.2 45.5 62.5 56
38.5 81.8 87.5 55  69.2 90.9 75.0 54  30.8 36.4 87.5 53
53.8 72.7 87.5 52  38.5 68.2 93.8 51  38.5 63.6 87.5 50
30.8 54.5  100 49  38.5 63.6 87.5 48  76.9 54.5 75.0 47
53.8 81.8 87.5 46  76.9 90.9 75.0 45  76.9 90.9 68.8 44
61.5 81.8 43.8 43  61.5 72.7 62.5 42  30.8 63.6 75.0 41
38.5 59.1 75.0 40  23.1 40.9 62.5 39  38.5 54.5 87.5 38
46.2 36.4 87.5 37  38.5 63.6 87.5 36  19.2 40.9 50.0 35
23.1 40.9 37.5 34  30.8 50.0 68.8 33   7.7 18.2 62.5 32
 7.7 31.8 75.0 31  15.4  9.1 62.5 30  38.5 27.3 62.5 29
15.4  0.0 62.5 28  30.8 27.3 75.0 27  23.1  0.0 75.0 26
30.8  9.1 37.5 25  38.5 18.2 62.5 24  50.0 18.2 25.0 23
23.1  9.1 31.3 22  23.1  0.0  6.3 21  30.8 13.6 31.3 20
23.1 27.3 12.5 19  34.6 27.3 18.8 18  38.5 50.0 18.8 17
15.4 18.2 18.8 16  15.4  9.1 18.8 15  34.6  0.0 12.5 14
61.5 18.2 25.0 13  84.6 63.6 25.0 12  80.8 72.7 37.5 11
53.8 59.1 12.5 10  23.1  9.1  0.0  9  15.4  9.1  0.0  8
38.5  0.0 25.0  7  38.5 54.5 25.0  6  38.5 59.1 56.3  5
38.5 18.2 12.5  4  38.5 18.2 12.5  3  38.5 22.7 12.5  2
60.0 85.0 42.9  1
; RUN;
*データのソート;PROC SORT; BY Y;RUN;

TITLE2 'トープリッツ(Toeplitz)行列の生成';RUN;
PROC IML;RESET NOLOG;START MAIN;
USE JAPANEC; READ ALL VAR{X1 X2 X3} INTO X3;
   READ ALL VAR{X1 X2} INTO X2;
   READ ALL VAR{X2} INTO X1;
   C3=COVLAG(X3,3); CC3=TOEPLITZ(C3);
   C2=COVLAG(X2,3);
   CC2=TOEPLITZ(C2);C1=COVLAG(X1,10);
   CC1=TOEPLITZ(C1);
   CREATE CCC3 FROM CC3; APPEND FROM CC3;
   CLOSE CCC3;
   CREATE CCC2 FROM CC2; APPEND FROM CC2;
   CLOSE CCC2;
   CREATE CCC1 FROM CC1; APPEND FROM CC1;
   CLOSE CCC1;
FINISH;RUN MAIN;QUIT;

TITLE2 '一致のラグ 9 の共分散行列';RUN;
DATA C1(TYPE=COV);_TYPE_='COV';
INPUT _NAME_ $ @@;SET CCC1;
LABEL
COL1=' 一致指数 00' COL2=' 一致指数-1'
COL3=' 一致指数-2' COL4=' 一致指数-3'
COL5=' 一致指数-4' COL6=' 一致指数-5'
COL7=' 一致指数-6' COL8=' 一致指数-7'
COL9=' 一致指数-8' COL10=' 一致指数-9';
CARDS;
COL1 COL2 COL3 COL4 COL5
COL6 COL7 COL8 COL9 COL10
;RUN;

TITLE2 '先行と一致のラグ 2 の共分散行列';RUN;
DATA C2(TYPE=COV);_TYPE_='COV';
INPUT _NAME_ $ @@;
SET CCC2;
```

```
LABEL COL1='先行指数 00' COL2='一致指数 00'
      COL3='先行指数-1' COL4='一致指数-1'
      COL5='先行指数-2' COL6='一致指数-2';
CARDS;
COL1 COL2 COL3 COL4 COL5 COL6
;RUN;

TITLE2 '先行と一致と遅行指標のラグ 2 の共分散行列';RUN;
DATA C3(TYPE=COV);_TYPE_='COV';
INPUT _NAME_ $ @@;SET CCC3;
LABEL
COL1='先行指数 00' COL2='一致指数 00'
COL3='遅行指数 00' COL4='先行指数-1'
COL5='一致指数-1' COL6='遅行指数-1'
COL7='先行指数-2' COL8='一致指数-2'
COL9='遅行指数-2';
CARDS;
COL1 COL2 COL3 COL4 COL5
COL6 COL7 COL8 COL9
;RUN;

TITLE2 'AR (1) による自己回帰分析';RUN;
PROC CALIS DATA=C1 COV EDF=72 ALL NOMOD;
VAR COL1-COL2;
LINEQS
COL1=G1_2 COL2 + E1;
STD E1 = DEL1;
BOUNDS -1<=G1_2<=1;
RUN;

TITLE2 'AR (2) による自己回帰分析';RUN;
PROC CALIS DATA=C1 COV EDF=72 ALL NOMOD;
VAR COL1-COL3;
LINEQS
COL1=G1_2 COL2 + G1_3 COL3 + E1;
STD E1 = DEL1;
BOUNDS -2<=G1_2<=2, -1<=G1_3<=1;
RUN;

TITLE2 'MA (1) による移動平均分析';RUN;
PROC CALIS DATA=C1 COV CORR EDF=72 ALL NOMOD;
VAR COL1-COL2;
LINEQS
COL1=1.00 FX1 + L1_2 FX2 + E1,
COL2=1.00 FX2 + L1_2 FX3 + E2;
STD E1 E2 FX1-FX3= 0.00 0.00 3*PHI1(672);
BOUNDS -1<=L1_2<=1;
RUN;

TITLE2 'MA (2) による移動平均分析';RUN;
PROC CALIS DATA=C1 COV EDF=72 ALL NOMOD;
VAR COL1-COL3;
LINEQS
COL1=1.00 FX1 + L1_2 FX2  + L1_3 FX3 + E1,
COL2=1.00 FX2 + L1_2 FX3  + L1_3 FX4 + E2,
COL3=1.00 FX3 + L1_2 FX4  + L1_3 FX5 + E3;
STD E1-E3 FX1-FX5 = 3*0.00 5*PHI1(672);
BOUNDS -2<=L1_2<=2, -1<=L1_3<=1;
RUN;

TITLE2 'ARMA (1, 1)';RUN;
PROC CALIS DATA=C1 COV EDF=72 ALL NOMOD;
 VAR COL1-COL3;
LINEQS
COL1=G1_2(0.66) COL2+1.00 FX1+L1_2(0.66) FX2+E1,
COL2=G1_2 COL3 + 1.00 FX2 + L1_2 FX3 + E2;
STD E1-E2 FX1-FX3 = 2*0.00 3*PHI1(672);
BOUNDS -1<= L1_2 G1_2 <= 1;
RUN;

TITLE2 '多変量自己回帰 (VAR)';RUN;
PROC CALIS DATA=C2 COV EDF=72 ALL NOMOD;
LINEQS
COL1=B1_3 COL3+B1_4 COL4+B1_5 COL5+B1_6 COL6+E1,
COL2=B2_3 COL3+B2_4 COL4+B2_5 COL5+B2_6 COL6+E2;
STD E1 E2= DEL1 DEL2;
COV E1 E2= DEL21;
RUN;

TITLE2 '動的因子分析-因子数 1, ラグ 2';RUN;
TITLE3 '誤差項にラグ 2 の自己相関を仮定';RUN;
PROC CALIS DATA=C3 COV EDF=70 ALL NOMOD;
LINEQS
COL1=L1_1 FX1 + L1_2 FX2 + L1_3 FX3 +E1,
COL2=L2_1 FX1 + L2_2 FX2 + L2_3 FX3 +E2,
COL3=L3_1 FX1 + L3_2 FX2 + L3_3 FX3 +E3,
COL4=L1_1 FX2 + L1_2 FX3 + L1_3 FX4 +E4,
COL5=L2_1 FX2 + L2_2 FX3 + L2_3 FX4 +E5,
COL6=L3_1 FX2 + L3_2 FX3 + L3_3 FX4 +E6,
COL7=L1_1 FX3 + L1_2 FX4 + L1_3 FX5 +E7,
COL8=L2_1 FX3 + L2_2 FX4 + L2_3 FX5 +E8,
COL9=L3_1 FX3 + L3_2 FX4 + L3_3 FX5 +E9;
STD FX1-FX5=5*1.00,
E1-E9=DEL1 0.0 DEL3 DEL1 0.0 DEL3 DEL1 0.0 DEL3;
COV E4 E1=DEL41, E5 E2=0.000, E6 E3=DEL63,
    E7 E4=DEL41, E8 E5=0.000, E9 E6=DEL63,
    E7 E1=DEL71, E8 E2=0.000, E9 E3=DEL93;
RUN;

TITLE2 '時系列因子分析';RUN;
TITLE3 'MODEL1 ARMA(1,1)';RUN;
PROC CALIS DATA=C3 COV NOMOD EDF=70 M=LSML ALL;
LINEQS
COL1=1.00 F0                     +E1,
COL2= L2  F0                     +E2,
COL3= L3  F0                     +E3,
COL4=          1.00 F1           +E4,
COL5=           L2  F1           +E5,
COL6=           L3  F1           +E6,
COL7=                   1.00 F2  +E7,
COL8=                    L2  F2  +E8,
COL9=                    L3  F2  +E9,
F0= B1(0.74) F1 + 1.00 FU0 + G1(0.0) FU1 +D1,
F1= B1(0.74) F2 + 1.00 FU1 + G1(0.0) FU2 +D2;
STD E1-E9=DEL1-DEL3 DEL1-DEL3 DEL1-DEL3,
D1 D2= 2*0.00,F2 FU0 FU1 FU2=PHI(170) 3*PSI(77);
 PSI=(PHI-B1*B1*PHI)/(1+G1*G1);RUN;

TITLE3 'MODEL2 ARMA(1,0)';RUN;
PROC CALIS DATA=C3 COV NOMOD EDF=70 ;
VAR COL1-COL6;
LINEQS
COL1=1.00 F0                     +E1,
```

```
COL2= L2  F0                    +E2,
COL3= L3  F0                    +E3,
COL4=          1.00 F1          +E4,
COL5=            L2  F1         +E5,
COL6=            L3  F1         +E6,
F0  = B1   F1                  +DU1;
STD E1-E6=DEL1-DEL3 DEL1-DEL3,
    DU1   = PSI,    F1  = PHI;
PSI=PHI-B1*B1*PHI;RUN;

TITLE3 'MODEL3 ARMA(1,0) 誤差自己相関あり';RUN;
PROC CALIS DATA=C3 COV NOMOD EDF=70 ;
VAR COL1-COL6;
LINEQS
COL1=1.00 F0                    +E1,
COL2= L2  F0                    +E2,
COL3= L3  F0                    +E3,
COL4=          1.00 F1          +E4,
COL5=            L2  F1         +E5,
COL6=            L3  F1         +E6,
F0  = B1   F1                  +DU1;
STD E1-E6=DEL1-DEL3 DEL1-DEL3,
    DU1   = PSI,    F1  = PHI;
COV E1 E4=DEL41, E6 E3=DEL63;
PSI=PHI-B1*B1*PHI;RUN;
```

第5章

```
! [Mx] 多変量ACEモデル
! Australian Arithmetic Computation Data
G1: genetic structure
Data Calc NGroups=5
Matrices
A Lower 4 4 Free  ! 遺伝
Compute A*A' /
End
G2: common environmental structure
Data Calc
Matrices
B Lower 4 4 Free  ! 共有環境
Compute B*B' /
End
G3: specific environmental structure
Data Calc
Matrices
C Lower 4 4 Free  ! 非共有環境
Compute C*C' /
End
G4: female MZ twin pairs
Data NInput_vars=8 NObservations=1232
Labels
asth1 hayf1 dust1 ecze1 asth2 hayf2 dust2 ecze2
PMatrix
1.000
 .556 1.000
 .573  .758 1.000
 .273  .264  .309 1.000
 .592  .366  .398  .232 1.000
 .411  .593  .451  .145  .549 1.000
 .434  .421  .518  .192  .640  .770 1.000
 .087  .196  .193  .589  .145  .122  .218 1.000
!ACov File=ahdemzf.acv
Matrices
A Symm 4 4 = %E1  ! expected matrix of group 1
C Symm 4 4 = %E2  ! expected matrix of group 2
E Symm 4 4 = %E3  ! ..
Covariances A+C+E | A+C _
            A+C   | A+C+E /
End
G5: female DZ twin pairs
Data NInput_vars=8 NObservations=751
Labels
asth1 hayf1 dust1 ecze1 asth2 hayf2 dust2 ecze2
PMatrix
1.000
 .524 1.000
 .588  .749 1.000
 .291  .314  .279 1.000
 .262  .170  .041  .139 1.000
 .129  .318  .262  .093  .395 1.000
 .079  .171  .214  .019  .684  .723 1.000
 .217  .114  .087  .313  .254  .218  .276 1.000
!ACov File=ahdedzf.acv
Matrices
A Symm 4 4 = %E1
C Symm 4 4 = %E2
E Symm 4 4 = %E3
H Full 1 1
Covariances A+C+E   | H@A+C _
            H@A+C   | A+C+E /
Matrix H .5
Start .5 All
Options Multiple NDecimals=4
Options Iterations=300
Options Rsiduals check
End

! [Mx] 遺伝因子分析モデル
! Australian Arithmetic Computation Data
G1: genetic structure
Data Calc NGroups=5
Matrices
A Full 4 1 Free  ! 遺伝的共通因子
B Diag 4 4 Free  ! 遺伝的特殊因子
Compute A*A' + B*B'/
End
G2: common environmental structure
Data Calc
Matrices
C Full 4 1 Free  ! 共有環境共通因子
D Diag 4 4 Free  ! 共有環境特殊因子
Compute C*C' + D*D'/
End
G3: specific environmental structure
Data Calc
Matrices
E Full 4 1 Free  ! 非共有環境共通因子
F Diag 4 4 Free  ! 非共有環境特殊因子
Compute E*E' + F*F'/
End
G4: female MZ twin pairs
Data NInput_vars=8 NObservations=1232
Labels
```

```
asth1 hayf1 dust1 ecze1 asth2 hayf2 dust2 ecze2
PMatrix
1.000
 .556 1.000
 .573  .758 1.000
 .273  .264  .309 1.000
 .592  .366  .398  .232 1.000
 .411  .593  .451  .145  .549 1.000
 .434  .421  .518  .192  .640  .770 1.000
 .087  .196  .193  .589  .145  .122  .218 1.000
!ACov File=ahdemzf.acv
Matrices
A Symm 4 4 = %E1  ! expected matrix of group 1
C Symm 4 4 = %E2  ! expected matrix of group 2
E Symm 4 4 = %E3  ! ..
Covariances A+C+E | A+C _
            A+C   | A+C+E /
End
G5: female DZ twin pairs
Data NInput_vars=8 NObservations=751
Labels
asth1 hayf1 dust1 ecze1 asth2 hayf2 dust2 ecze2
PMatrix
1.000
 .524 1.000
 .588  .749 1.000
 .291  .314  .279 1.000
 .262  .170  .041  .139 1.000
 .129  .318  .262  .093  .395 1.000
 .079  .171  .214  .019  .684  .723 1.000
 .217  .114  .087  .313  .254  .218  .276 1.000
!ACov File=ahdedzf.acv
Matrices
A Symm 4 4 = %E1
C Symm 4 4 = %E2
E Symm 4 4 = %E3
H Full 1 1
Covariances A+C+E   | H@A+C _
            H@A+C   | A+C+E /
Matrix H .5
Start .5 All
Options Multiple NDecimals=4
Options Iterations=300
Options Rsiduals check
End

/TITLE
[EQS] 一般児を含めた遺伝因子分析　一卵性
/SPECIFICATIONS
VARIABLES=12;GROUP=3;MA=COR;
/LABEL
V1 =AG1; V2=G1; V3=R1; V4=T1; V5=A1; V6 =S1;
V7 =AG2; V8=G2; V9=R2; V10=T2;V11=A2;V12=S2;
F1=向性 1; F2=向性 2; F3=向遺 1; F4=向遺 2;
F5=向共;   F6=向非 1; F7=向非 2;
/EQUATIONS
V1 = F1+E1 ; V2 =*F1+E2 ; V3 =*F1+E3 ;
V4 =*F1+E4 ; V5 =*F1+E5 ; V6 =*F1+E6 ;
V7 = F2+E7 ; V8 =*F2+E8 ; V9 =*F2+E9 ;
V10=*F2+E10; V11=*F2+E11; V12=*F2+E12;
F1=*F3 + *F5 + *F6 + D1;
F2=*F4 + *F5 + *F7 + D2;
/VARIANCES
F3 TO F7 =1; D1 TO D2 =0; E1 TO E12 =*;
/COVARIANCES
F3 ,F4 =1.0;
/MATRIX
1.00
0.25 1.00
0.56 0.32 1.00
-.06 0.08 0.26 1.00
0.46 0.47 0.49 0.14 1.00
0.39 0.48 0.52 0.26 0.79 1.00
0.28 0.11 0.08 -.09 0.13 0.13 1.00
0.15 0.30 0.18 -.01 0.29 0.25 0.23 1.00
0.27 0.15 0.35 0.04 0.21 0.16 0.43 0.26 1.00
0.00 0.00 0.15 0.32 0.10 0.12 -.13 -.02 0.18 1.00
0.24 0.25 0.22 0.03 0.50 0.50 0.26 0.52 0.24 0.05 1.00
0.18 0.25 0.26 0.11 0.44 0.50 0.21 0.55 0.35 0.20 0.73 1.00
/END
/TITLE
二卵性
/SPECIFICATIONS
VARIABLES=12;MA=COR;
/LABEL
V1 =AG1; V2=G1; V3=R1; V4=T1; V5=A1; V6 =S1;
V7 =AG2; V8=G2; V9=R2; V10=T2;V11=A2;V12=S2;
F1=向性 1; F2=向性 2; F3=向遺 1; F4=向遺 2;
F5=向共;   F6=向非 1; F7=向非 2;
/EQUATIONS
V1 = F1+E1 ; V2 =*F1+E2 ; V3 =*F1+E3 ;
V4 =*F1+E4 ; V5 =*F1+E5 ; V6 =*F1+E6 ;
V7 = F2+E7 ; V8 =*F2+E8 ; V9 =*F2+E9 ;
V10=*F2+E10; V11=*F2+E11; V12=*F2+E12;
F1=*F3 + *F5 + *F6 + D1;
F2=*F4 + *F5 + *F7 + D2;
/VARIANCES
F3 TO F7 =1; D1 TO D2 =0; E1 TO E12 =*;
/COVARIANCES
F3 ,F4 =0.5;
/MATRIX
1.00
0.59 1.00
0.61 0.40 1.00
-.32 -.09 0.13 1.00
0.50 0.66 0.41 -.08 1.00
0.54 0.64 0.36 0.09 0.67 1.00
0.02 0.01 -.05 -.34 0.10 0.04 1.00
-.04 0.19 -.08 -.10 0.27 0.28 0.53 1.00
0.12 0.17 -.07 -.32 0.11 0.11 0.45 0.37 1.00
-.03 0.17 0.17 0.25 0.06 0.24 -.27 -.04 0.05 1.00
0.12 0.33 -.03 -.34 0.37 0.27 0.55 0.71 0.44 -.08 1.00
0.04 0.30 0.10 -.17 0.34 0.30 0.47 0.71 0.52 0.15 0.75 1.00
/END
/TITLE
一般児
/SPECIFICATIONS
VARIABLES=6;MA=COR;
/LABEL
V1 =AG;V2 =G; V3 =R; V4=T; V5=A; V6=S;
F1=向性; F3=向遺; F5=向共; F6=向非;
/EQUATIONS
V1 = F1+E1 ; V2 =*F1+E2 ; V3 =*F1+E3 ;
V4 =*F1+E4 ; V5 =*F1+E5 ; V6 =*F1+E6 ;
F1= *F3 + *F5 + *F6 + D1;
/VARIANCES
F3=1.0; F5=1.0; F6=1.0; D1 =0; E1 TO E6= *;
/COVARIANCES
/MATRIX
```

```
1.00
0.28 1.00
0.26 0.24 1.00
-.07 0.21 0.44 1.00
0.37 0.59 0.19 0.11 1.00
0.35 0.51 0.35 0.32 0.83 1.00
/CONSTRAINTS
!因子負荷に関する制約 (向性)
(1,V2,F1)=(1,V8 ,F2)=(2,V2,F1)=(2,V8 ,F2)=(3,V2,F1); !G
(1,V3,F1)=(1,V9 ,F2)=(2,V3,F1)=(2,V9 ,F2)=(3,V3,F1); !R
(1,V4,F1)=(1,V10,F2)=(2,V4,F1)=(2,V10,F2)=(3,V4,F1); !T
(1,V5,F1)=(1,V11,F2)=(2,V5,F1)=(2,V11,F2)=(3,V5,F1); !A
(1,V6,F1)=(1,V12,F2)=(2,V6,F1)=(2,V12,F2)=(3,V6,F1); !S
!誤差分散に関する制約 (向性)
(1,E1,E1)=(1,E7 ,E7 )=(2,E1,E1)=(2,E7 ,E7 )=(3,E1,E1);!Ag_E
(1,E2,E2)=(1,E8 ,E8 )=(2,E2,E2)=(2,E8 ,E8 )=(3,E2,E2);!G_E
(1,E3,E3)=(1,E9 ,E9 )=(2,E3,E3)=(2,E9 ,E9 )=(3,E3,E3);!R_E
(1,E4,E4)=(1,E10,E10)=(2,E4,E4)=(2,E10,E10)=(3,E4,E4);!T_E
(1,E5,E5)=(1,E11,E11)=(2,E5,E5)=(2,E11,E11)=(3,E5,E5);!A_E
(1,E6,E6)=(1,E12,E12)=(2,E6,E6)=(2,E12,E12)=(3,E6,E6);!S_E
!遺伝率に関する制約 (向性)
(1,F1,F3)=(1,F2,F4)=(2,F1,F3)=(2,F2,F4)=(3,F1,F3);!a 向
(1,F1,F5)=(1,F2,F5)=(2,F1,F5)=(2,F2,F5)=(3,F1,F5);!c 向
(1,F1,F6)=(1,F2,F7)=(2,F1,F6)=(2,F2,F7)=(3,F1,F6);!e 向

/PRINT
FIT=ALL;DIG=2;
/TEC
ITR=500;
/END
```

第6章

```
TI [LISCOMP] トービット因子分析
DA IY=5 NO=100 NG=1 TR=OT VT=OT
TT
0 0 0 0 0
TE
-2 -1 0 3 3
CE
100.0 0.0
LA
'test1' 'test2' 'test3' '評価1' '評価2'
MO MO=EF LE=1 UE=1
OU WF SV ST SS ES ED RS VE ET SE TV EC WE
RA FO UN='H:\p0601.dat'
(*)
```

第7章

```
*[CALIS];
data test; infile 'j:\classic.dat';
input (x1-x5)(2.0);run;

title '(弱) 同族テスト';
proc calis ucov aug noint all nomod m=ml;
lineqs   x1 = mu1 intercep + a1 f +  e1,
         x2 = mu2 intercep + a2 f +  e2,
         x3 = mu3 intercep + a3 f +  e3,
         x4 = mu4 intercep + a4 f +  e4,
         x5 = mu5 intercep + a5 f +  e5;
std f = 1.00, e1-e5 = del1 - del5; run;

title '(弱) 同族テスト (平均値等しい)';
proc calis ucov aug noint all nomod m=ml;
lineqs   x1 = mu intercep + a1 f +  e1,
         x2 = mu intercep + a2 f +  e2,
         x3 = mu intercep + a3 f +  e3,
         x4 = mu intercep + a4 f +  e4,
         x5 = mu intercep + a5 f +  e5;
std f = 1.00, e1-e5 = del1 - del5; run;

title '信頼性の等しいテスト (強同族テスト)';
proc calis ucov aug noint all nomod m=ml;
lineqs   x1 = m1 intercep + a1 f +  e1,
         x2 = m2 intercep + a2 f +  e2,
         x3 = m3 intercep + a3 f +  e3,
         x4 = m4 intercep + a4 f +  e4,
         x5 = m5 intercep + a5 f +  e5;
std f = 1.00, e1-e5 = del1 - del5;
parms ro = 0.8;
del1=((1-ro)/ro)*a1**2; del2=((1-ro)/ro)*a2**2;
del3=((1-ro)/ro)*a3**2; del4=((1-ro)/ro)*a4**2;
del5=((1-ro)/ro)*a5**2; run;

title '信頼性の等しいテスト (強同族テスト, 平均
値等しい)';
proc calis ucov aug noint all nomod m=ml;
lineqs   x1 = mu intercep + a1 f +  e1,
         x2 = mu intercep + a2 f +  e2,
         x3 = mu intercep + a3 f +  e3,
         x4 = mu intercep + a4 f +  e4,
         x5 = mu intercep + a5 f +  e5;
std f = 1.00, e1-e5 = del1 - del5;
parms ro = 0.8;
del1=((1-ro)/ro)*a1**2; del2=((1-ro)/ro)*a2**2;
del3=((1-ro)/ro)*a3**2; del4=((1-ro)/ro)*a4**2;
del5=((1-ro)/ro)*a5**2; run;

title '弱平行 (本質的にタウ等価な) テスト';
proc calis ucov aug noint all nomod m=ml;
lineqs   x1 = mu1 intercep + a f +  e1,
         x2 = mu2 intercep + a f +  e2,
         x3 = mu3 intercep + a f +  e3,
         x4 = mu4 intercep + a f +  e4,
         x5 = mu5 intercep + a f +  e5;
std f = 1.00, e1-e5 = del1 - del5; run;

title '弱平行 (タウ等価な) テスト (平均値等しい)';
proc calis ucov aug noint all nomod m=ml;
lineqs   x1 = mu intercep + a f +  e1,
         x2 = mu intercep + a f +  e2,
         x3 = mu intercep + a f +  e3,
         x4 = mu intercep + a f +  e4,
         x5 = mu intercep + a f +  e5;
std f = 1.00, e1-e5 = del1 - del5; run;

title '(強) 平行テスト';
proc calis ucov aug noint all nomod m=ml;
lineqs   x1 = mu1 intercep + a f +  e1,
         x2 = mu2 intercep + a f +  e2,
         x3 = mu3 intercep + a f +  e3,
         x4 = mu4 intercep + a f +  e4,
         x5 = mu5 intercep + a f +  e5;
std f=1.00, e1-e5=del del del del del; run;

title '(強) 平行テスト (平均値等しい)';
```

```
proc calis ucov aug noint all nomod m=ml;
lineqs    x1 = mu intercep + a f +  e1,
          x2 = mu intercep + a f +  e2,
          x3 = mu intercep + a f +  e3,
          x4 = mu intercep + a f +  e4,
          x5 = mu intercep + a f +  e5;
std f=1.00, e1-e5=del del del del del; run;

!  [PRELIS] 項目反応理論,
!  テトラコリック相関
DA NI=9 NO=226
RAW-DATA-FROM-FILE = h:\AA\IRT.DAT
LABELS
U1 U2 U3 U4 U5 U6 U7 U8 U9
ORDINAL U1 U2 U3 U4 U5 U6 U7 U8 U9
OUTPUT MA=PM SM=h:IRT.PEM SA=h:IRT.ACP

!  [SIMPLIS] 項目反応理論, 2 母数正規累積モデル
Observed variables:V1 V2 V3 V4 V5 V6 V7 V8 V9;
Unobserved Variables: F1;
Correlation Matrix from File h:IRT.PEM
Asymptotic Covariance Matrix from File h:IRT.ACP
Number of Decimals=3;Sample Size=226;
Relationships
V1 V2 V3 V4 V5 V6 V7 V8 V9=F1;
LISREL Output: RS MI SC VA EF
End of Problems

TI [LISCOMP] 項目反応理論, 2 母数正規累積モデル
DA IY=9 NO=226 NG=1 VT=DI
LA
'v1' 'v2' 'v3' 'v4' 'v5' 'v6' 'v7' 'v8' 'v9'
MO MO=EF LE=1 UE=1
OU WF SV ST SS ES ED RS VE ET SE TV EC EK WE
RA FO UN='H:irt.dat'
(9F1.0)

! [PRELIS] 段階反応モデル, ＹＧ劣等感モデル
!  劣等感尺度の構成
DA NI=10 NO=434
RAW-DATA-FROM-FILE = h:RETTOYG.DAT
LABELS
U1 U2 U3 U4 U5 U6 U7 U8 U9 U10
ORDINAL U1 U2 U3 U4 U5 U6 U7 U8 U9 U10
OUTPUT MA=PM SM=h:YG.PEM SA=h:YG.ACP

! [SIMPLIS] 段階反応モデル, ＹＧ劣等感モデル
Observed variables: U1 U2 U3 U4 U5 U6 U7
                    U8 U9 U10;
Unobserved Variables: F1;
Correlation Matrix from File h:YG.PEM
Asymptotic Covariance Matrix from File h:YG.ACP
Number of Decimals=3;Sample Size=434;
Relationships
U1 U2 U3 U4 U5 U6 U7 U8 U9 U10=F1;
LISREL Output: RS MI SC VA EF
End of Problems

TITLE: [Mplus] 段階反応, ＹＧ新性格検査等化
         劣等感尺度の構成
DATA:  FILE IS h:RETTO2.DAT;
       NOBSERVATIONS=434;
VARIABLE: NAMES ARE U2 U4 U6 U8 U10 V1-V10;
    CATEGORICAL ARE U2 U4 U6 U8 U10 V1-V10;
ANALYSIS: TYPE=MEANSTRUCTURE;
MODEL: F1 BY U2@0.713 U4@0.364 U6@0.449
             U8@0.766 U10@0.650 V1-V10*;
       F1*;[F1*];
       [U2$1@-0.792 U2$2@0.075];
       [U4$1@0.046  U4$2@0.614];
       [U6$1@0.040  U6$2@1.300];
       [U8$1@-0.29  U8$2@0.628];
       [U10$1@-0.784 U10$2@0.093];
OUTPUT: SAMP STAND RES TECH5;
```

第 8 章

```
TITLE: [Mplus] 切片を固定した回帰 係数制約なし
DATA:  FILE IS h:\AA\TAHE\P0801.DAT;
       TYPE IS IND;
       NOBSERVATIONS=25;
VARIABLE: NAMES Z X Y;
ANALYSIS: TYPE=MEANSTRUCTURE;
MODEL: Z ON X* Y*;
       [Z@0];
OUTPUT: SAMP STAND RES ;

TITLE: [Mplus] 切片を固定しない回帰 係数制約なし
DATA:  FILE IS h:\AA\TAHE\P0801.DAT;
       TYPE IS IND;
       NOBSERVATIONS=25;
VARIABLE: NAMES Z X Y;
ANALYSIS: TYPE=MEANSTRUCTURE;
MODEL: Z ON X* Y*;
OUTPUT: SAMP STAND RES ;

TITLE: [Mplus] 切片を固定した回帰 係数制約あり
DATA:  FILE IS h:\AA\TAHE\P0801.DAT;
       TYPE IS IND;
       NOBSERVATIONS=25;
VARIABLE: NAMES Z X Y;
ANALYSIS: TYPE=MEANSTRUCTURE;
MODEL: Z ON X Y(1);
       [Z@0];
OUTPUT: SAMP STAND RES ;

TITLE: [Mplus] 切片を固定しない回帰 係数制約あり
DATA:  FILE IS h:\AA\TAHE\P0801.DAT;
       TYPE IS IND;
       NOBSERVATIONS=25;
VARIABLE: NAMES Z X Y;
ANALYSIS: TYPE=MEANSTRUCTURE;
MODEL: Z ON X Y(1);
OUTPUT: SAMP STAND RES ;

/TITLE
[EQS] 変数名は原論文に準拠 幼児教育学科モデル 1
/SPECIFICATIONS
 VAR= 5; CAS=70; GROUP=2; MAT=COR; ANA=COV;
/LABELS
V1=自己効力; V2=理解統合; V3=計画実行;
V4=自己概念; V5=職業概念;
/EQUATIONS
```

```
 V2 =  *V1                  + E2;
 V3 =  *V1                  + E3;
 V4 =         *V2           + E4;
 V5 =  *V1   + *V2 + *V4   + E5;
/VARIANCES
V1 = *; E2 TO E5 = *;
/COVARIANCES
/MATRIX
 1.000
 0.371  1.000
 0.203  0.442  1.000
 0.110  0.266  0.079  1.000
-0.098  0.202 -0.054  0.448  1.000
/STANDARD DEVIATIONS
 9.92   4.94   2.72   2.09   1.94
/END
/TITLE
[EQS] 教養学科
/SPECIFICATIONS
 VAR= 5; CAS=80; MAT=COR; ANA=COV;
/LABELS
V1=自己効力; V2=理解統合; V3=計画実行;
V4=自己概念; V5=職業概念;
/EQUATIONS
 V2 =  *V1                      + E2;
 V3 =  *V1                      + E3;
 V4 =  *V1         + *V3        + E4;
 V5 =        *V2         + *V4  + E5;
/VARIANCES
V1 = *; E2 TO E5 = *;
/COVARIANCES
/MATRIX
 1.000
 0.528  1.000
 0.442  0.559  1.000
 0.438  0.383  0.420  1.000
 0.338  0.481  0.382  0.622  1.000
/STANDARD DEVIATIONS
11.67   6.29   4.13   2.00   1.76
/END

/TITLE
[EQS] 幼児教育学科 モデル 2
希薄化修正
/SPECIFICATIONS
 VAR= 5; CAS=70; GROUP=2; MAT=COR; ANA=COV;
/LABELS
V1=V 自己効力; V2=V 理解統合; V3=V 計画実行;
V4=自己概念; V5=職業概念;
F1=F 自己効力; F2=F 理解統合; F3=F 計画実行;
/EQUATIONS
 V1 =  F1                   + E1;
 V2 =  F2                   + E2;
 V3 =  F3                   + E3;
 F2 =  *F1                  + D2;
 F3 =  *F1                  + D3;
 V4 =          *F2          + E4;
 V5 =  *F1   + *F2 + *V4 + E5;
/VARIANCES
E1=11.907; E2=3.465; E3=1.613; E4=4.059 *;
E5 =  2.843 *; F1  = 86.499 *; D2 TO D3 = *;
/COVARIANCES
/MATRIX
 1.000
 0.371  1.000
 0.203  0.442  1.000
 0.110  0.266  0.079  1.000
-0.098  0.202 -0.054  0.448  1.000
/STANDARD DEVIATIONS
 9.92   4.94   2.72   2.09   1.94
/END
/TITLE
[EQS] 教養学科 モデル 2
希薄化修正
/SPECIFICATIONS
 VAR=5; CAS=80; MAT=COR; ANA=COV;
/LABELS
V1=自己効力; V2=理解統合; V3=計画実行;
V4=自己概念; V5=職業概念;
/EQUATIONS
 V1 =  F1                     + E1;
 V2 =  F2                     + E2;
 V3 =  F3                     + E3;
 F2 = *F1                     + D2;
 F3 = *F1                     + D3;
 V4 = *F1      + *F3          + E4;
 V5 =      *F2       + *V4    + E5;
/VARIANCES
E1=16.479; E2=5.618; E3=3.718; E4=2.978 *;
E5=1.685 *; F1 = 119.71 *; D2 TO D3 = *;
/COVARIANCES
/MATRIX
 1.000
 0.528  1.000
 0.442  0.559  1.000
 0.438  0.383  0.420  1.000
 0.338  0.481  0.382  0.622  1.000
/STANDARD DEVIATIONS
11.67   6.29   4.13   2.00   1.76
/END

/TITLE
[EQS] 幼児教育学科 モデル 3
希薄化修正+誤差相関
/SPECIFICATIONS
 VAR= 5; CAS=70; GROUP=2; MAT=COR; ANA=COV;
/LABELS
V1=V 自己効力; V2=V 理解統合; V3=V 計画実行;
V4=自己概念; V5=職業概念;
F1=F 自己効力; F2=F 理解統合; F3=F 計画実行;
/EQUATIONS
 V1 =  F1                   + E1;
 V2 =  F2                   + E2;
 V3 =  F3                   + E3;
 F2 =  *F1                  + D2;
 F3 =  *F1                  + D3;
 V4 =          *F2          + E4;
 V5 =  *F1  + *F2 + *V4    + E5;
/VARIANCES
E1=11.907; E2=3.465; E3=1.613; E4=4.059 *;
E5=2.843 *; F1=86.499 *; D2 TO D3 = *;
/COVARIANCES
D2,D3 = *;
/MATRIX
```

```
 1.000
 0.371  1.000
 0.203  0.442  1.000
 0.110  0.266  0.079  1.000
-0.098  0.202 -0.054  0.448  1.000
/STANDARD DEVIATIONS
 9.92   4.94   2.72   2.09   1.94
/END
/TITLE
[EQS] 教養学科 モデル 3
希薄化修正＋誤差相関
/SPECIFICATIONS
 VAR=5; CAS=80; MAT=COR; ANA=COV;
/LABELS
V1=V 自己効力; V2=V 理解統合; V3=V 計画実行;
V4=自己概念; V5=職業概念;
F1=F 自己効力; F2=F 理解統合; F3=F 計画実行;
/EQUATIONS
 V1 =  F1                  + E1;
 V2 =  F2                  + E2;
 V3 =  F3                  + E3;
 F2 = *F1                  + D2;
 F3 = *F1                  + D3;
 V4 = *F1     + *F3        + E4;
 V5 =      *F2      + *V4  + E5;
/VARIANCES
E1=16.479; E2=5.618; E3=3.718; E4=2.978 *;
E5=1.685 *; F1 = 119.71 *; D2 TO D3 = *;
/COVARIANCES
D2,D3 = *;
/MATRIX
 1.000
 0.528  1.000
 0.442  0.559  1.000
 0.438  0.383  0.420  1.000
 0.338  0.481  0.382  0.622  1.000
/STANDARD DEVIATIONS
11.67   6.29   4.13   2.00   1.76
/END

/TITLE
[EQS] 幼児教育学科 モデル 4
希薄化修正＋誤差相関＋本来の仮説
/SPECIFICATIONS
 VAR= 5; CAS=70; GROUP=2; MAT=COR; ANA=COV;
/LABELS
V1=V 自己効力; V2=V 理解統合; V3=V 計画実行;
V4=自己概念; V5=職業概念;
F1=F 自己効力; F2=F 理解統合; F3=F 計画実行;
/EQUATIONS
 V1 =  F1        + E1;
 V2 =  F2        + E2;
 V3 =  F3        + E3;
 F2 = *F1        + D2;
 F3 = *F1        + D3;
 V4 =     *F2    + E4;
 V5 =       *V4  + E5;
/VARIANCES
E1=11.907; E2=3.465; E3=1.613; E4=4.059 *;
E5=2.843 *; F1=86.499 *; D2 TO D3 = *;
/COVARIANCES
D2,D3 = *;
```

```
/MATRIX
 1.000
 0.371  1.000
 0.203  0.442  1.000
 0.110  0.266  0.079  1.000
-0.098  0.202 -0.054  0.448  1.000
/STANDARD DEVIATIONS
 9.92   4.94   2.72   2.09   1.94
/END
/TITLE
[EQS] 教養学科 モデル 4
希薄化修正＋誤差相関＋本来の仮説
/SPECIFICATIONS
 VAR= 5; CAS=80; MAT=COR; ANA=COV;
/LABELS
V1=V 自己効力; V2=V 理解統合; V3=V 計画実行;
V4=自己概念; V5=職業概念;
F1=F 自己効力; F2=F 理解統合; F3=F 計画実行;
/EQUATIONS
 V1 =  F1                     + E1;
 V2 =  F2                     + E2;
 V3 =  F3                     + E3;
 F2 =  *F1                    + D2;
 F3 =  *F1                    + D3;
 V4 =  *F1      + *F3         + E4;
 V5 =       *F2        + *V4  + E5;
/VARIANCES
E1=16.479; E2=5.618; E3=3.718; E4=2.978 *;
E5=1.685 *; F1 = 119.71 *; D2 TO D3 = *;
/COVARIANCES
D2,D3 = *;
/MATRIX
 1.000
 0.528  1.000
 0.442  0.559  1.000
 0.438  0.383  0.420  1.000
 0.338  0.481  0.382  0.622  1.000
/STANDARD DEVIATIONS
11.67   6.29   4.13   2.00   1.76
/END

/TITLE
[EQS] 幼児教育学科 モデル 5
希薄化修正＋誤差相関＋本来の仮説＋制約
/SPECIFICATIONS
 VAR= 5; CAS=70; GROUP=2; MAT=COR; ANA=COV;
/LABELS
V1=V 自己効力; V2=V 理解統合; V3=V 計画実行;
V4=自己概念; V5=職業概念;
F1=F 自己効力; F2=F 理解統合; F3=F 計画実行;
/EQUATIONS
 V1 =  F1            + E1;
 V2 =  F2            + E2;
 V3 =  F3            + E3;
 F2 = *F1            + D2;
 F3 = *F1            + D3;
 V4 =      *F2       + E4;
 V5 =           *V4  + E5;
/VARIANCES
E1=11.907; E2=3.465; E3=1.613; E4=4.059 *;
E5=2.843 *; F1  = 86.499 *; D2 TO D3 = *;
/COVARIANCES
```

```
D2,D3 = *;
/MATRIX
 1.000
 0.371  1.000
 0.203  0.442  1.000
 0.110  0.266  0.079  1.000
-0.098  0.202 -0.054  0.448  1.000
/STANDARD DEVIATIONS
 9.92   4.94   2.72   2.09   1.94
/PRINT
FIT=ALL;
/END
/TITLE
[EQS] 教養学科　モデル 5
希薄化修正＋誤差相関＋本来の仮説＋制約
/SPECIFICATIONS
 VAR=5; CAS=80; MAT=COR; ANA=COV;
/LABELS
V1=V 自己効力; V2=V 理解統合; V3=V 計画実行;
V4=自己概念; V5=職業概念;
F1=F 自己効力; F2=F 理解統合; F3=F 計画実行;
/EQUATIONS
 V1 =  F1                 + E1;
 V2 =  F2                 + E2;
 V3 =  F3                 + E3;
 F2 = *F1                 + D2;
 F3 = *F1                 + D3;
 V4 = *F1     + *F3       + E4;
 V5 =     *F2       + *V4 + E5;
/VARIANCES
E1=16.479; E2=5.618; E3=3.718; E4=2.978 *;
E5=1.685 *; F1 = 119.71 *; D2 TO D3 = *;
/COVARIANCES
D2,D3 = *;
/MATRIX
 1.000
 0.528  1.000
 0.442  0.559  1.000
 0.438  0.383  0.420  1.000
 0.338  0.481  0.382  0.622  1.000
/STANDARD DEVIATIONS
11.67   6.29   4.13   2.00   1.76
/CONSTRAINTS
  (1,V5,V4)=  (2,V5,V4);
/PRINT
FIT=ALL;
/END
```

```
TITLE '[CALIS] 変数内誤差モデル 1 FULLER (1987)';
DATA CORNO; INPUT X1 X2 @@;
 CARDS;
86 70 115 97 90 53 86 64 110 95
91 64  99 50 96 70 99 94 104 69 96 51
;RUN;
PROC CALIS UCOV AUG METHOD=ML;
 LINEQS
  X1 = A10 (67) INTERCEP +A12 (.4) FX2 + EX1,
  X2 =                             FX2 + EX2,
  FX2= A00 (70) INTERCEP +DX2;
 STD    EX1 = VEX1 (43) ,
        EX2 = 57        ,
        DX2 = VDX2 (247);
RUN;
```

```
TITLE '[CALIS] 変数内誤差モデル 2 FULLER (1987)';
DATA CORNO; INPUT X1 X2 @@;
 CARDS;
 8.0  9.0  6.0  6.6  9.8 12.3 10.8 11.9
 9.7 11.9  9.3 12.0  9.2  9.6  6.9  7.5
 8.1 10.9  8.7 10.4  8.7 10.2  7.4  7.4
10.1 11.0 10.0 11.8  7.3  8.2
;RUN;
PROC CALIS UCOV AUG METHOD=ML;
 LINEQS
  X1=A10 (1.11) INTERCEP+A12 (0.75) FX2+EX1,
  FX2 = A00 (10) INTERCEP + DX2,
  X2  = FX2 + EX2;
 STD    EX1 = VEX1,
        DX2 = VDX2,
        EX2 = VEX2 (0.49);
 VEX1=VEX2/6;
RUN;
```

第 9 章

```
TITLE1 '[CALIS] 交互作用モデル, 集団依存';
DATA DATA1(TYPE=CORR);
INPUT _TYPE_ $ _NAME_ $ V1-V6 V13 V14 V23 V24;
CARDS;
N    .     445   445   445   445   445   445   445   445   445  445
MEAN .    .322 0.166 -1.554  .009 -2.726 -.958 -.831 1.352 -.602 .404
STD  .    2.090 1.495 1.435 1.836 3.718 3.124 4.625 4.060 3.305 3.222
CORR V1   1.000 0.487 -.112 0.341 0.421 0.346 -.625 0.192 -.333 0.062
CORR V2   0.487 1.000 -.158 0.143 0.394 0.473 -.339 0.054 -.656 -.037
CORR V3   -.112 -.158 1.000 -.219 -.085 -.080 0.174 0.059 0.116 0.004
CORR V4   0.341 0.143 -.219 1.000 0.342 0.076 -.202 0.248 -.100 0.270
CORR V5   0.421 0.394 -.085 0.342 1.000 0.468 -.250 0.092 -.268 0.041
CORR V6   0.346 0.473 -.080 0.076 0.468 1.000 -.156 0.031 -.213 -.089
CORR V13 -.625 -.339 0.174 -.202 -.250 -.156 1.000 -.303 0.561 -.199
CORR V14 0.192 0.054 0.059 0.248 0.092 0.031 -.303 1.000 -.188 0.613
CORR V23 -.333 -.656 0.116 -.100 -.268 -.213 0.561 -.188 1.000 -.222
CORR V24 0.062 -.037 0.004 0.270 0.041 -.089 -.199 0.613 -.222 1.000
;RUN;
PROC CALIS UCOV AUG NOINT ALL NOMOD;
LINEQS
V1=T10(0.322) INTERCEP+1.00 F1+FE1+E1,
V2=T20(0.166) INTERCEP+L2_1(0.82) F1+FE2+E2,
V3=T30(-1.554) INTERCEP+1.00 F2+FE3+E3,
V4=T40(0.009) INTERCEP+L4_2(-.49) F2+FE4+E4,
V13=T130 INTERCEP+T30 F1+T30 FE1+T10 F2+F12+F3+T10 FE3+F4+E13,
V14=T140 INTERCEP+T40 F1+T40 FE1+A1042 F2+L4_2 F12+L4_2 F3
    +T10 FE4+F5+E14,
V23=T230 INTERCEP+A1230 F1+T30 FE2+T20 F2+L2_1 F12+ F6+T20 FE3
    +L2_1 F4+E23,
V24=T240 INTERCEP+A2140 F1+T40 FE2+A2042 F2+A2142 F12+L4_2 F6
    +T20 FE4+L2_1 F5+E24,
F12=PHI12 INTERCEP+FF12,
F7=TF70 INTERCEP+G3_1 F1+G3_2 F2+G3_12 F12+D5,
V5=T50(-2.726) INTERCEP+1.00 F7+E5,
V6=T60(-.958) INTERCEP+L6_7(0.85) F7+E6;
STD F1-F6=PHI1-PHI6,FF12=PPHI12,D5=PSI5,E5-E6=DEL5-DEL6,E1-E4=4*0,
FE1-FE4=DEL1-DEL4, E13=DEL13, E14=DEL14, E23=DEL23, E24=DEL24;
COV
F2 F1=  PHI12;
T130=T10*T30;T140=T10*T40;T230=T20*T30;
T240=T20*T40;A1042=T10*L4_2;A1230=L2_1*T30;
A2140=L2_1*T40;A2042=T20*L4_2;A2142=L2_1*L4_2;
PPHI12=PHI1*PHI2+PHI12*PHI12;
PHI3=PHI2*DEL1;PHI4=PHI1*DEL3;PHI5=PHI1*DEL4;
PHI6=PHI2*DEL2;DEL13=DEL1*DEL3;DEL14=DEL1*DEL4;
DEL23=DEL2*DEL3;DEL24=DEL2*DEL4;
TF70=0;
```

```
RUN;

TITLE1 '[CALIS] 非線形モデル';
DATA DATA1(TYPE=CORR);
INPUT _TYPE_ $ _NAME_ $ V1-V4 V12 V22 VV12;
CARDS;
N    .     445   445   445   445   445   445   445
MEAN .    0.017 -.148 1.184 -.241 1.023 1.000 0.239
STD  .    1.012 0.990 0.921 1.113 1.111 1.123 1.134
CORR V1   1.000 0.243 0.206 0.112 0.092 -.149 -.158
CORR V2   0.243 1.000 0.199 0.065 -.022 -.346 -.098
CORR V3   0.206 0.199 1.000 0.335 -.078 -.135 -.129
CORR V4   0.112 0.065 0.335 1.000 0.054 0.042 -.067
CORR V12  0.092 -.022 -.078 0.054 1.000 0.264 0.081
CORR V22  -.149 -.346 -.135 0.042 0.264 1.000 0.316
CORR VV12 -.158 -.098 -.129 -.067 0.081 0.316 1.000
;RUN;
PROC CALIS UCOV AUG NOINT ALL NOMOD;
LINEQS
V1=T10( 0.029) INTERCEP+1.00 F1+FE1+E1,
V2=T20(-0.149) INTERCEP+L2_1(0.9) F1+FE2+E2,
VV12=T120 INTERCEP+A102120 F1+T10 FE2+L2_1 F2
     +F3+T20 FE1+L2_1 F4+EE12,
V12=T110 INTERCEP+F2+F6+A102 F1+A102 FE1
     +2.0 F4+E12,
V22=T220 INTERCEP+L22_2 F2+F7+A2021 F1
    +A202 FE2+L22_4 F3+E22,
F5=T50 INTERCEP+G3_1(0.9) F1+G3_2(-1.3) F2+D5,
F2=PHI1(0.17) INTERCEP+FF2,
F6=DEL1(0.77) INTERCEP+FF6,
F7=DEL2(0.75) INTERCEP+FF7,
V3=T30( 1.193) INTERCEP+1.00 F5+E3,
V4=T40(-0.246) INTERCEP+L4_5(0.5) F5+E4;
STD
E1=0,E2=0,FE1=DEL1,FE2=DEL2,E3=DEL3,E4=DEL4,
F1=PHI1,FF2=PHI2,F3=PHI3,F4=PHI4,D5=PSI5,
FF6=PHI6, FF7=PHI7,E12=0,E22=0,EE12=DELDEL12;
T110=T10*T10;T220=T20*T20;T120=T10*T20;
A102120=T10*L2_1+T20;A102=2*T10;L22_2=L2_1*L2_1;
L22_4=2*L2_1;A2021=2*T20*L2_1;A202=2*T20;
PHI2=2*PHI1*PHI1;PHI3=PHI1*DEL2;PHI4=PHI1*DEL1;
PHI6=2*DEL1*DEL1;PHI7=2*DEL2*DEL2;
DELDEL12=DEL1*DEL2;T50=0;
RUN;
```

第 10 章

```
TITLE:[Mx] パラファック 2 因子 (特性行列のみ)
#define methods 3
#define traits 4
#define mxt 12
DA NO=68 NI=12 NG=1
Labels EP AP IP MP ET AT IT MT ES AS IS MS
KM File=h:\aa\taso\MTMI1.dat
Begin Matrices;
T FU traits  2
M FU 6       2
P ID 2       2
I ID methods methods
U DI traits   traits FREE
END Matrices;
PATTERN T
1 0 1 1 1 1 1 1
Matrix M
1 0 0 1 1 0 0 1 1 0 0 1
CO (I@T)*M*P*M'*(I@T)'+I@(U.U)/
ST 0.1 all
Begin Algebra;
V=U.U;
W=(I@T)*M*P*M'*(I@T)';
End Algebra;
OPTIONS ND=3
END

TITLE:[Mx] パラファック 2 因子 (斜交解)
#define methods 3
#define traits 4
#define mxt 12
DA NO=68 NI=12 NG=1
Labels EP AP IP MP ET AT IT MT ES AS IS MS
KM File=h:\aa\taso\MTMI1.dat
Begin Matrices;
T FU traits  2       FREE
M FU 6       2
P ST 2       2       FREE
I ID methods methods
U DI mxt     mxt     FREE
END Matrices;
PATTERN M
1 0 0 1 1 0 0 1 1 0 0 1
CO (I@T)*M*P*M'*(I@T)'+U.U/
ST 0.5 all
FIX  M 1 1
FIX  M 2 2
VA 1.0 M 1 1
VA 1.0 M 2 2
Begin Algebra;
V=U.U;
End Algebra;
OPTIONS ND=3
END

TITLE:[Mx] パラファック 2 因子 (斜交解)
!同一の解を与える別表現
#define methods 3
#define traits 4
#define mxt 12
DA NO=68 NI=12 NG=1
Labels EP AP IP MP ET AT IT MT ES AS IS MS
KM File=h:\aa\taso\MTMI1.dat
Begin Matrices;
T FU traits  2       FREE
K FU 4       2       FIX
P ST 2       2       FREE
M FU methods 2       FREE
U DI mxt     mxt     FREE
END Matrices;
MATRIX K
1 0 0 0 0 0 0 1
CO (M@T)*K*P*K'*(M@T)'+U.U/
ST 0.5 all
FIX  M 1 1
FIX  M 1 2
VA 1.0 M 1 1
VA 1.0 M 1 2
```

```
Begin Algebra;
V=U.U;
End Algebra;
OPTIONS ND=3
END

TITLE:[Mx] パラファック 2 因子 (直交解)
#define methods 3
#define traits 4
#define mxt 12
DA NO=68 NI=12 NG=1
Labels EP AP IP MP ET AT IT MT ES AS IS MS
KM File=h:\aa\taso\MTMI1.dat
Begin Matrices;
T FU traits  2       FREE
M FU 6       2
P ID 2       2
I ID methods methods
U DI mxt     mxt     FREE
END Matrices;
PATTERN M
1 0 0 1 1 0 0 1 1 0 0 1
CO (I@T)*M*P*M'*(I@T)'+U.U/
ST 0.9 all
FIX  M 1 1
FIX  M 2 2
VA 1.0 M 1 1
VA 1.0 M 2 2
Begin Algebra;
V=U.U;
End Algebra;
OPTIONS ND=3
END

TITLE:[Mx] パラファック 2 因子 (確認的解)
#define methods 3
#define traits 4
#define mxt 12
DA NO=68 NI=12 NG=1
Labels EP AP IP MP ET AT IT MT ES AS IS MS
CM File=h:\aa\taso\MTMI1.dat
Begin Matrices;
T FU traits  2
M FU 6       2
P ST 2       2       FREE
I ID methods methods
U DI mxt     mxt     FREE
END Matrices;
PATTERN T
1 0 0 1 1 0 0 1
PATTERN M
0 0 0 0 1 0 0 1 1 0 0 1
CO (I@T)*M*P*M'*(I@T)'+U.U/
ST 0.1 all
VA 1.0 M 1 1
VA 1.0 M 2 2
Begin Algebra;
V=U.U;
W=(I@T)*M*P*M'*(I@T)';
End Algebra;
OPTIONS ND=3
END

TITLE:[Mx] 加法モデル (パラファックとの比較)
#define methods 3
#define traits 4
#define mxt 12
DA NO=68 NI=12 NG=1
Labels EP AP IP MP ET AT IT MT ES AS IS MS
KM File=h:\aa\taso\MTMI1.dat
Matrices
T Full methods traits Free
M Full traits methods Free
S Stan traits traits Free
L Stan methods methods Free
E Diag mxt mxt Free
U Unit methods 1
V Unit traits 1
I Iden methods methods
J Iden traits traits
Covariance
(T@V).(U@J)*S*((T@V).(U@J))' +
(U@M).(I@V)*L*((U@M).(I@V))' +
E.E /
Start .3 all
Begin Algebra;
D=E.E;
End Algebra;
Option iterations=500 ND=3
End

TITLE:[Mx] 加法モデル (直積モデルとの比較)
#define methods 3
#define traits 6
#define mxt 18
DA NO=649 NI=18 NG=1
Labels VL1 VL2 VM VS1 VS2 VS3 IL1 IL2
IM IS1 IS2 IS3 AL1 AL2 AM AS1 AS2 AS3
KM File=h:\aa\taso\MTMI3.dat
Matrices
T Full methods traits Free
M Full traits methods Free
S Stan traits traits Free
L Stan methods methods Free
E Diag mxt mxt Free
U Unit methods 1
V Unit traits 1
I Iden methods methods
J Iden traits traits
Covariance
(T@V).(U@J)*S*((T@V).(U@J))' +
(U@M).(I@V)*L*((U@M).(I@V))' +
E.E /
Start .3 all
Begin Algebra;
D=E.E;
End Algebra;
Option iterations=500 ND=3
End

TITLE:[Mx] 速さの因子の 3 相直積モデル M1
#define methods 6
#define traits 3
#define mxt 18
```

```
DA NO=649 NI=18 NG=1
Labels VL1 VL2 VM VS1 VS2 VS3 IL1 IL2
IM IS1 IS2 IS3 AL1 AL2 AM AS1 AS2 AS3
KM File=h:\aa\taso\MTMI3.dat
Matrices
D DI mxt     mxt     FREE
T ST traits  traits  FREE
M ST methods methods FREE
U DI mxt     mxt     FREE
CO D*(T@M+U.U)*D/
ST 0.5 all
Begin Algebra;
V=U.U;
End Algebra;
OPTIONS ND=3
END
```

```
TITLE:[Mx] 速さの因子の直積モデル M2
!方法行列を因子分解
#define methods 6
#define traits 3
#define mxt 18
DA NO=649 NI=18 NG=3
Labels VL1 VL2 VM VS1 VS2 VS3 IL1 IL2
IM IS1 IS2 IS3 AL1 AL2 AM AS1 AS2 AS3
KM File=h:\aa\taso\MTMI3.dat
Begin Matrices;
D DI mxt     mxt     FREE
T ST traits  traits  FREE
A FU methods 2       FREE
U DI mxt     mxt     FREE
End Matrices;
CO D*(T@(A*A')+U.U)*D/
ST 0.5 all
Begin Algebra;
V=U.U;
M=A*A';
End Algebra;
OPTIONS ND=3 DF=-17
END
GROUP2
DATA CONSTRAINT NI=6
Begin Matrices;
C ST methods methods FREE
A FU methods 2       =A1
END Matrices;
CONSTRAINT A*A'-C/
END
GROUP3
DATA CONSTRAINT NI=2
Begin Matrices;
A FU methods 2       =A1
D DI 2          2 FREE
END Matrices;
CONSTRAINT A'*A -D/
END
```

```
TITLE:[Mx] 直積モデルによる 4 相データの解析
!基準化あり, 相関行列の直積
#define occasion 3
#define methods 2
#define traits 2
#define mxt 12
DA NO=2163 NI=12 NG=1
CM File=h:\aa\taso\MTMI4.dat
Matrices
D DI mxt      mxt      FREE
O ST occasion occasion FREE
T ST traits   traits   FREE
M ST methods  methods  FREE
U DI mxt      mxt      FREE
CO D*(O@T@M+U.U)*D/
ST 0.5 all
ST 12 D 1 1 to D 12 12
Begin Algebra;
V=U.U;
End Algebra;
OPTIONS ND=3
END
```

第 11 章

```
TITLE: [Mplus] お札の潜在混合分布モデル (C=3)
DATA: FILE IS h:\satu.dat;
VARIABLE: NAMES ARE v1 v2; USEVAR = v1 v2;
          CLASSES = c(3);
ANALYSIS: TYPE = mixture; miterations = 50;
MODEL:
        %overall%
        v1 WITH v2;
        v1*1; v2*1;
        [v1*11.0 v2*139.0];
        %c#2%
        v1 WITH v2;
        v1*1; v2*1;
        [v1*8.0 v2*138.5];
        %c#3%
        v1 WITH v2;
        v1*1; v2*1;
        [v1*8.0 v2*141.5];
OUTPUT: tech1;
```

```
TITLE: [Mplus] お札の潜在混合分布 (C=3, 判別型);
DATA: FILE IS h:\satu.dat;
VARIABLE: NAMES ARE v1 v2; USEVAR = v1 v2;
          CLASSES = c(3);
ANALYSIS: TYPE = mixture;
         miterations = 50;
MODEL:
        %overall%
        v1 WITH v2;
        v1*1; v2*1;
        [v1*11.0 v2*139.0];
        %c#2%
        [v1*8.0 v2*138.5];
        %c#3%
        [v1*8.0 v2*141.5];
OUTPUT: tech1;
```

```
TITLE: [Mplus] お札の潜在プロフィル分析 (C=3)
DATA: FILE IS h:\satu.dat;
VARIABLE: NAMES ARE v1 v2; USEVAR = v1 v2;
          CLASSES = c(3);
ANALYSIS: TYPE = mixture; miterations = 50;
```

```
MODEL:
        %overall%
        v1*1; v2*1;
        [v1*11.0 v2*139.0];
        %c#2%
        v1*1; v2*1;
        [v1*8.0 v2*138.5];
        %c#3%
        v1*1; v2*1;
        [v1*8.0 v2*141.5];
OUTPUT: tech1;

TITLE: [Mplus] お札の潜在プロフィル (等分散)
DATA: FILE IS h:\satu.dat;
VARIABLE: NAMES ARE v1 v2; USEVAR = v1 v2;
          CLASSES = c(3);
ANALYSIS: TYPE = mixture;
         miterations = 50;
MODEL:
        %overall%
        v1*1; v2*1;
        [v1*11.0 v2*139.0];
        %c#2%
        [v1*8.0 v2*138.5];
        %c#3%
        [v1*8.0 v2*141.5];
OUTPUT: tech1;

TITLE: [Mplus] アイリス潜在混合分布モデル (C=3)
DATA: FILE IS h:\fisher.dat;
VARIABLE: NAMES ARE v1-v4; USEVAR = v1-v4;
          CLASSES = c(3);
DEFINE: v1=v1/10;v2=v2/10;v3=v3/10;v4=v4/10;
ANALYSIS: TYPE = mixture;miterations = 50;
MODEL:
        %overall%
        v1 WITH v2-v4;
        v2 WITH v3 v4;
        v3 WITH v4;
        v1*1; v2*1; v3*1; v4*1;
        [v1*4 v2*4 v3*2 v4*1];
        %c#2%
        [v1*7 v2*2 v3*3 v4*2];
        v1 WITH v2-v4;
        v2 WITH v3 v4;
        v3 WITH v4;
        v1*1; v2*1; v3*1; v4*1;
        %c#3%
        [v1*8 v2*4 v3*5 v4*3];
        v1 WITH v2-v4;
        v2 WITH v3 v4;
        v3 WITH v4;
        v1*1; v2*1; v3*1; v4*1;
OUTPUT: tech1;

TITLE: [Mplus] 潜在クラス分析 (C=3)
DATA:  FILE IS h:\aa\senza\IRT.dat;
       FORMAT IS (9F1.0); TYPE IS IND;
       NOBSERVATIONS=226;
VARIABLE: NAMES ARE u1-u9;
   USEV ARE u1-u5;
   CINDICATORS = u1-u5;
   CATEGORICAL = u1-u5;
   CLASSES = c(3);
ANALYSIS: TYPE=MIXTURE;
          MITERATIONS=1000;
MODEL: %OVERALL%
       c#1 by u1*-1 u2*-1 u3*-1 u4*-1 u5*-1;
       c#2 by u1*0 u2*0 u3*0 u4*0 u5*0;
       c#3 by u1*1 u2*1 u3*1 u4*1 u5*1;
```

第12章

```
TITLE1 '[CALIS] 潜在成長モデル (1 次)';
DATA DATA1;INFILE 'H:flength.dat';
INPUT V1-V3;
PROC CALIS NOMOD UCOV AUG NOINT;
LINEQS
V1 =F1+0F2 +E1,
V2 =F1+1F2 +E2,
V3 =F1+2F2 +E3,
F1=a1 INTERCEP+D1,
F2=a2 INTERCEP+D2;
STD E1-E3=EE, D1-D2=psi1-psi2;
COV D1 D2=psi21; RUN;

TITLE1 '[CALIS] 潜在成長外生変数 (1 次)';
DATA DATA1; INFILE 'H:flength.dat';
INPUT V1-V12 X1;
X1=X1-15.21533333;RUN;
PROC CALIS NOMOD UCOV AUG NOINT;
LINEQS
V1 =F1+0F2 +E1,
V2 =F1+1F2 +E2,
V3 =F1+2F2 +E3,
F1=a10 INTERCEP+A11 X1+D1,
F2=a20 INTERCEP+A21 X1+D2;
STD E1-E3=EE,D1-D2=psi1-psi2;
COV D1 D2=psi21; RUN;

TITLE1 '[CALIS] 潜在成長 2 時点 (1 次)';
DATA DATA1; INFILE 'H:flength.dat';
INPUT V1-V12 X1;
X1=X1-15.21533333;RUN;
PROC CALIS NOMOD UCOV AUG NOINT;
LINEQS
V1 =F1+0F2 +E1,
V12=F1+11F2 +E12,
F1=a10 INTERCEP+A11 X1+D1,
F2=a20 INTERCEP+A21 X1+D2;
STD E1 E12=0 0, D1-D2=psi1-psi2;
COV D1 D2=psi21; RUN;

TITLE1 '[CALIS] 潜在成長モデル (2 次)';
DATA DATA1; INFILE 'H:fchest.dat';
INPUT V1-V12 t7 w7;
t7=t7-134.09333333;w7=w7-29.87033333;
RUN;
PROC CALIS ALL NOMOD UCOV AUG NOINT;
LINEQS
V1 =F1+0F2  +0F3   +E1,
V2 =F1+1F2  +1F3   +E2,
V3 =F1+2F2  +4F3   +E3,
```

```
V4 =F1+3F2  +9F3   +E4,
V5 =F1+4F2  +16F3  +E5,
V6 =F1+5F2  +25F3  +E6,
V7 =F1+6F2  +36F3  +E7,
V8 =F1+7F2  +49F3  +E8,
V9 =F1+8F2  +64F3  +E9,
V10=F1+9F2  +81F3  +E10,
V11=F1+10F2 +100F3 +E11,
V12=F1+11F2 +121F3 +E12,
F1=a1 INTERCEP + a1t t7 + a1w w7 +D1,
F2=a2 INTERCEP + a2t t7 + a2w w7 +D2,
F3=a3 INTERCEP + a3t t7 + a3w w7 +D3;
STD E1-E12=Del1-Del12,D1-D3=psi1-psi3;
COV D1 D2=psi21,D1 D3=psi31,D3 D2=psi23;
RUN;

TITLE1 '[CALIS] 潜在成長モデル (指数関数)';
%macro heikin(m0,m1,m2,m3,t);
&m0=alpha-(alpha-beta)*exp((-1)*(&t-1)
*gamma);
&m1=1-exp((-1)*(&t-1)*gamma);
&m2=exp((-1)*(&t -1)*gamma);
&m3=(alpha-beta)*(&t-1)*exp((-1)*(&t
-1)*gamma);
%mend heikin;
DATA DATA1;INFILE 'H:RIKA.dat';
INPUT x1-x6 y s;
y=y-1983.5-0.0714286;s=s-0.5; RUN;
PROC CALIS ALL NOMOD UCOV AUG NOINT tech=NR
MAXITER=5000 MAXFUNC=5000 GCONV=0.00000001
FTOL=0.0000000000000000001 GTOL=0.00000001;
LINEQS
x1=a10 INTERCEP+0.0 F1+1.0 F2+0.0 F3+E1,
x2=a20 INTERCEP+a21 F1+a22 F2+a23 F3+E2,
x3=a30 INTERCEP+a31 F1+a32 F2+a33 F3+E3,
x4=a40 INTERCEP+a41 F1+a42 F2+a43 F3+E4,
x5=a50 INTERCEP+a51 F1+a52 F2+a53 F3+E5,
x6=a60 INTERCEP+a61 F1+a62 F2+a63 F3+E6,
F1 = g11 y  + g12  s + d1,
F2 = g21 y  + g22  s + d2,
F3 = g31 y  + g32  s + d3;
STD E1-E6=Del1-Del6,d1-d3=0 0 0;
PARMS alpha=164 beta=71 gamma=0.9;
a10=beta;
%heikin(a20,a21,a22,a23,4);
%heikin(a30,a31,a32,a33,10);
%heikin(a40,a41,a42,a43,19);
%heikin(a50,a51,a52,a53,26);
%heikin(a60,a61,a62,a63,35);
RUN;

TITLE1 '[CALIS] 潜在成長モデル (ゴンペルツ関数)';
%macro heikin(m0,m1,m2,m3,t);
&m0=alpha*exp(log(beta/alpha)*exp((-1)*(&t-1)
*gamma));
&m1=(1-exp((-1)*(&t-1)*gamma))*exp(log(beta
/alpha)*exp((-1)*(&t-1)*gamma));
&m2=(alpha/beta)*exp((-1)*(&t-1)*gamma+
log(beta/alpha)*exp((-1)*(&t-1)*gamma));
&m3=(-1)*alpha*log(beta/alpha)*(&t-1)
*exp((-1)*(&t-1)*gamma+log(beta/alpha)
*exp((-1)*(&t-1)*gamma));
%mend heikin;
DATA DATA1;INFILE 'H:RIKA.dat';
INPUT x1-x6 y s;
y=y-1983.5-0.0714286;s=s-0.5; RUN;
PROC CALIS ALL NOMOD UCOV AUG NOINT tech=NR
MAXITER=5000 MAXFUNC=5000 GCONV=0.00000001
FTOL=0.0000000000000000001 GTOL=0.00000001;
LINEQS
x1=a10 INTERCEP+0.0 F1+1.0 F2+0.0 F3 +E1,
x2=a20 INTERCEP+a21 F1+a22 F2+a23 F3 +E2,
x3=a30 INTERCEP+a31 F1+a32 F2+a33 F3 +E3,
x4=a40 INTERCEP+a41 F1+a42 F2+a43 F3 +E4,
x5=a50 INTERCEP+a51 F1+a52 F2+a53 F3 +E5,
x6=a60 INTERCEP+a61 F1+a62 F2+a63 F3 +E6,
F1 = g11 y  + g12  s + d1,
F2 = g21 y  + g22  s + d2,
F3 = g31 y  + g32  s + d3;
STD E1-E6=Del1-Del6,d1-d3=0 0 0;
PARMS alpha=164 beta=71 gamma=0.9;
a10=beta;
%heikin(a20,a21,a22,a23,4);
%heikin(a30,a31,a32,a33,10);
%heikin(a40,a41,a42,a43,19);
%heikin(a50,a51,a52,a53,26);
%heikin(a60,a61,a62,a63,35);
RUN;
```

第13章

```
TITLE:[Mplus]2 段階モデル 1 因子分析的モデル
DATA:  FILE IS h:jsp1.data;
VARIABLE:
 NAMES ARE School Social Ravens Etest Mtest;
 CLUSTER IS School;
 USEVARIABLES ARE  Ravens Social Mtest;
ANALYSIS: TYPE = TWOLEVEL;
          ESTIMATOR = ML;
          ITERATIONS =1000000;
MODEL:
      %BETWEEN%
       fB BY  Ravens Social Mtest;
      %WITHIN%
       fW BY  Ravens Social Mtest;
OUTPUT: SAMP STAND RES;

TITLE:[Mplus]2 段階モデル 1 回帰分析的モデル
DATA:  FILE IS h:Ilea87.data;
VARIABLE:
  NAMES ARE school Exam Fsm Gen;
  BETWEEN IS Fsm;
  CLUSTER IS school;
ANALYSIS: TYPE = TWOLEVEL;
          ESTIMATOR = ML;
          ITERATIONS =1000000;
MODEL:
      %BETWEEN%
       Exam ON Fsm;
      %WITHIN%
       Exam ON Gen;
OUTPUT: SAMP STAND RES;
```

```
/TITLE
[EQS]Withinn Model 因子分析的モデル簡便解
/SPECIFICATIONS
 VARIABLES=3; CASES=1104;
 METHODS=ML;
 MATRIX=COVARIANCE;
/EQUATIONS
V1=*F1+E1;V2=*F1+E2;V3=*F1+E3;
/VARIANCES
F1=1.00;E1=*;E2=*;E3=*;
/MATRIX
31.214
-1.431   4.752
21.885  -2.143  47.375
/END
```

```
/TITLE
[EQS]Between Model 因子分析的モデル簡便解
/SPECIFICATIONS
 VARIABLES=3; CASES=1104;
 METHODS=ML;
 MATRIX=COVARIANCE;
/EQUATIONS
V1=*F1+E1;V2=*F1+E2;V3=*F1+E3;
/VARIANCES
F1=1.00;E1=*;E2=*;E3=*;
/MATRIX
3.0425
-0.3751 0.4395
1.7814 -0.4050 3.4782
/END
```

```
/TITLE
chapter13.6 kanben-kai (Between)
! 小松 誠氏作成，許可を得て掲載
! 回帰分析的モデル  1 次抽出単位間
/SPECIFICATIONS
VARIABLES=3;
CASES=5819;
! CASES は N-C=5933-114
METHODS=ML;
MATRIX=COVARIANCE;
/LABEL
V1=Menjo;
V2=Gakuryoku;
V3=Seibetsu;
/EQUATIONS
V2=*V1+E2;
/VARIANCES
V1=*;V3=*;E2=*;
/COVARIANCES
V1,V3=*;
/PRINT
FIT=ALL;
/MATRIX
238.302
-33.479 21.119
-0.311 0.577 0.131
/END
! MATRIX は表 13.4、13.5 と (13.35) から計算
```

```
/TITLE
chapter13.6 kanben-kai (within)
! 小松 誠氏作成，許可を得て掲載
! 回帰分析的モデル簡便解  1 次抽出単位内
/SPECIFICATIONS
VARIABLES=3;
CASES=114;
! CASES は C=114
METHODS=ML;
MATRIX=COVARIANCE;
/LABEL
V1=Menjo;
V2=Gakuryoku;
V3=Seibetsu;
/EQUATIONS
V2=*V3+E2;
/VARIANCES
V3=*;
E2=*;
/PRINT
FIT=ALL;
/MATRIX
0.000
0.000 147.632
0.000 0.269 0.120
/END
! MATRIX は表 13.5 を利用
```

索　　引

欧　文

ア 行

カ 行

サ　行

タ　行

マ　行

ヤ　行

ラ　行

著者略歴

豊田秀樹（とよだ・ひでき）

1961 年　東京都に生まれる
1989 年　東京大学大学院教育学研究科修了（教育学博士）
現　在　早稲田大学文学部教授

〈主な著書〉

『共分散構造分析［入門編］―構造方程式モデリング―』（朝倉書店）
『共分散構造分析［事例編］―構造方程式モデリング―』（編著）（北大路書房）
『SASによる共分散構造分析』（東京大学出版会）
『調査法講義』（朝倉書店）
『原因を探る統計学―共分散構造分析入門―』（共著）（講談社ブルーバックス）
『非線形多変量解析―ニューラルネットによるアプローチ―』（朝倉書店）

統計ライブラリー
共分散構造分析［応用編］
―構造方程式モデリング―　　定価はカバーに表示

2000 年 4 月 15 日　初版第 1 刷
2019 年 2 月 25 日　　　第10刷

著　者　豊　田　秀　樹
発行者　朝　倉　誠　造
発行所　株式会社　朝　倉　書　店
東京都新宿区新小川町 6-29
郵便番号　162-8707
電　話　03（3260）0141
FAX　03（3260）0180
http:// www. asakura. co. jp

〈検印省略〉

平河工業社・渡辺製本

ISBN 978-4-254-12661-7 C3341　　Printed in Japan